U0966033

高等职业教育农业类专业教材

中国轻工业“十四五”规划教材

“十二五”江苏省高等学校重点教材（编号：2014-2-024）

农业生态与环境保护

（第二版）

主　编

杨宝林　李　刚

中国轻工业出版社

图书在版编目(CIP)数据

农业生态与环境保护/杨宝林,李刚主编．—2版．—北京：中国轻工业出版社，2024.9

ISBN 978-7-5184-3297-4

Ⅰ．①农…　Ⅱ．①杨…　②李…　Ⅲ．①农业生态学—高等职业教育—教材　②农业环境保护—高等职业教育—教材　Ⅳ．①S181　②X322

中国版本图书馆CIP数据核字(2020)第242800号

责任编辑：张　靓
文字编辑：王宝瑶　　责任终审：白　洁　　封面设计：锋尚设计
版式设计：砚祥志远　　责任校对：吴大朋　　责任监印：张　可

出版发行：中国轻工业出版社(北京鲁谷东街5号，邮编：100040)
印　　刷：三河市国英印务有限公司
经　　销：各地新华书店
版　　次：2024年9月第2版第5次印刷
开　　本：710×1000　1/16　印张：20
字　　数：390千字
书　　号：ISBN 978-7-5184-3297-4　定价：48.00元
邮购电话：010-85119873
发行电话：010-85119832　010-85119912
网　　址：http://www.chlip.com.cn
Email：club@chlip.com.cn

241617J2C205ZBW

第二版编审人员

主　编　杨宝林（江苏农林职业技术学院）

李　刚（江苏农林职业技术学院）

副主编　范继红（北京农业职业学院）

刘　宇（生态环境部南京环境科学研究所）

编　者　（以姓氏笔画为序）

王玉莲（黑龙江农业经济职业学院）

赵　春（东营职业学院）

主　审　王友成（句容市农业农村局）

田　伟（生态环境部南京环境科学研究所）

第二版前言

党的二十大报告指出，中国式现代化是人与自然和谐共生的现代化，要像保护眼睛一样保护自然和生态环境，坚定不移走生产发展、生活富裕、生态良好的文明发展道路。

本教材是根据党的二十大精神和《国家职业教育改革实施方案》和《国务院关于加快发展现代职业教育的决定》精神编写的，主要供高等职业院校农林牧渔大类、环境保护类专业师生使用。根据教学对象的培养目标，教材力求做到重点突出、深浅适度，兼具科学性、实用性和针对性，以尽可能满足教学需求。

农业生态与环境保护是一门以生态学基础、农业生态学、环境保护概论、农业生态工程等课程为基础的综合性课程，主要介绍了农业生态和农业环境保护的基本知识和技能，通过对农业生态系统的科学认知和合理调控，实现农业可持续发展。

本教材内容包括绪论和农业生态系统、农业生态系统的结构、农业生态系统的能量流动、生态系统的物质循环、农业生态系统的评价与调控、农业资源利用与保护、农业环境污染及防治、农田土壤污染与修复、农业面源污染及防治、生态农业与生态农场十一个章节，使用了农业生态与农业环境方面的最新数据，增加了农业环境污染及防治方面的内容，以及生态农业与生态农场建设方面的内容，同时注重理论知识与实践操作的有效结合。

本教材由杨宝林、李刚担任主编，范继红和刘宇担任副主编，编写分工如下：第一章、第五章、第十一章由李刚编写，第二章、第四章由杨宝林编写，第三章、第七章由范继红编写，第六章由王玉莲编写，第八章由赵春编写，第九章、第十章由刘宇编写，王友成、田伟负责本教材的审定工作。

本教材在编写过程中得到了江苏农林职业技术学院、北京农业职业学院、黑龙江农业经济职业学院、东营职业学院和生态环境部南京环境科学研究所的大力支持，在此表示感谢。

课程的综合化是课程体系改革的一项重要内容，涉及面广。编写课程综合化教材还是一种尝试，加上编者学识水平有限，教材中错误和疏漏之处在所难免，恳请广大读者批评指正，以使本教材在使用过程中日臻完善。

编者

第一版前言

本教材是根据国务院《关于加快发展现代职业教育的决定》和教育部《现代职业教育体系建设规划（2014—2020 年）》精神编写的，根据教学对象的培养目标，教材力求做到深入浅出、重点突出、强调应用性和实践性，以尽可能满足教学需求。

农业生态与环境保护是一门以生态学基础、农业生态学、环保概论、农业生态工程等课程为基础的综合性课程，主要介绍了农业生态和农业环境保护的基本知识和技能；通过对农业生态系统的科学认知和合理调控，实现农业可持续发展。

本教材内容包括绪论和农业生态系统、农业生态系统的结构、农业生态系统的能量流动、生态系统的物质循环、农业生态系统的评价与调控、农业资源利用与保护、农业环境污染及防治、农业环境的修复、可持续发展与生态农业、食品安全与有机农产品开发等十个章节。教材内容注重了理论知识与实践操作的有效结合，可供高等职业院校植物生产类、环境类等专业使用。

本教材由杨宝林担任主编，范继红和许建民担任副主编，编写分工如下：绪论、第一章由杨宝林编写，第二章、第十章由范继红编写，第三章、第四章、第九章由王玉莲编写，第五章、第六章由许建民编写，第七章、第八章由赵春编写。李振陆负责本教材的审定工作。

本教材在编写过程中得到了江苏农林职业技术学院、北京农业职业学院、黑龙江农业经济职业学院、苏州农业职业技术学院和东营职业学院的大力支持，在此表示感谢。

课程的综合化是课程体系改革的一项重要内容，涉及面广。编写课程综合化教材还是一种尝试，加上编者学识水平有限，教材中错误和疏漏之处在所难免，恳请广大读者批评指正，以使本教材在使用过程中日臻完善。

编者

目 录 CONTENTS

第一章

绪论

学习目标

掌握生态学和环境的概念，了解生态学的发展过程及农业生态学的发展历史、目标与任务；深刻认识农业生态环境保护的目标与任务，牢固树立绿水青山就是金山银山的理念。

第一节　生态学产生与发展

一、 生态学的内涵

生态学是研究生物与环境相互关系的科学，这里的生物包括植物、动物、微生物等不同的生物类群，环境是指生物的环境，是生物的个体、群体或群落及生态系统所在的具体地段的生存环境，简称“生境”，可以指非生命的环境，也可以指生物环境，前者指地域空间内所有的自然要素，如地质地貌、岩石土壤、大气水体以及这些物质要素表现出来的物理、化学性状。这类环境既包括未受或很少受人类活动影响的原生环境，又包括在不同程度上人工化了的次生环境。生物环境指相对于主体生物的环境生物，如城市生态系统的主体是人，而栽培植物或野生植物与豢养动物或野生动物都是居民的环境。生物与环境之间、主体生物与环境生物之间的相互作用关系是生态学研究的重点。这种相互作用关系是靠物质、能量和信息的传输与转换维持的。

生态学（Ecology）一词是由勒特在1865年将两个希腊字Logos（研究）和Oikos（房屋、住所）合并构成Oikologie而来。从字面意思上讲，生态学是研究生物“住所”的科学。不同的学者对生态学的定义不同，德国动物学家Haeckel（1866）将生态学定义为“研究动物与有机及无机环境相互关系的科学”；英国生态学家Elton（1927）将其定义为“科学的自然历史”；澳大利亚生态学家Andrewartha（1954）认为，生态学是研究有机体的分布和丰富度、优势度等的科学，并强调了种群动态研究的重要性；20世纪20年代，奥地利生物学家、心理学家贝塔朗菲在批判生物学中流行的机械论和活力论中创立了机体论，强调“系统”是中心的概念，从而提供了一种新的系统思维方式，把生物与环境的关系归纳为物质流动及能量交换，在生态学定义中增加了生态系统的观点；美国生态学家Odum所编写的《生态学基础》将生态学定义为研究生态系统的结构和功能的科学；我国生态学家马世骏先生认为生态学是研究生命系统和环境系统相互关系的科学。

随着生态学的发展，其内涵和外延都发生了变化，其定义不能局限于传统的含义，结合生态学最新的发展动向，归纳各种观点，可将生态学的定义表述为：生态学是研究生物生存条件、生物及其群体与环境相互作用的过程与规律的科学，其目的是指导人与自然的和谐共处。

生态学在促进科学进步、环境保护、全球可持续发展等方面都有不容忽视的重要作用。由于其研究对象的复杂性和时空尺度的宽广性，形成了一系列特殊的研究原则，如整体观、综合观、系统观、层次观、进化观等，引起了科学观念和研究方法的革命。生态学还与其他科学，如遗传学、生理学、行为学、进化论等生物学科，农学、林学、地学、海洋学等自然科学，甚至还有经济学、社会学、伦理学、哲学、美学等社会科学产生密切关系，许多生态学概念和理论被其他学科所运用。可以说，很少有像生态学这样一门科学，在人类生存的时空尺度上，与自然、科技、经济、社会等领域，和伦理道德、价值观念、思维方式等方面，有如此密切的关系。唐纳德·沃斯特在《自然的经济体系：生态思想史》一书中写道：“生态学这个特殊的研究领域，突然以一种即使在我们这个已被打上科学印记的时代也是极不寻常的方式应邀登场，来扮演一个核心的理智的角色，这门学科的影响力之大，简直可以使我们的时代被称为‘生态学时代’”。

二、 生态学的发展

生态学产生后，很快分化为植物生态学、动物生态学和人类生态学等分支学科，其发展史大致可概括为三个阶段：生态学萌芽时期、生态学成长期和现代生态学发展期。生态学发展史证明它密切结合人类实践，是在实践活动基础上发展起来的。

（一）生态学萌芽时期

生态学发展历史的源头可以追溯到远古时代。为了维持生存，人类的老祖先很早就知道居洞穴以避风雨，燃篝火以驱猛兽，常迁徙以择水草。在长期的渔猎生活中，他们逐渐熟知了有用与有害生物的特性和活动规律，并注意到了人或其他生物都与环境有密切的关系。这些零星的生态学感性认识，是人类在生存斗争的艰苦过程中逐渐积累起来的。

公元前 2 世纪到公元 16 世纪，是生态学思想的萌芽时期。关于生态学的知识，最原始的人类在渔猎活动中，就积累着生物的习性和生态特征的有关生态学知识，只不过没有形成系统的、成文的科学而已。直到现在，劳动人民在生产实践中获得的动植物生活习性方面的知识，依然是生态学知识的一个重要来源。有文字记载的生态学思想萌芽，在我国和希腊的古代著作和歌谣中都有许多反映。我国的《诗经》中就记载着一些动物之间的相互作用，如“维鹊有巢，维鸠居之”，说的是鸠巢的寄生现象；《尔雅》中就有草、木两章，记载了 176 种木本植物和 50 多种草本植物的形态和生态环境；公元前 200 年《管子·地员》是根据土地与植物的关系论述植物生态对农业生产影响的一篇古典科学著作；公元前 100 年前后我国确立了二十四节气，描述生物与气候的关系。

在欧洲，古希腊的安比杜列斯就注意到植物营养与环境的关系，而亚里士多德及其学生都描述了动植物的不同生态类型，如水栖和陆栖；肉食、食草、杂食等；气候和地理环境与植物生长的关系等，泰奥弗拉斯托斯则根据植物与环境的关系来区分树木类型，并注意到动物对环境的适应行为。

（二）生态学的建立和成长期

从公元 16 世纪到 20 世纪 50 年代是生态学的建立和成长期。曾被推举为第一个现代化学家的罗伯特·波义耳在 1670 年发表了低气压对动物的效应的试验，标志着动物生理生态学的开端。1735 年法国昆虫学家德·列奥弥尔在其昆虫学著作中，记述了许多昆虫生态学资料，他也是研究积温与昆虫发育的先驱。1855 年德坎多尔将积温引入植物生态学，为现代积温理论打下了基础。1807 年德国植物学家洪保德在《植物地理学知识》一书中，提出植物群落、群落外貌等概念，并结合气候和地理因子描述了物种的分布规律。1869 年，赫克尔首次提出生态学的定义。1895 年丹麦哥本哈根大学的瓦明的《植物分布学》（1909 年经作者本人改写，易名为《植物生态学》）和 1898 年德国波恩大学申佩尔的《植物地理学》两部划时代著作，全面总结了 19 世纪末叶以前植物生态学的研究成就，标志着植物生态学已作为一门生物科学的独立分支而诞生。

至于动物生态学领域，亚当斯（1913）的《动物生态学的研究指南》、埃尔顿（1927）的《动物生态学》、谢尔福德的《实验室和野外生态学》（1929）和《生物生态学》（1939）、查普曼（1931）的以昆虫为重点的《动物生态学》、Bodenheimer（1938）的《动物生态学问题》等教科书和专著，为动物生态学的建立和发展为独立的生物学分支做出了重要贡献。我国费鸿年（1937）的《动物生态学纲要》也在此时期出版，是我国第一部动物生态学著作。Allee、Emerson 等合写的内容极为广泛的《动物生态学原理》于 1949 年出版时，动物生态学才被认为进入成熟期。由此可见，植物生态学的成熟大致比动物生态学要早半个世纪，并且自 19 世纪初到 19 世纪中叶，是植物生态学和动物生态学平行和相对独立发展的时期。植物生态学以植物群落学研究为主流，动物生态学则以种群生态学为主流。

（三）现代生态学发展期

20 世纪 50 年代以来，生态学吸收了数学、物理、化学、工程技术科学的研究成果，由定性分析向精确定量方向转移。数理化方法、精密灵敏的仪器和电子计算机的应用，使生态学工作者有可能更广泛、更深入地探索生物与环境之间的相互作用，对复杂的生态现象进行定量分析；整体概念的发展，产生出系统生态学等若干新分支。由于世界上的生态系统大都受人类活动的影响，社会经济生产系统与自然生态系统相互交织，实际形成了庞大的复合系统。随着社会经济和现代工业化的高度发展，自然资源、人口、粮食和环境等一系列影响社会生产和生活的问题日益突出。为了寻找解决这些问题的科学依据和有效措施，国际生物科学联合会（IUBS）制定了“国际生物学计划（IBP）”，对陆地和水域生物群系进行生态学研究。1972 年联合国教科文组织等继 IBP 之后，设立了人与生物圈（MAB）国际组织，制定“人与生物圈”计划，组织各参加国开展森林、草原、海洋、湖泊等生态系统与人类活动关系，以及农业、城市、污染等有关的科学研究，从而促使生态学向宏观方向快速发展。

正像许多自然科学一样，生态学的发展经历了由定性向定量，由静态描述向动态分析，逐渐向多层次的综合研究方向发展，与其他学科的交叉研究日益显著。从人类活动对环境的影响来看，生态学正成为自然科学与社会科学的交汇点。在方法学方面，研究环境因素的作用机制离不开生理学方法，离不开物理学和化学技术，而且群体调查和系统分析更离不开数学的方法和技术。在理论方面，生态系统的代谢和自稳态等概念基本是引自生理学。而从物质流、能量流和信息流的角度来研究生物与环境的相互作用则可说是由物理学、化学、生理学、生态学和社会经济学等共同发展出的研究体系。20 世纪 60 年代以来，人类的经济和科学技术获得了史无前例的飞速发展，既给人类带来了进步和幸福，也带来了环境、人口、资源和全球变化等关系到人类自身生存的重大问题。在解决这些重大问题的过程中，生态学与其他学科相互渗透，相互促进，并获得了重大的发展。

三、生态学的分类

传统的生态学认为“生态学是研究以种群、群落、生态系统为中心的宏观生物学”，而“生态学研究的最低层次是有机体”。而现代分子生物学的发展使生态学研究进入到分子水平。因此，现代生态学研究的范畴，按生物组织水平划分，可从分子、个体、种群、群落、生态系统、景观直到全球。

（1）个体生态学　以生物个体为研究对象，探讨生物与环境的关系，特别是生物体对环境的适应性及其机制的科学，其核心是生理生态学。

（2）种群生态学　研究栖息在同一地区同种生物个体的集合体所具备的特性，包括种群的年龄组成、性别比例、数量变动与调节等及其与环境的关系的科学。动物种群生态学是20世纪60年代以前动物生态学的主流。研究种群生态学对保护和合理利用生物资源以及防治有害生物具有特别重要的意义。

（3）群落生态学　研究栖息于同一地域中所有种群集合体的组合特性，它们之间及其与环境之间的相互关系、群落的形成与发展等的科学。植物群落生态学是20世纪60年代以前植物生态学的主体。群落生态学对保护自然环境和生物多样性有重要的指导意义。

（4）生态系统生态学　生态系统生态学主要是研究生态系统的组成要素、结构与功能、发展与演替，以及人为影响与调控机制的生态科学。20世纪60年代以后，全球出现了人口、环境、资源等威胁人类生存的挑战问题，生态系统研究成为生态学研究的主流。

（5）生物圈生态学　生物圈是指地球上全部生物和一切适合于生物栖息的场所，其范围包括大气圈的下层、岩石圈的上层以及全部水圈和土圈。地球上所有生命都在这个“薄层”里生活，故称为生物圈。生物圈生态学主要研究生命必需元素和重要污染物在大气、海洋、陆地之间的生物地球化学循环、海–气交换过程、陆–海相互作用、火山活动、太阳黑子活动、核污染对地球影响及其在全球变化中的作用等。生物圈生态学也称全球生态学，它需要多学科、多部门配合来进行综合性研究，是至今为止尚未充分研究的最高组织层次的生态学。

综上可见，生态学的研究虽然以宏观生物学为主，但现代生态学出现了许多新变化，生态系统成为学科研究的重点对象，同时，学科发展也呈现出“两极化”的态势，在宏观上扩展到生物圈的功能研究，在微观上则向分子领域深入。

随着生态学的发展和应用范围的日益扩大，生态学出现越来越多的分支学科。按照生物类群分类，生态学可分为动物生态学、植物生态学和微生物生态学等。根据生物的不同门类，还可以将它们划分为更小的单位，如动物生态学还可分为哺乳动物生态学、鸟类生态学、昆虫生态学和鱼类生态学等。按照环境或栖息地的类型分类，生态学可分为陆地生态学、淡水生态学和海洋生态学。在更小范围内它们还可细分，如陆地生态学可再划分为森林生态学、草原生态学和荒漠生态学等。

当生态学的理论与人口、资源和环境等实际问题相结合则产生了应用生态学，它是研究人对生物圈的破坏机制及自然资源合理利用原则的科学。目前，应用生态学已发展成为独立的生态学分支，如环境生态学、农业生态学、恢复生态学、污染生态学、自然资源生态学、人类生态学、城市生态学、持续发展生态学、全球生态学等。此外，生态学与其他学科间的相互渗透，形成了一些新型的边缘学科，如数学生态学、化学生态学和经济生态学等。这些交叉学科对推动生态学的发展具有重要意义。其中一个重要的分支就是环境生态学的产生与发展。环境生态学是生态学和环境科学之间的交叉学科，是生态学的重要应用学科之一。20世纪50年代美国海洋生物学家蕾切尔·卡森（R. Carson）出版了《寂静的春天》一书，描述了使用农药造成的严重污染，以及污染物在环境中的转化和污染对生态系统的影响；揭示了人类生产活动与春天的“寂静”间的内在机制；阐述了人类同大气、海洋、河流、土壤及生物之间的密切关系；批评了“控制自然”这种妄自尊大的思想。这些认识有力地促进了生态系统与现代环境科学的结合，推动了环境生态学的发展。如今，环境生态学的研究内容除了涉及经典生态学的基本理论外，更加注重保护和合理利用自然资源，治理被污染和被破坏的生态环境，恢复和重建受损的生态系统，实现保护环境与发展经济的协调，以满足人类生存发展需要，并极大地促进了农业生态与环境保护学科的发展。

第二节　环境与环境问题

一、 环境的定义

环境是一个相对于某个主体而言的客体，它与主体相互依存，它的内容随着主体的不同而不同。主体以外的一切客观事物的总和称之为环境。对于环境科学而言，“环境”的含义是以人类社会为主体的外部世界的总体，即是人类生存、繁衍所必需的、相适应的环境。它不仅包括未经人类改造过的自然环境，如阳光、空气、陆地、土壤、水体、天然森林和草原、野生动物等，还包括经过人类社会加工改造的人工环境，如城市、村落、水库、港口、公路、铁路、空港、园林等。

《中华人民共和国环境保护法》规定，环境是指“影响人类生存和发展的各种天然和人工改造的自然因素的总和，包括大气、水、海洋、土地、矿藏、森林、草原、野生动物、自然遗迹、自然保护区、风景名胜区、城市和乡村等”。这些主要是指自然环境，也包括一部分社会环境。

当然，随着社会的发展，人类认知水平的提高，环境的外延也不断变化，人类已经发现地球的演化发展规律同宇宙天体的运动有着密切的联系，如反常气候的发生，就与太阳的周期性变化密切相关。所以从某种程度上讲，宇宙空间也是环境的一部分。因此要用发展的变化的眼光来认识环境。

二、 环境的分类

环境是一个非常复杂的体系，目前还没有形成统一的分类方法，一般是按照环境的主体、范围、构成要素以及人类对环境的利用或环境的功能等原则进行划分。

按照环境的主体来分，目前有两种体系：一种是以人类作为主体，其他生命物质和非生命物质都被视为环境要素，即环境就是人类的生存环境；另一种是以生物体（界）作为环境的主体，不把人以外的生物作为环境要素。在环境科学中，多数人采用前一种分类方法；在生态学中，一般采用后一种分类方法。

按照环境的范围大小来分类比较简单，如把环境分为特定的空间环境（如“天宫一号”的密封舱环境等）、车间环境（劳动环境）、教室环境、生活区环境、城市环境、区域环境、全球环境和宇宙环境等。

按照环境要素进行分类较为复杂，可分为自然环境和社会环境两大部分。

（1）自然环境　自然环境是目前人类赖以生存、生活和生产所必需的自然条件和自然资源的总和，即阳光、温湿度、气候、空气、水、岩石、土壤、动植物、微生物及地壳的稳定性等自然因素的总和，即直接或间接影响到人类的一切自然形成的物质、能量和自然现象的总和。

（2）社会环境　社会环境是指在自然环境的基础上，人类通过长期有意识的社会劳动，加工和改造了的自然物质、创造的物质生产体系、积累的物质文化等所形成的环境体系，是与自然环境相对的概念。社会环境一方面是人类精神文明和物质文明发展的标志，另一方面又随着人类文明的演进而不断地丰富和发展，所以也有人把社会环境称为文化-社会环境。

狭义的社会环境仅指人类生活的直接环境，如家庭、劳动组织、学习条件和其他集体性社团等。社会环境对人和人的发展进化起着重要作用，同时人类活动给予社会环境以深刻的影响，而人类本身在适应改造社会环境的过程中也在不断变化。

三、环境问题

人类从诞生的那一刻起，就不愿受自然的奴役。人类发现了火，极大地改善了生存环境；人类发明了弓箭，大大提高了劳动生产率……最终人类建立了以自身为中心的人类社会，成为了万物的主宰。因此，人类的发展史可以说是一部同自然抗争的历史。在这不断持久的抗争中，人类喊出了“人定胜天”的豪言……然而，正当人类陶醉于其中时，环境问题却悄然而至。面对它，人类措手不及，无可奈何：土地变成了沙漠，天空变成了灰色……直到这时人类才不得不面对现实，正视环境问题，同环境问题展开一场没有硝烟，但极为艰巨、极为持久的抗争。

环境问题多种多样，归纳起来有两大类：一类是自然演变和自然灾害引起的原生环境问题，如地震、洪涝、干旱、台风、崩塌、滑坡、泥石流等；另一类是人类活动引起的次生环境问题。次生环境问题一般表现为两种形式：一是环境破坏，即由于人类不合理地开发利用自然资源，超过其恢复能力，向自然过度索取物质和能量所造成的环境破坏问题，如水土流失、草原退化、土壤盐渍化、过渡资源枯竭、物种灭绝等；二是环境污染，是指人类生产和生活过程中违背自然规律，任意排放的各种污染物超过了环境容量，破坏了环境的自净能力所造成的环境污染问题，如大气污染、水体污染、土壤污染等。

（1）全球气候变暖　近100多年来，全球平均气温经历了“冷—暖—冷—暖”两次波动，总体为上升趋势。进入20世纪80年代后，全球气温明显上升。1981—1990年全球平均气温比100年前上升了0.48℃。全球变暖会使全球降水量重新分配、冰川和冻土消融、海平面上升等，既危害自然生态系统的平衡，又威胁人类的食物供应和居住环境。

（2）臭氧层破坏　人类生产和生活所排放出的一些污染物，如冰箱空调等设备的制冷剂中的氟氯烃类化合物以及其他用途的氟溴烃类等化合物，可与臭氧层的臭氧（O_3）作用，使其变成氧分子（O_2），这种作用连锁发生，臭氧迅速耗减，使臭氧层遭到破坏。南极的臭氧层空洞，就是臭氧层破坏的一个最显著的标志。到1994年，南极上空的臭氧层破坏面积已达2400万km^2。北半球上空的臭氧层也比以往任何时候都薄，欧洲和北美上空的臭氧层平均减少了10%～15%，西伯利亚上空甚至减少了35%。

（3）酸雨危害　酸雨是由于空气中二氧化硫（SO_2）和氮氧化物（NO_x）等酸性污染物引起的pH小于5.6的酸性降水。受酸雨危害的地区，出现了土壤和湖泊酸化，植被和生态系统遭受破坏，建筑材料、金属结构和文物被腐蚀等一系列严重的环境问题。

（4）资源、能源短缺　当前，资源和能源短缺问题已经在大多数国家甚至全球范围内出现。尤其是水资源严重匮乏，全球仅有的1%淡水中，25%为工业用水，70%为农业用水，只有很少的一部分可供饮用和其他生活用途。然而，在这样一个缺水的世界里，水却被大量滥用、浪费和污染，加之区域分布不均匀，致使世界上缺水现象十分普遍，全球淡水危机日趋严重。

（5）森林锐减　由于世界人口增长，对耕地、牧场、木材的需求量日益增加，导致对森林的过度采伐和开垦，使森林受到前所未有的破坏。据统计，全世界每年约有1200万hm^2的森林消失，其中占绝大多数的是对全球生态平衡至关重要的热带雨林，尤以巴西的亚马逊州情况最为严重，平均每5s就有差不多一个足球场大小的森林消失。此外，亚太地区、非洲的热带雨林也在遭到破坏。

（6）荒漠化　全球现有12亿多人受到荒漠化的直接威胁，其中有1.35亿人在短期内有失去土地的危险。荒漠化已不再是单纯的生态环境问题，它逐渐演变成为经济问题和社会问题，若不加以阻止，荒漠化将给人类带来贫困和社会不稳定的问题。

（7）生物多样性锐减　据《世界自然资源保护大纲》估计，世界上每年至少有 5 万种生物物种灭绝，平均每天灭绝的物种达 140 个。由于人口增长和经济发展对生物资源的不合理利用和破坏，中国的生物多样性所遭受的损失也非常严重，大约有 200 个物种已经灭绝；估计有 5000 种植物在近年内处于濒危状态，大约 398 种脊椎动物也处在濒危状态，保护和拯救生物多样性以及这些生物赖以生存的生活条件，同样是摆在我们面前的重要任务。

(8) 垃圾成灾　全球每年产生垃圾近 100 亿 t，而且处理垃圾的能力远远赶不上垃圾增加的速度。危险垃圾，特别是有毒、有害垃圾的处理问题（包括运送、存放），造成的危害更为严重、产生的危害更为深远，已成为当今世界各国面临的一个十分棘手的环境问题。

(9) 有毒化学品污染　据估计，全球市场上有 7 万～8 万种化学品。对人体健康和生态环境有危害的约有 3.5 万种。其中有致癌、致畸、致突变作用的为 500 余种。随着工农业生产的发展，如今每年又有 1000～2000 种新的化学品投入市场。由于化学品的广泛使用，全球的大气、水体、土壤乃至生物都受到了不同程度的污染、毒害，连南极的企鹅也未能幸免，如果不采取有效防治措施，将对人类和动植物造成严重的危害。

(10) 人口爆炸　人口、资源、环境是困扰当今社会最严峻的问题，而人口问题则是这些问题中起关键作用的因素。人口的大量增加以及城市的无序扩大，使城市的生活条件恶化，同时造成拥挤、水污染、卫生条件差、无安全感等一系列问题，对环境产生了严重破坏。

综上所述，我们可以看出，环境问题是在人类社会和经济的发展过程中逐渐产生的，是经济发展与环境保护的矛盾表现，是人与自然关系失调的结果。正如世界银行的经济学家所分析的那样，当决定使用资源的人忽视或低估环境破坏给社会造成的损失时，就会出现环境退化。

四、 环境安全

环境安全是环境科学和可持续发展研究中的一个新概念、新问题，它是用安全的视角重新审视和思考日益严重的环境问题对某一区域、某一国家甚至整个人类社会的生存与发展构成的根本威胁。环境安全也称生态安全或生态环境安全，是指实现人类生存和发展所处的生态环境，保持土地、水源、天然林、地下矿产、动植物资源、大气等自然资本的保值、增值、永续利用，避免因自然资源衰竭而生产率下降，因环境污染和退化给社会生活和生产造成短期灾害和长期不利影响，甚至危及人类的生存和发展的状态。当前，环境安全问题呈现出以下新特征。

（一）复杂性

影响环境安全的因素除了大气环境、水环境、固体废弃物处理等，还有其他一些因素，包括外来生物入侵、农药滥用和畜禽养殖污染等，这些因素如果不加以重视和应对，其对环境安全的影响是非常严重的。比如被喻为“紫色恶魔”的凤眼莲在全球范围造成的生物入侵，严重危及土著群落的生物多样性，影响农业生产，受入侵物种影响的国家和地区付出了巨大的生态和经济代价。又如人们在利用农药杀灭病菌和害虫时，也会造成环境污染，对包括人类、动物、植物在内的多种生物造成危害。许多农药是不易分解的化合物，被生物体吸收以后，会在生物体内不断积累，致使这类有害物质在生物体内的含量远远超过在外界环境中的含量，这称为生物富集作用。

（二）广泛性

在全球化背景下，环境安全问题既来源于本国的环境安全威胁，也来源于全球化进程中的污染转嫁、资源掠夺、生态难民跨界迁徙、越界污染等环境安全威胁，这使环境安全问题具有广泛性的特点。

（三）滞后性

人类活动对环境的影响、危害总是在一定时间后才逐步表现出来，如大气中化学性污染物的浓度比较低时，对人体主要产生慢性毒害作用。科学研究表明，城市大气的化学性污染是慢性支气管炎、肺气肿和支气管哮喘等疾病的重要诱因。

（四）隐蔽性

因为环境自身具有一定的污染消耗能力，使得人类肆意向自然界排放污染物，而当污染累积到自然环境承受的“临界点”时，环境安全问题就产生并显现出来了（在这之前都是隐性的）。环境安全问题一旦爆发，就会在社会各个领域集中显现，如水环境中酸性物质过度、空气环境中颗粒物超标、土壤环境中重金属超标等都会对人体健康、动植物生长造成直接或间接影响。

第三节　农业生态与环境保护

一、我国农业生态环境问题

在长期的社会和经济发展中，农业作为我国生产农产品、稳定社会发展的重要基础，其生产性功能得到了长足发展，然而也产生了突出的环境问题，如土壤耕作层变薄、地下水超采、土壤污染加重、农产品质量堪忧等。另外，单一农业的集约化、规模化发展致使农业生态系统自我调节能力减弱、防灾抗灾减灾能力低，农业应对气候变化等多元化目标的实现与可持续发展面临的新挑战、不确定性因素增多。当前农业生态环境领域存在的问题主要体现在局部污染形势严峻、资源利用率较低、污染纵深治理需求增大、生态功能开发滞后和环保科技支撑力不足五个方面。

（一）环境污染形势依然严峻

2014年《全国土壤污染状况调查公报》显示，全国土壤总的点位超标率为16.1%，其中轻微、轻度、中度和重度污染点位比例分别为11.2%，2.3%，1.5%和1.1%。各土地利用类型中，耕地土壤点位超标率最高，为19.4%。据《2018中国生态环境状况公报》显示，辽河流域、海河流域等呈中度污染，松花江流域、淮河流域等呈轻度污染，太湖、滇池等湖泊呈轻度污染。从污染分布来看，总体呈现出流域化和区域化分异的特点，东南沿海和南方部分地区呈现多种污染物（如重金属、抗生素、农药等）的复合污染状况。

（二）资源利用率较低

2017年，我国水稻、玉米、小麦三大粮食作物化肥利用率为37.8%，农药利用率为38.8%，化肥和农药使用量均居世界第一，但其利用率比发达国家低10~20个百分点。此外，2016年公布实施的《关于推进农业废弃物资源化利用试点的方案》明确指出，全国每年产生畜禽粪污38亿t，其综合利用率低于60%；年生猪病死淘汰量约6000万头，集中无害化处理比例不高；每年产生秸秆近9亿t，资源化利用率约70%；农用塑料薄膜（简称农膜）使用量200多万t，回收率不足2/3。

（三）环境污染纵深治理的需求增大

目前从我国严格控制源头污染、注重过程监管和末端治理的情况来看，城市污染逐渐向农村转移，农业农村环境污染则具有从单一污染元素向复合污染转变、单一防治向综合体系防治转变、从田块尺度向流域或全域尺度防治转变的特点，在满足“边生产边修复”、不断提升产地生态环境质量与安全、保障农产品质量安全的要求下，对研发、推广应用适合区域生态环境特点的多目标复合型污染修复技术和体系的纵深治理需求不断增加。

（四）农业生态功能开发严重滞后

长期以来，由于人口增长的压力，我国在农业生态环境功能的开发方面过度强调生产功能，而忽视农业生态系统的多功能建设，特别是生态增值服务功能，导致生态环境问题突出、发展不平衡，加之发展受到人口、资源与环境的双重制约，严重威胁农产品质量安全，农业生态功能开发相对落后，农业成为环境污染的最大受害者。

（五）生态环境保护的科技支撑力不足

近年来虽然我国在农业生态环境科技创新领域的投入不断增加，大量科技创新成果不断涌现，在防治生态环境局部污染方面发挥了积极作用。但从生态环境污染治理的实践来看，投入比较分散，重点突出但内聚力不够，科技整体创新度和产业关联度有待进一步提升。特别是进入新时代以来，我国农林生态环境污染治理与生态环境保护的需求不断增加，应对未来农业农村生态环境污染整治体系化和区域/流域尺度的面源污染全程治理的挑战，我国在农林生态系统保育、生态功能多元化开发与科学利用、绿色发展与增值服务、区域尺度农田土壤污染治理等方面仍然存在不少短板，科技创新支撑力和储备依然不足，特别是适应和支撑未来发展的许多“卡脖子”理论、关键核心技术以及产品装备研发还未完全突破，大部分成果还没有完全熟化落地。面对广大人民群众对美好生态环境的需求，农业生态环境领域科技创新仍然任重道远。

二、 农业生态环境保护

农业生态环境问题具有长期性、积累性、隐蔽性等特点，农业生态环境和产地环境质量直接关系到农业农村的可持续发展，也影响我国农产品质量安全。针对未来生态文明、绿色发展和建设美丽中国的现实需求，在新形势、新任务、新需求的大背景下，从大农业范围来看，农业生态环境领域重点方向应该在污染防治、绿色生产、生态保育三大方向，创新农业生态环境退化、维持、提升、评价理论，形成山、水、林、田、湖、草良好生态环境培育技术体系，坚持绿色生态导向，兼顾经济发展和生态环境保护，构建高产、高效、优质、安全、可持续的生态工程。

随着人们环境意识的不断提升，保护生态环境就是保护和提升生产力、保护生态环境就是保护和延续人类自身的理念已深入人心，人们也充分认识到高质量的农业农村环境是实现农产品质量安全和人居环境质量提升的重要保障，也是实现农业绿色发展、促进农业可持续发展、推进生态文明建设的重要基础，农业生态环境安全直接影响生态文明建设的质量和国家整体生态安全。面对未来发展的需求，农业生态环境保护应该集中在以下几个方面：①为农业农村可持续发展、实现乡村振兴战略目标提供良好的生态环境基础和强有力的科技支撑，促进社会和经济的健康可持续发展。②为农产品质量安全和数量提升提供坚实的技术保障，满足广大人民群众对安全、营养、健康食物的供应需求。③科学合理地开发农业生态系统，提供良好的多功能农业生态化产品，为进一步提高广大人民生活质量和水平、丰富广大人民群众的生活内涵提供坚实的技术保障和服务。④为构建稳定、安全、可持续发展的农业生态系统提供支撑，进一步夯实国家生态安全和生态文明建设的基石。

三、 农业生态学的目标与任务

农业生态学是研究农业生物（包括农业植物、动物和微生物）与农业环境之间相互关系及其作用机理和变化规律的科学，其基本任务是要协调农业生物与其他生物、农业生物与环境的相互关系，维护农业生态平衡，促进农业生态与经济良性循环，实现“三大效益（经济效益、社会效益和生态效益）”同步增长，确保农业可持续发展。

农业生态系统是以人类为中心，在一定社会和自然条件下，以作物、家畜、鱼类、林木、土壤为物质基础所构成的一个非闭合的物质循环和能量转化体系，是在人类、社会、经济体系作用下的以农业植物群落和人类农业经济活动为中心而建立的生态系统。

初期，农业生态学主要围绕农作物与农田土壤、气候、杂草的相互关系及其对农作物的影响而展开，同时也关注环境对作物分布的影响和作物的适应能力等方面内容。20 世纪 30 年代，农业生态学研究关注的重点是农作物和生态环境的关系，主要目的是调节环境适应作物生长，促进农业生产发展，未将农业生产和环境当作一个完整的生态系统来研究。因此，这个时期的农业生态学没有受到关注。20 世纪 70 年代以后，将农业生态系统作为研究的重点，研究系统中的物质循环、能量流动等，并注意研究系统整体内组分的相互关系，使农业生态学研究领域和层次扩宽，生态系统水平的农业生态学逐步建立起来。1981 年召开了全国农业生态学研讨会，随后又多次召开了有关农业生态的全国性学术研讨会，对农业生态学的理论、内容体系等进行研讨。到了 20 世纪 90 年代，保护资源与环境、促进可持续发展成为全球性社会经济发展主题。步入 21 世纪，气候变暖、粮食安全、资源生态安全等再次成为全球关注的热点问题，农业生态学的研究领域得到不断扩展和深入，围绕农业生产对全球气候变化的生态影响与适应策略，农业面源污染防治与农产品产地环境安全、农业清洁生产与循环农业发展、外来生物入侵及其控制等方面的研究，开始成为农业生态学研究的新的重点和任务。

农业生态学的任务就是要研究农业生态系统内外相互关系的基本规律，探讨最佳农业生态系统或生态农业模式，协调农业的社会效益、经济效益和生态效益，促进农业的可持续发展。农业生态学研究通常要涉及农业生态系统、农业景观和农业区域水平的研究，这些体系要比农田作物栽培、畜禽养殖、病虫控制等传统农业研究的对象更大和更复杂，为了有效展开相关研究，采用一些适当的研究策略，显得相当重要。

第一要选适当的研究单位。由于农业生态学研究涉及系统的社会效益、经济效益和生态效益三大效益，故而选择经济上和生态上都相对独立的研究对象很重要，可以是一块农田、一个桑基鱼塘或者一个分水岭自然划界的小流域、一个灌区等。第二是要选择合适的研究层次。农业生态学不是单向技术研究或者农业生产分析，而是农业生态系统组分之间的重要物理、化学和生物相互作用，以及由于这些相互作用引起的技术体系变化。第三要实施多学科协作，综合土壤学、植物学、动物学、气候学等多个学科的知识和实践，才能探索出最佳的农业生态模式。

农业生态学的定义、目标与任务（微课）

本章小结

本章主要介绍了生态学的概念和生态学在不同阶段的发展以及现代生态学的分类及发展趋势；介绍了环境的定义及分类；介绍了环境问题和环境安全的来源、定义及特性；对现阶段我国环境存在的问题进行了简单的梳理；介绍了当前我国农业环境存在的主要问题及下一步农业环境保护的重点方向；介绍了农业生态学的概念、发展及任务。

复习思考题

1. 解释概念：生态学、环境、自然环境、社会环境、环境问题、农业生态学、农业环境保护。
2. 生态学为何受到人类的如此重视？
3. 我国现阶段存在的环境问题有哪些？
4. 气候变化对农业生产有什么影响？
5. 农业非点源污染有哪些？
6. 如何做好我国农业环境保护工作？

资料收集

以家乡所在地为主，调查当地农业环境污染源主要有哪些，做成 PPT 在班级中交流。

查阅文献

利用课外时间阅读《寂静的春天》《增长的极限》《只有一个地球》等书籍，了解人类对于生态和环境保护的认识过程。

习作卡片

调查家乡所在地农业环境污染状况，提出具有针对性的意见和建议，做成卡片，等学完本课程后再提出解决农业环境污染的意见建议，对比两者是否有区别。

课外阅读

明天的寓言

从前，在美国中部有一个城镇，这里的一切生物看起来都与其周围环境相处得很和谐。这个城镇坐落在棋盘般排列整齐的繁荣的农场中央，其周围是庄稼地，小山下果园成林。春天，繁花像白色的云朵点缀在绿色的原野上；秋天，透过松林的屏风，橡树、枫树和白桦闪射出火焰般的彩色光辉，狐狸在小山上叫着，小鹿静悄悄地穿过了笼罩着秋天晨雾的原野。

沿着小路生长的月桂树、荚蒾和赤杨树以及巨大的羊齿植物和野花在一年的大部分时间里都使旅行者感到目悦神怡。即使在冬天，道路两旁也是美丽的地方，那儿有无数小鸟飞来，在出露于雪层之上的浆果和干草的穗头上啄食。事实上郊外正以其鸟类的丰富多彩而驰名，当迁徙的候鸟在整个春天和秋天蜂拥而至的时候，人们都长途跋涉地来这里观看它们。另有些人来小溪边捕鱼，这些洁净又清凉的小溪从山中流出，形成了绿荫掩映的生活着鳟鱼的池塘。这里一直是这个样子，直到许多年前的一天，第一批居民来到这儿建房舍、挖井筑仓，情况才发生了变化。

从那时起，一个奇怪的阴影遮盖了这个地区，一切都开始变化。一些不祥的预兆降临到村落里：神秘莫测的疾病袭击了成群的小鸡；牛羊病倒和死亡。到处是死神的幽灵。农夫们述说着他们家庭的多病。城里的医生也愈来愈为他们的病人中出现的新病感到困惑莫解。不但在成人中，在孩子中也出现了一些突然的、不可解释的死亡现象，这些孩子在玩耍时突然倒下了，并在几小时内死去。

一种奇怪的寂静笼罩了这个地方。比如说：鸟儿都到哪儿去了呢？许多人谈论着它们，感到迷惑和不安。园后鸟儿寻食的地方被冷落了。在一些地方仅能见到的几只鸟儿也气息奄奄，它们战栗得很厉害，飞不起来。这是一个没有声息的春天。这儿的清晨曾经荡漾着乌鸦、鸫鸟、鸽子、樫鸟、鹪鹩的合唱以及其他鸟鸣的音浪；而现在一切声音都没有了，只有一片寂静覆盖着田野、树林和沼地。

农场里的母鸡在孵窝，但却没有小鸡破壳而出。农夫们抱怨着他们无法再养猪了——新生的猪仔很小，小猪病后也只能活几天。苹果树的花要开了，但在花丛中没有蜜蜂嗡嗡飞来，所以苹果花没有得到授粉，也不会有果实。

曾经那么吸引人的小路两旁，现在排列着仿佛火灾劫后的、焦黄的、枯萎的植物。被生命抛弃了的这些地方也是寂静一片，甚至小溪也失去了生命；钓鱼的人不再来访问它，因为所有的鱼已死亡。

在屋檐下的雨水管中，在房顶的瓦片之间，一种白色的粉粒还在露出稍许斑痕。在几星期之前，这些白色粉粒像雪花一样降落到屋顶、草坪、田地和小河上。

不是魔法，也不是敌人的活动使这个受损害的世界的生命无法复生，而是人们作茧自缚。

——摘自蕾切尔·卡森《寂静的春天》

第二章

农业生态系统

学习目标

了解生态系统的概念，理解生态系统的特点及功能；掌握种群的定义、分类及特征；掌握生物群落的定义、组成及特征；掌握农业生态系统的组成、基本结构和功能；具备系统思想，牢固树立生命共同体理念。

第一节　生态系统

一、 生态系统的概念

生态系统一词由英国生态学家坦斯利于 1935 年最先提出。事实上，在 19 世纪末期，几乎同时出现了许多关于生态系统方面的论述，坦斯利在前人的基础上，吸取其他学科的精华，突破了经典生态学的束缚，提出了“生态系统”的概念。他认为，“生态系统不但包括生物复合体，而且包括了人们称为环境的各种自然因素的复合体”，他强调生物与环境是不可分割的整体，强调了生物成分和非生物成分在功能上的统一，把生物成分和非生物成分看成一个统一的自然实体——生态系统。

在同一个时代，植物生态学家苏卡乔夫提出了“生物地理群落”的概念。生物地理群落是指地球表面的一个地段内，动物、植物、微生物与地理环境组成的功能单位。他强调在一个空间内，生物群落中各个成员和自然地理环境因素之间是相互联系在一起的整体。

在坦斯利提出生态系统以后，又有许多学者提出类似的概念，如生物系统和生物宇宙体等，但因它们不如生态系统的概念简明，没有得到广泛使用。

实质上，生态系统和生物地理群落的概念都是把生物和非生物环境看成是相互影响、彼此依存的统一体，因此，在1965年丹麦的哥本哈根会议上统一了这两个概念，自此以后，生态系统这一概念得到了广泛的使用。

生态系统的地位被确立后，其定义也随着认识的深入而发生变化，著名生态学家奥德姆在1971年这样定义生态系统：生态系统就是包括特定地段中的全部生物（即生物群落）和物理环境相互作用的任何统一体，并且在系统内部，通过能量的流动形成一定的营养结构、生物多样性和物质循环（即生物与非生物之间的物质交换）。

目前，生态系统的定义为：生态系统是一定时间和空间范围内，生物和非生物成分通过物质循环、能量流动和信息交换而相互作用、相互依存所构成的具有一定结构和功能的一个生态复合体。

生态系统是客观存在的，它有时间和空间的概念，并且通过物质循环、能量流动和信息传递把这些生物与环境统一起来，形成一个以生物为主体，具有完整生态功能的复合体。

生态系统的范围非常广泛，大到地球上最大的生态系统——生物圈，小到一个池塘、一块草地，甚至于一个小小的脚印由于雨水积聚而有一些简单的生物生存其中，都可看作是一个生态系统。

二、 生态系统的基本组成

生态系统的组成成分是指系统内所包括的若干类相互联系的各种要素。任何一个生态系统都由生物成分和非生物成分组成，也称之为生命系统和环境系统或生命成分和非生命成分（表2-1）。

表2-1　　生态系统基本组成

生态系统	生物成分	生产者	绿色植物、藻类、化能合成细菌、光合细菌等其他自养生物
		消费者	草食动物、肉食动物、杂食动物、腐食动物、寄生动物
		分解者	细菌和真菌为主的微生物等
	非生物成分	气候因素	光照、温度、湿度、降水、气压、雷电等
		无机物质	氧、氮、磷、硫、二氧化碳、水和无机盐等
		有机物质	蛋白质、糖类、脂类、腐殖质等

（一）生物成分

生态系统的生物成分按其功能可划分为三部分：生产者、消费者和分解者。

1. 生产者

这里的生产者主要指初级生产者，是指能利用以太阳能为主的各种能源将简单无机化合物合成复杂有机物的所有自养生物，主要包括绿色植物，也包括化能合成细菌与光合细菌，它们都是自养生物。植物与光合细菌利用太阳能进行光合作用合成有机物，化能合成细菌利用某些物质氧化还原反应释放的能量合成有机物，比如硝化细菌通过将氨氧化为硝酸盐的方式利用化学能合成有机物。

绿色植物通过光合作用把水和二氧化碳等无机物合成碳水化合物、蛋白质和脂肪等有机化合物，并把太阳辐射能转化为化学能，储藏在有机物的化学键中，既为植物体本身的生存、生长、发育和繁殖等提供营养物质和能量，又直接或间接为消费者和分解者提供能量来源，所以说生产者是生态系统所需一切能量的基础，是生态系统的核心。

生产者在生物群落中起基础性作用，它们将无机环境中的能量同化，同化量就是输入生态系统的总能量，维系着整个生态系统的稳定，其中，各种绿色植物还能为各种生物提供栖息、繁殖的场所。生产者是连接无机环境和生物群落的桥梁。

2. 消费者

消费者指以动植物为食的异养生物，消费者的范围非常广泛，包括了几乎所有动物和部分微生物，它们不能直接利用太阳辐射能或其他非生物能源，只能通过捕食和寄生关系直接或间接地利用植物而获得营养和能量，在生态系统中传递能量。

以生产者为食的消费者被称为初级消费者，又称为一级消费者，主要是草食动物，是直接以植物为食的动物，如牛、马、羊、鹿、植食性昆虫等。

以初级消费者为食的被称为次级消费者，其后还有三级消费者与四级消费者，主要是以草食动物或其他的肉食动物为食的肉食动物。直接以草食动物为食的肉食动物为二级消费者，如蜘蛛、蛙、肉食性昆虫等；以二级消费者为食的肉食性动物为三级消费者，如狐、狼、蛇等；以三级消费者为食的肉食性动物则为四级消费者，如狮、虎、豹、鹰等，依次类推。

杂食性动物既是一级消费者，又是二级消费者或三级消费者；寄生者是特殊的消费者，寄生在其他动植物身体上，靠吸取宿主营养为生；腐生动物则以腐烂的动植物残体为食。

同一种消费者在一个复杂的生态系统中可能充当多个级别，杂食性动物尤为如此，它们可能既吃植物（充当初级消费者），又吃各种食草动物（充当次级消费者），有的生物所充当的消费者级别还会随季节而变化。

一个生态系统只需生产者和分解者就可以维持运作，数量众多的消费者在生态系统中起加快能量流动和物质循环的作用，可以看成是一种“催化剂”。

3. 分解者

分解者又称还原者，它们是一类异养生物，主要是各种微生物（以腐生的细菌和真菌为主)，也包括某些原生动物和腐食性动物（如食枯木甲虫、白蚁、蚯蚓、蜣螂和某些软体动物等)。

它们以动植物的残体和排泄物中的有机物质作为维持生命活动的食物来源，并把复杂的有机物分解为简单化合物，最终成为无机物质，归还到环境中，供生产者再度吸收利用。分解者在生态系统的物质循环和能量流动中具有重要意义。大约90%的陆地生物都需经分解者分解归还大地，再经传递作用，输送给绿色植物进行光合作用。

因此分解者、生产者与无机环境就可以构成一个简单的生态系统。分解者是生态系统的必要成分，分解者是连接生物群落和无机环境的桥梁。

一个生态系统中的各种生物互相由食物关系而连接起来，形成食物链，例如兔子吃草，狐狸吃兔子，老虎又吃狐狸，可以表示为草—兔子—狐狸—老虎食物链。食物链一般包括若干个环节，每个环节可作为一个营养级，而能量则是沿着食物链从一个营养级流动到另一个营养级。能量沿着太阳—生产者—消费者—分解者的途径流动，在这个过程中，能量不断散失。

消费者并不全都是在一个营养级中，草食者兔子是一级消费者，吃兔子的狐狸属于二级消费者，而吃狐狸的老虎则属于三级消费者。一般说来，食物链的环节不会超过五个，因为能量在沿食物链营养级流动时不断减少，流经几个营养级后，所剩下能量已不足以再维持下一个营养级的生命了。

在生态系统中，一种消费者常常不是只吃一种食物，而同一种食物又可能被不同的消费者所食。因此，各食物链又相互交错地连结在一起而形成复杂的食物网。

（二）环境组分（非生物成分）

无机环境是生态系统的非生物组成部分，包含阳光以及其他所有构成生态系统的基础物质，生物环境不仅包括对其有影响的种种自然环境条件，还包括生物有机体的影响和作用。

植物除了地球本身所提供的物质条件之外，最根本的能源动力是由太阳辐射所提供的。有了无机物质和能源的供应，植物体再将能源储存，通过植物体的生命活动，才能转化成为有机物质和有机能源，并不断地转化、传递、循环下去。因此，太阳和地球是植物最根本的环境基础，可以说，一切环境特征都是由此产生的，这就是植物的宇宙环境和地球环境，奠定了生态学上的宏观概念。

在大约100亿年前地球形成后，第一批生物诞生时，它们遇到的环境是水、空气和地表岩石的风化壳，全是无机环境。之后在生物的作用下，岩石圈的表面形成了土壤圈，构成半生命半有机环境。大气圈以对流层、水圈、岩石圈和土壤圈的综合作用，共同组成了地球的生圈环境。

1. 大气圈

地球表面的大气圈，虽然厚度在1000km以上，但直接构成植物气体环境的部分，只是下部对流层，厚度约16km。大气中有植物生命所必需的成分，如光合作用中所需要的CO_2和呼吸作用中所需要的O_2等。对流层中含有水气、粉尘和化学物质等，由于气温的作用，可以形成为风、雨、霜、雪、冰雹等，一方面调节地球环境的水分平衡，有利于植物的生长发育；另一方面，也会给植物带来破坏和损伤。臭氧幕在大气圈的形成，对整个地球表面的生物构成有利的保护。

2. 水圈

地球表面有71%的面积为海洋和江河湖泊所覆盖，还有地下水、气体水及雪山冰盖的固体水，构成植物丰富的水物质基础。液体水中还溶有各种化学物质、各种溶盐和矿物质、有机营养物质等，提供植物生长的需要。由于各个地区的水质不同，构成了植物环境的生态差异，例如海水和淡水、碱水和酸水等，都是植物的不同环境。液态水通过蒸发、蒸腾，转化为气态水，再转化为降水回到地面上，构成了水分的循环。据估计，生物的吸收、蒸腾、蒸发作用使地球水圈的全部水分，约每两千年循环一次。大气中的水热条件结合起来，就能产生千变万化的地区气候特性，成为影响地球植被类型分布的重要因素。

3. 岩石圈

岩石圈指的是地球表层30~40km厚度的地壳，成为大气圈、水圈、土壤圈以及生物圈存在的牢固基础，没有岩石圈就没有地球表面的一切。岩石圈中储藏着丰富的化学物质，成为植物生长所需要的矿质营养宝库，矿质养分溶解于地下水，转移到土壤中，再由植物的根吸收到植物体内。由于各种岩石的厚度及组成成分不同，其风化所形成的土壤性质就有很大差异，这又为植物的生存创造了各种不同的土壤环境，成为影响植被分布的又一个重要因素。

4. 土壤圈

岩石圈表面的风化壳是土壤的母质，母质中含有丰富的矿物质，还不能算是真正的土壤，再加上水分、有机物及有生命的生物体，特别是微生物群，在长时间的作用下，才形成了真正的土壤。土壤覆盖在陆地表面及海水和淡水的底层上，形成地球表面一层很薄的土壤圈层。土壤和其他自然圈的性质完全不同。土壤圈是在生物圈进化过程中，有了生物的作用后才形成的，但反过来又成为绿色植物必不可少的基地。土壤圈和植物之间的关系非常密切，改良土壤，就可以控制和促进植物的生长发育，获得优质高产，这是农业生产措施的常识。

5. 生物圈

生活在大气圈、岩石圈、水圈和土壤圈的界面上的生物圈，构成了一个有生命的、具有再生产能力的生物圈。其中绿色植物层给地球穿上了一件绚丽多彩的艳装。

根据生物分布的幅度，生物圈的上限可达海平面以上10km的高度，下限可达海平面以下12km的深度。在这一广阔的范围内，最活跃的是生物。其中绿色植物能在生命活动过程中截取太阳的辐射能量，吸收土壤中的水分和养分，扎根在风化的岩面上，吸收大气中的 CO_2 和 O_2 等，使地球各个自然圈之间，发生互相联系，及各种物质和能量相互渗透，构成一个整体，形成了地球表面所有物质能量的运动，以生物转化和循环为中心，向着越来越丰富的方向发展。

生物圈中的植物层，称为植被。植被在地球环境中的作用具有重大的意义。地球上总的生物生产量中，植被占 99%，因此，植被在地球表面上，对于能量转化和物质循环过程，是一个十分重要和稳定的因素。植被不仅有很高的经济效益，还有改造环境、净化环境、稳定氧气库的作用，这种生态效益，更是一切生物，包括人类在内，不可缺少的地球环境生态平衡条件。

三、生态系统的特点

（一）开放性

生态系统是一个不断同外界环境进行物质和能量交换的开放系统。在生态系统中，能量是单向流动的，即从绿色植物接收太阳光能开始，到生产者、消费者、分解者以各种形式的热能消耗、散失，不能再被利用形成循环。而维持生命活动所需的各种物质，如 C、H、O、N 等元素，则以无机物形式先进入植物体内，然后以有机物的形式从一个营养级传递到另一个营养级，最后有机物经微生物分解为各种元素而重新释放到环境中，并被生物的再次循环所利用。生态系统的有序性和特定功能的产生，是与这种开放性分不开的。

（二）运动性

生态系统是一个有机统一体，它总是处于不断的运动之中。在相互适应调节状态下，生态系统呈现出一种有节奏的相对稳定状态，并对外界环境条件的变化表现出一定的弹性。这种稳定状态，即是生态平衡。在相对稳定阶段，生态系统中的运动（能量流动和物质循环）对其性质不会发生影响。因此，所谓平衡是动态平衡，也就是这种随着时间的推移和条件的变化而呈现出的一种富有弹性的相对稳定的运动过程。

（三）自我调节性

生态系统作为一个有机的整体，在不断与外界进行能量和物质交换的过程中，通过自身的运动而不断调整其内在的组成和结构，并表现出一种自我调节的能力，以不断增强对外界条件变化的适应性、忍耐性，维持系统的动态平衡。只当外界条件变化太大或系统内部结构发生严重破损时，生态系统的这种自我调节功能才会下降或丧失，以致造成生态平衡的破坏。当前，环境问题的严重性就在于打乱以致破坏了全球或区域生态系统的这种自我适应、自我调节功能。

（四）相关性与演化性

任何一个生态系统，虽然有自身的结构和功能，但又同周围的其他生态系统有着广泛的联系和交流，很难把它们截然分开，由此表现出一种系统间的相关性。对一个具体的生态系统而言，它总是随着一定的内外条件的变化而不断地自我更新、发展和演化，表现为一种产生—发展—消亡的历史过程，呈现出一定的周期性。

四、 生态系统的功能

生态系统的功能主要表现为生物生产、能量流动和物质循环，它们是通过生态系统的核心部分——生物群落来实现的。

（一）生态系统的生物生产

生态系统的生物生产是指生物有机体在能量和物质代谢的过程中，将能量、物质重新组合，形成新的产物（碳水化合物、脂肪、蛋白质等）的过程。绿色植物通过光合作用，吸收和固定太阳能，将无机物转化成有机物的生产过程称为植物性生产或初级生产；消费者利用初级生产的产品进行新陈代谢，经过同化作用形成异养生物自身物质的生产过程称为动物性生产或次级生产。

植物在单位面积、单位时间内，通过光合作用固定的太阳能量称为总初级生产量。总初级生产量减去植物因呼吸作用的消耗，剩下的有机物质即为净初级生产量。它们之间的关系为净初级生产量=总初级生产量-呼吸作用的消耗。

与初级生产量相关的另一个概念是生物量，对于植物来说，它是指单位面积内植物的总重量。某一时间的植物生物量就是在此时间以前所积累的初级生产量。

单位地面上植物光合作用累积的有机物质中所含的能量与照射在同一地面上日光能量的比率称为光能利用率。绿色植物的光能利用率平均为 0.14%，在运用现代化耕作技术的农田生态系统中光能利用率也只有 1.3%左右。地球生态系统就是依靠如此低的光能利用率生产的有机物质维持着动物和人类的生存。

（二）生态系统的能量流动

生态系统的生物生产是从绿色植物固定太阳能开始的，太阳能通过植物的光合作用被转变为生物化学能，成为生态系统中可利用的基本能源。生态系统各成分之间能量流动的一个重要特点是单向流，表现为能量的很大部分被各营养级的生物所利用，通过呼吸作用以热的形式散失，而这些散失到环境中的热能不能再回到生态系统中参与能量的流动，因为尚未发现以热能作为能源合成有机物的生物体，而用于形成较高营养级生产量的能量所占比例却很小。

生态系统内的能量传递和转化遵循热力学定律。根据热力学第一定律，输入生态系统的能量总是与生物有机体储存、转换的能量和释放的热量相等，从而保持生态系统内及其环境中的总能量值不变。根据热力学第二定律，生态系统的能量随时都在进行转化和传递，当一种形式的能量转化成另一种形式的能量时，总有一部分能量以热能的形式消耗掉。

如前所述，每经过一个营养级，都有大量的能量损失掉。那么，生态系统能量转化的效率究竟有多大呢？美国学者林德曼测定了湖泊生态系统的能量转化效率，得出平均为10%的结果，即在能量从一个营养级流向另一个营养级的过程中，大约有90%的损失量，这就是著名的“十分之一定律”。比如一个人若靠吃水产品增加0.5kg的体重，就得食用5kg的鱼，这5kg的鱼要以50kg的浮游动物为食，而50kg的浮游动物则需消耗约500kg的浮游植物。由于这一定律来自对天然湖泊的研究，所以比较符合水域生态系统的情况，并不适用于陆地生态系统。一般来讲，陆地生态系统的能量转化效率要比水域生态系统低，因为陆地上的净生产量只有很少的部分能够传递到下一个营养级，大部分则直接被传递给了分解者。

（三）生态系统的物质循环

生态系统的发展和变化除了需要一定的能量输入之外，实质上包含着作为能量载体的各种物质运动。例如当绿色植物通过光合作用，将太阳能以化学能的形式储存在合成的有机物质之中时，能量和物质的运动并存。自然界的各种元素和化合物在生态系统中的运动为一种循环式的流动，称生物地球化学循环。

五、生态系统的类型

生态系统类型众多，一般可分为自然生态系统和人工生态系统。自然生态系统可以分为陆地生态系统和水域生态系统，陆地生态系统又可以分为森林生态系统、草原生态系统等，水域生态系统可以分为海洋生态系统、淡水生态系统。人工生态系统则可以分为农田生态系统、城市生态系统等。

（一）森林生态系统

森林生态系统是森林群落与其环境在功能流的作用下形成一定结构、功能和自调控的自然综合体，是陆地生态系统中面积最多、最重要的自然生态系统。

地球上森林生态系统的主要类型有四种，即热带雨林、亚热带常绿阔叶林、温带落叶阔叶林和北方针叶林，是陆地上生物总量最高的生态系统，对陆地生态环境有决定性的影响。

森林生态系统分布在湿润或较湿润的地区，其主要特点是动植物种类繁多，群落的结构复杂，种群的密度和群落的结构能够长期处于稳定的状态。

森林中的植物以乔木为主，也有少量灌木和草本植物。森林中还有种类繁多的动物。森林中的动物由于在树上容易找到丰富的食物和栖息场所，因而营树栖和攀缘生活的种类特别多，如犀鸟、树蛙、松鼠、蜂猴、眼镜猴和长臂猿等。

森林不仅能够为人类提供大量的木材和林副业产品，还在维持生物圈的稳定、改善生态环境等方面起着重要的作用。例如森林植物通过光合作用，每天都消耗大量的 CO_2，释放出大量的 O_2，这对于维持大气中 CO_2 和 O_2 的平衡具有重要意义。又如在降雨时，乔木层、灌木层和草本植物层都能够截留一部分雨水，大大减缓雨水对地面的冲刷，最大限度地减少地表径流，枯枝落叶层就像一层厚厚的海绵，能够大量地吸收和储存雨水。因此，森林在涵养水源、保持水土方面起着重要作用，有“绿色水库”之称。

（二）草原生态系统

草原生态系统是以各种草本植物为主体的生物群落与其环境构成的功能统一体。草原生态系统在其结构、功能等方面与森林生态系统具有完全不同的特点，它不但是重要的畜牧业生产基地，而且是重要的生态屏障。

我国的草原生态系统是欧亚大陆温带草原生态系统的重要组成部分。它的主体是东北-内蒙古的温带草原。根据自然条件和生态学区系的差异，大致可将我国的草原生态系统分为三个类型：草甸草原，典型草原和荒漠草原。

草原生态系统分布在干旱地区，年降雨量很少。与森林生态系统相比，草原生态系统的动植物种类要少得多，群落的结构也不如前者复杂，在不同的季节或年份，降雨量很不均匀，因此，种群和群落的结构也常常发生剧烈变化。

草原上的植物以草本植物为主，有的草原上有少量的灌木丛，由于降雨稀少，乔木非常少见，动物与草原上的生活相适应，大多数具有挖洞或快速奔跑的行为特点。草原上啮齿目动物特别多，它们几乎都过着地下穴居的生活。黄羊、跳鼠、狐等善于奔跑的动物，都生活在草原上。由于缺水，在草原生态系统中，两栖类和水生动物非常少见。

草原是畜牧业的重要生产基地。在我国广阔的草原上，饲养着大量的家畜，如新疆细毛羊、伊犁马、滩羊等。这些家畜能为人们提供大量的肉、乳和毛皮。此外，草原还能调节气候，防止土地风沙侵蚀。由于过度放牧以及鼠害、虫害等，我国的草原面积正在不断减少，有些牧场正面临着沙漠化的威胁。因此，必须加强对草原的合理利用和保护。

（三）海洋生态系统

海洋生态系统是海洋中由生物群落及其环境相互作用所构成的自然系统，广义而言，全球海洋是一个大生态系统，其中包含许多不同等级的次级生态系统。每个次级生态系统占据一定的空间，由相互作用的生物和非生物，通过能量流和物质流形成具有一定结构和功能的统一体。海洋生态系统分类，目前尚无定论，按海区划分，一般分为沿岸生态系统、大洋生态系统、上升流生态系统等；按生物群落划分，一般分为红树林生态系统、珊瑚礁生态系统、藻类生态系统等。海洋生态系统研究开始于20世纪70年代，一般涉及自然生态系统和围隔实验生态系统等领域，近几十年，以围隔（或受控）实验生态系统研究为主，主要开展营养层次、海水中化学物质转移、污染物对海洋生物的影响、经济鱼类幼鱼的食物和生长等研究。

（四）农田生态系统

农田生态系统是人工建立的生态系统，其主要特点是人的作用非常关键，人们种植的各种农作物是这一生态系统的主要成员。农田中的动植物种类较少，群落的结构单一。人们必须不断地从事播种、施肥、灌溉、除草和治虫等活动，才能够使农田生态系统朝着对人有益的方向发展。因此，可以说农田生态系统是在一定程度上受人工控制的生态系统。一旦人的作用消失，农田生态系统就会很快退化，占优势地位的作物就会被杂草和其他植物所取代。

农田生态系统是以作物为中心的农田中的生物群落与其生态环境间，在能量和物质交换及其相互作用基础上构成的一种生态系统，是农业生态系统中的一个主要亚系统，与陆地自然生态系统的主要区别是：系统中的生物群落结构较简单，优势群落往往只有一种或数种作物；伴生生物为杂草、昆虫、土壤微生物、鼠、鸟及少量其他小动物；大部分经济产品随收获而移出系统，留给食物链的较少；养分循环主要靠系统外投入而保持平衡。农田生态系统的稳定有赖于一系列耕作栽培措施的人工养地，在相似的自然条件下，土地生产力远高于自然生态系统。

生态系统（微课）

第二节　种群的概念与基本特征

种群是占据特定空间的、具有潜在杂交能力的同一种生物的个体群。它是一个客观生态生物学单位，例如某一块山地上的马尾松种群，一个池塘里的水绵种群。一般认为，种群是物种在自然界中存在的基本单位。在自然界中，门、纲、目、科、属等分类单元是学者按物种的特征及其在进化中的亲缘关系来划分的，唯有“种”才是真实存在的，因为组成种群的个体随着时间的推移而死亡消失，又不断通过新生个体的补充而持续，所以进化过程就是种群中个体基因频率从一个世代到另一个世代的变化过程。因此，从进化论的观点看，种群是一个演化单位；任何一个种群在自然界中都不能孤立存在，而是与其他物种的种群一起组成群落，因此，一个群落中常包括不同的种群，所以从生态学的观点看，种群又是生物群落的基本组成单位。

种群的概念既可以从抽象的理论意义上理解为个体组成的集合群，这是学科划分层次上的概念，如种群生态学、种群遗传学等；也可从具体方面理解为某个确切的生物种群。事实上，除非种群栖息地具有清楚的边界，如岛屿、湖泊等，种群的时间界限和空间界限一般难以准确界定，因此，种群的时空界限通常以研究方便而划分。

种群特性不等同于个体特性的相加，从个体到种群，其特性有了质的飞跃，是一个具有自己独立的特征、结构和机能的整体。每一个种群都有其数量及数量动态、年龄结构、空间分布格式、种群内个体间及种群间的相互关系，因而每一个种群必有其生态位，并且，种群还具有能按照环境条件而调节其自身密度的自我调节能力。

一、 种群的特征

（一）种群的数量和增长

种群的数量是指在一定面积或容积中某个种的个体总数。一个种群的个体数目多少，也称种群大小。如果用单位面积或单位容积内的个体数目来表示种群大小，则为种群的密度，如每立方米的水域有500万个硅藻，每亩*地有20株树。

种群的数量或密度是经常变化的，影响其变化的因素是种群的特性（繁殖特性、性别比例和年龄结构）、种内种间关系及外界环境因素。

种群的数量变动主要取决于出生率和死亡率的对比关系。在单位时间内，出生率与死亡率之差为增长率，也就是单位时间内种群数量增加的百分数。因而，种群的数量大小，也可以说是由增长率来调整的，当出生率超过死亡率，即增长率为正，种群的数量增加；如果死亡率超过出生率，增长率为负时，则种群数量减少；而当出生率和死亡率相平衡，增长率接近于零时，种群数量将保持相对稳定状态。

1. 种群的指数式增长

在实验室条件下，单种种群的数量，在理论上取决于三个因素：出生率、死亡率和起始种群的个体数量。

指数增长模型的提出者是著名人口学家托马斯·马尔萨斯，他认为种群数量的增长不是简单的相加关系，而是成倍地增长；后来，生物学家查尔斯·罗伯特·达尔文通过对大象种群的研究再次确认了这一增长模式。这种客观存在的增长模式表明，所有种群都有爆炸式增长的能力。

指数增长的函数式是指数方程，变量为时间 t，常数为种群密度增长的倍数。这一增长模式没有上限，完全的指数增长只存在于没有天敌、食物与空间绝对充足（以至于没有种内斗争）的理想情况，实际生活中，培养皿中刚接种的细菌、入侵生物（如凤眼莲、蓝藻）爆发时，种群会在相当一段时间内进行指数增长，

---

* 1亩=666.7m^2。

随后则趋于稳定或大量死亡。

2. 种群的逻辑斯蒂增长

在环境资源受限制的情况下，单种种群的增长呈逻辑斯蒂增长。

在自然种群中环境资源总是有限的，种群通常都是在环境资源供应有限的条件下增长。因此，种群的增长除了取决于种本身的特性以外，在大多数情况下，还取决于环境中空间、物质、能量等资源的可利用程度，以及有机体对这些资源的利用效率。

在环境资源有限的条件下，随着种群内个体数量的增多，对于有限空间和其他生活必需资源的种内竞争也加剧，这必然影响到种群的出生率和存活率，从而降低种群的实际增长率。当种群个体的数目接近于环境所能支持的最大值（即环境负荷量 K 值）时，种群将不再增长而保持在该值左右。

逻辑斯蒂增长是在动物生态学研究中一个被热烈讨论的问题，有的学者把它视为种群增长的普遍规律，称之为种群增长模型。

逻辑斯蒂增长模型能更好地指导人为的种群调节。进行逻辑斯蒂增长的种群，在数量上存在一个上限，这个上限就被称为环境容纳量，简称“K 值”，代表环境在不受到破坏的情况下对该种群的最大承载量，或该种群在该环境的最大数量。一个种群在种群密度为 $K/2$ 时，增长率最快，这可以指导经济生物的采集，让种群密度始终控制在 $K/2$ 的范围内，对“多余的”进行采集，可以让经济生物保持最快的增长。

（二）种群的年龄结构

生物种群的结构，一般包括年龄组成和性别比例两个要素。但是，大多数植物都是雌雄同株的，因而就植物种群而言，年龄组成是植物种群结构的主要要素。

年龄组成或称年龄结构，是指种群内各个体的年龄分布的状况，也就是各个年龄级的个体数在整个种群个体总数中所占的百分比。种群的年龄结构是种群的重要特征之一。一般用年龄金字塔的形式来表示种群的年龄结构。年龄金字塔是从小到大将各年龄级的比例用图表示。

因而，种群的增长情况也随着种群年龄结构的变化而变化，所以，一个种群年龄结构的状况，不仅反映种群当时的发育阶段，还是预示着种群数量变化和动态发展趋势的一个主要指标。

一般可以把种群的年龄结构分为三种类型。

（1）增长型种群　这类种群的年龄结构，以幼年个体占有最大的百分数，老年个体数量减少。幼中年个体除了补充死去的老年个体外还有剩余，所以，这类种群的数量是呈上升趋势，为增长型种群。

（2）稳定型种群　这类种群，其各个年龄级的个体数的分布比较均匀，每一个年龄级进入上一级的个体数，与一个年龄级进入该级的个体数大致接近（幼年、中年的个体数比老年略多些），所以，种群的大小趋于稳定。

（3）衰退型种群　这类种群与增长型相反，老年个体数很大，幼年个体数很少，大多数个体已过了生殖年龄，种群的数量趋向于减少。

植物种群各个年龄级的分布情况，是与它们本身的生长能力、个体间的竞争、其他种群对该种群的影响，以及与环境的情况有关。因此，在解释年龄分布数据时，必须要考虑实际（生态）年龄期长短问题。

植物种群的年龄组成，还可分为同龄级和异龄级两类。凡是一年生植物和一切农作物种群，都可以列为同龄级种群。一切多年生植物，都是异龄级种群。异龄级种群的全部个体成员的年龄，可以相差很大，例如一株百年大乔木，与其新萌发的幼苗相比，年龄悬殊，但同属于一个种群。在森林群落中这种情况是常见的，一个异龄级种群的全部个体成员，可以分布在群落中的不同层次，如地被层、中层和上层，或者只分布在其中的一两个层次。所以，从森林群落结构来讲，各层次以内的所有植物成分，实际上是由各个种群的异龄个体成员所组成，如地被层中包含着草本、灌木和乔木幼苗等种群个体，中层是由灌木、小树和乔木幼树所组成，上层是由各种大乔木的成年和老年个体所组成，层间植物是由藤本、附生、寄生等种群的异龄个体所组成。

处在不同年龄时期的个体，对环境的要求和反应各不一样，在群落中的地位和所起的作用，也是各不相同的。它们在群落内部的分布情况，与群落的结构、分类、生态、演替等各方面都有密切的关系。

（三）种群内个体的空间分布格局

种群内个体的空间分布方式或配置特点，称为分布格局。分布格局是由种的生物学特性，种内、种间关系和环境因素的综合影响决定的。

种群内个体的空间分布格局，一般分为三种类型（图 2-1）。

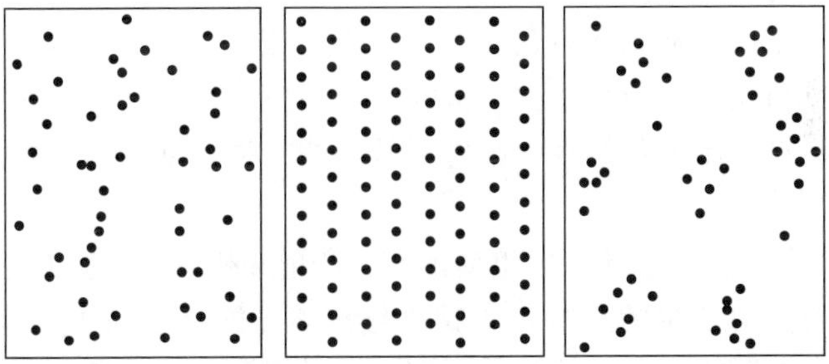

（1）随机分布　　（2）均匀分布　　（3）集群分布

图 2-1　种群分布格局
（资料来源：刘常富，《园林生态学》，2003）

（1）随机分布 种群内个体的分布是偶然性的，每个个体的出现都有同等机会，或者说，个体分布完全和概率相符合。随机分布在自然界不很常见，只有在生境因素对于很多个体的作用都差不多时，或某一主导因素呈随机分布时，才会引起种的随机分布；在条件比较一致的环境里，也常会出现随机分布，如在潮汐带的环境里，有机体通常呈现一种随机型的分布，还有，用种子繁殖的植物，在初入侵到一个新的地点时，也常呈随机分布。

（2）均匀分布或规则分布 种群内的各个体之间保持一定的均匀距离。当有机体能够占有的空间比其所需要的大时，则在其分布上所受到的阻碍较小，这样就使种群中的个体常呈均匀分布。株行距一定的人工栽培群落是均匀分布的一个例子。在自然情况下，均匀分布最为罕见。但由于以下五种原因，常会引起植物种群的均匀分布：虫害、种内竞争、优势种呈均匀分布而使其伴生植物也呈均匀分布、地形或土壤物理性状（如土壤水分）的均匀分布、自毒现象。

（3）集群分布或团块分布 种群内个体分布不均匀，形成许多密集的团块状。在自然情况下，大多数植物种群常呈团块型分布，是最广泛的一种分布格局。团块型分布格局的形成常常是由于下列原因：生境不均匀、植物种群本身的特性和与生境间的相互影响、种群繁殖的特性和种子的传布方式、植物分泌物的影响等。块状的大小、块间的距离、每块内个体的密度则随种群和环境条件的变化而不同。

种群的数量和密度及其生长发育状况，决定了群体的结构和特性，而种群的密度和空间分布格局，又是影响群体发展的主要因素，所以，种群的数量、密度和空间分布格局及其与生境的关系，能从客观的数量基础上说明群落演替动态过程。

（四）邻接效应

当种群的密度增加时，在邻接的个体之间所出现的相互影响，称为邻接效应。

密度增加的压力，在动物种群内部引起的变化，主要是对动物个体的影响，以致引起出生率和死亡率的变化，而密度增加的压力对植物种群内邻接个体间的影响，则还包括对个体上各构件，如叶、枝、花、果、细根的影响，甚至于引起出生率和死亡率的变化。

最明显的邻接效应常表现在密度对形态、产量和死亡率的影响等方面。

植物种群密度对产量的影响，在农学与林学方面都已做了大量的研究工作。试验表明，如果种群的密度超过 K 值很多，则种群数量大小与产量的关系往往表现为：在一定条件（管理合理、充分生长条件）下，尽管各农田种植密度不同，杆数有别，而最后总产量却相接近。这主要是由于邻接效应——种群密度过大，相邻接的个体生长受抑制的程度增大，个体上的构件数量和生长情况也就越少或越差，单株平均产量就减少。因而，在植物种群生长过程中，必须重视个体及各个构件的生长情况，充分估计个体上各个构件的意义。

密度对不同生活型植物产量的影响又有所不同，例如对一年生禾谷类作物产量的构成要素影响最大的是单株有效穗数、每穗粒数和粒重；对双子叶植物产量变动影响最大的是单株果实数；对木本植物的影响，如对果树产量构成要素影响最大的是单株果数和平均果重，对材用木产量的影响主要是在高生长、粗生长和材积上。

密度还对死亡率有直接影响，常见的如“自疏”和“他疏”现象。哈勃（1961）播种了麦仙翁单一种群，密度为1076~10760株/m^2，观察密度与死亡率的关系，试验表明：播种的密度与收获时的密度成线性关系，但其死亡率是恒定的，在各种密度中都为77%。在单种作物大田中，在苗期以后（如稻田分蘖终止或拔节后），主茎的死亡率往往并不因密度增大而增加，但其产量或单株产量则会随密度增加而减少。这主要是由于种群个体的构件，如叶、茎、花、果、种子等的数量，因密度增加而发生了变化，在密度的压力下，产生了相应的死亡现象。这就是个体水平以下的一种“自疏”作用。但若混种了其他种，如小麦或甜菜之后，则麦仙翁的死亡率就有不同程度的增加，即出现“他疏”作用。

种群（微课）

二、种间关系

种群不是孤立存在的，而是和其他种群有联系的。在靠近生长的两个种之间，必然发生种间关系，不同种间的各种关系，对了解种群动态、种群的数量调节，以及对研究群落的组成和动态都具有重要的意义。

一般来说，种群的相互关系是比较复杂的，其复杂性主要是由下列因素所导致：种群的密度和个体生长发育状况；种群内部和种群之间个体和个体直接影响；群落内部的环境变化，如地上部分小气候环境和地下部分土壤环境的变化；植物本身的生态幅度、地理分布、生活型、竞争能力、植物分泌物、荫蔽作用、寄生现象等，所有这些都会直接、间接地影响种群内部和种群之间个体的相互关系。

种间关系有多种形式，有的是对抗性的，一个种的个体对另一种的个体不利，如种间竞争关系、寄生关系；有的是互助性的，两个种的个体生长在一起，相互有利甚至互为依赖而生存，如共生关系；有的是两个种的个体生长在一起，彼此不受影响，如附生关系；还有的是通过植物分泌物直接或间接地影响他种个体的生长等。种间关系的各种形式，在很大程度上取决于种的特性和生态位的特点。下面就几种重要的种间关系进行分析。

（一）竞争

竞争是指在同种或异种的两个或更多个体间，由于它们的需求或多或少地超过了当时的空间或共同资源的供应状况，从而发生对于环境资源和空间的争夺，而产生的一种生存竞争现象。在这种相互关系中，对竞争者的个体生长发育和种群数量都有影响。

植物种间的竞争能力还取决于种的生态习性、生活型的生态幅度等。具有相似生态习性的植物种群，无论是在对资源的需要还是在获取资源的手段上，竞争都是十分激烈的，特别是在密度过大时就更为激烈。生活型相同的不同种类的植物之间，也常常发生激烈的竞争。

此外，植物的生长速率、个体大小、抗逆性、叶子和根系的数目、生长习性（一年生还是多年生）以及禾本科植物产生分蘖的能力等，也都会影响竞争能力。

在空间和资源不足的情况下，那些最能充分利用环境资源空间的种，在竞争中取胜，获得较好的生长，其他种则因资源或空间不足，生长受到抑制，甚至被淘汰，有时可能是竞争的双方都受到抑制。

（二）寄生

在植物之间的相互关系中，寄生是一个重要方面。寄生物以寄主的身体为定居空间，并完全靠吸收寄主的营养而生活。由于这样的营养关系，寄生物使寄主植物的生长减弱，生物量和生产量降低，最后使寄主植物的养分耗竭，并使组织被破坏而致死。因而，寄生物对寄主植物的生长有抑制作用，而寄主植物对寄生物则有加速生长的作用。从这个意义来讲，食草动物与植物的相互关系，也具有类似的性质。在寄生关系中，寄生物或致病菌的毒性大小和数量多少，寄主植物对致病菌的抗性强弱，以及环境条件的情况都会影响到寄生关系。

营寄生生活的高等植物，具有适应于寄生生活方式的形态解剖特征和生理特征，常见的是寄生者的生物体简化，如槲寄生和小米草等半寄生植物，它们仅保留含叶绿素的器官，能进行光合作用，但是水和无机盐类则从寄主植物体中获取；全寄生植物则是含叶绿素的器官完全退化，如大王花、白粉藤属是有花植物寄生者极端简化的例子，它们仅保留花，身体的所有其他器官都转变为丝状的细胞束，这种丝状体贯穿寄主细胞的间隙，吸取寄主植物的营养。

除了组织简化以外，几乎所有的寄生植物都出现专性固定器官（吸盘、小钩等），借这些固定器官使寄生者能侵入并固定在寄主植物体内或体表。

很多寄生植物还具有非常强大的繁殖力和生命力，在没有碰到寄主时，能长期保持生活力而不死，一旦有机会碰到寄主植物，又能立即恢复生长。如寄生在很多禾本科植物根上的玄参科独脚金属植物，一株可产生 50 万个种子，可保持生命力 20 年不发芽，当碰到寄主植物时，其种子就开始发芽生长，并侵入和寄生在寄主根中。

多数的寄生植物只限于寄生在一定的植物科、属中，即寄生具有一定的专性，这类寄生植物为专性寄生植物，如菟丝子属和列当属中的很多种，常寄生在三叶草、亚麻、柳树、向日葵、麻等植物上。由于寄生具有一定的专性，所以，寄生者和寄主常常是共同进化的。

（三）共生和附生

共生关系是两个种之间相互有利的共居关系，彼此间有直接的营养物质的交流，一个种对另一个种的生长有促进作用。地衣（藻类和真菌的共生）、菌根（真菌和高等植物根系的共生）、根瘤（固氮菌和豆科植物等根系的共生）都是共生的典型例子。

如菌根有内生菌根和外生菌根两类，内生菌根是真菌丝穿入高等植物的根部细胞里进行共生，很多高等植物如兰科、石楠科等都存在内生菌根。外生菌根是真菌菌丝不伸入根部细胞里，只是紧紧地包围在根外进行共生。外生菌根能增加根系的吸收面积，大多数乔、灌木树种如松树、云杉、橡树等都具有外生菌根。真菌从高等植物根中吸取碳水化合物和其他有机物，或利用其根系分泌物，而又供给高等植物磷素等矿物质，二者互利共生。很多菌根植物没有菌根就不能正常生长或发芽，如松树在没有与它共生的真菌的土壤里，吸收养分很少，以致生长缓慢乃至死亡。在缺乏那些真菌的土壤上造林或种植菌根植物时，可以在土壤内接种真菌，或使种子感染真菌，便能获得显著的效果。同样，某些真菌如不与一定种类的高等植物根系共生，也不能存活。

附生关系是指附生植物与被附生植物在定居的空间上的紧密联系，但彼此没有什么积极的影响，也不进行营养物质的交流，或者是一个种得到少许好处，另一个种不受损害或只受极轻微的损害，像这样，在两个种间所形成的稳定关系为附生关系。一般附生植物定居在其他植物的体表，如地衣附生在树皮上。

（四）种间结合

种间结合是指两个或更多的种彼此较贴近地共同生长在一起，而且常常是有规律地重复出现。

植物种间相似的生态习性、生态幅度、生活型及地理分布，对于种间的结合是起决定作用的因素。生态幅度、地理分布或生态习性类似的种群，常常共同结合在一起出现，如对叶虎耳草、北极柳等常共同生长在一起，主要是由于它们都能忍受短暂的生长季节。反之，生态幅度、地理分布不同的种群，很少结合在一起。竞争或分泌物抑制作用，也会使两个种群不能结合在一起。

形成种间结合的直接因素，还可以是两个种间具有荫蔽作用或保护作用，如有些种类需要有另一种较高的植物遮阴，有些植物又需要有刺灌木的保护以免被啃食。

形成种间结合的间接因素通常是群落小环境，或是由于一个种所形成的小环境有利于另一个种的生存。豆科植物与禾本科植物之所以常常生长在一起，主要是彼此有营养上的相互有利的关系——豆科植物通过土壤环境供给禾本科植物以氮素，使禾本科植物生长旺盛，产生较多的分蘖，被刈后再生快，并能产生较多的种子；而豆科植物的蛋白质含量也比单独生长时高，种子产量和总的生物量都有所增加。

有机体分解的产物以及土壤微生物的分泌物，也影响种间的结合。而不同种的植物对于有机体腐烂分解后所产生毒素的敏感性是不同的，所以，往往毒素种类和浓度的不同，以及不同种植物质忍受力不同，都会影响种间的结合。

（五）植物分泌物对种间组合的影响

许多高等植物能够产生具有自毒和抗生性质的有机物质，诸如碳水化合物中的萜烯类、有机酸类、醚类、醛类、酮类等物质。这些有机物质以各种途径从植物体释放出来，有的从活根分泌出来直接进入土壤，有的是从活的或死的组织中被淋洗出来，并积聚于土壤或其他植物表面，少数情况是由叶、花乃至树皮等分泌出挥发性化合物进入空气，并在形成露时积聚在其他植物表面。

这些植物分泌物对植物种群的组合能产生明显的影响。有些分泌物能抑制另一种植物的生长，有些分泌物却能促进另一种植物的生长，从而起了抑制或促进种间组合的作用，对种间竞争也有重要意义。从洋艾的叶和根游离出来的物质，能严重抑制和损害其他植物的生长；洋槐树皮分泌的挥发性物质，能抑制多种草本植物生长；雀麦、匍匐冰草、波状须草中，也发现有化学抑制作用的根分泌物等。相反，某些种植物的分泌物，对另一种植物是有益的，如黑接骨木对云杉的分布有利；皂荚、白蜡与七里香一起生长时，互相都有显著的促进作用。

还有些植物能分泌气态物质影响相邻植物的生长，如风信子、稠李、洋槐和丁香的芳香物质，能抑制相邻植物的伸长生长。把蚕豆的幼苗置于薰衣草、薄荷、月桂等有强烈香味的叶子下面，同样出现伸长生长受抑制的现象，并且根也受到影响。

正因为植物分泌物对另一植物种群具有这种抑制作用，所以，在农林业生产实践上，就要注意某些树种不能和另一些树种混种，也不能和某些种农作物混种，据研究，胡桃不能和苹果种在一起，因胡桃叶能分泌大量胡桃醌，对苹果根有毒害作用；胡桃树周围也不能种番茄、马铃薯；苹果树旁也不要种玉米，因为玉米对苹果根的分布也产生不利的作用。而洋葱和食用甜菜、马铃薯和菜豆、小麦和豌豆种在一起则有相互促进作用。此外，由于某些植物种的分泌物还具有杀菌作用，所以当这些植物种与另一些植物种群生长在一起时，有防治病虫害的功效，如桉树、苦楝、蓖麻、七里香、天竺葵、肉桂、柠檬、蒜、葱等植物，就具有这样的杀菌作用。

植物分泌物对种间组合的这种促进或抑制作用，对于作物的混、间、套作和造林树种的选择、搭配组合上，都有极重要的实践意义。

种间关系（微课）

次生代谢物质在种间关系中的作用（微课）

第三节　生物群落的概念与特征

一、生物群落的概念

在自然界，任何生物都极少单独生长，几乎都是聚集成群的。群居在一起的不同生物之间就产生了复杂的相互关系。就绿色高等植物而言，这种相互关系包括生存空间、各个植物对光能的利用、对土壤水分和矿质养料的利用、植物分泌物的彼此影响，以及植物之间附生、寄生和共生的关系等。另一方面，群居在一起的植物在受环境影响的同时，又作为一个整体影响一定范围的外界环境，并在群落内形成特有的群落环境，由群落改变了的环境，又反过来影响群落中的植物本身。以上种种，使得群居在一起的植物的生长发育乃至生存，都取决于这些相互关系和影响。这就是说，群居在一起的生物并非杂乱地堆积，而是一个有规律的组合，一定生物种类的组合，在环境相似的不同地段有规律地重复出现。每一个这样组合的单元就成为一个生物群落。

生物群落指生活在一定的自然区域内，相互之间具有直接或间接关系的各种生物的总和。与种群一样，生物群落也有一系列的基本特征，但这些特征不是由组成它的单个种群所能包括的，也就是说，只有在群落总体水平上，这些特征才能显示出来。生物群落也可以用来表示各种不同大小及自然特征的生命体的集合，如一块农田、一片草地、一片森林等。

生物群落中的各种生物之间的关系主要有三类。

（1）营养关系　当一个种以另一个种，不论是活的还是它的死亡残体，或它们生命活动的产物为食时，就产生了这种关系。又分直接的营养关系和间接的营养关系。如采集花蜜的蜜蜂等，某些动物与作为它们食物的生物种的关系是直接的营养关系。当两个种为了同样的食物而发生竞争时，它们之间就产生了间接的营养关系，因为这时一个种的活动会影响另一个种的取食。

（2）成境关系　一个种的生命活动使另一个种的居住条件发生改变，植物在这方面起的作用特别大。林冠下的灌木、草类和地被以及所有动物栖居处大都处于较均一的温度、较高的空气湿度和较微弱的光照等条件下。植物还以各种不同性质的分泌物影响周围的其他生物。一个种还可以为另一个种提供住所，如动物的体内寄生或巢穴共栖现象、树木干枝上的附生植物等。

（3）助布关系　助布关系指一个种参与另一个种的分布，在这方面动物起主要作用。它们可以携带植物的种子、孢子、花粉，帮助植物散布。

营养关系和成境关系在生物群落中具有最大的意义，是生物群落存在的基础。正是这两种相互关系把不同种的生物聚集在一起，把它们结合成不同规模的相对稳定的群落。

二、 生物群落的特征

生物群落的基本特征包括群落中物种的多样性、群落的生长形式（如森林、灌丛、草地、沼泽等）和结构（空间结构、时间组配和种类结构）、优势种（群落中以其体大、数多或活动性强而对群落的特性起决定作用的物种）、相对丰盛度（群落中不同物种的相对比例）、营养结构等。

（一）生物群落的基本特征

（1）具有一定的种类组成　每个群落都是由一定的动物、植物、微生物种群组成的，因此，种类组成是区别不同群落的首要特征。一般为了研究方便，常把群落按物种划分为动物群落、植物群落、微生物群落等。

（2）具有一定的外貌　群落中的个体，分别处于不同的密度和高度，从而决定了群落的外部形态。一般在植物群落中，通常由其生长型决定其分类单位的特征，如森林和灌丛的类型。

（3）具有一定的分布范围　任何一个群落，只能分布在特定的地段或特定的生境，不同群落的生境和分布范围不同。

（4）具有一定的结构　生物群落是生态系统的结构单位，除了具有一定的种类组成外，还具有一系列结构特征，如形态结构、营养结构、生态结构。

（5）具有一定的边界特征　在自然条件下，边界清晰的群落大都形成在一些环境梯度变化较陡，或者环境梯度突然中断的情形中，如地势变化陡峭的山地垂直带，湖泊、岛屿等陆地环境和水生环境的交界处。

（6）具有一定的群落环境　生物群落对其定居的环境产生重大影响，并形成群落环境。

（7）具有一定的动态特征　生物群落是生态系统中有生命的部分，生命是不停地运动的，群落也是不断运动的，其运动形式包括年际动态、季节动态等。

（8）不同物种之间的相互影响　生物群落中的物种是有序共存的，一个群落的形成必须经过生物对环境的适应和物种之间的相互适应、相互竞争，形成具有一定外貌、种类组成和结构的集合体。

（二）空间结构

生物群落结构特征可以从群落的垂直结构、水平结构、时间结构等方面进行分析，农业生物群落合理的空间结构与时间结构是高产、高效农业生态系统的基础。

1. 垂直结构

群落的垂直结构指群落在垂直方面的配置状态，其最显著的特征是成层现象，即在垂直方向分成许多层次的现象。

不同生活型的植物生活在一起，它们的营养器官配置在不同高度，因而形成分层现象。群落的成层性包括地上成层和地下成层。层的分化主要取决于植物的生活型，生活型不同，植物在空中占据的高度以及在土壤中到达的深度就不同，水生群落则在水面以下不同深度形成物种的分层排列，这样就出现了群落中植物按高度（或深度）配置的成层现象。分层使单位面积上可容纳的生物数目加大，使它们能更完全、更多方面地利用环境条件，大大减弱它们之间竞争的强度，而且多层群落比单层群落有更大的生产力。

分层现象在温带森林中表现最为明显，如温带落叶阔叶林可清晰地分为乔木、灌木、草本和苔藓地衣（地被）4层。热带森林的层次结构最为复杂，可能有的层次最为发育，特别是乔木层，各种高度的巨树、一般树和小树密集在一起，但灌木层和草本层常常不很发育。草本群落一样地分层，但层次少些，通常只分为草本层和地被层。

群落不仅地上分层，地下根系的分布也是分层的。群落地下分层和地上分层一般是相应的；乔木根系伸入土壤的最深层，灌木根系分布较浅，草本植物根系则多集中于土壤的表层，藓类的假根则直接分布在地表。

生物群落的垂直分层与光照条件密切相关，每一层的植物适应于该层的光照水平，并降低下层的光强度。在森林中光强度向下递减的现象最为明显。最上层树种处于全光照之中，平均说来，到达下层小树的光只有上层树（全光照）的10%~50%，灌木层只有5%~10%，而草本层则只剩1%~5%了。随着光照强度的变化，温度、空气湿度也发生变化。

每一层植物和被它们所制约的小气候为生活于其中的特有动物创造一定的环境，因此动物在种类上也表现出分层现象，不同的种类出现于不同的层次，甚至同一种的雌雄个体，也分布于不同的层次。动物分层主要与食物有关，其次还与不同层次的微气候条件有关。如东欧亚大陆北方针叶林区，在地被层和草本层中，栖息着两栖类、爬行类、鸟类、兽类；在森林的下层——灌木林和幼林中，栖息着莺、苇莺和花鼠等；在森林的中层栖息着山雀、啄木鸟、松鼠等，而在树冠层则栖息着柳莺等。

林地也由于枯枝落叶层的积累和植物对土壤的改造作用，创造了特殊的动物栖居环境。较高的层（草群、下木）为吃植物的昆虫、鸟类、哺乳动物和其他动物所占据。在枯枝落叶层中，在腐烂分解的植物残体、藓类、地衣和真菌中，生活着昆虫、蜱螨类、蜘蛛和大量的微生物。在土壤上层，挤满了植物的根，这里居住着细菌、真菌、昆虫、蜱螨、蠕虫。有时在土壤的某种深度还有穴居的动物。

水域中某些水生动物也有分层现象，这主要取决于阳光、温度、食物和含氧量等。比如湖泊，在一年当中湖水没有循环流动的时候，浮游动物都表现出明显的垂直分层现象，它们多分布在较深的水层，在夜间则上升到表层来活动，这是因为浮游动物一般都是趋向弱光的。当然，也存在一些层外生物，它们不固定于某一个层，如藤本植物、附生植物，以及从一个层到另一个层自由活动的动物。

群落的成层性保证了植物在单位空间中更充分利用自然环境条件。如在发育成熟的森林中，上层乔木可以充分利用阳光，而林冠下为那些能有效利用弱光的下木所占据，林下灌木层和草本层能够利用更微弱的光线，草本层往下还有更耐荫的苔藓层。

2. 水平结构

生物群落不仅有垂直方向的结构分化，还有水平方向的结构分化。群落在水平方向的不均匀性表现为以斑块出现，在不同的斑块上，植物种类、数量比例、郁闭度、生产力以及其他性质都有不同。例如在一个草原地段，密丛草针茅是最占优势的种类，但它并不构成连续的植被，而是彼此相隔一定的距离（30~40cm）分布的。各个针茅草丛之间的空间，则由各种不同的较小的禾本科植物和双子叶杂草类占据着，并混有鳞茎植物。但其中的某些植物也出现在针茅草丛的内部。因此，伴生少数其他植物的针茅草丛同针茅草丛之间生长有其他草类的空隙，它们在外貌、种间数量关系和质量关系上都有很明显的不同。但它们的差别与整个植物群落（针茅草原）比较起来，是次一级的差别，而且是不很明显的和不稳定的。

在森林中，在较阴暗的地点和较明亮的地点，都可以观察到在植物种类的组成和数量比例方面以及其他方面的类似差异。群落内水平方向上的这种不一致性，称为群落的镶嵌性。这种不一致性在某些情况下是由群落内环境的差别引起的，如影响植物种分布的光强度不同或地表有小起伏；在某些情况下是由于共同亲本的地下茎散布形成的植物集群所引起；另外的情况下，它们可能由种之间的相互作用引起，例如在寄主植物的根出现的地方形成斑块状的寄生植物。动物的活动有时也是引起不均一性的原因。植物体通常不是随机地散布于群落的水平空间，它们表现出成丛或成簇分布。许多动物种群，不论陆地群落或水生群落，都具有成簇分布的性质，相比之下，有规则的分布是比较不常见的。某些荒漠中灌木的分布、鸣禽和少数其他动物的均匀分布是这种有规则分布的例子。

镶嵌性即植物种类在水平方向不均匀配置，使群落在外形上表现为斑块相间的现象。具有这种特征的群落称为镶嵌群落。在镶嵌群落中，每一个斑块就是一个小群落，小群落具有一定的种类成分和生活型组成，它们是整个群落的一小部分，例如在森林中，林下阴暗的地点有一些植物种类形成小型的组合，而在林下较明亮的地点是另外一些植物种类形成的组合。这些小型的植物组合就是小群落。内蒙古草原上锦鸡儿灌丛化草原是镶嵌群落的典型例子。在这些群落中往往形成1~5m 的锦鸡儿丛，呈圆形或半圆形的丘，这些锦鸡儿小群落内部由于聚集细土、枯枝落叶和雪，具有良好的水分和养分条件，形成一个局部优越的小环境，小群落内部的植物较周围环境中返青早，生长发育好，有时还可以遇到一些越带分布的植物。

群落镶嵌性形成的原因，主要是群落内部环境因子的不均匀性，如小地形和微地形的变化、土壤温度和盐渍化程度的差异、光照的强弱以及人与动物的影响。在群落范围内，由于存在不大的低地和高地，发生环境的改变形成镶嵌，这是环境因子的不均匀性引起镶嵌性的例子。由于土中动物，如田鼠，活动的结果，在田鼠穴附近经常形成不同于周围植被的斑块，这是动物影响镶嵌性的例子。

3. 层片结构

层片一词系瑞典植物学家加姆斯首创。他起初赋予这一概念以三个方面的内容，即把层片划分为三级：一级层片，即同种个体的组合；二级层片，即同一生活型的不同植物的组合；三级层片，即不同生活型的不同种类植物的组合。每一个层片都是由同一生活型的植物所组成。

生活型是植物对外界环境适应的外部表现形式，同一生活型的植物不但体态上是相似的，而且在形态结构、形成条件，甚至某些生理过程也具相似性。如今广泛采用的生活型划分按照休眠芽在不良季节的着生位置，把植物的生活型分成五大类群，高位芽植物（25cm 以上）、地上芽植物（25cm 以下）、地面芽植物（位于近地面土层内）、隐芽植物（位于较深土层或水中）和一年生植物（以种子越冬）。我国植被学著作中采用的是按体态划分的生活型系统，该系统把植物分成木本植物、半木本植物、草本植物、叶状体植物四大类别。对于层片的划分，可以根据研究的需要，分别使用上述系统中的高级划分单位或低级单位。

层片作为群落的结构单元，是在群落产生和发展过程中逐步形成的。它的特点是具有一定的种类组成，它所包含的种具有一定的生态生物学一致性，并且具有一定的小环境，这种小环境是构成植物群落环境的一部分。

需要说明一下层片与层的关系问题。在概念上层片的划分强调了群落的生态学方面，而层次的划分，着重于群落的形态。层片有时和层是一致的，有时则不一致。例如分布在大兴安岭的兴安落叶松纯林，兴安落叶松组成乔木层，它同时也是该群落的落叶针叶乔木层片。在混交林中，乔木层是一个层，但它由阔叶树种层片和针叶树种层片两个层片构成。在实践中，层片的划分比层的划分更为重要，但划分层次往往是区分和分析层片的第一步。

和层结构一样，群落层片结构的复杂性，保证了植物全面利用生境资源的可能性，并且能最大程度地影响环境，对环境进行生物学改造。

（三）时间组配

组成群落的生物种在时间上也常表现出“分化”，即在时间上相互“补充”，如在温带具有不同温度和水分需要的种组合在一起：一部分生长于较冷季节（春秋），一部分出现在炎热季节（夏）。例如在落叶阔叶林中，一些草本植物在春季树木出叶之前就开花，另一些则在晚春、夏季或秋季开花。

随着不同植物出叶和开花期的交替，相联系的昆虫种也依次更替着：一些在早春出现，另一些在夏季出现。鸟类对季节的不同反应，表现为候鸟的季节性迁徙。生物也表现出与每日时间相关的行为节律：一些动物白天活动；另一些黄昏时活动；还有一些在夜间活动，白天则隐藏在某种隐蔽所中。大多数植物种的花在白天开放，与传粉昆虫的活动相符合；少数植物在夜间开花，由夜间动物授粉。许多浮游动物在夜间移向水面，而在白天则沉至深处远离强光，但是不同的种具有不同的垂直移动模式和范围，潮汐的复杂节律控制着许多海岸生物的活动。土壤栖居者也有昼夜垂直移动的种类。

（四）种类结构

每一个具体的生物群落以一定的种类组成为其特征。但是不同生物群落种类的数目差别很大，例如在热带森林的生物群落中，植物种以万计，无脊椎动物种以十万计，脊椎动物种以千计，其中的各个种群间存在非常复杂的联系。

生物群落中生物的复杂程度用物种多样性这一概念表示。多样性与出现在某一地区的生物种的数量有关，也与个体在种之间的分布的均匀性有关。例如两个群落都含有 5 个种和 100 个个体，在一个群落中这 100 个个体平均地分配在全部 5 个种之中，即每 1 个种有 20 个个体，而在另一个群落中 80 个个体属于 1 个种，其余 20 个个体则分配给另外的 4 个种，在这种情况下，前一群落比后一群落的多样性大。

在温带和极地地区，只有少数物种的个体较多，而其余大多数物种的个体很稀少，它们的种类多样性就很低；在热带，个体比较均匀地分布在所有种之间，相邻两棵树很少是属于同种的（热带雨林），种类多样性就相对较高。群落的种类多样性取决于进化时间、环境的稳定性以及生态条件的有利性。

每种植物在群落中所起的作用是不一样的。常常一些种以大量的个体，即大的种群出现；而另一些种以少量的个体，即小的种群出现。个体多而且体积较大（生物量大）的植物种决定了群落的外貌，例如绝大多数森林和草原生物群落的一般外貌取决于一个或若干个植物种，如中国山东半岛的大多数栎林外貌取决于麻栎，燕山南麓的松林外貌取决于油松等。在由数十种甚至百余种植物组成的森林中，90%的木材常常只由一种或两种乔木提供。群落中的这些个体数量和生物量很大的种称优势种，它们在生物群落中占据优势地位。优势种常常不止一个，优势种中的最优势者称为建群种，通常陆地生物群落根据建群植物种命名，如落叶阔叶林、针茅草原、泥炭藓沼泽等。建群种是群落的创建者，是为群落中其他种的生活创造条件的种。例如云杉在泰加带形成稠密的暗针叶林，在它的林冠下，只有适应于强烈遮阴条件、高的空气湿度和酸性灰化土条件的植物能够生活；相应于这些因素，在云杉林中还形成特有的动物栖居者，因此在该情况下云杉起着强有力的建群种的作用。

温带和寒带地区的生物群落中，建群种比较明显；无论森林群落、灌木群落、草本群落或藓类群落，都可以确定出建群种（有时不止一个）。亚热带和热带，特别是热带的生物群落，优势种不明显，很难确定出建群种来。除优势种外，个体数量和生物量虽不占优势但仍分布广泛的种是常见种；个体数量极少，只偶尔出现的种是偶见种。

生物群落中的大多数生物种，在某种程度上与优势种和建群种相联系，它们在生物群落内部共同形成一个物种的综合体，叫作同生群。同生群也是生物群落中的结构单位，如一个优势种植物，和与它相联系的附生、寄生、共生的生物以及以它为食的昆虫和哺乳动物等共同组成一个同生群。

生态群落种类结构（微课）

（五）生态位

生活在一个群落中的多种多样的生物种，是在长期进化过程中被选择出来能够在该环境中共同生存的种，它们中每一个都占据着独特的小生境，并且在改造环境条件、利用环境资源方面起着独特的作用。群落中每一个生物种所占据的特定的生境和它执行的独特的功能的结合，称生态位。因此，一个生物群落的物种多样性越高，其中生态位分化的程度也越高。

生态位用以描述一个物种在环境中的地位，在一个空间单位内，每个物种因其构造上和本能上的界限而得以保持，在同一空间中，没有两个种能够长久占有同一个生态位。生态位的概念不仅包括生物占有的物理空间，还包括它在生物群落中的功能作用（如它的营养位置），以及它们在温度、湿度、pH、土壤和其他生存条件的环境变化梯度中的位置。这样，生态位不但取决于物种在哪里生活，而且取决于它们如何生活，以及它们如何受到其他生物的约束。

生态位这一概念常常与竞争相联系，由于竞争的结果，生态位接近的两个种，很少能长期稳定地共存。这就涉及生态位重叠和资源分享的数量问题。生态位重叠很明显地是引起利用性竞争的一个条件，在竞争和生态位重叠之间，经常可能是一种相反的关系，当竞争种的数目增加时，生态位重叠的最大允许程度减低。此外，当有竞争者时，常常会使另一个种的实际生态位缩小。竞争的种类越多，就可能使该种占有的实际生态位越来越小。长期生活在一起的种，必然是每一个种各具有自己独特的生态位。

两个物种的生态的范围，一般可以有四种情况：两个种的生态位全然分离、部分重叠、彼此相切、一个种的生态位完全包括在另一个种的生态位之中。

具有不同分布区的种，其生态位往往是彼此分离的，彼此间没有竞争。生态位上类似，且生活在同一地区的种，常常占据不同的群落生境，某些近缘种就这样被分隔开来，从而减少了竞争。除了地理分隔与群落分隔之外，两个物种的生态位还可以因营养的选择吸收、个体大小、根系深浅、物候期等的不同，而彼此分隔开来，以减少竞争。

将竞争排斥原理与生态位概念应用到自然生物群落上，则：①如果两个种在同一个稳定的生物群落中占据了相同的生态位，一个种终究要被消灭。②在一个稳定的生物群落中，由于各种群在群落中具有各自的生态位，种群间能避免直接的竞争，从而保证了群落的稳定。③群落乃至是一个相互起作用的、生态位分化的种群系统，这些种群在它们对群落的空间、时间、资源的利用方面，以及相互作用的可能类型，都趋向于互相补充而不是直接竞争。因此，由多个种组成的生物群落，就要比单一种的生物群落更能有效地利用环境资源，维持长期较高的生产力，并具有更大的稳定性。因此，关于生态位的概念，现在已经成为解释自然群落的中心思想了。

第四节　农业生态系统

农业生态系统是在一定时间和地区内，人类从事农业生产，利用农业生物与非生物环境之间以及与生物种群之间的关系，在人工调节和控制下，建立起来的各种形式和不同发展水平的农业生产体系。

农业生态系统也是由农业环境因素、绿色植物、各种动物和各种微生物四大基本要素构成的物质循环和能量转化系统，具备生产力、稳定性和持续性三大特性。

一、 农业生态系统的组成

农业生态系统类似于自然生态系统，其基本组成也包括生物和非生物环境两大部分。其生物是以人类驯化的农业生物为主，环境也包括了人工改造的环境部分。

（一）生物组分

农业生态系统的生物组分也可以分成以绿色植物为主的生产者、以动物为主的消费者和以微生物为主的分解者。然而，农业生态系统中占据主要地位的生物是经过人工驯化的农业生物，包括各种大田作物、果树、蔬菜、家畜、家禽、养殖水产类、林木等，也包括农田杂草、病、虫等有害生物，更重要的是增加了人类——这一重要调节者和主体消费者。由于人类有目的地选择和控制，农业生态系统中其他生物种类和数量一般较少，其生物多样性往往低于同地区的自然生态系统。

（二）环境组分

农业生态系统的环境组分包括自然环境组分和人工环境组分。自然环境组分包括水体、土体、气体辐射等，是从自然生态系统继承下来的，但已受到人类不同程度的调控和影响，例如作物群体内的温度、鱼塘的透光率、土壤的物理化学性质等都受到了人类各种活动的影响，甚至大气成分也受到工农业生产的影响而有所改变。

人工环境组分包括生产、加工、储藏设备和生活设施，如温室、禽舍、水库、渠道、防护林带、加工厂、仓库和住房等。人工环境组分是自然生态系统中没有的，通常以间接的方式对生物产生影响。人工环境组分在研究中时常部分或全部被划在农业生态系统的边界之外，归于社会系统范畴。

二、农业生态系统的基本结构

（一）农业生态系统的组分结构

农业生态系统的组分结构系指农林牧渔副（加工）业之间的量比关系，以及各业内部的物种组成及量比关系。农业生态系统的生物种类和数量受自然条件和社会条件的双重影响。生物种类和数量不但因为农业生物种群结构调整、品种更换而改变，而且会因农药与兽药的施用等农业措施而变化。遗传育种和新种引入会改变生态系统中生物基因构成。对农业生态系统组分结构的定量描述，常采用各业用地面积占总土地面积的比例，或各业产值占总产值的比例，以及各业产出的生物能量占纯生物能总产出量的比例，或各业蛋白质生产量占系统蛋白质生产总量的比例来表示。

农业生态系统的生物环境可以通过建水库、筑堤围、修排灌系统、开梯田、建防护林体系、挖塘抬田、平整土地、建房舍、造温室等环境改造工程而发生变化。这类环境工程成为农业生态系统独特的组分结构。

（二）农业生态系统的时空结构

农业生态系统的空间结构常分为水平结构与垂直结构。农业生态系统的水平结构系指一定区域内，各种农业生物类群在水平空间上的组合与分布，亦即由农田、人工草地、人工林、池塘等类型的景观单元所组成的农业景观结构。在水平方向上，常因地理原因而形成环境因子的纬向梯度或经向梯度，如温度的纬向梯度、湿度的经向梯度，农业生物会因为自然和社会条件在水平方向的差异而形成带状分布、同心圆式分布或块状镶嵌分布。

农业生态系统的垂直结构系指农业生物类群在同一土地单元内，垂直空间上的组合与分布。在垂直方向上，环境因子因地理高程、水体深度、土壤深度和生物群落高度而产生相应的垂直梯度，如温度的高度梯度、光照的水深梯度。农业生物也因适应环境的垂直变化而形成各类层带立体结构。同时，人们仿照自然生物群落的成层性，利用形态上、生态上、生理上不同的农业生物类群组建复合群体，实行高矮相间的立体种植或深浅结合的立体养殖，以及种养结合的立体种养方式，形成了多种多样的人工立体结构。

农业生态系统的时间结构系指农业生物类群在时间上的分布与发展演替。随着地球自转和公转，环境因子呈现昼夜和季节变化，农业生态系统中农业生物经过长期适应和人工选择，表现出明显的时相差异和季节适应性，如农业生物类群有不同的生长发育阶段、生育类型和季节分布类型，适应不同季节的作物按人类需求可以实行复种、套作或轮作，占据不同的生长季节。

（三）农业生态系统的营养结构

农业生态系统的营养结构受到人类的控制。农业生态系统不但具有与自然生态系统类同的输入、输出途径，如通过降雨、固氮的输入，通过地表径流和下渗的输出，而且有人类有意识增加的输入，如灌溉水、化学肥料、畜禽和鱼虾的配合饲料，也有人类强化了的输出，如各类农林牧渔的产品输出。有时，人类为了扩大农业生态系统的生产力和经济效益，常采用食物链“加环”来改造营养结构；为了防止有害物质沿食物链富集而危害人类的健康与生存，采用食物链“解列”法中断食物链与人类的连接，从而减少对人类健康危害。

三、 农业生态系统的基本功能

农业生态系统通过由生物与环境构成的有序结构，可以把环境中的能量、物质、信息和价值资源转变成人类需要的产品。农业生态系统具有能量转换功能、物质转换功能、信息转换功能和价值转换功能，在这种转换之中形成相应的能量流、物质流、信息流和价值流。

（一）能量流

农业生态系统不但像自然生态系统那样利用太阳能，通过植物、草食动物和肉食动物在生物之间传递，形成能量流，而且为提高生物的生产力，还利用煤炭、石油、天然气、风力、水力、人力和畜力为动力形成以农机生产、农药生产、化肥生产、田间排灌、栽培操作、加工运输等形式出现的辅助能量流。

（二）物质流

农业生态系统物质流中的物质不但有天然元素和化合物，而且有大量人工合成的化合物。即使是天然元素和天然化合物，由于受人为过程影响，其集中和浓缩程度也与自然状态有很大差异。

（三）信息流

农业生态系统不但保留了自然生态系统的自然信息网，而且利用了人类社会的信息网，利用电话、电视、广播、报刊、教育、邮电、计算机网络等方式高效地传送信息。

（四）价值流

价值可在农业生态系统中转换成不同的形式，并且可以在不同的组分间转移。以实物形态存在的农业生产资料的价值，在人类劳动的参与下，转变成生产形态的价值，最后以增值了的产品价值形态出现。价格是价值的表现形式，以价格计算的资金流是价值流的外在表现。

农业生态系统的能量流、物质流、信息流和价值流之间相互交织。能量、信息和价值依附于一定的物质形态。物质流、信息流和价值流都要依赖能量的驱动。信息流在较高的层次调节着物质流、能量流和价值流。与人类利益或需求发生关系的物质流、能量流和信息流都与价值变化和转移相联系。

农业生态学是运用生态学的原理及系统论的方法，研究农业生物与其自然社会环境的相互关系的应用性科学。农业生态学是生态学在农业领域应用的一个分支学科，主要研究由农业生物与其环境构成的农业生态系统的结构、功能及其调控和管理途径等。学习农业生态学的目的一方面是要了解有关生态学的一般知识及理论与方法，另一方面是要运用农业生态学的原理和方法分析农业生态系统的资源生态问题与系统优化途径。

运用农业生态学的理论和方法，分析研究农业领域中的生态问题，探讨协调农业生态系统组分结构及其功能，促进农业生产的持续高效发展，是农业生态学的根本任务。农业生态学不仅要进行基础性的理论研究，更要为发展农业生产提出切实可行的技术途径，要理论与实践紧密结合。人类社会的发展在一定程度上必然要以牺牲自然资源为代价。如何尽可能减轻经济发展对生态环境的压力和降低资源成本，走可持续发展之路，是生态学面临的重大问题。同样，这也是农业生态学要探索的问题。把握农业生产的“生态—技术—经济”复合系统的相互作用关系与特点，从整体结构优化和提高系统功能上进行合理调控，以促进农业生产持续高效发展，是农业生态学未来发展中面临的重要任务。农业生态学是运用生态学原理和系统分析方法，研究农业生物与环境相互作用的规律和机制，以获得最高生物产量、最佳经济效益而又能维护生态平衡的一门综合性学科。

生物多样性（微课）

实验实训　群落基本特征分析

一、 目的要求

掌握群落数量特征和基本特征的测定方法，加深对群落基本特征的了解，熟悉分析群落空间、时间结构的方法，并通过对数据的整理达到识别群落的目的。

二、实验内容

（1）样地选择与实地调查。

（2）群落数量特征分析。

三、主要实验仪器设备

样方框、测绳（或皮卷尺）、钢卷尺、方格纸、计算器、铅笔、橡皮、细铁针、记录表格、野外调查表格、剪刀、塑料、信封、标签、铁锹、铲刀、白布口袋、多种孔径的土壤筛、镊子、坡度仪或水平仪、电子天平、电热烘干箱、计算器。

四、方法与步骤

（一）样地调查

（1）样地代表群落最小面积，样地应选择群落的典型地段，尽量排除人为影响，使其充分反映群落真实情况，代表群落的完整特征。

（2）草本群落样地面积应为100～300m^2，灌丛样地面积一般为300～500m^2，森林样地面积则更大。样地轮廓以正方形、长方形为主。

（3）样地内随机设置3～5个样方，草本群落的样方通常为1m^2，随机取样是在群落中随机确定每一个样方。可在群落中系统地设置一些点，编上1，2，3，……，100等数字，然后随机抽取其中的数字，以确定样方位置。

将群落样地情况记录于表2-2中。

表2-2　群落样地调查表

样方号____________样地面积____________海拔____________

群落类型____________群落名称____________

地理位置______省______市/自治区______县______镇（村）经度______纬度______

地形____________坡向____________坡度____________

母岩与地质____________

土壤名称和性质（基岩、土层厚度、质地、A层厚度、颜色、pH）____________

群落特点（外貌、动态、结构等）____________

周围环境及群落小环境状况____________

（二）草地群落数量特征的测量

1. 种类组成

仔细编制群落植物名录，应列入群落中所有种，植物种名按生活型排列。

2. 群落空间与时间结构分析

（1）群落层片分析　群落层片就是按群落生活型组成，计算各类生活型的百分率。

（2）群落垂直结构　按乔、灌、草、地衣绘制群落垂直结构图。

（3）群落水平结构　群落内部形成一些小群聚，小群聚的分析有助于全面了解群落总体特征。

（三）数据整理

多度：种群在群落中相对丰富程度，用+++，++，+，-，--，---表示。

盖度：草地群落盖度利用针刺法测定。

密度：每种植物个体数目/样地面积。

相对多度：种群在群落中的丰富程度。

高度：植物的自然高度和绝对高度。

频度：一个种在所作的全部样方中出现的频率：

频度=该种植物出现的样方数/样方总数

重要值：综合考虑相对盖度、多度、频度等指标。

物候期：划分五个物候期，如营养期、花蕾期、开花期、结实期、休眠期。

上述指标可整理成群落表2-3，从中可清楚看出群落中各种群在群落中的优势度大小。

表2-3　　草地群落样方测定记录表

调查者：＿＿＿＿＿＿日期：＿＿＿＿＿＿样地号：＿＿＿＿＿＿样地面积：＿＿＿＿＿＿

植物名	多度	盖度	密度	物候期	高度/cm		生活型	频度	备注
					叶层	生殖层			

本章小结

本章主要介绍了生态系统的概念和生态系统的特点及功能；介绍了种群的定义、分类及特征；介绍了生物群落的定义、组成及特征；介绍了农业生态系统的组成、基本结构和功能。

复习思考题

1. 解释以下概念：生态系统、种群、生物群落、食物链、竞争、共生、生产者、分解者、优势种、随机分布。
2. 生态系统中生物组分的功能有哪些？
3. 十分之一定律的内涵是什么？
4. 解释共生关系在生物进化中的意义。
5. 增长型种群的特点有哪些？
6. 比较农业生态系统与自然生态系统的异同。

资料收集

以家乡所在地为主，调查当地农业生态系统主要有哪些类型，做成 PPT 在班级中交流。

查阅文献

利用课外时间阅读《生态文明》《增长的极限》《只有一个地球》等书籍，了解人类对于生态和环境保护的认识过程。

习作卡片

调查家乡所在地农田生态系统状况，提出有针对性的意见和建议，做成卡片，等学完本课程后再次提出意见和建议，对比二者是否有区别。

课外阅读

生物的多样性

生物多样性包括1000多万种植物、动物和微生物等各个物种和其所拥有的基因、由各种生物与其所在地环境构成的生态系统以及由不同生态系统镶嵌分布形成的景观等内容。因此，生物多样性是一个内涵十分广泛的概念，它至少包含4个层次，即遗传多样性、物种多样性、生态系统多样性和景观多样性。

遗传多样性是指种内基因的多种多样，因而又称基因多样性。它包含种内的亚种、变种、种群和品种等各种类型，也包含种内大量变异的个体。这些种内各种类型的分化和个体间的不同变异都反映着种内基因的多种多样。因此，遗传多样性具有多方面的、非常丰富的内容。

我们知道，绝大多数生物种类的身体都由真核细胞组成。真核细胞中都有成形的细胞核，核内都有一定数目的染色体，现代遗传学研究认为，基因是控制生物性状的遗传物质的功能和结构单位，是染色体上有遗传效应的DNA片断。

在外界环境条件或生物内部因素长期、反复的作用下，基因可能发生变异，这类变异能够遗传，因而可能导致生物性状发生变化。如果基因的变异量比较小，性状变化不大，就可能在种内形成不同的种群或品种。如果基因的变异量比较大，性状变化就会增大增多，从而可能在种内形成不同的亚种或变种。另外，不管变异量是大是小，最初总是局限在少数个体范围内，种内因而出现了大量不同变异的个体，但由于个体间的杂交，经过基因重新组合和自然选择，逐渐分化成种内各种不同的类型。

……

物种多样性是指一个地区、国家或生物群落内物种的多种多样。由于物种在生物多样性中起核心作用，所以在生物多样性中，物种多样性是最重要的一个层次。

什么是物种呢？物种简称“种”，多数学者认为，物种是具有一定形态特征和生理特征以及一定的自然分布区的生物类群。例如葫芦、紫萍和家兔，都是物种。物种多样性是否丰富，通常由“丰富度”“分类学多样性”和“相对多度”3项指标反映出来。

丰富度是指一个地区、国家或生物群落中物种数量的多少，是衡量物种多样性状况的主要指标。物种数目越多，丰富度就越大，物种多样性就越丰富。人们在了解物种多样性时，总是先要调查它的丰富度。

分类学多样性是指一个地区、国家或群落中物种所隶属的类群情况。物种所隶属的类群越不同，多样性的程度就越大，因而物种多样性就越丰富。例如有两个小岛，各有3种脊椎动物，甲小岛上有2种鸟和1种蜥蜴，乙小岛上只有3种鸟。显然甲小岛的物种多样性要比乙小岛丰富。

相对多度是指一个群落或小范围地区中，某物种的个体数占全部物种总个体数的百分比，例如某群落的全部物种的总个体数为1万个，其中甲物种的个体数为1000个，那么它的相对多度便是10%。在一个群落中，各物种的相对多度越均匀，物种多样性就越丰富。反之，如果一个群落的物种中，有少数物种的相对多度非常高，其余物种相对多度很低，那么，即使这个群落的物种数量很多，它的物种多样性也不算很丰富。因此，物种多样性的丰富程度，常用以上3种指标综合地进行评价。

生态系统多样性是指一个地区或国家内生态系统的多种多样。什么是生态系统呢？生态系统这个词听起来很深奥，其实我们经常遇到它，例如一片森林、一块草地或一个池塘，都各是一个生态系统。生态系统是生物群落与环境条件共同形成的统一体。在任何一个生态系统中，都有多种植物、动物和微生物，也都有光照、温度、水分、空气和土壤等环境条件，各种植物、动物和微生物，分别组成了植物群落、动物群落和微生物群落，它们合称生物群落，生物群落与周围环境条件相结合，就形成了生态系统，如森林生态系统、草地生态系统和池塘生态系统等。

景观多样性是指一个地区或国家内景观的多种多样。什么是景观呢？景观是指一组重复出现、具有相互影响的生态系统组成的异质性陆地区域，如森林景观、草地景观、荒漠景观、农业景观、果园景观和城市景观等。

景观是一个大尺度的宏观系统，组成它的生态系统称为景观要素。景观要素是组成景观的基本单元，依据形状的差异可区分为嵌块体、廊道和基质。嵌块体是景观尺度上最小的均质单元，它的起源、大小、形状和数量，对于景观多样性的形成具有十分重要的意义。廊道是具有通道或屏障功能的线状或带状的景观要素，是联系各嵌块体的重要桥梁和纽带。按照来源的不同，廊道可以分为干扰廊道、栽植廊道、更新廊道、环境资源廊道和残余廊道。不同廊道适合不同的景观类型，例如防火隔离带和传输线等干扰廊道适合森林景观，而防护林带和绿篱等栽植廊道，则适于农业景观。基质是相对面积大于景观中嵌块体和廊道的景观要素，它是景观中最具连续性的部分，往往形成景观背景。由于景观要素在大小、形状、数目、类型和外貌上的不同，就形成景观在空间结构上的高度异质性。

综合上述，地球上有上千万个甚至更多的物种，各物种又拥有许许多多亚种、变种、种群、品种和不同变异的个体。另外这上千万个物种，又分别组成各种各样的生物群落，这些生物群落再与环境条件相结合，形成种种不同的生态系统。各种生态系统又进一步组成形形色色的景观。你看，生物多样性是多么丰富多彩！由此可知，生物多样性是地球上最丰富的自然资源，了解和保护这类自然资源，是人类不可推卸的责任。

——节选自杨锐，徐家秀《拯救生物多样性》

第三章

农业生态系统的结构

学习目标

了解农业生态系统中物种结构、空间结构、时间结构等概念；了解食物链、食物网的概念；了解农业生态系统空间结构的不同类型；树立大食物观，学会依据农业生态系统结构原理设计科学、合理、高效的人工食物链或食物网。

第一节　农业生态系统的物种结构

农业生态系统的结构包括生物组分的物种结构（多物种配置）、空间结构（多层次配置）、时间结构（时序排列）、食物链结构（物质多级循环），以及这些生物组分与环境组分构成的格局。

物种结构指生物物种是生态系统物质生产的主体，不同生物种类的组成与数量关系的格局构成生态系统的物种结构。时间结构指在生态区域内各生物种群生活周期在时间分配上形成的格局。空间结构是指生物群落在空间上的垂直分布和水平格局变化，构成空间三维结构格局。垂直结构指生物种群在垂直方向上的分布格局，在地上、地下和水域都可形成不同的垂直结构。营养结构指生态系统中生物间构成的食物链与食物网结构。

合理的农业生态系统的标志是生物适应环境、生物与生物之间互补、组分之间量比关系协调、有利于农业生产的可持续发展、有较高的生产力和经济效益。

农业生态系统由农业环境因素、生产者、消费者和分解者四大基本要素构成。

农业环境因素一般包括光能、水分、空气、土壤、营养元素和生物种群，以及人和人的生产活动等。农业生态系统的生物可以分成以绿色植物为主的生产者、以动物为主要的大型消费者和以微生物为主的还原者（分解者）。

生产者指自养型生物，主要是绿色植物，包括各种农作物和人工林木等，它们通过光合作用制成有机物质，除供应本身的生长繁育外，还作为其他异养生物的食物和能量来源。然而在农业生态系统中占据主要地位的生物是经过人工驯化的农用生物，如农作物、家畜、家禽、家鱼、家蚕等，以及与这些农用生物种类和数量密切的生物类型，最重要的大型消费者是人类。

消费者包括草食动物、肉食动物、杂食动物、寄生动物和腐生动物等，均为异养型生物。草食动物如牛、羊、马、兔等直接靠摄食植物生存，为初级消费者。因它们具有把植物食料转化为肉、蛋、乳、皮、毛和骨等产品的功能，又称为次级生产者。肉食动物则被称为次级消费者。杂食动物兼具草食和肉食两重食性。寄生于动植物体内外的寄生动物和以动物尸体、植物残体等为食的腐生动物仍属于次级消费者，它们也都是次级生产者。分解者主要指依靠动植物残体生存、发育、繁殖的各种微生物，包括真菌、细菌和放线菌等。它们能把生物的残体、尸体等复杂有机物质最终分解成能量、CO_2、水和其他无机养分。在农业生产中，食用真菌如蘑菇、香菇、木耳等已被广泛开发利用。

绿色植物的光合产物，通过消费者和分解者的转化途径，最后分解为无机物质和热能返回到农业环境中，其中一部分供绿色植物吸收利用，由此构成一个连续不断的物质循环和能量转化系统。其中，除太阳辐射能是一切生态系统能量的基本来源外，在农业生态系统中，常常还由人类以栽培管理、选育良种、施用化肥和农药以及进行农业机械作业等形式，投入一定的辅助能源，因而增加了可转化为生产力的能量。农作物的高生产力，在很大程度上是由人类投入的各种形式的辅助能源来维持的。

一、 物种引进

就调控物种结构这一方面而言，人工或农业生态系统中，往往通过引进某些新物种来达到改变系统功能的目的，如生物防治便是通过调节某一特定农业生态系统中的物种结构，引进或保护有益天敌，调节系统的稳定性，控制害虫大爆发。当然，值得谨慎的是新物种是否可能会导致“生物污染”和产生“生物入侵”。前者主要是指由于引进的物种建立种群后，破坏了原有的环境和谐性，且新物种一旦建立种群，便很难除去，例如我国南方曾引进空心莲子草作为饲料植物，但是一度泛滥成灾，成为恶性杂草。后者主要是认为生态系统中的所有元素都是相互联系的，一个种的排除——特别是本地种——将会触发某些不可知的和不理想的生态反应。因此外来新物种的引进必须根据特定系统的特性和条件，遵循系统组织原则，分析系统中的层次结构和生态位的“富余”和“匮乏”及开发潜在的可能性，以动态发展的观点预测引进的物种对环境的适应性，使物种的引进尽量达到生态合理，避免可能出现的不良生态后果。

农业生态系统的物种引进至少有三大类型：一类是引进直接参与物质生产的生产型物种，如引进经济作物或经济动物等；一类是对系统中其他生产型物种或环节起促进作用的增益型物种，其本身不作为产品输出的中间型物种，如园中引进某些牧草等；还有一类是可降低系统的消耗，提高资源利用率的物种，如引进天敌控制害虫、利用昆虫控制杂草、利用藻菌共生系统处理污水等。

二、多物种配置

在一般的农业生态系统复合模式里，物种包括绿色植物——吸收光能进行初级物质生产；草食性动物和肉食性动物，如畜、禽、鱼、虫等——进行次级物质再生产；微生物，如真菌、细菌等——进行物质的转化与分解。理想的物种结构可对环境资源有最大限度的适应和利用，它可以在同等物质和能量输入的情况下，借助结构内部的协调力，达到增益的效果。

立体农业就是利用不同种生物群体在不同空间、时间内结构或功能上的共生关系，建立起充分利用有限质能的共生体系。立体农业涉及生态学的物种结构，物种的多样性是立体农业最重要的特征之一。立体农业从外观上看是多层次的，有非常合理的物种结构，它是一个互相促进、循环利用、生生不息的稳定复合体。立体农业采用物种结构复合模式，即有效地利用生物群落共生原理、物质和能量多层次、多途径利用与转化原理，建立起的合理利用自然资源和保持生态稳定的农业生态系统复合模式，如南方丘陵山区的林粮、林药复合模式和猪沼果鱼复合模式；江淮地区的林茶、茶农、桑茶间作模式；北方地区的庭院立体模式和林粮间作、林牧复合模式等。

第二节　农业生态系统的营养结构

不同生物间以营养关系为纽带，把生物组分和环境组分相互紧密地、错综复杂地联结起来的结构，称为营养结构。每一个农业生态系统都有其特殊的、复杂的营养结构关系，能量流动和物质循环都必须在营养结构的基础上进行。一般农业生态系统中的多种生物按营养关系顺序从植物到草食动物再到肉食动物排列。人类可根据农业生物的遗传、生理、解剖和生态特性，通过营养关系，将农业生物成员联结成多种链状和网状营养结构。

生态系统中生产者、消费者和分解者之间以食物营养为纽带所形成的食物链和食物网，是构成物质循环和能量转化的主要途径。

一、食物链

植物所固定的能量通过一系列的取食和被取食的关系在生态系统中传递，我们把生物之间存在的这种传递关系称之为食物链。所谓食物链，就是一种生物以另一种生物为食，彼此形成一个以食物连接起来的链条关系。受能量传递效率的限制，食物链一般4~5个环节，最少3个，但也有例外的时候，比如我国的蛇岛，曾出现过7个环节（花蜜—飞虫—蜻蜓—蜘蛛—小鸟—蝮蛇—老鹰），但这种情况是极为特殊的。

食物链的类型主要包括以下几种。

（1）捕食食物链　从绿色植物开始，再到草食动物，肉食动物，如青草—兔子—狐狸—老虎。

（2）腐食食物链　它又称碎屑食物链，主要以死的有机体或生物排泄物为食物，将有机物分解为无机物，如植物残体—蚯蚓—鸡。

（3）寄生食物链　这是以寄生方式取食活的有机体而构成的食物链，如大豆—菟丝子，蛔虫—马（牛）。

农业生态系统的食物链结构是指农业生产中生产者、消费者和分解者之间以食物营养为纽带的形成物质循环与能量转化的关系，它是生态系统中物质循环、能量流动和信息传递的主要路径。研究设计合理的食物链结构，直接关系着农业生态系统生产力的高低和经济效益的大小。农业生态系统中的许多食物链结构，是生物在长期演化过程中形成的，如果在食物链中增加新环节或扩大已有环节，使食物链中各种生物更充分地、多层次地利用自然资源，一方面使有害生物得到抑制，可增加系统的稳定性；另一方面使原来不能利用的产品再转化，可增加系统的生产量。

能量和物质被绿色植物吸收利用转化为有机物，便成为草食动物的食料，而草食性动物又是其他肉食性动物的食料，形成生态食物链的关系。农业生态系统食物链的每一个环节，都储存着能量和物质，食物链每增加一个环节，就增加一种使用价值。因此，在组织生产过程中，尽可能增加农业生态系统的食物链环节，便可多次增值，创造更多的使用价值。但是，人类不能随心所欲增加食物链的环节，而应根据资源条件和农业生态系统的具体情况及人类需要来进行。

农业生态系统中几种常见的食物链结构：①以养殖业为主：鸡粪喂猪，猪粪养蝇蛆，蝇蛆作饲料喂鸡，剩余猪、鸡粪回到农田循环利用。②畜禽—沼气食物链结构：以沼气为纽带，如畜—沼—果模式（广西恭城县和广东梅县等）；北方四位一体庭院能源生态模式（厕所—猪舍—沼气—温室）等。③秸秆多级利用：秸秆—培养食用菌—菌渣作畜禽饲料—养鸡—鸡粪下沼气—沼气渣培养食用菌—废料施于农田。④以污水自净为中心：如辽宁大洼县西安生态养殖场，三段净化四次利用［猪舍—水葫芦（吸氮）—细绿萍（吸磷、钾）—鱼塘—稻田］。

二、食物网

在生态系统中，生物之间实际的取食与被取食的关系，并不像食物链所表达的那样简单，通常是一种生物被多种生物食用，同时也食用多种其他生物，实际生态系统中，经常是以食物网的形式存在。

这种情况下，在生态系统中的生物成分之间通过能量传递关系，存在着一种错综复杂的普遍联系，这种联系像是一个无形的网，把所有的生物都包括在内，使它们彼此之间都有着某种直接或间接的关系。像这样，在一个生态系统中，食物关系往往很复杂，各种食物链互相交错，形成的就是食物网。食物网是生态系统中物质循环、能量流动和信息传递的主要途径。

食物网越复杂，生态系统抵抗外力干扰的能力就会越强，反之则越弱。例如苔原生态系统是地球上最耐寒也最简单的生态系统之一，它是由地衣—驯鹿—人组成的食物链所构成的。但众所周知，地衣对二氧化硫的含量非常敏感，如果地衣遭到破坏，那么苔原生态系统就会崩溃。可如果消失的地衣是存在于热带雨林生态系统中，那么虽然也会对生态系统的稳定性和功能造成一定的影响，但不会是毁灭性的。

研究食物链和食物网的组成及其调节，是十分重要的。首先，它可以带来很大的经济价值，例如对鱼类和野生动物的保护，就必须明确动物、植物间的营养关系，还应注意食物链中量的调节，才能使该项目自然资源获得稳定和保存，否则会破坏自然界的平衡与协调，使该地区的生物群落发生改变，对社会经济产生严重影响。其次，物质流在食物链中有一个突出特性，即生物富集作用，某些自然界不能降解的重金属元素或其他有毒物质，在环境中的起始浓度并不高，但经过食物链逐渐富集进入人体后，可能提高到原来的数百倍甚至数百万倍。

如图 3-1 所示是一个农业生态系统的食物网，在该食物网中，人们合理利用了自然资源，将鸡、猪、人的粪便以及玉米秸秆放入沼气池发酵，产生的沼气用于照明和做饭，沼渣用来做肥料，从而建立了一种多层次、多功能的生态农业系统。该生态系统中，大气中的 CO_2 通过玉米的光合作用进入生物体内；植物的光合作用是在叶绿体里利用光能把 CO_2 和水合成有机物，释放氧气，同时把光能转变成化学能储存在合成的有机物中的过程。

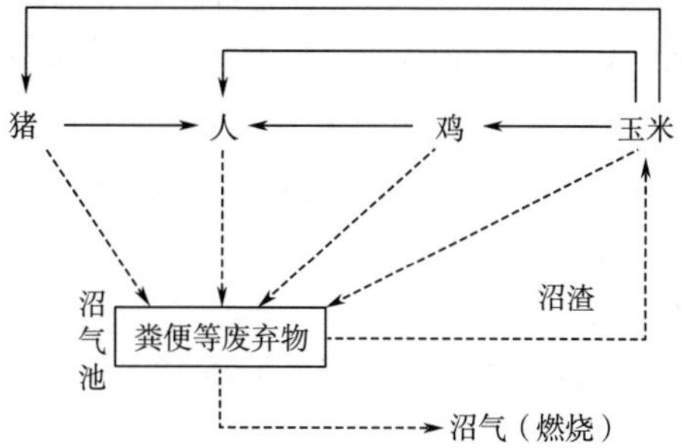

图 3-1　农业生态系统的食物网

图中食物链包括：玉米→鸡→人，玉米→人，玉米→猪→人，共三条食物链。在生态系统中，物质能量是沿着食物链、食物网流动的，并逐级减少。因此，食物链越短，能量消耗的越少，故人获取能量最多的食物链是玉米→人。

农业生态系统营养结构（微课）

第三节　农业生态系统的空间结构

农业生态系统的空间结构包括水平结构和垂直结构两个方面。

农业生态系统的水平结构，是指农业生物种群在空间的水平变化。这是因为环境组分可因地理位置原因形成纬向或经向的水平渐变结构，也可因社会原因形成同心圆式的水平结构，农业生物组分也随之形成相应的条带状或同心圆式的水平分布。其他非地带性因子的作用会使生物形成种类镶嵌分布。生物个体间会形成均匀分布、团块分布和随机分布的各种水平结构格局。

垂直结构又称立体结构，是指生物在空间的垂直分布上所发生的变化，即生物的成层分布现象。环境因子可因山地高度、土层和水层深度变化形成垂直渐变结构，不同的垂直环境中有不同的生物类型或数量。如果环境条件好，生物种类复杂，则系统的垂直结构也复杂，反之，环境条件恶劣，生物种类简单，垂直结构也简单。

在生物群落中，不同物种可配置不同形式的立体结构。正是由于农业生态系统垂直结构，才保证了农业生物能更充分地利用空间和环境资源，并取得了显著的生态效益和环境效益。

一、 农业生态景观与农业生态系统的水平结构

生态系统的水平结构是指在一定生态区域内生物类群在水平空间上的组合与分布。在不同的地理环境条件下，受地形、水文、土壤、气候等环境因子的综合影响，植物在地面上的分布并非是均匀的，种类多，植被盖度大的地段动物种类也相应多，反之则少。这种生物成分的区域分布差异性直接体现在景观类型的变化上，形成了所谓的带状分布、同心圆式分布或块状镶嵌分布等的景观格局，例如地处北京市的百家疃村，其地貌类型为一山前洪积扇，从山地到洪积扇中上部再到扇缘地带，随着土壤、水分等因素的梯度变化，农业生态系统的水平结构表现出规律性变化，山地以人工生态林为主，有油松、侧柏、元宝枫等；洪积扇上部为旱生灌草丛及零星分布的杏、枣树；洪积扇中部为果园，有苹果、桃、樱桃等；洪积扇的下部为乡村居民点；洪积扇扇缘及交接洼地主要是蔬菜地、苗圃和水稻田。

（一）景观多样性

农业景观是由多种类型的在景观上有差异的农业生态系统的集合所组成的区域。

对于景观多样性来说：①只有多样生态系统的共存，才能保证物种多样性和遗传多样性。②只有多种生态系统的共存，并与异质的立地条件相适应，才能使景观的总体生产力达到最高水平。③只有多种生态系统的共存，才能保障景观功能的正常发挥，并使景观的稳定性达到一定水平。

（二）边缘效应与生态交错带

在景观中不同斑块连接之处的交错区域为生态交错带。在生物圈中，有城乡交错带、干湿交错带、水陆交错带、农牧交错带、群落交错带等一些交错带类型。

边缘效应（微课）

（三）农业生产的三种农业区位

（1）自然区位　自然条件差异为农作物与牲畜结构安排的重要因素。

（2）杜能农业区位　农产品只有到达市场才能获取效益，而运输成为制约条件，所以在自然区位的基础上增加了受运输制约的农业专业生产区域。

杜能假设这样一个与世隔绝的孤立国：①在农业自然条件一致的平原上，农产品能够实现销售的唯一市场是中心城市。②农产品的唯一运输工具是马车。③农产品的运费与重量及运输距离成正比。④农作物的经营以获取最大利润为目的。

根据这样的假设，杜能为孤立国推断出围绕中心城市的六个同心圈层，每个圈层分别有不同的最适农业生产结构，以此推出两个结论，一为生产集约度理论：越靠近中心城镇，生产集约度越高；二为生产结构理论：易腐烂变质、不耐储存和单位重量价格低的农产品在靠近城市的区域生产。

（3）生态经济区位　经济高速发展阶段，自然条件对农业的生产结构格局影响能力上升。

（四）社会经济条件对农业生态系统水平结构的影响

（1）人口密度梯度　人口密度对农业生态系统结构的影响是综合的。人口密度增加使人均资源量减少，劳动力资源增加，对基本农产品的需求上升。这样，必然使农业向劳动密集型转化。

（2）城乡经济梯度　农业生态系统受城镇的影响，即离城镇的远近制约人们选择农业生态系统的类型。

二、自然地理位置与垂直结构

生态系统的垂直结构包括不同类型生态系统在海拔不同的生境上的垂直分布和生态系统内部不同类型物种及不同个体的垂直分层两个方面。随着海拔的变化，生物类型出现有规律的垂直分层现象，这是由于生物生存的生态环境因素发生变化的缘故，如川西高原，自谷底向上，其植被和土壤依次为：灌丛草原—棕褐土，灌丛草甸—棕毡土，亚高山草甸—黑毡土，高山草甸—草毡土。由于山地海拔的不同，光、热、水、土等因子发生有规律的垂直变化，从而影响了农业的生产和布局，形成了独具特色的立体农业生态系统。

生态系统垂直结构以农业生态系统为例，作物群体在垂直空间上的组合与分布，分为地上结构与地下结构两部分：地上部分主要研究复合群体茎枝叶在空间的合理分布，以求得群体最大限度地利用光、热、水、大气资源；地下部分主要研究复合群体根系在土壤中的合理分布，以求得土壤水分、养分的合理利用，达到种间互利、用养结合的目的。

（一）自然地理位置

1. 流域位置变化

河流上游—中游—下游位置的变化，影响着流域内海拔、温度、养分、水分、自然景观、生产力、经济发展等的变化。

2. 地形变化

（1）大尺度地形变化　如四川、云南高原，随海拔变化的农业生态系统的结构：低热层主要包括甘蔗、冬春季蔬菜、热带性果树、药材等；中暖层为发展粮、油、生猪、蚕桑、烤烟等；高寒层包括细毛羊、冷杉、铁杉等。

（2）小尺度地形变化　如广东潮州市官塘区秋溪乡的农业生产布局：坡顶为用材林；坡腰为经济林、果树；坡脚为果树；旱地种植蔬菜、旱粮；水田种植水稻；低洼地养鱼等。

（二）农业生态系统的立体栽培模式

立体结构的生态学基础是对资源利用的种间互补（空间、时间、营养等）和对系统稳定性方面的互补（抗灾、减少病虫害、改善生境、提高土壤肥力等）。

1. 农田立体模式

（1）农作物间作　玉米间作大豆（甘薯、棉花）、小麦间作棉花（蔬菜）、棉花间作油菜等。

（2）稻田养鱼　鱼类取食浮游生物和水稻害虫，减少病虫害，增加水体氧气，鱼类的粪便和排泄物作为水稻的肥料。

2. 水体立体模式

（1）鱼的分层放养　利用鱼的不同食性和栖息特性放养。上层鱼：鲢鱼、鳙鱼，以浮游植物和动物为食；中层鱼：草鱼、鳊鱼，以浮萍、水草、蔬菜、菜叶等为食；下层鱼：鲤鱼、鲫鱼，以底栖动物、有机碎屑等杂物为食。

（2）鱼牧结构　如鱼鸭（猪、鸡、鹅等）混养：粤、浙、苏一带普遍采用基塘系统模式，如桑基鱼塘、蔗基鱼塘、花基鱼塘、果基鱼塘、杂基鱼塘（如牧草、蔬菜、粮作等）模式。

3. 养殖业立体模式

（1）分层立体养殖　节约棚圈材料和综合利用废弃物，如新疆米泉县种猪场采用的上层养鸡，中层养猪，下层养鱼模式。

（2）林鱼鸭立体种养　湖北省新洲县在低洼积水区采用的模式。

4. 农林立体模式

农林业系统：同一土地单元或农业生产系统内既包含木本植物又包含农作物或动物的一种土地利用系统，其特点为复合性、系统性、集约性，在发展中国家发展迅速。

我国农林立体栽培常见模式如下。

（1）桐粮间作　华北平原已达300多万hm^2，分布在河南、山东等地，有以农为主、以桐为主、桐粮并重等几种类型。

（2）枣粮间作　华北、西北等地，尤其在河北、山东较多，有以枣树为主、枣粮并举、农作物为主几种类型。

（3）林胶茶复合经营　它分布于热带地区（云南、海南等），为防护型立体结构，具有良好的环境（减少水土流失，减少病虫害等）和经济效应，如海鸥农场的茶叶作为绿色食品的效益很好。

（4）林药间作　许多药用植物喜阴凉、湿润的环境，应种植于林下，南方丘陵区采用的杉木、桐树与黄连、魔芋、天麻、三七、胡椒、肉桂、咖啡豆、可可豆等间作；华北平原采用泡桐间作芍药、贝母、板蓝根、天南星、金银花等；东北地区有松树、杉树间作人参、桔梗等；三北农牧区采用胡杨间作甘草等。

农业生态系统
垂直结构（微课）

实验实训　农田生物量测定

一、目的要求

通过测定植物第一性生产力，了解农田群落不同植物种的生长特点，生产力大小，分析群落第一性生产力，可以揭示不同植物在群落中的作用。

二、实验内容

（1）样地确定。

（2）生物量的测定与分析。

三、主要实验仪器设备

铁铲、锄头、标本夹、记录本、剪刀、海拔仪、分光光度计、望远镜、GPS、罗盘仪、坡度计、烘干箱、天平、测高仪、电刨、锯刀、放大镜。

四、方法与步骤

（一）确定样方

根据群落情况决定样方大小及数目，在样方四角竖立标杆，用线绳围成样方，齐地面剪下植物，分种装袋，以防水分损失。同时收集样方内地面植物枯落物。

（二）样品分类、测重和干燥

剪割完成后，把各样品按植物种的叶（光合系统）、茎、花、果（非光合系统）分开，测定鲜重。然后用感量为 0.1g 的天平取各样品鲜重 50g 左右，置于烘箱中，于 80℃烘至恒重（12h）。冷却后，用感量 0.01g 的天平称干重。记录数据于表 3-1 中。

表 3-1　农作物分层收集物记录

物种	光合系统			非光合系统		
	鲜重/g	干重/g	叶面积/cm^2	鲜重/g	干重/g	枯落物/g
总生物量						

本章小结

本章主要介绍了农业生态系统中物种结构、空间结构、时间结构等概念；介绍了食物链、食物网的概念；分析了农业生态系统空间结构的不同类型；阐述了立体栽培模式的原理；分析了如何依据农业生态系统的空间结构设计人工食物链或食物网。

复习思考题

1. 解释以下概念：农业生态系统、水平结构、垂直结构、营养结构、时间结构。

2. 农业生态系统中常见的食物链有哪些？
3. 立体栽培模式的理论依据是什么？
4. 如何调整农业生态系统的时间结构？

资料收集

1. 以家乡所在地为主，调查当地有哪些类型的农业生产模式？
2. 以家乡所在地为主，调查当地种植方式主要有哪些类型，做成 PPT 在班级交流。

查阅文献

利用课外时间阅读《神圣的平衡——重寻人类的自然定位》《增长的极限》《只有一个地球》等书籍，了解人类对于生态和环境保护的认识过程。

习作卡片

调查家乡所在地的农田生态系统中各种作物的种植模式，分析该农业生态系统的水平结构、垂直结构和时间结构。

课外阅读

立体农业

立体农业是在我国以精耕细作为核心的传统农业技术基础上发展起来的。近年耕地、人口矛盾问题日益突出，在新技术革命推动下，广大农业科技人员和农民在生产实践中，将传统农业技术与现代技术相结合，千方百计挖掘单位面积土地（水体）和一定区域范围内的时间、空间和气候等资源潜力，着眼于空间资源的综合利用，进行立体种植、立体养殖、立体种养，借以提高物质产量和经济效益，因此，逐步形成了一种新型的“立体农业”。

立体农业的研究内容是以立体农业定义为出发点，合理利用自然资源、生物资源和人类生产技能，实现由物种、层次、物质循环和技术等要素组成的立体模式的优化。构成立体农业模式的基本单元是物种结构（多物种组合）、空间结构（多层次配置）、时间结构（时序排列）、食物链结构（物质循环）和技术结构

（配套技术），这 5 种结构即是立体农业研究的基本内容。

1. 物种结构

物种结构是指模式内农业生物种类的组成、数量及其彼此关系。物种的多样性是立体农业最重要的特征。在一般的复合模式里，物种包括绿色植物——吸收光能进行初级物质生产；草食性动物和肉食性动物，如畜、禽、鱼、虫等——进行次级物质再生产；微生物，如真菌、细菌等——进行物质的转化与分解。理想的物种结构是对环境资源最大限度的适应和利用，它可以在同等物质和能量输入的情况下，借助结构内部的协调力，达到增益的效果。

2. 空间结构

空间结构是指各种物种在立体模式内的空间分布，包括各种物种的搭配形式、密度和所处的空间位置。空间结构的主要因素是层次和密度，前者是垂直距离，后者是水平距离。

（1）层次　包括地上的立面空间层次、地下的土壤层次和水域的水体层次。层次的设计应力求加厚利用层，向空间高度扩展。层次愈厚，空间容量愈大，资源利用率可能愈高，但加厚也要受到多因素的制约，如环境、生物等。

（2）密度　即物种个体或群体的水平距离。其表现形式是植物的株行距或动物的饲养数量。立体模式密度大小与层次多少密切相关，在一般情况下，层次多，密度应小。

3. 时间结构

时间结构是指协调资源因子周期性和农业生物生产发育周期性的关系，使得其模式的物质生产高效、有序、持续地进行，即是对各种农业生物所进行的时序安排。时间结构涉及的因素是环境条件的季节性和农业生物的生育规律。根据各种生物的生长发育周期及其对环境条件的要求，搭配适当的时间，实现周年生产。搭配的方法有长程生育期或早、中、晚品种搭配；喜光和耐荫作物时序交错；籽粒和叶类、块根类作物交错等。

4. 食物链结构

食物链结构即按照能量循环和物质转化的一般规律，通过引入新的链环，延长或完善食物链组合，增加 2~3 级产品，提高立体模式的循环和转化效率。

5. 技术结构

技术结构是指研究发挥立体模式功能的各种技术措施的科学组合。立体农业技术特征是避“传统农业”手工操作、简易的秸秆返田和“石油农业”不顾生态环境的大量机械、化肥投入之短，它将机械技术与生物技术结合、有机农业技术与无机农业技术结合、化学防治与生物防治结合。技术结构研究的重点是物质和能量投入的内容、程度、时间和方法。通过外加的技术干预协调种植、养殖的关系，发挥模式内整体结构的优势。

立体农业的本质特征是集约型技术，是与平面农业相对应的垂直空间的开发利用，而不是平面的扩张，核心立足于变单一物种、单一层次为多物种多层次的合理搭配。在我国，从东北林区到珠江三角洲，从黄淮海平原到云贵高原，从长江中下游流域到西部绿洲，共20多个省（区），都在试验推广具有各地气候、地貌、物种资源特色的立体模式。据不完全统计，全国各地已创造出几十种类型的上千个组合模式。从南到北不同类型不同地区，小则一丘田、一口塘、一个庭院，大则一片山体、一方水域，基本类型有山丘立体、平原立体、水体立体、庭院立体。根据建立的基面（土地、资源、对象）是否同一，可以划分为异基面与同基面立体农业；根据土地（水体）面积大小，可分为宏观和微观立体农业。宏观立体农业主要指山丘的立体梯度开发（异基面）和平原地区、湖区、浅海的立体种养（同基面）；滩涂、河谷开发是负梯度立体农业；微观立体农业主要包括单位面积内同一基面的纯植物性、植物与动物、纯动物性生产和异基面的桑基、果基、蔗基鱼塘等，也包括小范围庭院立体种养（异基、同基复合立体农业）。

——摘自范明《试论立体农业》

第四章

农业生态系统的能量流动

学习目标

了解生态系统能量流动与转化的基本定律及其应用；了解农业生态系统的能量生产形成过程：初级生产、次级生产以及农业生产系统的辅助能；掌握农业生态系统调控基本方法和技术手段，树立粮食安全意识。

第一节　初级生产中的能量流动

一、 能量流动与转化的基本定律及其应用

能量是所有生命运动的基本动力，生态系统作为以生命系统为主要组分的特殊系统，无时无刻不在进行着能量的输入和转化。能量的转化和物质的循环，是生态系统的基本功能，是地球上生命赖以生存和发展的基础。生态系统中生命活动所需要的能量绝大部分都直接或间接来自太阳能，并遵循热力学第一定律和热力学第二定律进行转化和流动。在农业生态系统中，人们通过输入人工辅助能进行调节和控制，以提高能量的转化率和生物体对能量储存的能力，协调发挥农业生态系统运行中产生的生态效益、经济效益和社会效益。因此，了解农业生态系统的能量流动与转化规律，对分析农业生态系统的功能和其他因素间的关系是非常必要的。

（一）热力学第一定律——能量守恒定律

热力学第一定律认为：能量可以在不同的介质中被传递，在不同的形式中被转化，但数量上既不能被创造，也不能被消灭，即能量在转化过程中是守恒的。在热功转换过程中可用下列公式表示：

$$\Delta U = Q + W$$

式中　Q——系统吸收的能量

ΔU——系统的内能变化

W——系统对外所做的功

在生态系统中，被植物固定的光合产物中的化学潜能，一部分用于植物自身的呼吸消耗，另一部分成为植物体，是其他生物成员的能量来源，这些化学潜能在食物链的传递过程中，又分别被转化为动能、热能，既没被创造，也没有被消灭。

了解热力学第一定律，不仅有利于把握生态系统中的能量转化过程，掌握同一转化过程中各种不同形态能量之间的数量关系，还可以根据热力学第一定律对农业生态系统进行定量分析，为农业生态系统的调节和控制提供可靠依据。

（二）热力学第二定律——能量衰变定律

热力学第二定律是对能量转化效率的一个重要概括，它的基本内容为：自然界的所有自发过程都是能量从集中型转变为分散型的衰变过程，而且是不可逆的过程。由于总有一些能量在转化过程中要变为不可利用的热能，所以任何能量的转化都不可能达到100%的有效。

生态系统中的能量转化同样也可以用热力学第二定律予以描述。始于太阳辐射的一系列能量转化过程，只有少量的能量转化为在植物体或动物体内的化学潜能，大部分以热能的形式消耗在维持动植物生命活动或微生物的分解过程中。这些以热能形式散发的能量是一种毫无利用价值的能量形式，因此，生态系统的能量流动是单向的和不可逆的。

（三）熵与耗散结构

熵是从热力学第二定律抽象出的一个概念，也是一个对系统无序程度进行度量的热力学函数。其含义是系统从温度为绝对零度无分子运动的最大有序状态向含热状态变化过程中每一度（温度变化）的热量（变化），即熵变化就是热量变化与绝对温度之比，在温度处于绝对零度时熵值为零。可见，熵实际上是对热力学体系中不可利用的热能的度量。热力学第二定律也称熵定律，因为能量总是从集中形式趋向分散，这个过程不可逆，熵定律可以表述为：一切自发过程总是向熵值增加的方向进行。从熵定律可以看出，在自发过程中，熵值不断增加，孤立系统的不平衡态随着时间的推移，最终会趋向平衡态——熵最大状态，使系统从有序走向无序。系统要保持有序状态，必须外加能量的推动，而且外加能量的效率都必然小于 100%。

耗散结构是指在远离平衡的非平衡状态下，系统可能出现的稳定的有序结构。普利高津提出的耗散结构理论，表述了一个远离平衡态的开放系统，可以通过与外界环境进行物质和能量的不断交换，增加系统的负熵，使系统保持有序状态和一定的稳定性。这种利用外界环境的物质、能量等不断的交换，使趋向无序和混乱状态的系统变为有序和稳定的状态就称耗散结构。生态系统本身就是一种开放的和远离平衡态的热力学系统，具有发达的耗散结构，通过系统不断的能量和物质的输入，保持高度的有序性和稳定性。因此，生态系统服从热力学第二定律和熵定律，生态系统要维持一个有“内秩序”的高级状态，即低熵状态，同样需要从系统外输入能量，即不断输入太阳能和辅助能。

（四）生态金字塔

生态金字塔是生态学研究中用以反映食物链各营养级之间生物个体数量、生物量和能量比例关系的一个图解模型。由于能量沿食物链传递过程中的衰减现象，使得每一个营养级被净同化的部分都要大大地少于前一营养级。因此，当营养级由低到高，其个体数目、生物现存量和所含能量一般呈现出基部宽、顶部尖的立体金字塔形，用数量表示的称为数量金字塔，用生物量表示的称为生物量金字塔，用能量表示的称为能量金字塔（图 4-1）。

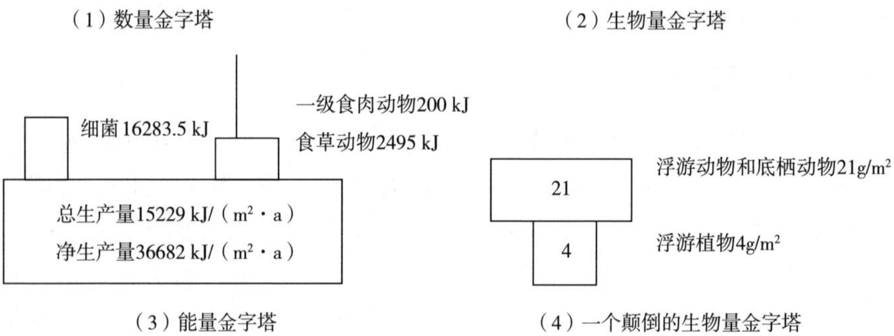

图 4-1　生态金字塔

（资料来源：骆世明，《农业生态学》，2001）

在图 4-1（1）~图 4-1（3）三类生态金字塔中，能较好地反映营养级之间比例关系的是能量金字塔。在描述一些非常规形式食物链中个别营养级的比例关系时，就会出现生态金字塔的倒置现象或畸形现象［图 4-1（4）］。如用数量金字塔表示“树木—昆虫—鸟类”食物链的营养关系时，一棵树上就可能有成千上万个昆虫为生，又可能有数只鸟以这些昆虫为生，这样就是一个两头小中间大的畸形金字塔。用生物量金字塔表示海洋中“浮游植物—浮游动物—底栖动物”的食物链营养关系时，由于浮游植物的个体小，它们以快速的代谢和较高的周转率达到较大的输出，但生物现存量却较少。用生物量金字塔表示的就是一个倒置的金字塔。但如果用能量金字塔表示食物链的营养关系，则不受生物个体大小及代谢速度不同的影响，可较准确地说明能量传递的效率和系统的功能特点。

生态金字塔理论对提高能量利用与转化效率、调控营养结构、保持生态系统的稳定性具有重要的指导意义。食物链长，塔的层次多，能量消耗多、储存少，系统不稳定。食物链短，塔的层次少，基部宽，能量储存多，系统稳定，但食物链过短，塔的基部过宽时，则能量利用率太低、浪费大。对于农业生态系统，不仅要求系统稳定，还要求其转化效率要高，才能获得较多的生物产品，以提高系统生产力。另外，食物链与生态金字塔理论，对指导合理建立农业生态系统结构，保持适宜的人地比例、农牧比例、草场载畜量以及人类食物构成上均有重要指导作用。

生态金字塔（微课）

（五）林德曼效率与生态效率定律

美国生态学家林德曼（Lindman）于 20 世纪 30 年代末在对 Cedar Gog 湖的食物链进行研究时发现营养级之间的能量转化效率大致为 1/10，其余 9/10 由于消费者采食时的选择浪费以及呼吸排泄等被消耗了，这个发现被人们称为林德曼效率或十分之一定理，这只是对生态系统食物链各营养级之间效率的一个粗略估算，然而，它的重要意义在于开创了生态系统能量转化效率的定量研究，并初步揭示了能量转化的耗损过程和低效能原因，为今后深入研究奠定了基础。在林德曼研究工作的基础上，此后的研究进一步证实了众多生态系统的林德曼效率是在 10%~20%。

林德曼效率只是揭示了营养级之间的能量转化效率，此后的研究表明能量转化效率不仅反映在营养级之间，还反映在营养级内部，因为发生在营养级之内的大量能量耗损，也是影响能量转化效率的重要方面。能量转化效率在生态学上又被称为生态效率，因此，这一定律也被称为生态效率定律。在农业生态系统中，由于受到人为的较好控制，投入了大量的辅助能，使农业生态系统中的农业生物对食物的能量转化效率明显提高，如猪的饲料转化效率为 35%。

二、初级生产中的能量流动

任何一个生态系统都进行着两大类能量的生产，即初级生产和次级生产。初级生产主要是指绿色植物通过光合作用固定太阳光能并转化为储存在植物有机体中的化学潜能的过程，这是生态系统能量流动的基础。因此，绿色植物（还包括一些化能合成细菌）被称为初级生产者。次级生产是指消费者、还原者利用初级生产量进行的同化、生长、发育和繁殖后代的过程，这些利用初级生产量实现了能量再一次储存和积累的异养生物被称为次级生产者。

（一）初级生产的能量转化

初级生产也称为第一性生产，主要是指绿色植物进行光合作用积累能量的过程，其化学反应过程可以表示为：

$$6CO_2+12H_2O+\text{太阳辐射能}\longrightarrow C_6H_{12}O_6+6H_2O+6O_2\uparrow$$

植物每产生 1mol 分子有机物就能以化学能的形式固定 2821kJ 的太阳能。在单位时间内（y、h、min）、单位面积上（hm^2、m^2）初级生产积累的能量或者干物质的量称为初级生产力（量），或称为第一性生产力（量）。在初级生产中，有一部分还要被消耗于植物的呼吸作用，剩下来的才是用于消费者转化传递的能量。因此，初级生产力又可以分为总初级生产力（P_g）和净初级生产力（P_n），总初级生产力（P_g）是指包括呼吸消耗（R）在内的光合作用总速率，即 $P_g=P_n+R$；净初级生产力（P_n）是指除去呼吸消耗以后绿色植物真实积累下来的能量或干物质量，即 $P_n=P_g-R$。

不同植物种类，不同品种，不同的生态环境以及不同的生态系统，初级生产都有很大差别。在不同植物种类当中，碳三植物光饱和点低，光呼吸明显，光呼吸约消耗了一半的光合产物，因而，初级生产力较低，每年为 21.7~22.3t/hm^2。碳四植物的光饱和点高，光呼吸消耗只占光合产物的 2%~5%，因而，初级生产力较高，每年为 22~53t/hm^2。

地球上不同类型的自然生态系统，受光、温、水、养分等因子和生态系统本身利用这些因子能力的制约，初级生产力的差异很大，据测算，全球每年初级生产总量为 172×10^9t，折合能量约为 21.6×10^{20}J。其中农田的初级生产量为 9.1×10^9t，折合能量为 1.14×10^{20}J；温带草原为 5.4×10^9t，折合能量为 0.68×10^{20}J；稀树草原为 10.5×10^9t，折合能量为 1.32×10^{20}J；森林为 84.2×10^9t，折合能量为 10.59×10^{20}J，海洋为 55×10^9t，折合能量为 6.92×10^{20}J。这种初级生产力的差异决定了生态系统的系统生产力，也决定了其对异养生物（包括人类）的承载能力，同时还影响到人类对其开发、利用的程度和需要采取的保护性措施。

地球上各自然生态系统的净初级生产量在 3~2200g/（m^2·a），以热带雨林最高，达到 2200g/（m^2·a）。全世界耕地的平均净初级生产力为 650g/（m^2·a），低于全世界陆地生态系统的平均值［773g/（m^2·a）］，因此，人类要想获得更多的初级生产量，则除了耕地，森林、草地、沼泽、水域等生态系统也应是初级能流的主要来源。

（二）农业生态系统的初级生产力

农业生态系统的初级生产力包括农田、草地和林地。1984 年我国农用土地的初级生产总量大约为 5411×10^{13} J/a，其中农田生产量为 1944×10^{13} J/a，占 35.9%，单位面积生产量为 145760×10^{3} J/（hm^2·a）。草原生产量为 343×10^{13} J/a，占 6.3%，单位面积生产量为 219896×10^{3} J/（hm^2·a）。

据 1998 年的资料，在农田生态系统的总初级生产力中，粮食作物约占 78%，经济作物约占 7%，其他青饲料、绿肥约占 5%。其中有 26.4%用于人的直接消费，30.2%用于次级生产，43.4%用于工业原料和燃料等。与世界平均水平相比，1998 年我国主农作物中的粮食作物、糖料作物（甘蔗）、蔬菜等单位面积生产力已超过了世界平均水平，但纤维作物、油料作物和水果的单位面积生产力仍低于世界平均水平，尤其是水果差距较大，如果与高产国家相比，我国主要粮食作物的生产力仍有较大的差距。

我国的草原面积约为 40000 万 hm^2，约占国土面积的 40%，但由于主要分布在干旱、贫瘠地带以及不合理的开发利用（超载和毁草开荒），造成严重退化，生产力极其低下，单位面积产肉量仅为世界平均水平的 30%。我国的草原面积和自然条件大体与美国相当，而产肉量却相距甚远。美国草原牧业每年提供的牛羊肉为 9×10^{9}kg，占全国肉类总产量的 70%，而我国草原牧业所提供的牛羊肉量仅占全国肉类总量不足 10%。我国的林地面积为 26289 万 hm^2，森林覆盖率为 13.9%，森林生态系统的生产力比世界平均水平低 10%左右。

（三）初级生产力的调控途径

提高植物的光能利用率，可以从解除植物遗传特性决定的内部制约和生态环境决定的外部限制两个方面入手。要改善农业生态系统初级生产力，则要用系统的观点，从区域生态环境的改良及绿色植被的配置、农户种养结构的安排、农田地块作物群体结构的调控、优良品种的选用和具体栽培管理措施的使用等各个层次考虑，使净初级生产力得以持续稳定和提高。作物生产潜力的实际数量除受自然因素制约外，还受农业生产技术水平和经济社会因素的影响。因此，要提高农业初级生产力，可从以下几方面着手。

（1）因地制宜，增加绿色植被覆盖，充分利用太阳辐射能，增加系统的生物量通量或能通量，增强系统的稳定性。即使是在物种结构非常复杂的热带雨林，也有 1%~2%的漏光，农业生态系统由于物种结构简单，漏光现象更为严重。减少裸地，绿化荒山荒地，依据群落演替规律，宜林则林，宜草则草，宜农则农，林地和果园等，推广乔灌草结合或农林复合系统，是提高农业生态系统光能利用率的切实可行的方法。

（2）适当增加投入，保护和改善生态环境，消除或减缓限制因子的制约。人类不合理利用土地等资源已造成严重的土壤侵蚀、生产力下降等问题。据报道，世界每年耕地表土净流失量高达 230 亿 t，我国高达 33 亿 t，仅次于印度，居世界第 2 位，水土流失面积达 3.67 亿 hm^2，占国土总面积的 38.2%；荒漠化面积达 2.62 亿 hm^2，而且荒漠化面积仍以较快速度扩展。一些环境问题报告指出，我国沙漠化所造成的直接经济损失每年约 65 亿美元，约占全球荒漠化经济损失的 16%。我国的温室气体排放量居世界第 2 位，酸雨物质二氧化硫的排放量已居世界第 1 位。据世界银行估计，我国每年环境污染造成的损失占国民生产总值的 0.6%~0.8%。据报道，如果土壤表土土质好，1km^2 将包含 100t 有利于植物生长的各种物质，它们有效结合在一起，将能提供农作物所需的 95%的氮和 25%~50%的磷，土壤侵蚀及与之相联系的水资源问题，造成巨大的生态经济效益损失。工业“三废”污染直接或间接影响植物的生长发育，例如酸雨被称为“植物的空中死神”，因此防治农业环境污染，治理生态退化，改善农业生产的资源环境条件，建立可持续农业生产体系，对提高生产力有重要意义。我国目前大面积农业产量，只有气候生产潜力的 30%~60%，土地、水和生物资源状况都有待进一步改善。因此，通过人工措施，在选用优良品种基础上，调控植物群体结构，改善环境因子，如搞好水利建设和其他农业基础建设，改善水利灌溉条件和土壤肥力，解除水分、养分等限制因子，将直接提高农牧业生产力。优化人工辅助能投入组合，适时、适量、合理使用化肥、农药、生长调节剂等，如发展精确农业，推广配方施肥，使用各种有机无机复合肥、缓释肥和微生物肥，开展病虫草害综合防治，适当使用生长调节剂等，也有助于提高初级生产力。如我国南方稻田普遍缺硅，施硅肥可提高土壤供氮能力，增加水稻对氮、磷的吸收，使株型挺拔，从而提高光能利用率，增产 3.8%~6.6%。直到 20 世纪 90 年代，我国的化肥利用率和灌溉水利用率都为 30%~40%；而每年因为病虫害造成谷物、棉花、蔬菜和水果减产的幅度分别达 10%、20%和 25%。可见，优化辅助能利用的技术还大有潜力可挖。

（3）改善植物品质特点，选育高光效的抗逆性强的优良品种。在实际生产中，各种不良环境是作物光合能力的限制因子，各种耐干旱、耐盐碱、耐低温、抗病虫的高光效良种的选育及其配套技术的开发，一直是农业科技的前沿，如墨西哥小麦和 IR8 水稻品种等优良品种的推广应用为核心的“绿色革命”，使农作物产量得到了大幅度提高。

（4）加强生态系统内部物质循环，减少养分水分制约。推广农牧结合生态农业，注重用地养地相结合，建立生物固氮体系，重视秸秆回田和有机肥与无机肥相结合，保证农田养分平衡，使地力和作物产量同步提高。如果单纯依靠施用化肥，不重视农业生态系统内部物质循环利用，难以建立高产高效持续农业；如果只凭农牧结合和秸秆回田的较封闭的物质循环，没有化肥投入，则补充不了农田养分亏损，同样会使农业生产力萎缩下降。因此，要建立有机无机相结合的现代耕作制度，确保农业生产力的持续稳定提高。

（5）改进耕作制度，提高复种指数，合理密植，实行间套种，提高栽培管理技术。在传统农业精耕细作、用地养地结合的基础上，建立现代型复种多熟耕作制度，是我国农业的主攻方向之一。我国耕地复种指数逐年增加，据中国农业科学院专家测算，我国耕地复种指数的理论值可达195%，耕地复种成为农业增长的一个重要因素，今后仍有相当的潜力可挖。其关键一是适应市场经济，调整和优化种植结构；二是合理安排作物间套种和轮作的作物组合，充分利用不同作物间的生态位互补，科学配置高秆和矮秆、深根和浅根、喜光与耐阴、速生与后熟作物错落有序的组合，避免或减少作物相互间的竞争；三是配合相应的土壤耕作、灌溉施肥和轮作倒茬制度。

（6）调控作物群体结构，尽早形成并尽量维持最佳的群体结构。要按照不同植物生物量和经济产量的形成模式，采取适当的促、控措施，在时间和空间上合理配置作物复合群体的冠层结构，提高照光叶面积指数（照光叶面积和与总叶面积之比）和叶日积（叶面积与光合时间的乘积）。在水肥条件满足时，群体结构的好坏，直接决定着初级生产力的高低，突出反映在照光叶面积上，合理的间、套种作物间高低搭配，形成了错落有序的群体立体采光方式，比表面明显高于单作，中下层叶片的光照状况得以改善；且下层多为宽叶、水平叶作物，绿色面积的增大，使漏光减少，照光叶面积指数和光合效能得到提高，并使不同时期的光照得以较充分地被截获，总叶日积增加，从而提高了总初级生产力。此外，改善农田微气候环境条件，使作物群体能充分利用投射到的辐射，减少漏射、反射和植物呼吸作用、病虫害等造成的损失，也是提高净初级生产力的有效途径。

第二节　次级生产中的能量流动

一、　次级生产的能量平衡

次级生产是指初级生产以外的有机体的生产，即消费者、分解者利用初级生产的有机物质进行同化作用，表现为自身的生长、繁殖和营养物质的储存。初级生产者以外的异养生物（包括消费者和分解者）称为次级生产者。初级生产是绿色植物利用太阳光能制造有机物质，而次级生产是动物、微生物等对这些物质的利用和再合成，其能量的固定和转化是通过摄食、分解和合成等完成的。

次级生产采食的能量中，只有一部分被消化，而大部分以粪便的形式被排出体外，从被采食的初级产品中减去粪能，称为消化能。但消化能也不是全部被动物利用，其中一部分以尿素或尿酸形式从尿中排出，一部分以甲烷及氢的气体形式排出，从消化能中减去尿能和气体能后即为代谢能。动物在进食过程中还要消耗能量，这部分能量以热的形式排出体外，称为热增耗。从代谢能中扣除热增耗，即为净能，净能首先满足动物的维持需要，余下部分才用于增重、产乳、产蛋等生产，即转化为次级产品。其能量转化过程的平衡可用公式表示为：

$$P=NI+I$$

$$I=A+(R_1+R_2)+(F+U+G)$$

式中 P——净初级生产总量

NI——未被食用的部分

I——被食用的部分

A——储存能

R_1——热增耗

R_2——维持能

F——固态排泄量

U——液态排泄量

G——气态排泄量

二、 次级生产的能量转化效率

次级生产对初级生产的能量转化效率是关系到数个营养级的过程（植物→食草动物→一级食肉动物→二级食肉动物→……），因此，它的转化效率也比较复杂，其中人们比较关注和相对比较重要的有如下几项。

（一）营养级之间能量利用效率

首先是初级生产量被食草动物吃掉的比率。在自然生态系统中，怀梯克（1975）得出以下利用效率：热带雨林7%，温带落叶林5%，草地10%，之后的各营养级大约可摄取前一营养级净生产量的20%～25%，其余的75%～80%则进入了腐食食物链。

（二）营养级之内的生长效率

动物摄取的食物中有多少转化为自身的净生产量即营养级之内的生长效率。在自然生态系统中，哺乳动物和鸟类等恒温动物的生长效率较低，仅为1%～3%，而鱼类、昆虫、蜗牛、蚯蚓等变温动物的生长效率可以达到百分之十几到百分之几十。这两类动物在能量利用效率上存在差距的一个主要原因是恒温动物用于自我维持的耗能太高。因此，在农业生产中如何利用变温动物的低耗能特性，提高能量的转化效率，已成为人类未来食品开发的一个方向。

在农业生态系统中，人工饲养的家禽、家畜能量的利用率要明显高于自然生态系统。一般来讲，家禽、家畜可将饲料中16%~29%的能量转化为体质能，33%的能量用于呼吸消耗，31%~49%的能量随粪便排出。在不同畜禽种类、饲料、管理水平和饲养方法之下能量的转化效率不同。养殖业中料肉比也可以从另一侧面反映出不同种类畜禽的能量利用效率。我国养殖业饲料与产肉比率大致为：猪肉4.3∶1，牛肉6∶1，禽肉3∶1，水产1.5∶1。根据不同畜禽及水生动物的能量转化效率选择适宜的养殖对象是提高次级生产力的重要方面。

三、 次级生产在农业生态系统中的地位和作用

动物和微生物的生产在农业生态系统中具有多种功能，作为消费者、分解者可以分解转化有机物、提供畜（动）力，还可以生产乳、肉、蛋、皮毛等营养丰富、经济价值高的产品。农业动物和微生物能够将人们不能直接利用的物质如草、秸秆等转变为人们可以利用的产品，能够富集分散的营养物质。次级生产的这种作用在农业生态系统中是不可取代的。次级生产以初级生产为基础，合理的次级生产对初级生产起促进作用，但不合理的次级生产也会影响初级生产，如过度放牧会导致草地退化；在城郊局部区域密布的集约化养殖场，也可能带来了有机污染严重等一系列环境问题。次级生产的主要作用如下。

（一）转化农副产品，提高利用价值

利用畜禽和食用菌可以转化不能直接利用的农副产品，既可使低价值的有机质变为高价值的优质食物，减少农业生态系统的养分流失，又发展畜牧养殖业和菌业，可把许多没有直接利用价值和直接利用价值低的农副产品转化成价值高的产品，如利用秸秆氨化养牛、种食用菌，利用杂草或荒坡地种草发展养殖业。

（二）生产动物蛋白质，改善膳食结构，提高人民生活水平

1980年我国人均综合畜产品占有量仅为美国和法国的1/15，经过数十年的努力，我国养殖业有了很大的发展，人均占有肉蛋量和动物蛋白质消耗量均达到或超过世界平均水平，我国城乡居民的膳食结构日趋合理。

（三）促进物质循环，增强生态系统功能

次级生产中饲料转化为畜产品的效率为25%~30%。经过消化道“过腹还田”后的有机物肥效高，有利于作物高产稳产。据1994年统计，我国仅养猪一项，每年就提供粪肥约11亿t，相当于硫酸铵2237万t，过磷酸钙1525万t和硫酸钾990万t，回田后可促进物质循环，增强农业生态系统功能。

（四）种养结合、农牧互促，有助于农业资源的合理利用和农业的可持续发展

在当前社会主义新农村建设中，一种新的发展模式——生态循环农业正越来

越受到人们的重视，如“稻—蟹”“猪—沼—菜”“猪—沼—果（鱼）”“种—养—加”“牛—蘑菇—蚯蚓—鸡—猪—鱼”“家畜—沼气—食用菌—蚯蚓—鸡—猪—鱼”“家畜—蝇蛆—鸡—牛—鱼”等模式。循环农业模式形成生产因素互为条件、互为利用和循环永续的机制和封闭或半封闭生物链循环系统，整个生产过程做到了废弃物的减量化排放，甚至是零排放和资源再利用，大幅降低农药、兽药、化肥及煤炭等不可再生能源的使用量，从而形成清洁生产、低投入、低消耗、低排放和高效率的生产格局。

（五）增加就业门路，增加农民收入，并有助于建立种植—养殖—加工—贸易一体化的农业产业化体系

大农业中的畜牧业属于次级生产，畜牧业目前成为农村退耕还林还草工程实施后的替代产业，解决了大量的剩余劳动力问题；畜牧业大发展提供了大量的有机肥，改善了土壤结构，提高了土壤有机质的含量，为农业可持续发展，维持生态平衡，创造优美环境提供了有利的生态条件；畜牧业的发展加大了草场建设力度，人工草场的建设为保护水资源、防止水土流失提供了保障；畜牧业的发展提供了大量的草场、优美的生态环境和绿色无污染的食品，促进了草地旅游业的发展，拓宽了农民增收的空间；畜牧业发展促进了农副产品的转换升值和农产品加工企业的发展，从而促进了农民增收。

四、 提高次级生产力的途径

农业生态系统的次级生产力，直接受次级生产者的生物种性、生产方式、养殖技术、养殖环境所制约。

不同动物的次级生产力有较大的差异，鱼、乳牛、鸡的能量转化率和蛋白质转化率是各种动物中比较高的。同一种动物的不同品种其生产力也有差异，选育良种对提高生产力具有重要的意义。

饲料是动物生长的基本条件，饲料的成分直接影响动物生产力的高低。根据营养生理学原理，使用全价饲料，可以大大提高饲料转化率和缩短饲养周期。在科技因素中，饲料的应用和饲养技术的改进为65%~70%，以科学配合饲料推动下的现代化养殖生产体系，正逐步改造传统的低效率的饲养方法，使次级生产力得到较大的提高。

养殖技术和养殖管理水平对农业次级生产力的形成起关键作用。目前，我国养殖业的整体单产水平不高，而且发展不平衡，高低相差悬殊。以养猪为例，我国传统家庭养殖规模小，猪存栏量一般仅为1~2头，饲料以稻谷等谷物为主，每头猪要消耗200~300kg粮食，能量转化率只有4%左右，而现代集约化养猪场的转化率可提高10多倍。

针对我国的实际情况，次级生产力的主要提高方向如下。

（一）调整种植业结构

建立“粮、经、饲”三元生产体系，增加饲料来源，开发草山草坡，发展氨化秸秆养畜，全面使用配合饲料，提高饲料转化率。按照经济社会发展趋势，我国在2030年前后将会实现中等发达国家的生活水平，此时人口将达16亿左右。根据中国台湾地区的饮食结构的历史变化，当人均国民生产总值达2700美元后，肉、乳、蛋的消费量将有一个突飞猛进的提升，彼时人均粮食（谷物）的需求量最少要达到450kg。因此未来30年我国国内市场对肉、乳、蛋等次级生产产品的需求仍将大大增加，粮食问题将更为突出，而粮食问题实质上是饲料粮的短缺问题，基本对策就是调整种植业结构，加快玉米等饲料粮的发展力度，逐渐形成粮食作物、经济作物和饲料作物的种植量比例约为59∶20∶21的比较合理的三元结构。自1978年以来，我国种植业结构围绕社会和市场需求在不断进行调整，但与合理的三元结构还有一定的差距。

为了提高次级生产力，还要推广使用全价饲料，重点是推广饲料添加剂及其配套利用技术，推广适用于不同畜种、鱼种，不同品种，不同生产阶段和不同环境下的优质、高效、无残留、无污染、无公害的畜禽渔饲料添加剂。

（二）培育、改良和推广优良畜禽渔品种

不断提高良种推广率，全面提高农业次级生产力，加强高转化率优质抗病品种的选育，因地选择适宜养殖品种。

（三）适度集约养殖，加强畜禽渔环境控制及设施工程建设，减少维持能和其他消耗

以我国主要的次级生产养猪为例，1992年我国每个农业劳动力生产肉类为101kg，世界平均为163kg，发达国家则高达2191kg。所以要针对我国各地农村养猪的生产特点、营养需要、饲料资源等，分别制定相应饲养标准，重点是因地制宜进行适度规模养殖，推广科学养猪配套技术。

（四）推广鱼畜禽结合、种养加配套的综合养殖模式，充分利用各种农副产品和废弃物

（1）发展草食动物　作物秸秆、树叶、菜叶、青草、干草这类富含纤维素的有机物质，作为牛、羊等草食动物的饲料，可以扩大肉食来源。牛、羊、马、兔的消化器官发达，具有较强的消化能力。如以小麦秆喂牛，其消化率达42%；喂马其消化率为18%；猪基本上不能消化麦秆。其次，牛、羊具有较强的消化粗纤维的能力，是由于在它们的胃中有着大量细菌和纤毛虫。我国每年生产4.5亿多t粮食，同时也生产6亿t的秸秆，但仅有1/4左右用作饲料，其中经处理（青储或

氨化）后利用的秸秆量仅占已利用秸秆量的1/5左右，发展潜力还很大。

（2）发展水产业　充分利用水面发展鱼、虾、蟹、贝类水生生物，将人们不能食用的麦草、稻草、蔗叶、菜叶、田间杂草和农产品加工后的副产品，以及人畜粪便作塘鱼的饵料，经草鱼食用后，其碎屑和草鱼粪便可促使浮游生物的生长，并可促进鲢鱼（鲢和花鲢）的生长。鱼、虾是冷血动物，具有维持消耗低、繁殖率高的特点，比陆生温血动物的能量转化效率高两倍以上。

（3）发展腐生食物链生产　运用生态学原理，进行食物链设计，充分利用植物的光合产物，把对它们的浪费减少到最低限度。腐生食物链利用的生物有蜗牛、蚯蚓、蝇蛆、食用菌等。农田中放养蚯蚓，可使土壤疏松，蓄水保肥，促使有机残体的腐殖化和微生物的活动。放养蚯蚓的农田中，小麦、玉米、棉花增产11%～18%，蔬菜增产35%～50%，蚯蚓还含有丰富的动物蛋白。专门用于养蚯蚓时1hm^2土地年产鲜蚓60000～75000kg，鲜蚓中含粗蛋白质15%～17%，是畜牧业优质的蛋白质饲料，蚯蚓还可作药材原料。因此，利用棉籽屑、作物秸秆、碎木料等可以培养食用菌，菌渣还可作牛、鱼的良好饲料。

（4）发展沼气和堆肥等有机物综合利用方式，有效利用分解能　对没有用作饲料的各种有机物，不应直接烧掉，而应用作沼气的原料，或制作其他燃气，或制作堆肥，或回田培肥地力，还可使用“腐秆灵”等菌肥加快大田秸秆的分解。实践证明，发展沼气是不少农村实现物质能量多级利用、形成生态经济良性循环的有效途径。

（5）混合养殖，多级利用　畜禽粪便常含有较多未被利用的能量和营养物质，可作为另一种畜禽鱼的饲料，混合喂养并辅之以蚯蚓养殖、沼气发酵，可大大提高物质能量的利用率。据李玲等的研究，分别养殖鸡、猪的养殖生产体系的饲料能量利用率为61.5%；利用鸡粪喂猪，猪粪入沼气池制沼气，沼渣养蘑菇，形成的鸡猪沼气蘑菇混合养殖生产体系，饲料能量利用率则可提高到80.7%。

第三节　农业生态系统中的辅助能

除太阳辐射能之外，生态系统接收的其他形式的能量统称为辅助能，包括自然辅助能与人工辅助能，投入到农业生态系统的主要是人工辅助能。人工辅助能投入到农业生态系统之后，并不能转化成为生物体内的化学能，而是通过促进生物种群对太阳光能的吸收、固定及转化效率，扩大生态系统的能流通量，提高系统的生产力。

自然辅助能的形式有风力作用、沿海和河口的潮汐作用、水体的流动作用、降水和蒸发作用。人工辅助能包括生物辅助能和工业辅助能两类。前者是指来自生物有机物的能量，如畜力、种子、有机肥、饲料等，也称为有机能；后者是指来源于工业的能量投入，也称为无机能、化石能，包括以石油、煤、天然气、电等含能物质直接投入农业生态系统的直接工业辅助能，以及以化肥、农药、机具、农膜、生长调节剂和农用设施等本身不含能量，但在制造过程中消耗了大量能量的物质形式投入的间接工业辅助能。

一、人工辅助能投入对农业生产力的影响

人工辅助能的投入是农业生态系统与自然生态系统的最重要的区别，在人类诞生后的采集农业阶段就有了最基本的人工辅助能投入（人力），因而也就有了农业生态系统，大量的人工辅助能，特别是工业辅助能投入的农业阶段是在工业化农业时期，农业发展历史也就是一个人工辅助能不断增加和农业生产力不断提高的历史。

在现代农业阶段，随着科学技术的迅猛发展，科技含量不断增加，以机械化、良种化和化学化为主要形式的人工辅助能投入，极大地推动了农业生产力的发展，取得了巨大的成就。以我国粮食产量为例，我国粮食人均占有量稳定在世界平均水平以上。目前，中国人均粮食占有量达到 470kg 左右，比 1996 年的 414kg 增长了 14%，比 1949 年的 209kg 增长了 126%，高于世界平均水平，单产显著提高。2010 年平均每公顷粮食产量突破 5000kg，2018 年达到 562kg，比 1996 年的 4483kg 增加了 1138kg，增长 25%以上。2017 年稻谷、小麦、玉米的每公顷产量分别为 6916. 9，5481. 2，6110. 3kg，较 1996 年分别增长 11. 3%，46. 8%，17. 4%，比世界平均水平分别高 50. 1%，55. 2%，6. 2%。粮食总产量连上新台阶，2010 年突破 5. 5 亿 t，2012 年超过 6 亿 t，2015 年达到 6. 6 亿 t，连续 4 年稳定在 6. 5 亿 t 以上水平，2018 年近 6. 6 亿 t，比 1996 年增产 30%以上，比 1978 年增产 116%。

二、人工辅助能的投入产出效率

在农业生产系统中，大量的人工辅助能的投入能否提高初级生产者对太阳光能的固定量和促进次级生产者对植物化学潜能的转化量，是衡量人工辅助能投入与产出效率的重要方面。一般来讲，随着辅助能投入的增加，生物能的产出水平和农业产量也相应地增加，但产投比不一定增加，甚至会出现下降的趋势，即出现报酬递减现象。

从 20 世纪 50 年代初到 20 世纪 80 年代末，发达国家和发展中国家的辅助能投入水平都在不断提高，比较而言，发展中国家的投入水平增长更加迅速，尽管如此，发展中国家的无机能投入水平仍远远低于发达国家。而产投比却是随着工业辅助能投入的增加而下降。总体上，发展中国家的能量产投比明显高于发达国家。这是由于发展中国家农业生产能量投入的水平较低，增加能量投入后所起到的促进作用较大所致。这也反映了农业生产中随着工业辅助能的投入不断增加而出现

的报酬递减的总趋势。辅助能的产出水平和转化效率不仅与能量投入水平有关，还与投能结构密切相关，投能结构是总投能中人工辅助能所占的比例和化肥、燃油、机具等各项投能占无机能投入的比例等。在世界农业发展的历史中，无机能投入比例不断增加是一个总体趋势。我国农业能量的总体投入，在20世纪50年代以劳畜力和有机肥等形式投入的有机能占主导地位，无机能投入不足2%，到20世纪80年代，无机能投入量提高到10%以上而且增长最快的是以化肥形式的投入，其投入量已占到工业辅助能的80%以上，这是传统农业向现代化农业过渡的明显标志之一。

三、 生态系统的能流分析

能流分析是对生态系统能量的流动、转化、散失过程的描述，一般多采用的是模型图解法。H. T. Odum 创建了一套能量符号语言，用于描述复杂的能流过程，是目前广大生态学工作者广泛采用的方法之一。它所创建的8种常用的基本能流符号见表4-1。

表4-1　　生态系统能量分析常用图示符号

符号	组件名称	含义	用途
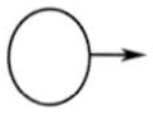	能源	圆圈表示能源	可以表示太阳能、石油、煤炭
	流动控制组件	将各组件联系起来的能量流通道	可以表示能量流动的多种情况
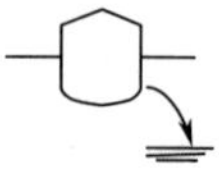	储存库	系统中储存能量的场所	表示能量储存在油库、水库等场所
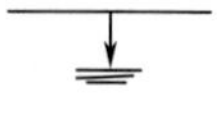	热槽	能量的耗散，不做任何功	在储存库、工作门、组件中要释放的能量
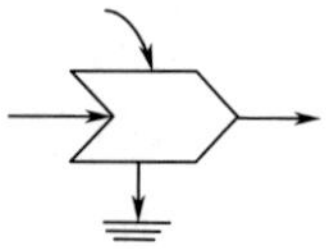	工作门	两个以上能的相互作用	可表示两个以上能的不同作用方式
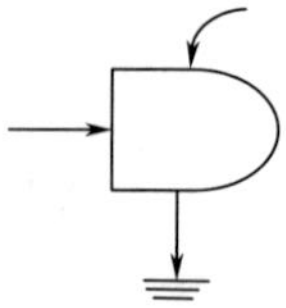	生产者	作为一个植物生产者系统	表示低质量能转化为高质量能
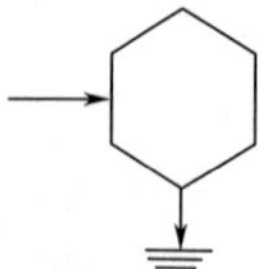	消费者	通常为异养生物	表示动物、微生物等

续表

符号	组件名称	含义	用途
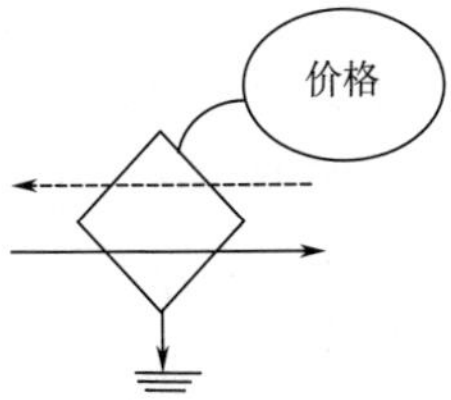	交换组件	能量和资金的流动（能量向一个方向流动；资金向另一个方向流动）	表示资金、能量的流动

（资料来源：陈阜，《农业生态学》，2002）

应用这套能量符号语言，能醒目地绘制出生态系统的能流图，具有定量化、规范化和符号统一的特点。应用这种方法进行生态系统能量分析，一般可分为以下几个步骤。

1. 确定系统的边界

根据研究目的，确定被研究对象的系统边界，即研究对象的范围。它可以是一家农户、一个村、一个乡（镇）、一个县或更大区域的农、林、畜、渔、加工等亚系统所组成的复合农业生态系统，也可以是单独的种植业系统、林果业系统、畜牧业系统或加工业系统等，甚至可以是一块农田、一片果林、一个养殖厂、一个鱼塘等更小的子系统。

2. 确定系统的组成成分及其相互关系

明确所研究系统由哪些成分组成，明确它们在系统中的作用，并用适当的能量符号将它们一一标明，再用连线的方法表明它们之间的能量流动关系。

3. 确定各组分之间的实物能量流动或输入输出量

应用实例、收集资料、估算、类推等方法得到基本的实物量，以便于计算系统的能流量，如农田化肥、农药、农膜、作物秸秆、农家肥及种苗等的数量；家畜饲料、机械、燃油、电力等的数量；农畜产品输出的数量等。

4. 将实物量换算为能量

按照有关的折能标准，将实物量换算成相应的能量。

5. 绘制能流图

按照各组成成分之间的能量流动关系和已经折算出的能量绘制出量化的能量流动模型图。

6. 能流分析

对研究系统的能流有了清晰的轮廓之后，可以进行以下能流分析工作。

（1）输入能量的结构分析　如总输出能量中工业能和有机能各自所占的比重，农机动力等形式的能量所占的比重等。

（2）能量结构分析　如经济产品能量与副产品能量占总产出能量的比重；农、林、果、养殖、水产业等产品能量各自占总产出能量的比重等。

（3）能量转化效率分析　如系统能量转化效率（总产出能/总投入能）；人工辅助能效率（总产出能/人工辅助能投入量）；无机能效率（总产出能/无机能总投入量）等。

（4）综合分析及评价　对所研究系统的能流状况进行综合分析，并与其他系统进行比较，找出本系统能流的问题、不足以及调控的途径（图 4-2）。

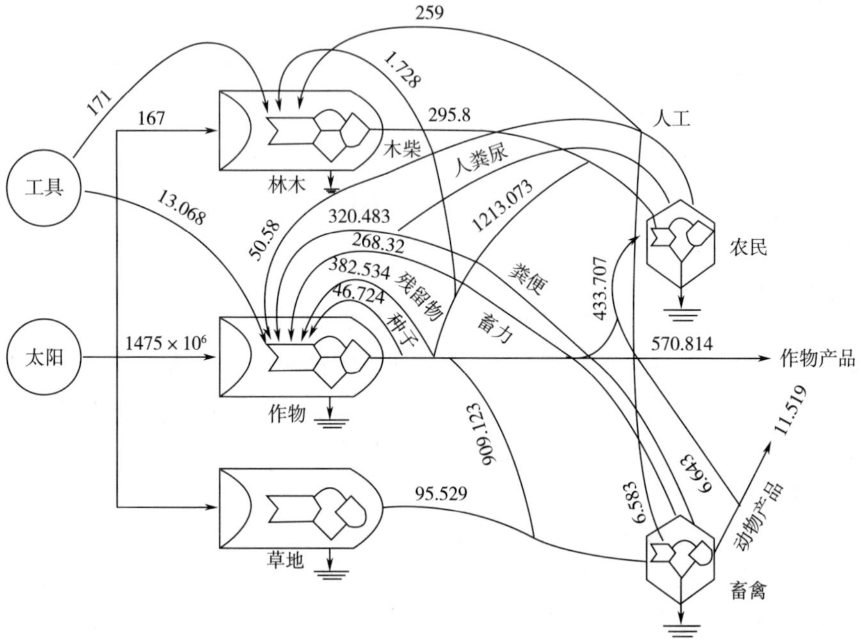

图 4-2　能流图符号及某县农业生态系统能流模型（单位：4.18×10^9 J/a）

（资料来源：闻大中，《我国北方黑土地区农业生态系统的能流》，1982）

四、农业生态系统能流的调控途径

在现代社会中，农业生态系统是人类为了达到某种经济目标，遵循自然规律和社会经济规律而设计的复合人工生态系统。人类经济目标的载体是系统的物质生产力。能流生产作为物质生产的内涵，其在系统中的流量、流速和系统中有较高能流转化功能的组分结构以及减少系统能流损失是决定系统物质生产力并将进一步影响人类实现既定目标的重要方面。根据上述内容，农业生态系统能流调控的途径应围绕“扩源、强库、截流、减耗”4 个方面来做。

（一）扩源

初级生产所固定的太阳光能是生态系统的基础能流来源。扩大绿色植被面积，提高对太阳光能的捕获量，将尽可能多的太阳光能固定转化为初级生产者体内的化学潜能，为扩大生态系统能流规模奠定基础，包括发展立体种植，提高复种指数，合理轮作，组建农村复合系统，乔、灌、草结合绿化荒山、荒坡等措施都是扩大生态系统基础能源的有效方法。

（二）强库

生态系统中能量和物质被暂时固定与储存的地方称为库，从能流储存角度讲主要是指植物库和动物库，这也是农业生态系统物质生产力的具体体现。强库是指加强库的储存能和强化库的转化效率，以保证有较大的生物能产出，具体可以从两个方面考虑：一是从生物体本身对能量的储存能力和转化效率考虑，例如选育和配置高产优质的生物种类和品种，建立合理的农林牧渔生物结构等；二是从外界生存环境对生物的影响考虑，加强辅助能的投入，为生物的生长发育创造一个良好的环境，从而提高了对太阳光能的利用效率和对生物化学能的转化效率，例如使用化肥、农药、发展灌溉、机械耕作、设施栽培等提高农作物的生产力，以及饲喂配合饲料，改善饲喂环境，科学管理等以提高畜禽的出栏率、产蛋率、缩短饲喂周期等。

（三）截流

截流是指通过各种渠道将能量尽量地截留在农业生态系统之内，扩大流通量，提高农业资源的利用效率，减少对化石辅助能的过分依赖。主要途径如下。

（1）开发新能源　如发展薪炭林，兴办小水电，利用风能、太阳能、地热能等。

（2）提高生物能利用率　充分利用作物秸秆、野生杂草和牲畜粪便等副产品，将其中的生物能通过农牧结合、多级利用、沼气发酵等方法尽可能地用于生态系统内的转化。

（四）减耗

降低消耗，节约能源，减少能源的无谓损失，发展节能、节水、节地、降耗的现代农业，如普及节柴灶、开发节能炉具、节水灌溉、立体种植，推广少耕、免耕，改进化肥施用技术，减少水土流失等。

实验实训　农业生态系统的能量流分析

一、目的要求

农业生态系统的能量分析是指对农业生态系统中各种能量加以确定和计算，并对各种能量流之间的关系进行分析，进而从能量角度对系统的基本特征作出评价，为农业生态系统的调节和控制提供依据。本次实训要求掌握能量分析方法。

二、方法步骤

（一）确定系统的边界和组分

为了学生在学习期间便于操作，以学会方法和练习技能为基本目标，本实训建议选择一个种植业和养殖业兼营的农户或一个小型农场为农业生态系统进行教学调查分析，确定了系统的边界以后，再分析该系统由哪些组分或亚系统组成，从而厘清系统内的关系。

（二）确定系统内各主要组分之间的相互关系

明确了系统由哪些组分构成以后，主要分析各组分的输入、输出项目，种植业系统的输入要包括太阳光能以外的燃料、电力、农业机械、农用机具、化肥、农药、除草剂等工业辅助能，以及人力、畜力和作为有机肥料投入的人畜粪、还田秸秆等生物能源；系统的输出则包括作物经济产品和副产品。对于养殖业系统来说，其输入包括饲料、饲草、垫草、畜舍或棚圈、畜牧机械、人力等，其输出则为肉、乳、蛋、皮、毛等畜产品及粪便。

在进行能量分析时，除了对各组分或亚系统本身的能量进行分析外，更重要的是要注意系统内组分间的供求关系。厘清种养结合系统的能量流动关系，不仅要包括系统与外界之间的输入输出，还包括系统内各组分或亚系统之间的输入输出。

（三）确定各项输入输出的数量

明确了系统的各种输入输出项目以后，还要掌握系统的各项输入、输出的实际数量，即系统及系统内各组分或亚系统之间的流入、流出量。这些输入、输出的实际流量可通过座谈访问、实际调查、间接估算或查阅有关统计资料等方法取得。

这里所取得的输入和输出数量，其计算单位可以采用常规计量单位，但各种用具、农业机械、房舍等固定资产，并不是一次生产就全部投入消耗完毕，它们可以反复使用，这可按经济学上折旧的方法，即按其使用寿命来折算每年的实际消耗，对系统的输入也只有实际消耗的这部分。

（四）将各种流量转换为能流量

只有将上述各种类型的输入和输出的数量转换为以能量单位表示的能流量，才能进行系统的能量分析。由于输入和输出的各种工业辅助能、生物辅助能种类繁多，必须用能量折算标准来进行换算（可查相关资料），全部换算为能量单位，使工作类型的物质、能量的输入、输出具有可比性。

将各种输入、输出流量转换成能流量时，将实际流量乘以其热值，即可得出能量的输入输出量。在进行能量折算时，各种农业机械可按其功率折算成质量（kg）再乘以折旧系数（0.1），即可进行换算。

（五）结果分析

利用计算结果进一步分析系统的能流量状况。

1. 分析系统的能量投入产出情况

计算出系统及各亚系统的能量输入、输出总量。注意计算系统的输入总量时通常是计算太阳能以外的各种人工辅助能的输入总量，输出量则是指系统所输出的农产品和副产品中所含能量。

2. 分析系统的人工投入能量结构

分析系统的人工投入能量结构即分析系统中各种类型的人工辅助能占总能量投入的百分比，或分析各种类型的人工辅助能的投入比例。农业生态系统的人工辅助能包括工业辅助能和生物辅助能两大类。其中，工业辅助能又包括直接无机能（煤、燃油和电能消耗等）和物化能（农用机具、农业机械、农药、化肥、生长调节剂等），生物辅助能则包括生物物质能（种子、苗木、有机肥等）和生物动力能（人力、畜力）。

3. 分析系统中各种人工辅助能的投能效率

投能效率是指投入单位能量所获得的产出能的多少，通常以能量产投比衡量：

能量产投比=产出能/总人工投能

对于整个系统，人工辅助能投入总量与产出能总量之比，就是系统的能量产投比；对于系统中的亚系统，也可以分析其能量产投比。

三、实训内容和作业

针对实训所调查的农业生态系统，根据本次实训的要求，通过进一步的调查和收集资料，分析该系统及其各亚系统的输入、输出情况，从能量转化角度对系统进行综合分析和评价，写出实训总结。

本章小结

本章主要介绍了生态系统能量流动与转化的基本定律及其应用，阐述了农业生态系统的能量生产形成过程：初级生产、次级生产以及农业生产系统的辅助能；介绍了人工辅助能对农业生产的作业，重点介绍了农业生态系统的调控方法。

复习思考题

1. 解释以下概念：食物链、生态金字塔、初级生产、次级生产、耗散结构、能量转化率。
2. 何为辅助能？其在农业生态系统中有哪些作用？
3. 农业生态系统能流的途径有哪些？
4. 如何提高农业初级生产力？
5. 如何提高农业次级生产力？
6. 简述农业生态系统能力调控的途径。

资料收集

1. 调查家乡所在地的次级生产力有哪些方向的提高？
2. 调查家乡所在地农田生态系统能量流动情况。

查阅文献

利用课外时间阅读美国学者巴巴拉沃德和雷内杜博斯撰写的《只有一个地球》、罗马俱乐部发表的研究报告《增长的极限》、联合国世界与环境发展委员会发表的报告《我们共同的未来》、美国海洋生物学家蕾切尔·卡森的《寂静的春天》《我们周围的海洋》。

习作卡片

调查当地的生态金字塔，找出你所熟悉的初级生产、次级生产，对于如何提高初级生产力和次级生产力提出有针对性的意见和建议，做成卡片，随着学习与调查的深入，对比提出的意见和建议是否有偏差，更好地掌握农业生态系统的调控方法。

课外阅读

国外农业循环模式有哪些

“再利用、减量化、资源化”原则是循环经济的“3R”原则，属于过程性、输入端和输出端方法，各国结合其资源特征、产业结构，发展了多种循环农业模式，都充分体现了循环经济的“3R”原则。

1. 物质再利用模式：日本爱东町地区循环农业和德国的“绿色能源”农业

日本爱东町地区循环农业的核心内容是发展油菜生产。一方面，油菜籽利用后遗留的油渣可以通过堆肥或饲料化处理得到优质的有机肥料或饲料；另一方面，回收废弃食用油，可以再加工处理成生物燃油。日本爱东町地区循环农业有效促进了资源在农业经济系统中的高效再生，减少了外部资源投入和农业废弃物排放，实现了资源合理循环再利用和生态环境保护，符合循环经济的基本原则。

德国的“绿色能源”农业是在20世纪90年代初，德国科学家发现可从一些农产品中提取矿物能源和化工原料替代品，实现农产品的循环再利用，这些生物质能源和原料是绿色无污染的，于是德国政府开始重视发展此类经济作物。德国科学家对甜菜、马铃薯、油菜、玉米等进行定向选育，从中制取乙醇、甲烷，成功地研制出绿色能源；从菊芋植物中制取酒精；从羽豆中提取生物碱。油菜籽是德国目前最重要的能源作物，不仅可用作化工原料，还可提炼植物柴油，代替矿物柴油用作动力燃料。

2. 减量化模式：美国的精准农业

精准农业也称精确（细）农业，追求以最少的投入获得优质的高产出和高效益。其指导思想是按田间每一操作单元的具体条件，精准地管理土壤和各项作物，最大限度地优化使用农业投入（如化肥、农药、水、种子等）以获取最高产量和经济效益，减少使用化学物质，保护农业生态环境，精准农业是“减量化”的循环农业。美国是世界上最早实施精准农业的国家之一，1990年后，美国将GPS系统技术应用到农业生产领域，明尼苏达州农场进行了精确农业技术试验，用GPS指导施肥的作物产量比传统平衡施肥作物产量提高30%左右。试验成功后，小麦、玉米、大豆等作物的生产管理都开始应用精确农业技术。20世纪90年代中期，精准农业在美国的发展速度相当迅速，到1996年，安装有产量监测器的收获机的数量增长到9000台。

为了保持区域水环境和生态的持续稳定，以色列的循环农业突出体现为完善的节水农业体系。喷灌、滴灌、微喷灌和微滴灌等技术在以色列普遍使用，80%以上的农田灌溉应用滴灌，10%为微喷，5%为移动喷灌，完全取代了传统的沟渠漫灌方式。成效最大的是农业滴灌技术：一是水可直接输送到农作物根部，比喷灌节水；二是在坡度较大的耕地应用滴灌不会加剧水土流失；三是经污水处理后的净化水（比淡水含盐浓度高）用于滴灌不会造成土壤盐碱化。滴灌技术比传统的灌溉方式节约用水和节省肥料30%以上，而且有利于循环利用废污水。为开辟水源，以色列加大了对污水处理和循环使用的投入。以色列规划农业灌溉全部使用污水再处理后的循环水，目前，已将80%的城市污水处理循环使用，主要用于农业生产，占农业用水的20%。经处理后的污水除用于农业灌溉外，还重输回蓄水层。

3. 资源化模式：英国的“永久农业”

“永久农业”是循环经济中废物资源化的一种重要形式，特点是在节约资源和不破坏环境的基础上，通过元素的有效配置达到有利关系的最大化。种植者们循环利用各种资源，节省能源，如用香烟头来收集雨水、变粪便为有机肥料、实行秸秆还田。“永久农业”寻求尽可能节约地使用土地的资源，强调使用多年生植物；鼓励使用自我调节系统。耕种土地时，通过多种类种植和绿色护盖等技术来保养土地，监控当地环境，构建绿色发展规划。“永久农业”不使用人造化肥和杀虫剂，通过种植多样性的植物以及促使食肉动物进入生态系统来阻止害虫，例如豆类植物苜蓿，能够释放氮气，可使害虫迷失方向。

4. 生态产业园模式

循环农业的尺度有部门、区域、社会3个层次：部门层次主要指以一个企业或一个农户为循环单元；社会层次意味着“循环型农村”；区域尺度是按照生态学的原理，通过企业间的物质、能量、信息集成，形成以龙头企业为带动力，园内包含若干个中小企业和农户的生态产业园，菲律宾玛雅农场是一个成功的生态产业园典范。玛雅农场最初只是一个面粉厂，从20世纪70年代开始，经过10年建设，形成了一个农林牧副渔良性循环的生态系统。面粉厂产生大量麸皮，为了不浪费麸皮，建立了养殖场和鱼塘；为了增加收入，又建立了肉食加工和罐头制造厂，对畜产品和水产品进行深加工。到1981年，农场拥有36hm^2的稻田和经济林，饲养2.5万头猪、70头牛和1万只鸭。为了控制畜禽粪肥污染、循环利用加工厂的废弃物，农场建立起十几个沼气车间，每天生产沼气十几万立方米，能满足农场生产和家庭生活所需的能源。从产气后的沼渣中，还可回收一些牲畜饲料，其余用做有机肥料。产气后的沼液经处理后，送入水塘养鱼养鸭，最后再取塘水、塘泥用来肥田。农田生产的粮食送面粉厂加工，进入下一次循环。玛雅农场不用从外部购买原料、燃料、肥料，却能保持高额利润，而且没有废气、废水和废渣的污染，充分实现了物质的循环利用。

——摘自刘渝，杜江《国外循环农业发展模式及启示》

第五章

生态系统的物质循环

学习目标

了解物质循环的基本规律和几种主要物质的生物地球化学循环，了解物质循环的基本概念和类型以及物质流动的特征；掌握物质循环的地质大循环和生物小循环、气相型循环和沉积型循环、物质循环的库与流；掌握物质流动的生物量与现存量、周转率与周转期、循环效率、生态系统内的物流与能流的关系；掌握农业生态系统养分循环的一般模型及特征、农业生态系统中养分循环与环境问题；掌握水循环、碳循环、硫循环、氮循环，掌握碳中和碳达峰理念、内涵与基本内容。

第一节 物质循环

一、 物质循环的基本概念和类型

能量流动和物质循环是生态系统的重要特征。物质循环和能量流动二者密切关联，构成统一的生态系统功能单位。物质在有机体和生态系统的发生与演化过程中起着双重作用，它既是用以维持生命活动的物质基础，又是能量的载体。但能量流动和物质循环又是有区别的，前者是单向流动，故称为能量转化，而物质循环则是可以重复利用的过程。

（一）地质大循环和生物小循环

各种化学元素包括生命有机体所必需的营养物质，在不同层次、不同大小的生态系统内，乃至生物圈里，沿着特定的途径从环境到生物体，从生物体再到环境，不断地进行着流动和循环，构成了生物地球化学循环。生物地球化学循环依据其循环的范围和周期，可分为地质大循环和生物小循环，它们是密切联系、相辅相成的。生物地球化学循环是物质循环的基本形式，物质的不断循环是实现物流平衡的基础。生物小循环是维持生态系统的基本机制之一。

1. 地质大循环

地质大循环是指物质或元素经生物体的吸收作用，从环境进入生物有机体内，然后生物有机体以死体、残体或排泄物形式将物质或元素返回环境，进入五大圈层的循环。五大自然圈层是指大气圈、水圈、岩石圈、土壤圈和生物圈。地质大循环具有范围大、周期长、影响面广等特点。地质大循环几乎没有物质的输入与输出，是闭合式的循环。整个大气圈的 CO_2，通过生物圈中生物的光合作用和呼吸作用，约 300 年循环 1 次；O_2 通过生物代谢，约 2000 年循环 1 次；水圈（包括占地球表面积 71%的海洋）中的水，通过生物圈的吸收、排泄、蒸发、蒸腾，约 200 万年循环 1 次；至于由岩石土壤风化出来的矿物元素，循环 1 次则需要更长的时间，有的长达几亿年。

2. 生物小循环

生物小循环是指环境中各种营养元素经生物体吸收，在生态系统中被相继利用，然后经过分解者的作用，回到环境后，再为生产者吸收、利用的循环过程。生物小循环具有范围小、时间短、速度快等特点，是开放式的循环（图 5-1）。

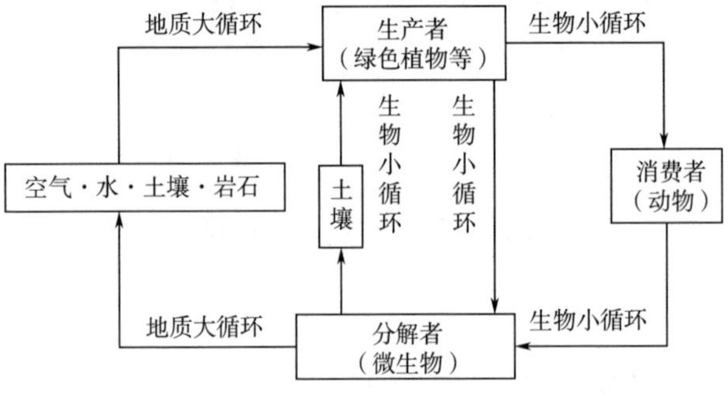

图 5-1 陆地生态系统中元素的生物小循环与地质大循环

（资料来源：张季中，《农业生态与环境保护》，2007）

（二）气相型循环和沉积型循环

根据物质的主要储藏库不同，可将物质循环分为两大类型循环：气相型循环和沉积型循环。

（1）气相型循环（Gaseous cycle） 大气圈是气体循环必经的主要储藏库，参加这类循环的元素相对地具有扩散性强、流动性大和容易混合的特点。该类循环主要以气体形式进行扩散和传播，循环的周期相对较短，很少出现元素的过分聚集或短缺现象，具有明显的全球循环性质和比较完善的循环系统，属于气体循环的物质主要有C、H、O、N、水等。

（2）沉积型循环（Sedimentary cycle） 属于沉积型循环的营养元素主要有P、S、I、K、Na、Ca等矿物质元素。它们的主要储藏库是岩石圈和土壤圈。保存在沉积岩中的这些元素只有当地壳抬升变为陆地后，才有可能因岩石风化、侵蚀和人工采矿等方式释放出来被生产者（植物）所利用，参与生命物质的形成，并沿食物链转移，最终动植物残体或排泄物经微生物的分解作用，将元素返回环境。其中除一部分保留在土壤中供植物吸收利用外，一部分以溶液或沉积物状态汇入江河湖海，后经沉降、淀积和沉岩作用变成岩石，当岩石因地壳运动或火山活动被抬升而露出地表并遭受风化剥蚀时，该循环才算完成。因此，循环周期很长，但是保留在土壤中的元素能较快地被吸收利用。

（三）物质循环的库与流

1. 库

物质在运动过程中被暂时固定、储存的场所称为库。生态系统中的各个组分都是物质循环的库，可分为植物库、动物库、大气库、土壤库和水体库。各库又可分为许多亚库，如植物库可分为作物、林木、牧草等亚库。在生物地球化学循环中，物质循环的库可归为两大类：一是储存库，其容积较大，物质交换活动缓慢，一般为非生物成分的环境库；二是交换库，其容积较小，与外界物质交换活跃，一般为生物成分，例如在一个水生生态系统中，水体中含有磷，水体是磷的储存库；浮游生物体内含有磷，浮游生物是磷的交换库。

另外，还有两个与物质储藏库有关的概念：源和汇。源是产生和释放物质的库，汇是吸收和固定物质的库，如化石燃料燃烧是温室气体CO_2的一个重要的源，海洋则是CO_2汇。

2. 物质流

物质在库与库之间的转移运行称为流。生态系统中的能流、物流和信息流使生态系统密切联系起来并使生态系统与外界环境联系起来。没有库，环境资源不能被吸收、固定、转化为各种产物；没有流，库与库之间就不能联系、沟通，则会使物质循环短路，生命无以维系，生态系统必将瓦解。

二、 物质流动的特征

（一）生物量与现存量

在某一特定时刻，单位面积或体积内积存的有机物总量构成生物量。它可以是指全部植物、动物和微生物的生物量。生物量又可称为现存量。生产量是指现存量与减少量之和。减少量是指被取食、寄生或死亡、脱毛、产茧等损失的量，不包括呼吸损失量。生产量高的生态系统，生物现存量不一定大，例如某生态系统的生产量为5000kg，但由于减少量为4500kg，其现存量也只有500kg。净生产量是总生产量扣除植物或动物器官呼吸最后的剩余量，即在一定时间内以植物或动物组织或储藏物质的形式表现出来的蓄积的有机质数量。

（二）周转率与周转期

周转率和周转期是衡量物质流动（或交换）效率高低的两个重要指标。周转率（R）是指系统达到稳定状态后，某一组分（库）中的物质在单位时间内流出或流入的量（FI）占库存总量（S）的分数值。周转期是周转率的倒数，表示该组分的物质全部更换平均需要的时间：

$$周转率（R）=\frac{单位时间内进入（或流出）某组分的物质量}{该组分的物质储存量（库存量）}=FI/S$$

$$周转期（T）=1/周转率=1/R$$

物质在运动过程中，周转速率越高，则周转1次所需时间越短。物质的周转率用于生物的生长称为更新率。某段时间末期，生物的现存量相当于库存量（S）；在该段时间内，生物的生长量（P）相当于物质的输出量（FO）。不同生物的更新率相差悬殊，1年生植物当生育期结束时生物的最大现存量与年生长量大体相等，更新率接近1，更新期为1年。森林的现存量是经过几十年甚至几百年积累起来的，所以比净生产量大得多，如某一森林的现存量为324t/hm^2，年净生产量为28.6t/hm^2，其更新率为28.6/324=0.088，更新期约需11.3年。至于浮游生物，由于代谢率高，现存量常常是很低的，但有着较高的年生产量。如某一水体中的浮游生物的现存量为0.07，年净生产量为4.1，其更新率为4.1/0.07=59，更新期只有6.23天。

（三）循环效率

当生态系统中某一组分的库存物质，部分或全部流出该组分，但并未离开系统，并最终返回该组分时，系统内发生了物质循环。循环物质（FC）与输入物质（FI）的比例，称为循环效率（EC）：

$$EC=FC/FI$$

（四）生态系统内的能流与物流的关系

1. 物质不灭，循环往复

物质和能量在转化过程中都只会改变形态而不会消灭，但物质循环不同于能量流动，能量衰变为热能的过程是不可逆的，它最终以热能离开生态系统。而物质是可以循环往复地利用的。虽然生态系统内物质的数量有限，且分布不均，但是因为它能在生态系统中通过形态的改变、更新，再次纳入生态系统的循环，可以反复多次重复利用，永恒地循环。

2. 物质循环和能量流动密不可分，相辅相成

能量是生态系统中一切过程的驱动力，也是物质循环运转的驱动力。物质是组成生物、构造有序世界的原材料，是生态系统能量流动的载体。能量的生物固定、转化和耗散过程，同时是物质由简单可给形态变为复杂的有机结合形态，再回到简单可给形态的循环再生过程。因此，任何生态系统的存在和发生都是能流和物质循环同时作用的结果，二者并行发生，相辅相成，缺一不可。

（五）物质循环的调节

物质循环通常是在生物和环境间进行，生物在物质循环中占有特殊地位，没有生物，物质就难以进入循环。物质储存在环境中，移动很慢，形态单一，然而一旦进入生物，则可能得到较快变化，加速物质循环速度，增加物质的形态结构。如果生态系统中的生物部分被削弱甚至消失，物质循环也将会被减弱甚至停止，最终导致生态系统的破坏。

生态系统内部存在稳态机制，对物质循环有一定的调节能力。自然生态系统中的各种元素在岩石库、土壤库、水体库、大气库及生物库之间，保持着相对平衡的关系，其库容量和流动速度受到生物作用的负反馈调节，主要表现在物质循环与能量流动的相互调节与限制、非生物库对外来干扰的缓冲、各元素之间的相互制约等。循环中每一个库和流，因外来干扰引起的变化，都会引起有关生物的相应变化，产生负反馈调节使变化趋缓而恢复稳态，如大气中 CO_2 浓度增加，使植物光合作用增强，加强了对 CO_2 的吸收和消耗，使大气中 CO_2 量相对减少，此外，海洋也会加强对 CO_2 的溶解吸收，形成一定的调节能力。

第二节　水循环与节水农业

水是地球表面分布最广泛和最重要的物质，是生物体内各种生命过程的介质，是参与地表物质与能量转化的重要因素。水长期参与生态系统的形成和发展过程。水分循环不但调节了气候，而且净化了大气。水分的时空分布与状况在较大程度上决定着农业景观生态类型与土地利用格局，同时水分的异常变化也会给农业带来巨大影响。因此，研究水分平衡具有十分重要的意义。

一、　水的分布

在自然界中，水以固态、液态和气态形式分布于水圈、大气圈、岩石圈、土壤圈和生物圈几个储存库中。关于地球的总水量，目前存在许多不同的估计

（表 5-1）。1970 年国际水文学会统一了大致的数据，认为地球上水的总体积接近 $15\times10^8km^3$，并把各部分水量在地球表面上的平均深度规定为它的当量深度。据估计，海水的当量深度为 2700~2800m，冰和雪约为 50m，地下水大约 15m，陆地水 0.4~1m，大气中平均水气含量的当量深度为 0.03m。

表 5-1　　地球的水量估计

水源	水量/km^3	占总水量/%
淡水湖	125000	0.009
河流	1250	0.0001
土壤水和渗流水	67000	0.005
地下水	8350000	0.61
盐湖和内陆海	104000	0.008
冰盖和冰川	29200000	2.41
大气水分	13000	0.001
海洋	1370000000	97.30

（资料来源：张季中，《农业生态与环境保护》，2007）

二、全球水循环及水资源特征

地球上的水并不是处于静止状态的。海洋、大气和陆地的水，在自身位能、太阳能、气象因子、生态环境以及人类活动的耦合作用下，进行着连续的大规模的交换，使自然界中的水形成了一个随时间、空间变化的复杂的动态系统。这种动态交换过程，就是水分循环（图 5-2）。由于太阳辐射，海面和陆地表面每年约有 488000km^3 水分蒸发到太空中。自海洋表面蒸发的水分，被气流带到陆地上空以雨、雪、露和冰雹等形式降落到地面时，一部分通过蒸发和蒸腾返回大气，一部分渗入地下形成土壤水或潜水，还有一部分形成径流汇入江河，最终注入海洋，这就是水分的海陆循环。内流区的水不能通过河流直接流入海洋，它和海洋的水分交换比较少。因此，内流区的水分循环具有某种程度的独立性。但它和地球上总的水分循环仍然有联系。从内流区地表蒸发和蒸腾的水分，可被气流携带到海洋或外流区上空降落，来自海洋或外流区的气流，也可在内流区形成降水。

在水分循环过程中，只有少部分被动植物和人吸收利用。植物吸收的水分中，大部分用于蒸腾，只有很小部分被光合作用同化形成有机物质，并进入生物链，有机物质在生态系统中最终被生物分解并返回环境。

水在循环中不断进行着自然更新。据估计，大气中的全部水量 9d 即可更新 1 次，河流需 10~20d，土壤水约需 280d，淡水湖需 1~100a，地下水约需 300a。盐湖和内陆海水的更新，因其规模不同而有较大的差别，时间 10~1000a，高山冰川

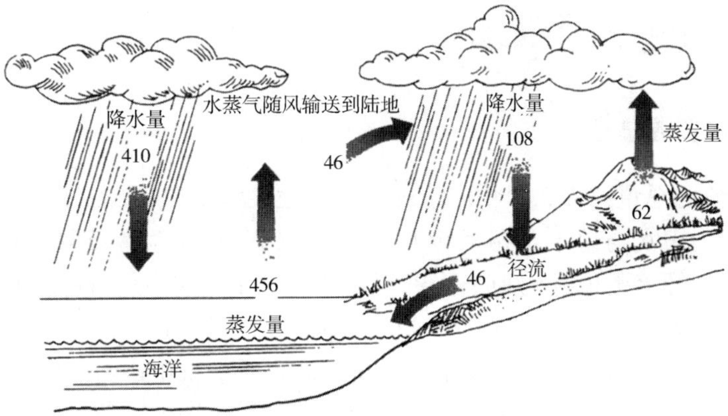

图 5-2　地球上的水分循环（单位：$10^3km^3/a$）
（资料来源：张季中，《农业生态与环境保护》，2007）

需数十年至数百年，极地冰盖则需 16000a，只有海洋中的水全部更新时间最长，要 37000a。降水、蒸发和径流在整个水分循环中是 3 个最重要的环节，在全球水量平衡中同样是最主要的因素。若以 P 表示降水量，E 表示蒸发量，R 表示径流量，则海洋水量平衡式可写为 $E=P+R$；陆地水量平衡式可写为 $P=E+R$。表 5-2 是全球水量平衡的总体情况。

表 5-2　全球年水量平衡

项目	水量/km^3
海洋降水量	382000
海洋蒸发量	419000
陆地降水量	106000
陆地蒸发量	69000
进入海洋的径流量	37000
来自陆地蒸发的陆地降水量	12000
来自海洋蒸发的陆地降水量	94000
来自陆地蒸发的海洋降水量	57000
来自海洋蒸发的海洋降水量	325000

（资料来源：张季中，《农业生态与环境保护》，2007）

全球的水分循环既使水圈成为自然生态环境演变的主要动力之一，又使陆地淡水资源成为陆地生物以及人类社会在一定数量限度内取之不尽、用之不竭的可更新自然资源。但由于纬度位置、海陆位置、海拔和生态环境的影响以及距太阳远近的不同，水的分布及其形态存在着地域和季节上的差异。

三、 我国水资源利用特征

（一）水资源总量

我国水资源总量约为 2.8×10^4 亿 m^3。其中地表水 2.7 万亿 m^3，地下水 0.83 万亿 m^3，由于地表水与地下水相互转换、互为补给，扣除两者重复计算量 0.73 万亿 m^3，与河川径流不重复的地下水资源量约为 0.1 万亿 m^3。按照国际公认的标准，人均水资源低于 $3000m^3$ 为轻度缺水；人均水资源低于 $2000m^3$ 为中度缺水；人均水资源低于 $1000m^3$ 为重度缺水；人均水资源低于 $500m^3$ 为极度缺水。我国目前有 16 个省（自治区、市）人均水资源量（不包括过境水）低于严重缺水线，有 6 个省、自治区人均水资源量低于 $500m^3$。

（二）我国水资源的主要特点

我国水资源总量并不丰富，人均占有量低。我国水资源总量居世界第六位，人均占有量为 $2240m^3$，约为世界人均的 1/4，在世界银行连续统计的 153 个国家中居第 88 位。地区分布不均，水土资源不相匹配。长江流域及其以南地区国土面积只占全国的 36.5%，其水资源量占全国的 81%；淮河流域及其以北地区的国土面积占全国的 63.5%，其水资源量仅占全国水资源总量的 19%。年内年际分配不匀，旱涝灾害频繁。大部分地区年内连续四个月降水量占全年的 70%以上，连续丰水或连续枯水年较为常见。

（三）水资源开发利用中存在的主要问题

1. 供需矛盾日益加剧

首先是农业干旱缺水。随着经济的发展和气候的变化，我国农业，特别是北方地区农业干旱缺水状况加重。目前，全国仅灌区每年就缺水 300 亿 m^3 左右。20 世纪 90 年代年均农田受旱面积 2667 万 hm^2，干旱缺水成为影响农业发展和粮食安全的主要制约因素；全国农村有 2000 多万人口和数千万头牲畜饮水困难，1/4 人口的饮用水不符合卫生标准。

其次是城市缺水。我国城市缺水现象始于 20 世纪 70 年代，之后逐年扩大，特别是改革开放以来，城市缺水愈来愈严重。据统计，在全国有 400 个城市供水不足，其中 110 个严重缺水，每年影响工业产值约 2000 亿元。

2. 用水效率不高

目前，全国农业灌溉年用水量约 3800 亿 m^3，占全国总用水量近 70%。全国农业灌溉用水利用系数大多只有 0.3~0.4。发达国家早在 20 世纪 40—50 年代就开始采用节水灌溉，现在，很多国家实现了输水渠道防渗化、管道化，大田喷灌、滴灌化，灌溉科学化、自动化，灌溉水的利用系数达到0.7~0.8。其次，工业用水浪费也十分严重。目前我国工业万元产值用水量约80亿m^3，是发达国家的10~20倍；我国水的重复利用率为40%左右，而发达国家为75%~85%。

我国城市生活用水浪费也十分严重。据统计，全国多数城市自来水管网仅跑、冒、滴、漏损失率就有15%~20%。

3. 水环境恶化

2000年污水排放总量为620亿t，约80%未经任何处理直接排入江河湖库，90%以上的城市地表水体和97%的城市地下含水层受到污染。由于部分地区地下水开采量超过补给量，全国已出现地下水超采区164片，总面积18万km^2，并引发了地面沉降、海水入侵等一系列生态问题。

4. 水资源缺乏合理配置

华北地区水资源开发程度已经很高，缺水对生态环境已造成了影响。目前黄河断流日益严重，却每年调出90亿m^3水量接济淮河与海河，因此，对水资源的合理配置和布局、区域间的水资源的调配要依靠包括调水工程在内的统一规划和合理布局。

5. 经济发展与生产力布局考虑水资源条件不够

在计划经济体制下，过去工业的布局，没有充分考虑水资源条件，不少耗水大的工业布置在缺水地区、耗水大的水稻在缺水地区盲目发展，人为加剧了水资源合理配置的矛盾。

综合上述，我国水资源总量并不丰富，地区分布不均，年内分配集中，北方部分地区水资源开发利用已经超过资源环境的承载能力，全国范围内水资源可持续利用问题已经成为国家可持续发展战略的主要制约因素。

四、 节水农业

节水农业指的是在农业生产的各个环节上，都严格依照节水相关标准，充分利用及调节土壤中的水分，从而增强农业的粮食产量，提高水资源的利用率。节水农业是我国实现农业生产可持续及发展可持续的重要保障，对于我国将来的粮食产值问题有着十分关键的作用。现今，节水农业的相关技术仍需要进一步的实验与探索，一方面提高粮食作物的产量，研发抗旱性能强、需水量低的作物培植，另一方面研发新的节水浇灌设备及方法，并且探索管理保水型田地的方案等。

近些年来，我国科技工作者进行了不懈的努力，对各种节水灌溉技术机械化设施理论进行研究与实践，使我们对灌溉有了新的认识。原中国农业大学教授工程院院士曾德超指出，作物生长活动根区深度，在不同的生长期是不同的，而作物吸水量的70%来自活动根区的上半层，也就是说，在灌溉时，只要作物活动根区的上半层有能满足生长需要的水分，就可以保证作物高产，这就是节水灌溉的理论基础。我国正在研究和推广应用的节水灌溉技术措施很多，主要有渠道防渗、低压管道输水灌溉技术、喷灌技术、微灌技术等。现今我国现代农业节水技术的研究进展如下。

（一）农业工程方面的节水

对地面进行精细浇灌十分适用于当前的农业土地经营，这种方法不但可以高效预防土壤间的空间变异情况，同时还可以提升地面浇灌的准确性，提高水资源利用率，降低灌溉运水体系浪费的水量。伴随着世界防渗渠道高分子建材的发展与应用，地面精细浇灌技术定会受到人们越来越多的关注，并大力推广、应用。

（二）农业工艺方面的节水

农业工艺方面的节水指的是利用调控化学药剂或覆盖耕作等方法调节农田的蓄水情况及水体分布状态，从而增强农田水分生产效率及水体的使用效率。利用这种方法，将作物的湿润形式与浇灌技术结合起来，进而极大程度增强养分及水分的耦合效率，减少土壤养分及水分的流失危害，对水肥的耦合性进行优化，增强农业作物的质量及产量。

（三）农业生物方面的节水

农业生物方面的节水主要包含部分干燥技术及分根区交替浇灌技术两方面内容。利用维持土壤水平面或者竖直面区域土壤的干燥性，仅让部分土壤获取水分，保持湿润，进而相互对植物根系的干燥及湿润进行控制，确保让不同部分的植物根系获取水分紧缺练习，提高根系的水分吸取功能，起到既不消耗植物光合作用，又降低蒸发水的作用。同时，农业生物方面的节水还可以降低植物间的湿润面积，防止植物深层渗漏或蒸发造成的水量损失。

（四）农业水管理方面的节水

对浇灌水进行管理的技术正逐渐向信息化、自动化、智能化方面迈进。现如今，浇灌水管理体系可以在降低浇水数量及资金投入的同时，确保农业浇灌的需要，防止浪费水资源，增强浇灌体系的工作效率。

当前我国农业节水灌溉发展着力点如下。

（1）西北、华北、东北地区资源性缺水严重，降水量少，蒸发量大，干旱缺水成为农业发展的主要瓶颈，年际间产量因旱波动较大。这些地区主要通过推广应用节水农业技术，积极发展玉米、马铃薯、棉花等大宗作物；在没有灌溉条件的地区，坚持蓄水和保墒并举，通过保护性的深松耕作改良土壤，营造土壤水库，提高蓄水保水能力；合理开发抗旱小型水源，推广抗旱坐水种，科学应用抗旱剂、保水剂，解决春季抗旱保苗问题；大力推广地膜秸秆覆盖技术，实现集雨保墒；在有灌溉条件的地区，大力发展膜下滴灌、微灌、喷灌、集雨补灌、水肥一体、化旱作节水机械化等高效节水技术。

(2) 黄淮海小麦主产区资源性缺水和工程性缺水并存，缺水与浪费并存，大水漫灌较为普遍，地下水严重超采，用水矛盾日益突出。重点是推广测墒节灌技术，改善灌溉制度，优化输水灌水方式。通过开展土壤墒情监测，科学制定灌水方案，重点推广应用“小白龙”输水、“小地龙”喷灌、长畦改短畦等技术模式。围绕水果、蔬菜等园艺作物生产，大力推广微灌水肥一体化技术。在适宜地区，实施保护性耕作，采取深松镇压、划锄覆盖等保墒措施，提高土壤蓄水保墒能力。

(3) 南方地区重点是加强坡改梯以及田间集雨灌排设施建设，增强蓄水调水能力，围绕玉米、马铃薯等作物，主推地膜覆盖、生物覆盖和集雨补灌等技术。在经济园艺作物上发展以现代微喷灌、水肥一体化为核心的高效节水技术。在水田推广水稻浅湿薄晒灌溉、控制灌溉等技术，促进水肥耦合。

第三节　碳循环与温室效应

一、碳循环与循环周期

碳是生命的骨架，是构成生命有机体的主要元素之一。植物组织及微生物碳的含量占干重的40%~50%，同时它又是能量的源泉，碳的来源是 CO_2。生物圈的碳循环主要是指植物通过光合作用将 CO_2 转变成有机物（糖类、蛋白质及类脂化合物）并通过食物链在生态系统中传递，被植物和动物所消耗，最终通过呼吸作用、发酵作用和燃烧又使碳以 CO_2 形式返回大气中，再加入上述循环的全部过程。

碳的生物小循环有 3 个层次或途径：①在光合作用和呼吸作用之间的细胞水平上的循环。②大气 CO_2 和植物体之间的个体水平上的循环。③大气 CO_2—植物—动物—微生物之间的食物链水平上的循环。此外，碳以动植物有机体形式深埋地下，在还原条件下，形成化石燃料，于是碳便进入了地质大循环。当人们开采利用这些化石燃料时，CO_2 被再次释放到大气中。另一方面，大量的 CO_2 和水反应形成碳酸氢盐和碳酸盐，许多动物，如贝类的贝壳就含有碳酸盐。这些动物死亡后碳酸盐或成为溶解状态，或在风化和地壳运动中被暴露，或成为沉积物。各种形式的碳化合物受剥蚀，最终都会产生 CO_2（图 5-3）。

据估计，全球碳储存量约为 2.6×10^{16} t，但绝大部分以碳酸盐的形式禁锢在岩石圈中，其次是储存在化石燃料中。生物可直接利用的碳是水圈和大气圈中以 CO_2 形式存在的碳，CO_2 或存在于大气中或溶解于水中，所有生命的碳源均是 CO_2。碳的主要循环形式是从大气的 CO_2 蓄库开始，经过生产者的光合作用，把碳固定，生成糖类，然后经过消费者和分解者，通过呼吸和残体腐败分解后，再回到大气

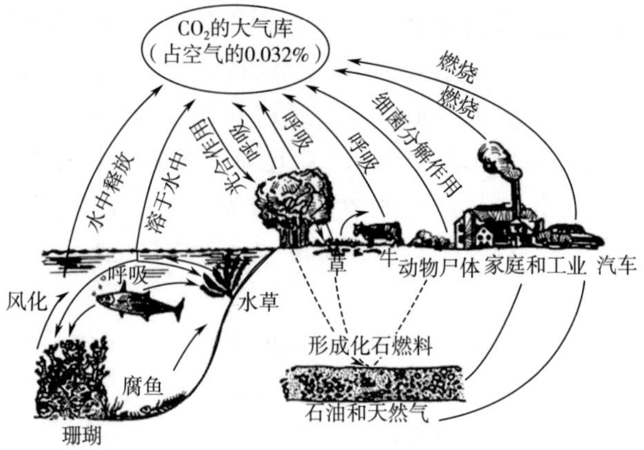

图 5-3　全球碳循环示意图

（资料来源：孙儒泳，《农业生态与环境保护》，1993）

蓄库中。碳被固定后始终与能流密切结合在一起，生态系统生产力的高低也是以单位面积中的碳来衡量。

植物通过光合作用，将大气中的 CO_2 固定在有机物中，合成多糖、脂肪和蛋白质等，从而储存于植物体内，被食草动物吃了以后经消化合成，通过一个一个营养级，再消化再合成。在这个过程中，部分碳又通过呼吸作用回到大气中；另一部分成为动物体的组分，动物排泄物和动植物残体中的碳，则由微生物分解为 CO_2，再回到大气中。

除了大气，碳的另一个储存库是海洋，它的含碳量是大气的 50 倍，更重要的是海洋对于调节大气中的含碳量起着重要的作用。在水体中，同样由水生植物将大气中扩散到水上层的 CO_2 固定转化为糖类，通过食物链经消化合成，与再消化再合成，各种水生动植物呼吸作用又释放 CO_2 到大气中。动植物残体埋入水底，其中的碳都暂时离开循环。但是经过地质年代，又能以石灰岩或珊瑚礁的形式再露于地表；岩石圈中的碳也可以借助于岩石的风化和溶解、火山爆发等重返大气圈。有部分则转化为化石燃料，燃烧过程使大气中的 CO_2 含量增加。

自然生态系统中，植物通过光合作用从大气中摄取碳的速率与通过呼吸和分解作用而把碳释放到大气中的速率大体相同。由于植物的光合作用和生物的呼吸作用受到很多地理因素和其他因素的影响，所以大气中的 CO_2 的含量有着明显的日变化和季节变化，例如夜晚由于生物的呼吸作用，可使地面附近的 CO_2 的含量上升，而白天由于植物在光合作用中大量吸收 CO_2，可使大气中 CO_2 含量降到平均水平以下；夏季植物的光合作用强烈，因此，从大气中所摄取的 CO_2 超过了在呼吸和分解过程中所释放的 CO_2，冬季则正好相反。

CO_2 在大气圈和水圈之间的界面上通过扩散作用而相互交换。CO_2 的移动方向主要取决于在界面两侧的相对浓度，它总是从高浓度的一侧向低浓度的一侧扩散。借助于降水过程，CO_2 也可进入水体。1L 雨水中大约含有 0.3mL 的 CO_2。在土壤和水域生态系统中，溶解的 CO_2 可以和水结合形成碳酸，这个反应是可逆的，反应进行的方向取决于参加反应的各成分的浓度。碳酸可以形成氢离子和碳酸氢根离子，而后者又可以进一步离解为氢离子和碳酸根离子。由此可以预见，如果大气中的 CO_2 发生局部短缺，就会引起一系列的补偿反应，水圈中的 CO_2 就会更多地进入大气圈中；同样，如果水圈中的 CO_2 在光合作用中被植物利用耗尽，也可以通过其他途径或从大气中得到补偿。总之，碳在生态系统中的含量过高或过低都能通过碳循环的自我调节机制而得到调整，并恢复到原有水平。大气中每年大约有 1×10^{11}t 的 CO_2 进入水体，同时水中每年也有相同数量的 CO_2 进入大气中，在陆地和大气之间，碳的交换也是平衡的，陆地的光合作用每年大约从大气中吸收 1.5×10^{10}t 碳，植物死后被分解约可释放出 1.7×10^{10}t 碳，森林是碳的主要吸收者，每年约可吸收 3.6×10^{9}t 碳。因此，森林也是生物碳的主要储库，约储存 7.5×10^{11}t 碳，这相当于目前地球大气中含碳量的 2/3。

在漫长的地球演变过程中，和其他元素的循环一样，碳循环并不是有规律地进行，有时会出现停滞现象，有可能在某一环节上出现碳的大量堆积，并在相当长的一段时间内保持静止不动，例如成煤期就有大量的碳被封存在地下煤层中；石油形态的碳长期被禁锢在地壳内，从而造成了碳循环的部分阻塞。但是根据近期的观测统计表明，近 100 年来，大气中的 CO_2 含量一直在不断上升，在大气这个环节上出现了碳的堆积和碳循环的堵塞。由于这次堵塞的特点出现在大气这个环节上，形成堵塞的时间较短，加之现代地球上的人口众多，经济发达，因而其危害更加严重。

在地质历史时期，碳的流通缓慢，而且一直在进行沉积，在岩石（特别是石灰岩）中积存的碳约达 1×10^{16}t。在化石燃料（煤和石油）中的碳约积存有 1×10^{13}t，这些碳被长期封存地下，从未在短期内大量逸出。因此，大气中的 CO_2 含量是一个恒量，或者说接近恒量，从而维持了碳循环的相对稳定和平衡。

碳循环在不同的范围内的循环周期并不相同，整个大气圈中的 CO_2，单纯通过生物圈中生物的光合作用和呼吸作用，约 300 年循环一次。在生态系统中，碳循环的速度是很快的，最快的在几分钟或几小时就能够返回大气，一般速度的会在几周或几个月返回大气。

二、 温室效应

在漫长的地质历史上，地球各个圈层经过复杂的相互作用，造就了大气的基本化学组成，并使各种气体的相对比例基本达到了平衡。人类出现以来，特别是工业革命以来，由于各种生产和生活活动的影响，显著地改变了这种平衡状态，使得大气的化学成分发生了明显的变化。CO_2、甲烷等气体含量正在以前所未有的速度增加，进而导致全球范围的气候变化。全球变化是指由于人类活动排放温室气体而产生温室效应导致全球气候变暖、降水量增加、海平面上升，并由此产生一系列生态和环境的总称。

（一）人类活动对大气中 CO_2 浓度的影响

自从人类出现以来，一系列与碳元素有关的经济活动不断加入到碳循环过程中来，其中最重要的活动是燃烧矿物燃料和砍伐森林。前者的影响是大大加快了岩石圈中有机碳的消耗和 CO_2 的排放，后者的影响则是减弱了生物圈同化 CO_2 的能力，其最终结果是打破碳循环原有的平衡，使大气中 CO_2 浓度增加。

CO_2 浓度增加是怎样造成的呢？在 19 世纪到 20 世纪初主要是因为砍伐森林，20 世纪以来又加上燃烧矿物燃料，如煤、石油及天然气。公元 1000—1800 年，大气中 CO_2 浓度是相当稳定的，在 270~290μL/L。到了 19 世纪，大量砍伐森林，开垦耕地，由于自然植被与未开发森林的含碳量比农业用地大 20~100 倍，1850—1986 年的 100 多年的时间里，估计仅此一个因素就向大气排放（115±35）$\times10^9$t 碳。植被的大量破坏导致碳的大量释放。陆地生态系统储存的总碳量中 99.9%的碳存在于植物体中，动物体内储存的碳约占 0.1%。因此，植被（尤其是森林）是碳的巨大储存库。据统计全世界的各类植被中，仅森林的生物量就有 1.9×10^{12}t（干物质），其中所含碳大约 7.5×10^{11}t；当森林被破坏而变成裸地、农田或牧场时，林木中的碳和土地与残落物中有机质的碳也就被大量释放出来。在这种情况下，森林不仅不能从大气中吸收 CO_2，反而会将大量 CO_2 释放出来排入空中。估计由此排出的碳每年可达 2×10^9t，除了森林每年将大量的碳排入空气外，还有草原的沙漠化、酸雨和农药的危害都能使储存在植物中的碳大量释放出来。有相关研究认为，在 1850—1950 年，由于人类的活动而排入大气中的碳达 1.8×10^{11}t，其中 1/3 来自化石燃料的燃烧，其余 2/3 则来源于植被的破坏，特别是破坏森林的结果。

燃烧矿物燃料对环境产生的影响在 20 世纪之前十分微弱。19 世纪中期因砍伐森林向大气中排放的碳每年已达 0.5×10^9t，而燃烧矿物燃料的排放量当时可能只有 0.1×10^9t。但 20 世纪以来，由于矿物燃料的消耗迅速增大，向大气中排放的碳，在第一次世界大战前已达（0.8~0.9）$\times10^9$t，第二次世界大战前为 1.5×10^9t，虽经过两次世界大战及 20 世纪 30 年代的经济大萧条，但碳排放量的增量仍达到 4%，1973 年石油危机之后才回落到 2%。估计 1850—1978 年总共向大气排放了 201×10^9t 碳，加上因砍伐森林的排放量，使大气中 CO_2 浓度从 280μL/L 上升到 350μL/L 以上。目前，因燃烧矿物燃料每年向大气排放（5.7±0.5）$\times10^9$t 碳。大气中 CO_2 浓度年度增量达 1.6μL/L。

（二）人类活动对大气中甲烷浓度的影响

甲烷（CH_4）俗称沼气，其浓度在温室气体中占第二位，其增长与世界人口的增长有非常大的相关性，19 世纪之前大约不超过 0.8μL/L，19 世纪末增加到0.9μL/L，从 1978 年开始有正式观测，测得浓度为 1.5μL/L，现在已达到 1.72μL/L。即大气中含 4900×10^6t 的甲烷，也就是每年向大气中排放（40~48）$\times10^6$t 甲烷，年增量 0.8%~1.0%。

甲烷的主要源地是沼泽、稻田及牲畜反刍。通过泥塘、沼泽及苔原每年排放到大气中的甲烷约 115×10^6t，稻田排放约 110×10^6t，牲畜反刍约 80×10^6t，白蚁产生约 40×10^6t，还有其他各种源地，年排放总量在 500×10^6t 以上，通过与大气中氢氧根（OH—）反应吸收约 500×10^6t，因此，可大体上维持平衡。但由于人类活动增加，目前这个平衡已被破坏，甲烷浓度按人口增加的比例迅速增长。如果今后仍然保持与人口增加相同的速度增长，估计到 2030 年浓度可达 2.34μL/L，2050 年可达 2.5μL/L。

（三）温室效应对农业生态系统可能的影响

太阳辐射为短波辐射，最大能量在 600nm，而地球辐射是长波辐射，最大能量在 16000nm。大气中的 CO_2、甲烷、一氧化二氮、臭氧、氯氟碳（CFCs）、水蒸气等可以使短波辐射几乎无衰减地通过，但却可以吸收长波辐射，因此，这些气体有类似温室的作用，故称上述气体为“温室气体”。由此产生的效应称为温室效应。温室效应是一个自然过程，如果没有它，地球表面的温度将不再是现在的 15℃，而是-18℃。当前存在的问题是由于人类活动导致大气中温室气体增加了，温室效应加强了，因而导致全球气候变暖。

由于温室效应所导致的全球气候变化对农业会产生直接和间接的影响，而且影响结果有正、负效应之分。气候变暖引起种植制度变化，即引起种植制度的界限位移，季节安排的变动，作物和作物品种类型的重组。从经济的角度看，全球变化对农业经济效益的影响主要是影响作物的产量和成本，从而影响农产品的价格。对作物产量的影响，视作物的种类和分布区域不同而异，例如对碳三植物而言，CO_2 会增加光合作用强度，导致局部增产；气体尘埃的增加会削弱光照强度，从而降低光合作用强度；碳三植物的产量则是这二者综合效应的结果。由于碳三植物的光合作用的另一个重要条件——水分——在全球变化过程中也会发生变化，在某些地方全球变化会使区域洪涝灾害增多，为了保证作物的正常生长，必须兴修水利工程；在另一些地方全球变化会引起局部严重干旱，又必须修建灌溉设施；使极地冰盖层融化，导致海平面上升，陆地面积将受到威胁，粮田将会被大量淹没；温室作用对作物生长造成不良影响，谷类作物株高降低，不育小穗增加，干物质产量和经济产量降低；同时全球变化还可能带来作物病虫害的危害加剧、作物适应的种植范围减小和扩大、生物多样性变化和生态系统的破坏、其他方面投资增加等一系列影响，从而增加作物生产成本。

第四节　氮循环与氮肥利用

一、自然界中的氮素循环

氮是氨基酸和叶绿素中不可缺少的元素，是遗传物质中各种碱基的组分。大气中氮的含量为79%，总储量约为28×10^6亿t，但不能为大多数植物直接利用。只有通过固氮菌和蓝绿藻等生物固氮，闪电和宇宙射线的固氮，以及工业固氮的途径，形成硝酸盐或氨的化合物形态，才能为多数植物和微生物吸收利用。

全球氮循环的主体存在于土壤和植物之间。据Rosswall估计，在全球陆地生态系统中，氮素总流量的95%在植物—微生物—土壤系统进行，只有5%在该系统与大气圈和水圈之间流动。他还估计了全球陆地生态系统各组分的氮素平均周转速率，所得数据为：植物4.9年，枯枝落叶，1.1年；土壤微生物，0.09年；土壤有机质，177年；土壤无机氮，0.53年。

根据Soderlund和Svensson汇总科学家们的研究结果，全球氮素在各大圈层的储量列于表5-3。从该表看出，全球氮素储量最多的是岩石、大气，其次是煤等化石燃料。

表5-3　全球氮素储量（以氮计）　单位：10^6t

陆地	氮素储量	海洋	氮素储量	大气	氮素储量
植物生物量	$1.1\times10^{-4}\sim1.4\times10^4$	植物生物量	3×10^2	N^2	3.9×10^9
动物生物量	2×10^2	动物生物量	1.7×10^2	N_2O	1.3×10^3
枯枝落叶层	$1.9\times10^3\sim3.3\times10^3$	死亡有机质氮素含量	5.3×10^5	NH_3	0.9
土壤	—	可溶性颗粒	$0.3\times10^4\sim2.4\times10^4$	NH_4^+	1.8
有机质	3×10^5			NO_2	1~4
不溶性无机氮	1.6×10^4	N_2（溶解的）	2.2×10^7	NO_3^-	0.5
可溶性无机氮	—	N_2O	2×10^2	有机氮	1
微生物	5×10^2	NO_3^-	5.7×10^5		
岩石	1.9×10^{11}	NO_2	5×10^2		
沉积物	4×10^8	NH_4^+	7×10^3		
煤	1.2×10^5				

在生态系统中，植物从土壤中吸收硝酸盐、铵盐等含氮化合物，与体内的含碳化合物结合生成各种氨基酸，氨基酸彼此联结构成蛋白质分子，再与其他化合

物一起建造植物有机体，于是氮素进入生态系统的生产者有机体中，进一步为动物取食，转变为含氮的动物蛋白质。动植物排泄物或残体等含氮的有机物经微生物分解为 CO_2、H_2O 和 NH_3 返回环境，NH_3 可被植物再次利用，进入新的循环。氮在生态系统的循环过程中，常因有机物的燃烧而挥发损失；或因土壤通气不良，硝态氮经反硝化作用变为 N_2O 和 N_2 而挥发损失；或因灌溉、水蚀、风蚀、雨水淋洗等而流失。损失的氮或进入大气，或进入水体，变为多数植物不能直接利用的氮素。因此，必须通过上述各种途径的固氮来补充，从而保持生态系统中氮素的平衡（图 5-4）。

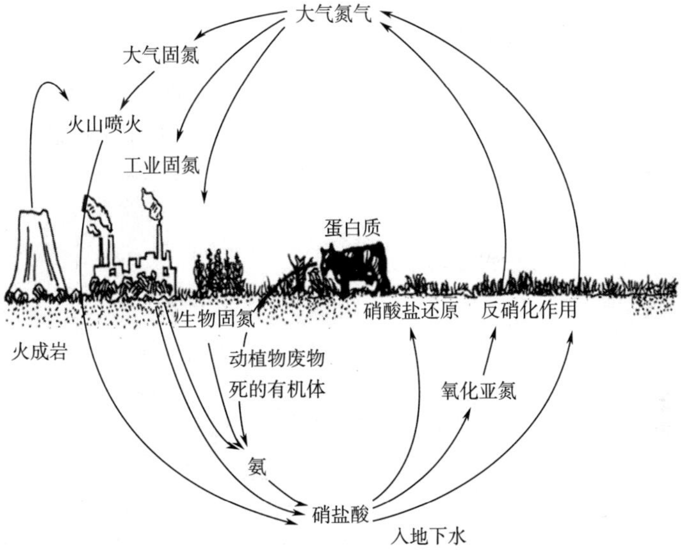

图 5-4　氮循环示意图
（资料来源：祝廷成，《农业生态与环境保护》，1983）

反硝化和固氮作用是氮素循环中很重要的两个环节。反硝化损失的数据十分缺乏，据粗略估计，陆地系统反硝化损失（N_2+N_2O）的总量在（108~160）$\times10^6$t/a，其中 N_2O 为（16~69）$\times10^6$t/a。水系统的反硝化损失总量在（25~179）$\times10^6$t/a，其中 N_2O 为（20~80）$\times10^6$t/a。产生的 N_2O 主要流向平流层，少部分进入土壤和水系统。

就固氮作用而言，根据 Soderlund 和 Svensson 估计，水系统生物固氮量为（30~130）$\times10^6$t/a；陆地系统生物固氮为 139×10^6t/a；当时工业固氮为36×10^6t/a，燃烧生成的氮氧化物为 19×10^6t/a，共计 194×10^6t/a。随着工业的发展，1990 年工业固氮已达 82×10^6t/a，燃烧生成的氮氧化物与 20 世纪 70 年代相比已大量增加。因此，目前陆地上固氮总量估计已超过 250×10^6t/a。

关于氮氧化物（NO_x）和氨（NH_3/NH_4^+），无论是陆地系统还是水系统都有逸出和进入。在陆地系统，逸出大于进入，水系统则是进入大于逸出。因此，其净结果是 NO_x 和 NH_3/NH_4^+ 通过大气圈流入海洋。

有机氮和硝酸盐是江河流水中的重要化合物，据 Soderlund 和 Svensson 估计，每年有（13~24）$\times10^6$t 氮流入海洋，有 38×10^6t 有机氮（以 N 计）进入水系统的沉积物中，海水中的有机氮以浪花的形式进入大气圈，之后以干、湿沉降进入陆地系统的每年有（10~20）$\times10^6$t。

二、 氮肥利用

（一）农田生态系统中的氮素循环

在农田生态系统中，氮素通过不同途径进入土壤亚系统，在土壤中经各种转化和移动后，又不同程度地离开土壤亚系统，形成“土壤—生物—大气—水体”紧密联系的氮素循环（图 5-5）。

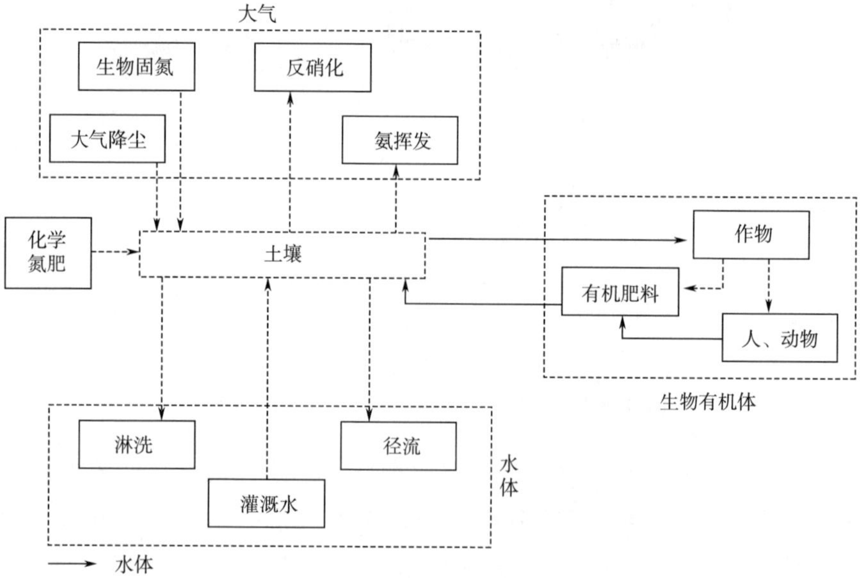

图 5-5 农田生态系统氮素循环示意图

（资料来源：骆世明，《农业生态与环境保护》，2001）

土壤和生物之间的氮素循环过程是土壤氮素通过植物吸收而被利用，继之间接被人类和家畜利用，然后又以有机肥（人畜粪尿和秸秆等）的形式返回农田进入氮素循环。土壤与大气之间的情况是，大气中的分子态氮通过生物固氮作用被还原为氨，成为土壤氮素的重要来源之一。降水和干沉降也带入一部分氮素于土壤中。而土壤通过硝化-反硝化作用和氨挥发以气态氮的形式流向大气。

土壤和水体之间氮素循环过程是土壤中的氮素通过淋洗和径流损失进入水体、生物有机体，而江河、湖泊河水库中的氮又通过灌溉水进入土壤。

输入土壤的氮素主要包括生物固氮、施用的化学氮肥和有机肥料、降水和干沉降，以及灌溉水等带入的氮量。从土壤输出的氮素除了随收获物移出的氮量以外，还有通过各种气态与液态方式或途径损失的氮量。

（二）农业生产中的氮素平衡

农业生产中的氮素收支平衡，在各地区之间存在着很大的差异，而在同一国家或地区，年度之间也有很大的变化。表5-4列出了1952年和1987年中国农业生产中的氮素平衡情况。1952年，我国农业田的氮素总输入量较低，平均只有68kg/（$hm^2 \cdot a$）。氮素的主要供给源是生物固氮和有机肥，化肥氮所占的比例小于总收入量的1%。

表5-4　　中国农业生产中的氮素平衡账

项目	收支量/$\times 10^4$tN		占总收支的比例/%	
	1952	1987	1952	1987
输入项				
化肥	5.9	1396.4	0.9	60.5
有机肥	214.0	441.0	31.5	19.1
生物固氮	329.9	341.7	48.4	14.8
降水和灌溉水	130.5	130.5	19.2	5.6
小计	680.3	2309.6	100.0	100.0
支出项				
作物收获	416.5	1229.8	73.4	58.4
化肥氮的损失	3.0	698.2	0.5	33.2
有机肥氮的损失	27.9	56.2	4.9	2.7
淋洗和径流	120.0	120.0	21.2	5.7
小计	567.4	2104.2	100.0	100.0
收支盈亏	+112.9	+205.4		

（资料来源：朱兆良，《农业生态与环境保护》，1992）

在1987年，化肥氮成为我国最主要的氮素供给源，占总输入的比例高达60.5%，而化肥氮的损失亦高至占总输出的1/3。我国农业生产的氮素平衡账中，输入始终大于输出。因此，农田土壤的氮素总储量趋于增加。

（三）生物固氮

生物固氮主要有共生固氮作用、自生固氮作用和联合固氮作用 3 种类型，其中，共生固氮作用贡献最大。共生固氮是指某些固氮微生物与高等植物或其他生物紧密结合，产生一定的形态结构，彼此进行物质交流的一种固氮形式。有根瘤菌与豆科作物共生；放线菌与非豆科植物共生以及蓝细菌与蕨类植物共生（海萍）或与真菌共生（地衣）等。据估计，在农业生态系统中，“豆科植物—根瘤菌”的共生固氮量占整个生物固氮量的 70%。自生固氮是指独立于其他生物之外，能自行生长繁殖固氮的微生物进行固氮的一种形式，主要有两大类：一类为光合固氮细菌，包括固氮红螺菌和固氮蓝细菌；另一类自生固氮菌为化能有机营养型，如固氮菌、贝依林克氏菌及厌氧芽孢梭菌等。自生固氮量不大。联合固氮作用广泛存在于自然界。不少种类的自生固氮细菌（如固氮螺菌）在某些禾本科植物根际存在数量较大，生活在根系的黏质鞘套内或进入根皮层细胞间隙，依赖根的分泌物及脱落细胞作碳源，其固氮效率比自生固氮菌高，但远不如根瘤菌与豆科植物共生的固氮效率。人们把这种菌和植物的松散联合称为联合固氮作用。各种作物的根际与根表，均有联合固氮微生物。生物固氮是农业生态系统的重要供给源之一。各个国家由于气候环境条件和农田利用方式的不同，其生物固氮及其在农业生产中的重要性差别很大（表 5-5）。

表 5-5　　生物固氮量与化肥氮量的比较

项目	中国	美国	澳大利亚	印度	英国	新西兰	荷兰
生物固氮量（A）/（$\times10^{10}$tN/a）	341.7	953.4	1384	149.8	48.7	86.2	5.2
化肥氮量（B）/（$\times10^{10}$tN/a）	1396.4	597.6	13.3	113.6	90.9	0.6	84.9
［A/（A+B）］×100	19.7	61.5	99.0	56.9	34.9	99.3	5.8

第五节　硫循环与酸雨

硫是植物和动物生长所必需的元素。硫是原生质的重要组分。硫的化学特性在某些方面与氮相似，它们都是蛋白质的重要成分，也是土壤有机质的重要成分。无机态的硫被植物和微生物吸收后，形成有机态的硫。

一、自然界中的硫循环

硫在地壳中含量较高，是第十大元素。硫的重要储存库是岩石圈，但它也在大气圈中停留和运行。硫的来源除了沉积岩的风化外，还有化石原料（煤、石油等）的燃烧、火山喷发和有机物的分解（图 5-6）。

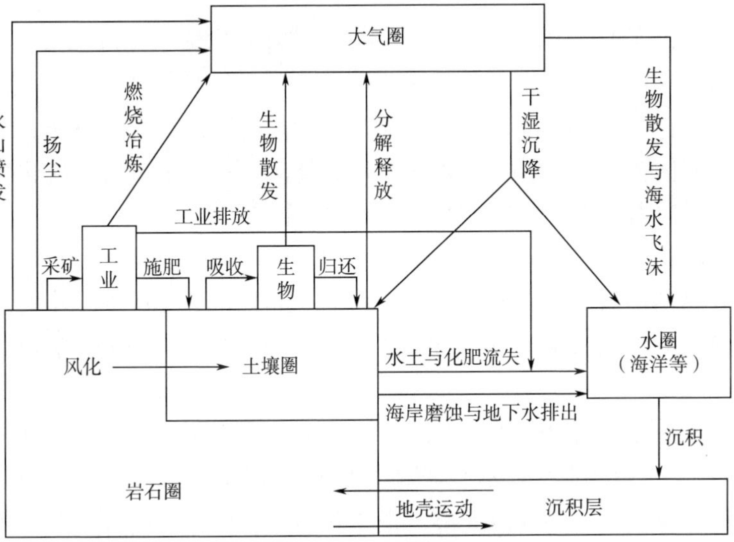

图 5-6　自然界中的硫循环

（资料来源：骆世明，《农业生态学》，2001）

在生物圈内，硫主要以 H_2S、SO_2 及 SO_4^{2-} 等形态参与流通，在化学作用或生物作用下，氧化形态的硫可转变成还原形态，反之亦然。陆地和海洋中生物物质分解而来的 H_2S，每年以 9.5×10^7t 的数量进入大气之中（其中 S 的数量为 9.0×10^7t/a），并在大气圈中被氧化成 SO_2。SO_2 是陆地和海洋间流通的一种常见的硫化物。1.0×10^8t 以上的 SO_2 通过人类的活动而排入空中，其中 80%来自燃烧各种含硫的燃料（如煤和石油），20%来自有色金属的冶炼。在空气中，一部分 SO_2 氧化变成 SO_3，继而又转变成 H_2SO_4［在有些情况下还可能形成 $(NH_4)_2SO_4$］；大气尘埃中所含的 Fe 或 Mn 对此氧化过程有催化作用。因此，部分以 H_2SO_4 的气雾形态，或以硫酸盐的微粒形态而存于大气中的硫，会很快返回地面或海洋，需 5d 到 2 周时间即可返回地面，返回的数量约为 1.16×10^8t/a。但是，空气的湍流可能带着含硫的气体直接与各种植物和地面接触或吸滞，估计每年像这样由大气回到生物圈内的硫可达 2.5×10^7t。

地壳表层系统主要存在三大硫库，分别为：海水中的溶解硫酸盐、地质历史时期蒸发岩中的硫酸盐矿物、碎屑沉积物中的硫化物。有一小部分硫则以碳酸岩晶格硫、有机硫、单质硫等的形式存在，全球硫循环就是通过它们之间的相互转化形成的，但主要还是受控于三大硫库之间的转换。大洋中的溶解硫酸盐在一定的深度下通过微生物异化还原作用生成 H_2S，小部分 H_2S 与 Fe^{2+}离子继续反应生成硫化物（大部分以黄铁矿的形式存在），大部分 H_2S 则常常通过扩散作用或生物的传送而被硫的氧化菌等氧化形成 SO_4^{2-} 及其中间产物，如多硫化物、硫代硫酸盐等。硫为重要的生命元素，海水 SO_4^{2-} 是其主要的来源，在生物的同化还原作用下，可以将 SO_4^{2-} 变成生物的有机体部分，这部分也就是有机硫。有机硫通过氧化分解会释放 SO_2 气体回到大气圈或者通过微生物分解后同硫化物共同沉积埋藏进入地质储库；同时也有小部分的 SO_4^{2-} 进入碳酸盐岩的晶格取代 CO_3^{2-}，随碳酸岩共同沉淀下来；由于风化剥蚀、构造抬升蒸发岩和硫酸盐岩将发生溶解、硫化物氧化形成硫酸盐岩出露地表，通过水文循环重新回到海洋。

硫循环的一部分是属于开路循环。据 Eriksson 估计，每年约有 1.4×10^7t 的硫来源于岩石的溶解。每年有 6.6×10^7t 的硫被江河带入海洋，其中，经土壤的淋洗每年流入海洋的总硫量为 4.1×10^7t。流入海洋的硫其中一部分进入沉积物的循环。

土壤生态系统中硫的循环主要由以下几个过程构成：①有机态硫被分解矿化成 S^{2-} 或 SO_4^{2-}。②硫酸根在渍水、缺氧土壤中的还原。③还原态硫（包括 SO）氧化，终产物为 SO_4^{2-}。这些反应大都由微生物参入，但同时受环境条件的制约，土壤中的硫大多呈有机态。由于微生物生命活动的结果，使有机质不断矿化，这在土壤硫化物的转化过程中起着重要作用。在好气条件下，还原态硫被无色硫化细菌所矿化，最终氧化成元素硫和硫酸盐。而在嫌气条件下（稻田和灌溉地），绿色和紫色硫化细菌把有机硫转化成硫化氢。从无机硫化物形成硫酸盐是一个比较重要的过程，它使土壤 pH 下降。硫酸盐在土壤中主要以石膏的形式存在。石膏的溶解度足以使硫酸盐离子能满足植物生长的需要。土壤硫通过植物吸收和淋失被消耗。植物体中硫酸盐中的硫大部分被重新还原成—SH，以植物残体或有机肥的形式重新进入土壤。SO_4^{2-} 离子在土壤和植物间进行循环。以强酸态存在的 SO_4^{2-} 离子在植物体内还原，而在土壤中则被氧化。

二、 农业生态系统中的硫素平衡

农业生态系统中硫的输入主要有以下几个途径：①土壤矿物的风化分解。②大气的硫沉降作用（包括干沉降和湿沉降）。③施用含硫肥料，如硫酸铵、过磷酸钙和硫酸钾等。④灌溉水中含硫化合物的输入。⑤在海滨地区，海水中的硫在风和潮汐的作用下，可通过空气进入土壤，也可通过地下水上升进入土壤。

硫的输出主要包括：土壤硫随水土的流失；硫的气态挥发；作物收获移走。表 5-6 是中国土壤硫素的平衡状况。从总体上讲，我国土壤中硫素的输入大于输出。

表 5-6 中国土壤硫元素平衡 单位：kg/（hm^2·a）

输入		输出	
化学肥料	10.0	作物收获	7.5~615.0
人畜粪便	2.8	（燃料、饲料）	6.0~12.0
降雨	6.5~113.5		
灌溉水	6.7~12.25	渗漏损失	3~5.3

（资料来源：骆世明，《农业生态学》，2001）

三、 人类活动对硫平衡的影响

人类活动对硫平衡最突出的影响就在于人类的经济活动导致酸性物质 SO_2 的大量排放（表 5-7）。人类活动造成硫的排放主要有以下几个途径。

表 5-7 大气圈中含硫气体的源和年释放量

来源	年释放量/（$\times10^7$t/a）
人为来源（以 SO_2 为主，化石燃料的燃烧产生）	80
生物量燃烧（SO_2）	7
海洋（DMS）	40
土壤和植物（H_2S、DMS）	10
火山（H_2S、DMS）	10
总量	147

（一）燃煤

煤中含硫量一般在 0.5%~5%，我国南方煤含硫量在 3%~5%，属高硫煤。20 世纪 80 年代初，全球燃煤地区 SO_2 排放为（7.0~8.0）$\times10^7$t/a，占全球人为 SO_2 总排放的 80%以上。我国 1988 年 SO_2 排放为 1.5$\times10^7$t，1995 年达到 2.0$\times10^7$t。

（二）燃油

天然气、原油中硫含量多在 1%以下。我国石油制品轻油的含硫量在 0.25%~7%。全球 20 世纪 80 年代燃油、天然气的 SO_2 释放为 1$\times10^7$t/a 数量级。

（三）矿冶

金属矿床中有相当部分为硫化物矿床，如铅、锌、铜矿。这些矿在开采和冶炼过程中，低价硫被氧化为 SO_2 而排入大气。全球因矿冶的 SO_2 排放估计在 7$\times10^6$~1.0$\times10^7$t/a，占全球 SO_2 总排放的 10%左右。

（四）农业活动导致硫的挥发

在嫌气条件下，微生物分解有机质硫化合物时，能够产生许多挥发性气体，除了 H_2S 外，还有 COS、$(CH_3)_2S$、CS_2 和 CH_3SH 等，这些气体以扩散方式进入大气。

四、酸雨

（一）酸雨的形成

按理论计算，大气中的 CO_2 在蒸馏水中达到平衡时的酸度约为 5.6，因此把 pH 小于 5.6 的雨称为酸雨。SO_2 是产生酸雨的主要原因。雨水酸性的 90%是由工业生产和燃料燃烧时排放的二氧化硫和氮氧化物在大气或水滴中经光氧化、气相氧化、液相氧化和气-固界面化等途径转化为硫酸和硝酸所造成的。此外，还有氯、氟及钾、钠、钙、镁等离子的作用。

（二）国内外对酸雨的研究概况

20 世纪 70 年代起，欧美等发达国家开始重视对酸雨的研究，而我国酸雨监测与研究起步较晚。1974 年从北京西郊开始，1979 年上海、南京、重庆、贵阳等城市相继开展。有关酸雨对农作物和蔬菜的影响已被报道，但酸雨对园林绿化植物的危害及抗性机理方面的报道较少。高绪评等对南京常见的 105 种花卉和园林树木、冯宗炜等对重庆的 30 种乔灌木树种、陈树元等对南京 110 种绿化树种进行了模拟酸雨喷洒试验，结果表明，不同植物对酸雨的敏感性不同，有些树种只有在酸雨 pH 低于 2.5 时表现出伤害，而有些较敏感树种在 pH3.5 时就表现出伤害症状。广东地区尚未见相关的研究报道。酸雨伤害机理的研究在国外有不少报道，研究表明酸雨腐蚀叶片的蜡质层，破坏叶表皮组织，干扰气体和水分的正常交换和代谢；酸雨淋失叶子中的钙、镁、钾等营养元素导致养分缺乏，从而引起光合作用下降，生长减慢；酸雨还淋失土壤中的钾、钙、镁，使植物生长必需的营养物亏缺以至削弱其生长；酸雨能使土壤中的铝活化游离出来，使植物遭受铝毒害；酸雨还可降低丛枝状菌根的活性。植物对酸雨抗性机理方面的研究相对较少，抗雨树种的叶片往往具有叶面光滑、角质层厚等特点，而叶子质地柔软、蜡质层薄、表面粗糙的树种往往对酸雨较敏感。严重玲等采用稀土元素防护酸雨胁迫对菠菜的影响，施用稀土元素可降低菠菜对酸雨的敏感性，从而增加了菠菜对酸雨 pH 的耐受范围。

（三）酸雨对生态系统的危害

排放入大气中的硫氧化物和硫化物最终又以酸沉降（包括干沉降和湿沉降）

的形式对农业生态系统产生影响。酸雨组分中的硫和氮是植物生命活动中必需的营养元素，短暂、间歇性的酸性降雨应该是无害的，特别是在有机质含量低的砂质贫瘠土地区，以及含硫比例低、无机硫淋溶剧烈的热带、亚热带酸性土壤地区，酸雨中硫、氮的输入有利于植物生长，起着“附加营养源”的作用。然而，过多的酸沉降可导致生态环境的酸化，进而导致一系列的生态学问题。

1. 酸雨对水生生态系统的危害

酸雨的降落将影响水体的组成成分，严重地将水体酸化导致水生态系统结构和功能发生改变，不能很好地进行水循环等。对于一些酸敏感的水生物，可能由于长期生活在酸性环境下，其生长繁殖受到损害，使得原有的生物链被破坏，导致一些水生物消失，严重影响水生生物的物质循环等。同时，酸化的水体对于水生植物的影响也是不可忽略的，长期生长在酸性环境中，水生植物的植物膜将受到严重的损伤，导致其生理代谢紊乱，使得其光合色素的含量减少，影响水生植物的光合作用。经过大量的研究表明，水生生物如鱼类在水体呈中性情况下的生长繁殖是最好的。当 pH<6 时，水体对于鱼类的繁殖产生一定的影响，鱼类的孵化率将明显变小，鱼苗的数量也会大大地减少；当 pH<5. 5 时，水体中大部分的鱼类生存率将明显下降；当 pH<5 时，也就是酸雨程度达到较重酸雨时，各种水生生物以及两栖动物都将死亡。在我国，酸雨对于水生生态系统的危害还不明显，主要存在于北欧以及北美地区，治理水体酸化带来的环境危害已经成为其最严峻的挑战。

2. 酸雨对陆生生态系统的危害

酸雨的降落对陆生生态系统也存在一定的影响，主要体现在对土壤的危害以及陆生植物的危害。对于土壤的影响，酸雨主要是通过对土壤成分的改变，使其理化性质发生变化，特别是土壤中营养物质的流失，使得土壤中阳离子交换量相应减少，植物缺少相应的营养物质而营养不良。同时，酸化的土壤中会释放出大量对植物有害的重金属，影响植物的生长，使其生长繁殖偏离正常轨道，而更严重地造成植物中毒影响人类的身体健康。而对于以土壤为生存环境的微生物而言，酸雨会改变土壤的组成成分，使得土壤中的矿物质以及有机质都相应减少，而以这两种物质为生存条件的微生物就会受到影响，其中也包含参与土壤中氮素转化的微生物，大大地影响了土壤的生态平衡系统。

酸雨对于植物的影响有两个方面：一个是直接作用；另一个是间接作用。间接作用就是上述讨论的酸雨对土壤性质的改变，从而影响植物的生长繁殖。直接作用是指酸雨降落到植物的各个部位，通过改变其细胞壁的组成结构，以及影响其光合作用的主要器官——叶绿体，导致植物内部细胞代谢受到影响，严重影响植物的生长繁殖。酸雨对于植物不同部位的损害程度不同，损害程度最大的是植物的根系部分，其次是叶片，同时叶片也是最先反映出植物受到伤害的程度。而对于以植物为基础的森林而言，酸雨对于植物的危害将直接影响到经济损失程度。

（四）酸雨防治

1. 控制二氧化硫的排放

（1）煤炭洗选脱硫　煤炭洗选脱硫是在煤炭燃烧前用水冲洗煤炭，使其中的无机硫被洗除。通过洗选，可将煤中 40%~60%的无机硫脱去，同时也降低了煤的灰分，提高了煤炭的质量和热能利用率。

（2）发展型煤　将原煤经过洗选、破碎、分筛，加入黏合剂、添加剂、固硫剂、成型等加工过程制成的一种固体清洁燃料。使用这种煤的锅炉，烟气中二氧化硫可减少 40%~45%，烟尘减少 50%~90%。

（3）烟气脱硫　一般以煤和石油做燃料的烟气中，二氧化硫含量为 0.5%~1%，含硫量较低，烟气量大而温度高，采用烟气脱硫可收到较好的效果。烟气脱硫方法分为干法和湿法。干法是采用粉状或粒状吸收剂或催化剂来脱除烟气中的二氧化硫；湿法是采用液体吸收剂洗涤烟气，以除去二氧化硫。

2. 酸雨的生物防治

专家们认为利用生物技术治理环境具有巨大的潜力。1993 年在印度召开的“无害环境生物技术应用国际合作会议”上，专家们提出了利用生物技术预防、阻止和逆转环境恶化，增强自然资源的持续发展和应用，保持环境完整性和生态平衡的措施，生物学家利用微生物脱硫，将 2 价铁变成 3 价铁，把单体硫变成硫酸，取得了很好效果。美国煤气研究所筛选出一种新的微生物菌株，它能从煤中分离有机硫而不降低煤的质量。捷克筛选出的一种酸热硫化杆菌，可脱除黄铁矿中 75%的硫。据 1991 年统计，捷克利用生物技术已平均脱去煤中无机硫的 78.5%，有机硫的 23.4%，目前，科学家已发现能脱去黄铁矿中硫的微生物还有氧化亚铁硫杆菌和氧化硫杆菌等。

3. 完善相关的政策法规

要对酸雨污染进行控制，首先要做的就是完善一些大气污染物排放方面的政策法规，强化环境管理手段，如环境监管等，做到环保执法，走可持续发展的道路。对于酸雨污染而言，应严格控制酸性气体的排放、制定严格的大气污染物排放标准。同时，对于企业可以施行排污许可证制度，严格控制二氧化硫以及氮氧化物的排放总量。也可以通过相关的经济手段来减少酸性气体的产生，如对企业征收排污费、利用排污权交易手段以及对于一些有困难的企业进行相应的经济补助等。同时，需加强酸雨的监测，建立健全的监测系统，进行准确实时的大气酸沉降预报。

第六节　养分循环与测土施肥

一、农业生态系统养分循环的一般模型及特征

现代农业的兴起与发展，是以投入大量的化学肥料、农药为基础和保障而换

取农副产品输出为特征的。在物质循环规模不断扩大、效益不断提高的同时，也出现了物质资源日趋短缺、能源大量消耗和农业环境污染等问题。研究营养物质在农业生态系统中的转移、循环和平衡状态及调节控制机制，是世界各国当前普遍关注的问题。

1976 年在荷兰首都阿姆斯特丹（Amsterdam）召开的“农业生态系统中的矿质营养元素循环”国际学术讨论会上，各国学者提供了 65 个农业生态系统养分循环的实例，从不同类型的农业生产全面分析了世界各国农业生态系统物质循环，在此基础上，M. J. Frissel 进行了综合分析，设计了农业生态系统养分循环模式。我国生态学家沈亨理等结合我国实际做了新的描述和说明，见图 5-7，该模式是陆地农业生态系统物质循环最简单、也是最基本的模式。

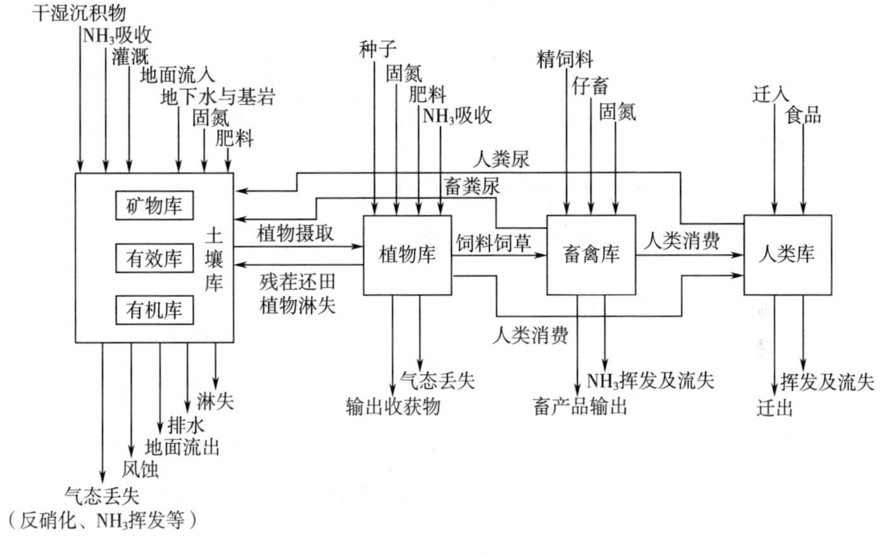

图 5-7　农业生态系统养分循环的一般模型
（资料来源：沈亨理，《农业生态学》1996）

养分循环通常是在植物、家畜、土壤和人这四个养分库之间进行的，同时，每个库都与外系统保持多条输入与输出流。根据研究目的，养分循环模型的边界可有不同，例如研究农田生态系统可以只包括土壤和植物两个库；研究农牧系统可以包括土壤、植物和畜禽三个库，而把人类库作为外系统对待；研究农村生态系统的养分循环，应把人类库作为循环的组成部分考虑，形成更为完整的库流网络体系，这个循环体系当然是更大范围的区域系统乃至全球系统养分循环的一个组成环节。

土壤是养分的主要储存库，土壤接纳、保持、供给和转化养分的能力，对整个系统的功能和持续发展至关重要。养分循环模型中把土壤库划分为矿物质库、有机质库和有效态库三个亚库，可以清楚地说明土壤库储存、转化和供应养分的特点。该模式中的植物库与畜禽库，也分别由作物、杂草、草地、林果等亚库以及禽畜、肉蛋乳商品畜禽等亚库所组成。在养分循环中，昆虫、野生动物等通常因在数量上不占重要地位而忽略不计，土壤中小动物、土壤微生物等则包括在土壤有机质库中。

养分在几个库之间的转移是沿着一定路径进行的。除库与库之间的养分转移外，还有系统对外的输出，如农畜产品作为目标产品的输出和挥发、流失、淋溶等非生产的输出；对系统内的输入，有肥料、饲料等的直接输入和灌溉、降水、生物固氮以及沉淀物的间接输入等。从理论上讲，沿多条线路的养分流动都是存在的，但实际上有些只能测得它们的净结果，如土壤中的矿化与无效化过程是两个方向相反，而又同时进行的过程，分别测定它们的转移是困难的，所以通常只测定它们作用的净结果。

各种养分元素在各库之间完成一次循环所需的时间长短不一，如微生物只需若干分钟，一年生植物需要几个月，大型动物需要几年的时间。通常人们选定一年为时间标准来计算养分循环的转移量。

要了解某种养分在各库中的平衡状态，必先求出养分的净沉入量和净流出量，当流入量与流出量相等时，说明该种养分处于平衡状态。

二、 农业生态系统的养分平衡与调节

（一）农业生态系统的养分平衡

1. 营养物质的平衡

农业生态系统的养分平衡是通过养分的净流入量和净流出量来测算的。若流入量与流出量相等，说明该养分处于平衡状态；若某养分的输出大于（或小于）输入量时，说明系统中该养分处于减少（或积累）状态。农业生态系统是一个以满足人类社会需求为目的的生产系统，其开放程度高，大量的农产品作为商品输出，使养分脱离系统。为了维持农业生态系统的养分平衡，保证农业生态系统稳定高产并持续增产，必须在最大限度地提高农业生态系统的归还率的同时，投入大量的化肥。

原始农业类似于自然生态系统，人类干预程度很低，系统输出量小，养分基本处于平衡状态；传统农业也是一种自给自足的农业形式，收获的经济产品供人类作粮食、供畜禽作饲料，非经济产品以及畜禽排泄物归还农田，经土壤微生物分解满足农作物生长需要，参与养分循环，这样使从农田吸取的物质和归还农田的物质基本平衡，但生产力较低下。随着人口的增长，一方面需要农业生态系统提供更多的农副产品，这样就需要更多的物质和能量的补给以扩大系统的物质流通量；另一方面随着工业的发展，加上燃料稀缺，非经济产品也往往移出系统，

从而造成农业生态系统的严重的养分亏缺。

据研究，每生产 100kg 粮食需消耗土壤中纯氮 1.5～2kg，五氧化二磷 1～1.5kg，氧化钾 2～3kg。虽然有较多的化肥投入，但无机化肥流失、淋溶及挥发等损失较多，从而造成利用率低。农业生态系统的养分亏缺导致土壤有机质的消耗，土壤肥力下降。

2. 农田养分的输入

农田养分的输入途径，一般包括施用化肥和有机肥、降水和灌溉水的带入、种子苗木的带入，以及落尘等自然飘入等。就氮素而言，还包括来自大气的生物固氮。

传统农业主要依赖于施用有机肥来补充农田养分。现代农业大量施用化肥，已成为农田养分的主要来源，而且化肥用量仍在不断增长。我国每公顷农田施用的化肥总量（折合有效成分 100%），在 1978 年为 91.58kg，1988 年增长到 184.6kg，10 年间平均每公顷农田每年递增 9.3kg。生物固氮是农业生态系统氮素的主要来源之一。据估算，1976 年全球农田的生物固氮量约 8.9×10^{10}kg，比同年的工业固氮量多 3.93×10^{10}kg。降水和灌溉水的养分输入量，地区间差异较大，受水量的多少和水中营养元素含量的高低所左右。据美国统计，降水的氮输入量为每年 3.325～30kg/hm^2，灌溉水最高每年可达 126kg/hm^2。

3. 农田养分的输出

农田养分的输出途径一般包括随收获物带走、随水流失和淋失、蒸散以及尘土飘失等，就氮素而言，还包括氨的挥发和反硝化作用。

随作物收获物的输出率，因作物种类和产量水平不同而异。通常产量越高，输出越多，地力消耗也就越大。养分的淋失量，包括渗漏至根系活动层以下的数量和侧向渗漏至系统边界以外的量。淋失速度则因气候、土壤、施肥量、灌溉管理等因素的影响而异，如江苏省太湖地区稻田土壤每年随水分渗漏带走的养分，氮为 10.5～20.3kg/hm^2，五氧化二磷为 0.38～1.43kg/hm^2，氧化钾 9～18.75kg/hm^2。养分随地表径流和侵蚀作用的流失速度与土壤管理状况有关，一般来说，流失小于淋失。氮素的输出还有反硝化作用和氨的挥发，日本资料表明，氮的反硝化与挥发损失，在稻田中为 69.75kg/hm^2，旱地中为 30kg/hm^2（均为纯氮）。

4. 有机质与农田养分循环

有机质在养分循环中的作用表现在：一是有机质是各种养分的载体，有机质经微生物分解，能释放出供植物吸收利用的有效氮、磷、钾等养分，增加土壤速效和缓效养分的含量；二是为土壤微生物提供生活物质，促进微生物的活动，增加土壤腐殖质的含量，改善土壤物理状态，提高土壤潜在肥力；三是具有和硅酸盐同样的吸附阳离子的能力，有助于土壤中阳离子交换量的增加，又能与磷酸形成螯合物而提高磷肥肥效，减少铁、铝对磷酸的固定。此外还能保蓄水分，提高土壤的抗旱能力；抑制有害线虫的繁殖；形成对作物生长有刺激作用的腐殖酸等。

土壤中有机质的来源主要是作物残体，以作物的根茬、落叶、落花留给土壤的有机物，每公顷达75～300kg（干物质），还有以秸秆直接还田和做牲畜饲料后以畜粪厩肥还田，都是土壤有机质的来源；土壤中各种生物遗体和排泄物也是土壤有机质的重要来源。土壤中的生物有土壤动物、原生动物和微生物，其中以微生物的数量最多。以旱地土壤为例，微生物的质量大约占土壤生物总质量的78%，变形虫、原生动物等占2%，土壤动物占20%。土壤微生物的生命活动要求土壤有机质保持一定的碳氮比。这是因为微生物为了构成体细胞，每同化4～5份碳，必需消耗1份氮；同时每合成1份体质碳，必需4份碳素做能源。因此，微生物的正常生长繁殖因缺氮而受到限制，有机质分解缓慢，没有无机氮在土壤中的积累，甚至会产生微生物与作物争氮的现象；当有机质的碳氮比小于25∶1，特别是在15∶1以下时，有机质分解迅速，使土壤有机质大量消耗，同时引起氮的挥发损失。各种有机物的碳氮比不同。作为有机肥施用时，应注意肥料种类的合理搭配。

有机氮与无机氮的合理配比有利于保持土壤养分平衡和作物产量稳定。据研究，每季每公顷总用氮量为127.5～135kg时，有机氮与无机氮的配比以50∶50为宜，即每公顷施碳铁375kg，猪厩肥1500～2000kg。这样能保持土壤速效磷、钾原有水平，土壤有机质含量增加，保持作物稳产。单纯施用无机氮会加速有机质分解，并使土壤速效磷、钾下降。

（二）农业生态系统的养分调节

1. 养分循环调节的基本原则

（1）合理输入　现代农业的特点是商品生产和系统开放，不从多种途径拓展系统外养分来源，生产难以发展，也难以克服养分亏损、库存下降的局面。系统外养分来源是多方面的，就农田而言，既包括化肥，也包括农家肥、土杂肥，及来自城镇与市场的各种有机的与无机的肥源。

（2）建立养分再生机制　广义的再生应指生态系统固有的养分再循环与再投入机制，如生物固氮、利用动物聚积养分、利用深根作物吸收深层养分、促进土壤矿物风化释放等。这些养分来源是对人工途径输入养分的主要补充，在许多情况下甚至占主要比例。

（3）强调养分保蓄、供求同步　现代农业条件下养分随水流失和气态丢失成为主要倾向，水分控制、施肥技术、作物状况是决定养分丢失的主要因素。自然生态系统植被与微生物活动受温度和水分变化的控制有较强的同步性，养分流失少，是农业生态系统管理可以借鉴的。

（4）充实有机库存　土壤生物在养分保蓄、转化、再生和同步供应方面的作用，在现代农业条件下仍然得到肯定，有机物质对保障良好的土壤生物环境和根系健康有着重要意义，在施用化肥条件下通过土壤有机库提供的养分仍然占有重要比例。这说明土壤有机库大小对养分状况有不可替代的作用。

（5）提高投入效率　效率问题是农业技术进步、生物进化、农业持续性的基本问题。不注重效率是浪费资源、环境污染、生产萎缩的重要原因。依据最小养分律，抓住和克服限制因子，实行合理的投入组合，综合高产，是提高效率的关键。

（6）整体优化　养分循环是生态系统整体功能的表现，是系统各组成部分相互作用的结果。养分循环的调节与控制，只有考虑到全部库、流的协调和系统的持续性，才能取得良好的效果。

2. 保持农田养分平衡的途径

提高农田土壤有机质含量，维持各种营养物质的输入与输出平衡，是增进农业生态系统物质循环的关键。

（1）合理安排作物种类　作物所生产的全部有机物质中因不能收获而归还农田的部分所占的比率，称为自然归还率，如根茬、落花、落叶等。除自然归还的部分外，还有可以归还但不一定能归还的部分，称为理论归还率，如作物的茎秆、荚壳等。归还率可以用干物质或养分来衡量。禾本科作物的自然归还率较低，油菜的自然归还率较高，为40%~60%。不同作物氮、磷、钾的理论归还率不同，麦类分别为25%~32%，23%~24%，73%~79%；油菜分别为51%，65%，83%；水稻分别为39%~63%，32%~52%，83%~85%；大豆分别为24%，24%，37%。因此，在种植制度中合理安排自然归还率较高的作物，可减轻对地力的消耗。

（2）建立合理的轮作制度　在我国水热资源丰富的地区，因地制宜地推广多熟种植，提高复种指数，是增产增收的主要措施之一。如果安排合理，还有可能提高地力；人多地少的地区，有充裕的劳动力资源，可以实行集约化栽培。提高复种指数，合理轮作，不仅能增产增收，也可以提高地力。作物生产中，水旱轮作可改善土壤的物质和化学性能，减轻病虫草害。多熟种植中合理轮作换茬，用地与养地相结合，可提高土壤有机质含量。

（3）农林牧结合，发展沼气　实行农林牧结合，解决农业生态系统的燃料、饲料、肥料问题，可扩大农业生态系统的物质循环，有利于维持农田养分平衡。无论是丘陵山区还是平原地区，实行乔灌草结合，既可保护环境，减轻水土流失，又可提供燃料，促进秸秆还田。发展畜牧业生产，尤其是发展草食动物的养殖，既能增加农业生态系统的经济效益，同时，也能促进农业生态系统的养分实现良性循环。此外，沼气作为一种新兴能源，具有原料来源广泛、热效率高、使用方便等特点。利用农林牧的废弃物发展沼气，既可解决农村能源，又可使废弃物中的养分变为速效养分，作为优质肥料施用。

（4）农副产品就地加工，提高物质的归还率　主要通过组配合理的生物链与加工链，充分利用当地（系统内）的农副产品和废弃物资源，实现就地加工、转化、增殖、输出产品、回收废物。因各种农作物如果以原材料的方式输出系统，农田养分也被带出系统，如果就地加工，再将残渣还田，可大大提高营养物质的归还率。如大豆、花生、油菜、芝麻等油料作物榨油后，随油脂输出的仅是碳、氢、氧的化合物，若以油饼返回农田，其余绝大部分养分可返回农田；棉花等纤维作物，输出的纤维含氮均不足1%，其余营养元素都保存在其茎、叶、铃壳、棉籽中，将棉籽榨油，棉籽壳养菇，棉籽饼及茎叶粉碎后作饲料，变为粪肥后还田，不仅增加系统的产出，还可促进农田养分的平衡。

（5）充分利用非耕地上的养分　利用非耕地上的各种饲用植物、草本植物或木本植物的叶子，直接刈割作肥料，或通过放牧利用，以畜粪移入农田；利用池塘、沟渠放养水花生、水浮莲、水葫芦等水生植物，富集水体中的养分，也可用作牲畜饲料，再以粪便移入农田，均可增加农田养分。水花生、水浮莲、水葫芦等的含钾量都很高，一般为5%～6%，高的可达8%，对增加农田钾素营养尤其具有重要意义。城肥下乡、河泥上田等，也属于利用非耕地上的养分来源。

三、测土配方施肥

（一）测土配方施肥的定义

测土配方施肥又称配方施肥，配方施肥是根据作物需肥规律、土壤供肥性能与肥料效应，在有机肥为基础的条件下，产前提出氮、磷、钾和微肥的适宜用量和比例以及相应的施肥技术的一项综合性科学施肥技术。

由此可知，配方施肥的内容，包含着“配方”和“施肥”两个程序。“配方”的核心是肥料的计量，在农作物播种前，通过各种手段确定达到一定目标产量和肥料用量，回答“获得多少粮，该施多少氮、磷、钾……”这一问题。施肥的任务是肥料配方在生产中的执行，保证目标产量的实现。根据配方确定的肥料用量、品种和土壤、作物、肥料的特性，合理安排基肥、种肥和追肥比例，以及施用追肥的次数、时期和用量等。同时在配方施肥中要特别注意必须坚持以“有机肥料为基础，有机肥与无机肥相结合，用地与养地相结合”的原则，保证土壤越种越肥，以增强农业后劲。因此我国的“配方施肥”较通常所说的“推荐施肥”有如下所列的更广泛的内涵。

（1）测土　取土测定土壤养分含量。

（2）配方　对土壤养分进行诊断，按照作物所需营养提出施肥配方。

（3）科学施肥。

（二）测土配方施肥的作用

1. 增产增收，效益明显

配方施肥首先表现有明显的增产增收作用，具体表现为如下几方面。

（1）调肥增产　不增加化肥投资，只调整 $N:P_2O_5:K_2O$ 比例，即起到增产增收作用，例如湖北黄冈将化肥 $N:P_2O_5:K_2O$ 从1980年的1：0.17：0.025调整到1992年的1∶0.57∶0.7，使稻谷生产效率提高了64%。

（2）减肥增产　在高肥高产地区，通过减少肥料用量而达到增产或平产效果，例如广东珠江三角洲实行“水稻氮调法”后，氮肥用量减少40%左右，而水稻单产仍较传统施肥提高10%以上。

（3）增肥增产　例如陕西省通过配方施肥发现不缺钾的垆土农田施用钾肥，其作物增产15%~23%。

2. 培肥地力，保护生态

配方施肥不仅直接表现在农作物增产效应上，还体现在培肥土壤、保护生态、提高土壤肥力，例如河南省博爱县界沟乡连续五年施行配方施肥，全乡肥力有明显提高，土壤有机质增加0.21%，碱解氮增加14mg/kg，有效磷增加5.2mg/kg，有效钾增加18mg/kg，土壤理化性状得到改善。

3. 协调养分，提高品质

过去我国农田大多偏施氮肥，造成土壤养分失调，不仅有损于产量，而且殃及产品质量。据汇总资料表明，配方施肥与习惯施氮肥比较，棉花提高衣分1.3%~3.4%、绒长0.4~1.6mm、单铃增重0.1~0.4g；西瓜甜度值增加2度。由此可见，配方施肥可协调养分，提高品质。

4. 调控营养，防治病害

据报道，湖北省实行配方施肥的早稻“叶斑病”发病率由45.2%减少到2.9%~9%；棉花枯萎病发病率由56%下降到5%左右。缺硼土壤上配施硼肥后，对防治棉花蕾而不花、油菜花而不实、小麦“亮穗”等生理病症均有明显效用。

5. 有限肥源，合理分配

利用肥料效应回归方程，以经济效益为主要目标，可以合理分配有限肥源。

（三）测土配方施肥的原理

1. 养分归还学说

作物产量的形成有40%~80%的养分来自土壤，但不能把土壤看作一个取之不尽、用之不竭的“养分库”。为保证土壤有足够的养分供应容量和强度，保持土壤养分的携出与输入间的平衡，必须通过施肥这一措施来实现。依靠施肥，可以把作物吸收的养分“归还”土壤，确保土壤肥力。

2. 最小养分律

作物生长发育需要吸收各种养分，但严重影响作物生长、限制作物产量的是土壤中那种相对含量最小的养分因素，也就是最缺的那种养分（最小养分）。如果忽视这个最小养分，即使继续增加其他养分，作物产量也难以再提高。只有增加最小养分的量，产量才能相应提高。经济合理的施肥方案，是将作物所缺的各种养分按作物所需比例进行提高，作物才会高产。

3. 同等重要律

对农作物来讲，不论大量元素或微量元素，都是同样重要、缺一不可的，即缺少某一种微量元素时，尽管它的需要量很少，仍会影响某种生理功能而导致减产，如玉米缺锌导致植株矮小而出现花白苗，水稻苗期缺锌造成僵苗，棉花缺硼使其蕾而不花。微量元素与大量元素同等重要，不能因为需要量少而忽略。

4. 不可代替律

作物需要的各营养元素，在作物内都有一定功效，相互之间不能替代，如缺磷不能用氮代替，缺钾不能用氮、磷配合代替。缺少什么营养元素，就必须施用含有该元素的肥料进行补充。

5. 报酬递减律

从一定土地上所得的报酬，随着向该土地投入的劳动和资本量的增大而有所增加，但达到一定水平后，随着投入的单位劳动和资本量的增加，报酬的增加却在逐步减少。当施肥量超过适量时，作物产量与施肥量之间的关系就不再是曲线模式，而呈抛物线模式了，单位施肥量的增产会呈递减趋势。

6. 因子作用律

作物产量高低是由影响作物生长发育诸因子综合作用的结果，但其中必有一个起主导作用的限制因子，产量在一定程度上受该限制因子的制约。为了充分发挥肥料的增产作用和提高肥料的经济效益，一方面，施肥措施必须与其他农业技术措施密切配合，发挥生产体系的综合功能；另一方面，各种养分之间的配合作用，也是提高肥效不可忽视的一个问题。

限制因子原理

（四）测土配方施肥的基本方法

当前所推广的配方施肥技术从定量施肥的不同依据来划分，可以归纳为以下三个类型。

1. 地力分区（级）配方法

地力分区（级）配方法的作法是，按土壤肥力高低分为若干等级，或划出一个肥力均等的田片，作为一个配方区，利用土壤普查资料和过去田间试验成果，结合群众的实践经验，估算出这一配方区内比较适宜的肥料种类及其施用量。

地力分区（级）配方法的优点是针对性强，提出的用量和措施接近当地经验，群众易于接受，推广的阻力比较小，但其缺点是，地区局限性大，依赖经验较多，适用于生产水平差异小、基础较差的地区。在推行过程中，必须结合试验示范，逐步扩大科学测试手段和指导的比重。

2. 目标产量配方法

目标产量配方法是根据作物产量的构成，由土壤和肥料两个方面供给养分原理来计算施肥量。目标产量确定以后，计算其需要吸收多少养分来施用肥料。目前有以下两种方法。

（1）养分平衡法　以土壤养分测定值来计算土壤供肥量。肥料需要量可按下列公式计算：

$$肥料需要量=(作物单位产量养分吸收量\times目标产量)-(土壤测定值\times校正系数)\times肥料养分含量\times肥料当季利用率$$

$$作物单位吸收量\times目标产量=作物吸收量$$

$$土壤测定值\times0.3校正系数=土壤供肥量$$

土壤养分测定值单位为 mg/kg，0.3 为养分换算系数。

这一方法的优点是概念清楚，容易掌握；缺点是，由于土壤具有缓冲性能，土壤养分处于动态平衡，因此，测定值是一个相对量，不能直接计算出“土壤供肥量”，通常要通过试验，取得“校正系数”加以调整。

（2）地力差减法　作物在不施任何肥料的情况下所得的产量称空白田产量，它所吸收的养分，全部取自土壤。从目标产量中减去空白田产量，就应是施肥所得的产量。按下列公式计算肥料需要量：

$$肥料需要量=作物单位产量养分吸收量\times(目标产量-空白田产量)养分含量\times肥料当季利用率$$

这一方法的优点是，不需要进行土壤测试，避免了养分平衡法的缺点。但空白田产量不能预先获得，给推广带来了困难。同时，空白田产量是构成产量诸因素的综合反映，无法代表若干营养元素的丰缺情况，只能以作物吸收量来计算需肥量。当土壤肥力愈高，作物对土壤的依赖率愈大（即作物吸自土壤的养分越多）时，需要由肥料供应的养分就越少，可能出现剥削地力的情况，应及时察觉，须引起注意。

3. 肥料效应函数法

通过简单的对比，或应用正交、回归等试验设计，进行多点田间试验，从而选出最优的处理，确定肥料的施用量，主要有以下三种方法。

（1）多因子正交、回归设计法　此法一般采用单因素或二因素多水平试验设计为基础，将不同处理得到的产量进行数量统计，求得产量与施肥量之间的函数关系（即肥料效应方程式）。根据方程式，不但可以直观地看出不同元素肥料的增产效应，以及其配合施用的联应效果，还可以分别计算出经济施用量（最佳施肥量）、施肥上限和施肥下限，作为建议施肥量的依据。

此法的优点是，能客观地反映影响肥效诸因素的综合效果，精确度高，反馈性好；缺点是有地区局限性，需要在不同类型土壤上布置多点试验，积累不同年度的资料，费时较长。

（2）养分丰缺指标法　利用土壤养分测定值和作物吸收土壤养分之间存在的相关性，对不同作物通过田间试验，把土壤测定值以一定的级差分等，制成养分丰缺及应施肥料数量检索表。取得土壤测定值，就可对照检索表按级确定肥料施用量。

此法的优点是，直感性强，定肥简捷方便；缺点是精确度较差，由于土壤理化性质的差异，土壤氮的测定值和产量之间的相关性很差，一般只用于磷、钾和微量元素肥料的定肥。

(3) 氮、磷、钾比例法　先对一种养分定量，然后按各种养分之间的比例关系来决定其他养分的肥料用量，例如以氮定磷、定钾，以磷定氮等。

此法的优点是，减少了工作量，也容易为群众所理解；缺点是，作物对养分吸收的比例和应施肥料的养分之间的比例是不同的，在实用上不一定能反映所缺元素的真实情况。由于土壤中各养分的供应强度不同，因此，作为补充养分的肥料需要量只是弥补了土壤的不足。所以，推行这一定肥方法时，必须预先做好田间试验，对不同土壤条件和不同作物作出符合客观要求的肥料氮、磷、钾比例。

配方施肥的三类方法可以互相补充，并不互相排斥。形成一个具体配方施肥方案时，可以一种方法为主，参考其他方法，配合起来运用。这样做的好处是，可以吸收各法的优点，消除或减少存在的缺点，在产前能确定更符合实际的肥料用量。

实验实训　农业生态系统的物质流分析

一、目的要求

通过对一个农业生态系统进行物质循环和养分平衡分析，了解各种营养元素在农业生态系统中的循环平衡情况，进一步对农业生态系统的功能进行定量评价。通过本次实训，要求掌握农业生态系统物质循环和养分平衡分析的一般方法和程序。

二、方法步骤

（一）确定分析对象的边界，划分养分库

先确定分析对象的边界，确定了系统边界以后，再将该系统划分为若干个养分库，一般包括土壤库、作物库、林草库、牲畜库和人群。

由于氮、磷、钾对农业生态系统的养分循环影响最大，所以农业生态系统的养分分析一般以氮、磷、钾作为分析对象。

（二）确定养分的输入、输出项目及流量

养分输入项目一般包括：①外来养分，如化肥、降水、灌溉水、落尘带入。②农副产品及农业废弃物的再利用，如种子、秸秆、粪肥等（不包括留在田里的根茬）。③养分的区域性富集，如塘泥、水草、山林杂草进入农田，则属于农田土壤的养分区域性富集。④生物固氮。

养分输出项目一般包括：①目标性输出，主要指农畜产品及其副产品输出时带走的养分。②非目标性输出，包括流失、淋失、燃烧、反硝化作用、挥发等。

③系统内消耗，如人畜消耗，病虫草害也导致系统内养分减少。

对于所调查分析的现实系统，需要根据具体情况进行具体分析，先确定系统具体存在哪些输入、输出项目。确定了输入、输出项目以后，再通过实地调查、现场测量、实验室分析、经验估算、查阅资料等方法，确定输入、输出项目的流量。

（三）将各种物质的实际流量转换为养分流量

由于输入输出的各种物质种类繁多，必须根据不同类型的物质的养分含量进行折算，折算为氮、磷、钾纯量，才能进行物质循环及养分平衡分析。

某些养分输入、输出项目，由于其数量相对小，如通过干、湿沉降带入的养分，虽然客观存在，但是其数量相对于施肥带入来说，可以忽略不计；某些养分在同一环境中存在类似的输入和输出项目，在数量上可以相互抵消，如非施肥季节随灌溉水带入的养分和随灌溉水排出而带走的养分基本相当，可以忽略不计。某些养分输入、输出项目计算困难，可查阅有关资料或借用经验数据。

（四）列出养分平衡表

列出养分在不同养分库的输入和输出情况，如表5-8所示。

表5-8　不同养分库的输入和输出情况

项目	土壤库		作物库		林草库		牲畜库		人群		整个系统	
	输入	输出	输入	输出	输入	输出	输入	输出	输入	输出	输入	输出
合计												
盈亏量（ΔW）												
每公顷盈亏量												

养分盈亏量=输入量-输出量，得到结果为负数，表明该库养分输入小于输出，养分亏缺；得到结果为正数，表明养分输入多于输出，处于养分积累状态；得到结果为0，表明输入与输出相等，养分平衡。

（五）结果分析

（1）通过调查分析农业生态系统中养分循环的一般模式，即由土壤—植物—动物—土壤的养分循环模式，分析养分在此模式中几个库之间的流动路径和养分平衡状态。

（2）分析该系统中养分循环及特征。

（3）分析有机质与农田养分的循环。

（4）分析农田生态系统养分循环平衡的途径。

三、 实训内容与作业

按本实训要求的方法步骤逐步进行物质循环和养分平衡分析，将所作的结果分析和综合性评价写成实训总结。

本章小结

本章主要介绍了物质循环的基本规律和几种主要物质的生物地球化学循环，介绍了物质循环的基本概念和类型以及物质流动的特征；介绍物质循环与农业环境问题；简要介绍了物质循环的地质大循环和生物小循环、气相型循环和沉积型循环、物质循环的库与流；简单介绍了物质流动的生物量与现存量、周转率与周转期、循环效率、生态系统内的物流与能流的关系；介绍了农业生态系统养分循环的一般模型及特征、农业生态系统中养分循环与环境问题；简单介绍了水循环、碳循环、硫循环、氮循环，了解了节水农业、温室效应、酸雨与氮肥利用及污染物的流动与积累。

复习思考题

1. 解释以下概念：地质大循环、生物小循环、气相型循环、沉积型循环、库与流、源与汇、生物量、现存量、周转期、周转率、循环效率、温室气体、温室效应。
2. 物质流动的特征有哪些？
3. 物质循环有几种类型？
4. 简述水、碳、氮、硫的生物地球化学循环的过程。
5. 简述农业生态系统养分循环调节的基本原则。
6. 我国水资源开发利用中存在什么问题？
7. 化肥的施用给环境造成了何种影响？
8. 为什么说生物固氮具有非常重要的意义？
9. 农业生态系统养分循环的一般模式的主要内容是什么？
10. 农业生态系统的养分循环带来的主要环境问题是什么？
11. 如何预防酸雨对环境的破坏？

资料收集

1. 调查家乡所在地有没有酸雨的形成？引起酸雨的主要原因是什么？

2. 调查家乡所在地测土施肥的实行情况与带来的经济收益。
3. 调查家乡所在地农业水利工程的利用与开发情况。
4. 调查家乡所在地近五年来气温的变化，分析其是否与温室效应有关。

查阅文献

利用课外时间阅读《寂静的春天》《增长的极限》《只有一个地球》等书籍，了解人类对于生态和环境保护的认识过程。

习作卡片

把农药、化肥、金属、固体废弃物、氟、排泄物等污染做成卡片，随着学习与调查的深入，找出这些物质循环的污染途径，对这些污染合理利用和改善的措施，更好地调控环境条件，以利于农业生态环境系统的良性循环。

课外阅读

低碳农业

低碳农业是低碳经济的重要组成部分。低碳经济指在可持续发展理念的指导下，通过技术创新、产业转型、新能源开发等多种渠道，减少煤炭、石油的消耗，减少温室气体排放，实现经济、社会和环境协调发展的一种经济形态。工业革命以来，新的资源不断被开发利用，社会发展迅速，人们生活水平快速提高，但全球变暖、资源枯竭等危机在世界范围内爆发。农业作为基础产业，在受益于新技术的同时，也难逃环境危机带来的危害。全球变暖扰乱了农业气象灾害发生的规律，农业病虫害发生频繁，给农业生产带来了很大影响，导致农业生态环境日益恶化。

1. 低碳农业的特点

（1）耗能低、污染小　低碳农业注重对化肥和农药的控制，重视生物系统内部的循环利用，并充分利用自然条件，减少投入、增加产出、保护环境。

（2）农产品优质安全　低碳农业重视农业生产环境，收获的农产品安全性更高。

（3）平衡生态　低碳农业涉及多个领域，本质是生态农业，在生物间建立循环发展模式，平衡生态系统。

（4）实现可持续发展　低碳农业发展初期产量会有轻微下降，但绝不是生产的倒退，而是让农业健康且持续发展，既保护了农业生态环境，又提供了安全的农产品，真正实现了农业的可持续发展。

2. 低碳农业的模式

低碳农业已经开始在我国部分农村发展，只是还没有形成规模，低碳农业主要有以下4种模式。

（1）石化产品减量、替代模式　在农业生产过程中减少化肥和农药等石化产品，用更安全、更环保、更自然的生物肥料和生物农药逐渐替代化肥和化学农药，生产优质、绿色、安全的农产品，例如很多地区推行测土配方施肥和平衡施肥，严格控制化肥的施用量；用秸秆还田、农家肥入田、沼渣进田等办法增加土壤的肥力；用生物农药、生物治虫替代化学农药；用可降解农膜替代不可降解农膜。

（2）立体种养的节地模式　根据不同农作物生长过程中的时间差和空间差，充分利用当地的地形地势、光热和水，发展多层次种养的立体农业。在单位面积的土地上，增加农业生产种类，增加农产品产量。最常见的是间作套种，可以玫瑰丛间种蔬菜、桑田夹种玉米等。大规模的立体农业模式有江西省泰和县千烟洲的“丘上林草丘间塘、缓坡沟谷鱼果粮”模式。

（3）节能环保模式　低碳农业注重从耕作制度、农业机械、养殖等方面降低能源消耗，减少温室气体排放，提高吸附 CO_2 的能力，例如冬季在北方建造温室大棚，利用太阳能和地热资源调节温室内的温度；大力推广减（免）耕、水稻直播等保护性耕作方式，减少农业机械的使用，最大限度减少对能源的消耗；免耕可提高农田土壤对大气 CO_2 的吸附能力，缓解全球变暖。

（4）农业废弃物再利用模式　低碳农业强调循环利用，变废为宝。农业废弃物包括种养废弃物和农产品加工废弃物。种养废弃物如秸秆、尾菜、畜禽粪便等，农产品加工废弃物如麸皮、米浆水、稻壳等。这些废弃物的再利用有两种方式。第一种是单一再利用，例如秸秆还田、尾菜麸皮喂猪、木渣种植食用菌、畜禽粪便作为有机肥进田等；第二种是综合循环利用，以沼气池为中心，建立循环利用产业链，例如小麦加工厂生产精制面粉和黑面，将麸皮送醋厂酿醋，酿醋后的醋渣送养猪场喂猪，养猪场的有机肥再进入沼气池（秸秆、尾菜、生产废水等都可入沼气池），再用沼液喷洒农作物增肥或灭虫，沼渣进田成有机肥，沼气进农户家中为其提供生活用能，如此循环利用，可以形成良性的农业生态系统。

在全球人口数量激增、生态环境恶化、能源资源紧缺的背景下，树立可持续发展理念是所有国家、各个行业、每个个体义不容辞的责任。作为农业大国，我国有责任、有义务改变农业发展模式，大力发展低碳农业，切实节约能源资源，保护生态环境，提高农民收入，促进农业可持续发展。

——摘自张永志《现代农业》

第六章

农业生态系统的评价与调控

学习目标

学会采用不同的方法来进行农业生态系统的评价；掌握自然调控基本内容，树立尊重自然、顺应自然、保护自然的意识；掌握农业生态系统人工调控的原理及方法；掌握农业生态工程设计的主要内容及实施的基本步骤。

第一节 农业生态系统的评价

对农业生态系统进行人工调控之前，必须对这个系统进行详细的系统分析，然后对其做出评价与诊断，最后进行优化设计并实施，以达到人工调控的目的。

一、 能量流的评价

（一）生态效率

生态效率可以分两大类，即营养级位内的生态效率和营养级位之间的生态效率。前者是度量一个物种利用食物能的效率，同化能量的有效程度，后者则是度量营养级位之间的转化效率和能流通道的大小。

1. 营养级位内的生态效率

营养级位（n）内的生态效率包括同化效率和生长效率。

（1）同化效率 对生产者来说，这种效率是：

$$同化效率=\frac{被植物固定的能量}{吸收的光能}$$

对消费者用下式表示：

$$同化效率=\frac{同化量（被吸收的食物量）}{摄取量（吃下的食物量）}$$

（2）生长效率　它包括组织生长效率和生态生长效率：

$$组织生长效率=\frac{营养级位（n）的净生产量}{营养级位（n）的净同化量}$$

$$生态生长效率=\frac{营养级位（n）的净生产量}{营养级位（n）的摄入量}$$

2. 营养级位之间的生态效率

（1）林德曼效率　林德曼效率即某营养级位对上一个营养级位的能量利用效率：

$$林德曼效率=\frac{营养级位（n）的同化量或摄取量}{营养级位（n-1）的同化量或摄取量}$$

（2）生产效率　用不同营养级位的净生产量表示：

$$生态效率=\frac{营养级位（n）的净生产量}{营养级位（n-1）的净生产量}$$

（3）消费效率：

$$消费效率=\frac{在营养级位（n）上的摄取量}{在营养级位（n-1）上的净生产量}$$

消费效率也称为利用效率。

（二）农业生态系统的生态效率

在农业生产实践中，容易测得并经常被采用的是光能利用率、平均生长率、饲料转化率、饲料资源利用率。

1. 光能利用率

光能利用率是指单位面积地面上植物光合作用积累的有机物所含能量与同期照射在同一地面上日光能的比率：

$$光能利用率=\frac{h\Delta W}{\sum S}\times 100\%$$

式中　h——物质燃烧热值，kJ/g

ΔW——干物质增重，g/cm^3

$\sum S$——干物质增重时间内太阳能总辐射量，kJ/cm^3

2. 平均生长率

平均生长率是指生育生长期内平均每天的生长速率，即净生产量的增加速率：

$$平均生长率=\frac{平均净生产量}{全生育期天数}$$

3. 饲料转化率

饲料转化率是指某类动物的净生产量所含能量与它所消耗食物中所含能量之

比。它所反映的是食物能转化为动物净生产量的效率。

家畜一般可将摄食中16%～29%的饲料能同化为化学能，33%用于呼吸消耗，31%～49%随粪便排出。不同的畜禽，不同的饲料，不同的饲养管理，其转化效率是不同的。

4. 饲料资源利用率

饲料资源利用率是指某农业生态系统内所有畜禽对饲料的消耗量与系统内第一性生产所产生的饲料总量之比。它所反映的是系统内第二性生产者的结构与第一性生产者的结构搭配的合理性。如果第一性生产者所产生的饲料资源大部分是粗纤维秸秆，而第二性生产者主要是食精料的猪和鸡，那么，这样的结构搭配就不是很合理，饲料资源利用率就会比较低。

上面简略描述了农业生态系统的四种能量转化效率。现在，我们将其与自然生态系统的能量转化效率作一对照，见表6-1。

表6-1　自然生态系统与农业生态系统的能量转化效率

类型	自然生产系统	农业生态系统
同营养级内	同化效率 生长效率	平均生长率，饲料转化率
营养级之间	林德曼效率 生产效率 消费效率	光合效率 饲料资源利用率

（资料来源：曹志平，《土壤生态学》，2007）

二、信息调控的评价

关于生态系统中信息调控的评价，是当今生态学中的一大难题。对于生态系统中信息是如何流动的，人们的认识还很模糊；关于生态系统是否是一个反馈调控系统，也存在着一定的争议。

因此，人们常常用生态系统的稳定性来表示对系统内信息联系与反馈调控的综合评价。这是一种保守的办法，也是一种更适宜的办法。

在文献中，学者们使用了许多意义不同而又彼此相关的定义，这是引发关于稳定性问题的许多争论的原因之一。下面介绍几类不同的稳定性。

（1）抵抗力和恢复力　稳定性恢复力描述群落在受到外界干扰后回到原来状态的能力；抵抗力描述群落免受外界干扰而维持原状的能力。

（2）局域稳定性和全域稳定性　局域稳定性描述群落在经受一小干扰后回到原来状态的能力；全域稳定性描述群落在经受一大干扰后回到原来状态的能力。

（3）脆弱性和强壮性　它们与局域或全域稳定性有关，但其注意点在环境上。能在环境改变不大的条件下保持稳定的称为脆弱的系统；能在很大环境改变范围中保持稳定的称为强壮的系统。

度量抵抗力最常用的经验方法是估计不同生态系统对同种干扰的相对反应大小。对干扰的反应可用以下方法衡量：①用系统某一特定特征的变化幅度来衡量。②用系统达到某一给定的偏离程度所需要的时间来度量。③用使系统达到某一给定量的变化所要求的干扰强度来描述，也有人建议用系统某些特征的50%的变化所要求的干扰强度来度量抵抗力。

在自然条件下，期望干扰后的系统恢复到和原系统一模一样是不可能的。因而在经验上，弹性通常用干扰后系统恢复到与原系统有50%～80%的相似所需要的时间来表示。振幅的度量涉及确定一个域值，超过该值，系统就不能恢复到初始状态。估计振幅的最广泛使用的方法是在不同的干扰强度下，观察系统是否能恢复到初始状态。

生态学家试图构造生态系统恢复力的描述性或预测性指数。不幸的是，估计任何生物群落的恢复力都是很困难的。因为：①某一干扰作用后，生态系统恢复到初始状态涉及很长的时间周期。一般来说，实践上估计弹性和振幅只能在一个较短的时间内进行，而生态系统特征的变化速率通常是非线性的。因此，根据系统早期恢复的特征进行外推也许是不可能的。②在估计恢复性时，生态系统的哪些特征应该测量，也没有统一的意见。不同的生态系统特征，如物种数量、生产量、多样性等不一定以同样的速率恢复到平衡点，因而导致了弹性估计的差异。③自然干扰通常是很频繁的，因而，在各次干扰之间通常没有足够的时间容许系统达到一个稳定的平衡状态。在此情况下，要确定平衡状态以表明生态系统的恢复性是不可能的。

三、 价值流的评价

价值流是生态经济社会复合生态系统特有的功能，因此，对价值流的评价只有在复合生态系统中才会发生，在自然生态系统中则不会出现。

价值流是复合生态系统中经济功能的表现。因而，对价值流的评价有成熟的经济学方法，例如在农业生态系统中，常用净产值、人均纯收入、劳动生产率、土地生产率、农产品商品率、产投比等经济学指标来评价系统的价值流功能。在农业生态系统中，最常见的两种评价价值流的方法是投入产出表分析和边际效益分析。

四、 功能评价的不足

至今为止，对于生态系统功能的评价指标及方法仍然很不完善，有理论上的缺陷，也有方法上的不足。下面，试着从几个方面来分析功能评价的困境。

1. 不同功能评价的困难

对于农业生态复合系统四大功能的评价（表6-2），在能流、物流、信息流、价值流这四种功能评价中，能流与价值流的数据相对容易获得，而且评价指标比较成熟，而物流和信息流的数据就难以获得，而且评价指标不成熟。从理论上来说，循环指数对于物质循环效率，是一个很好的评价指标，问题是，面对一个复杂的生态系统，这样的数据很难获得。因为循环速率受化学元素自身性质的影响，受动植物生长速率的影响，受有机物质腐烂速率的影响，还受人类活动的影响，所以，人类要真正勾画出一个系统的物质循环速率图是非常困难的。

表 6-2　　农业生态复合系统的功能评价

功能	能流	物流	信息流	价值流
评价对象	能流效率	物质循环效率	系统稳定性、持续性与均衡性	经济效益
评价指标	光能利用率	周转率	生产力的变异系数	产投比
	平均生长率	循环指数	系统惯性和弹性	净产值
	饲料转化率		基尼系数	劳动生产率
	饲料资源利用率			土地生产率
				农产品商品率
				人均纯收入
数据的可获得性				

（资料来源：曹志平，《农业生态系统功能的综合评价》，2002）

至于信息流，我们面临的困难更大，最主要的原因是在理论上对信息流的本质以及过程了解很少。由于这种机理方面的研究积累不够，限制了我们对生态系统信息流的认识，从而也限制了在评价方法上的突破，在没有办法的情况下，姑且以生态系统的稳定性作为一个侧面来反映生态系统信息流的功能，然而，即使如此简化，退求其次，我们在评价生态系统的稳定性时，仍然困难重重，最主要的问题仍然是数据难以获得。对于自然生态系统来说，尤其如此。数据所需时间长是一个问题，时空尺度的难以把握是另一个问题。

系统的抵抗力可以用如下 3 种方法来表示：①系统某一特征的变化幅度。②系统到达某一给定的偏离程度所需要的时间。③系统到达某一给定量的变化所需要的干扰强度。对于一个可控的实验系统来说，这些数据是可获得的，但对于一个有着千百万年进化历史，而且仍然处于进化过程中的自然生态系统来说，这些数据就难以获得了，系统偏离所需要的时间是很难确定的。我们很难确定系统的初始状态，因而也就难以确定系统的“偏离”所花费的时间。再说，这个时间可能很短，如几个月、几年、几十年，但也可能很长，需要几百年、几千年甚至更长。由于时间的尺度难以把握，所以我们对系统特征变化幅度的尺度也难以把握。在一个小的时间尺度内，系统也许是变化的。但在一个大的时间尺度内，系统也许是平稳的，那些“振幅”只不过是在平稳状态下的正常“变化”。至于系统到达某一给定量的变化所需要的干扰强度，在自然状态下，更是难以测得，只有在实验状态下才有可能。

2. 综合不同功能的困难

自然生态系统有能流、物流、信息流三大功能，农业生态复合系统有能流、物流、信息流、价值流四大功能。在评价过程中，如何将这些功能综合起来，是我们所面临的最大困难。迄今为止，不论是国内还是国际上，尚无解决这一困难的真正有效的办法。

由于没有理想的方法将不同类型的指标综合起来，作为一个权宜之计，只好将不同的指标赋予不同的权重，然后再相加。权重是人们对各指标相对重要性的一种主观判断，并无客观标准。所以，不同的人对同一指标的权重赋值是不同的。如果我们将所有指标的权重总数设为 1，然后，根据各指标的相对重要性分别赋值，这个值必须大于零而小于 1。

目前，确定指标权重的方法很多，可以概括为如下 7 类。

（1）经验估算法　不说明定权的理由和根据而直接给出权重的一类方法，特征是无任何说明而直接定权。

（2）意义推求法　讲明定权时考虑问题的具体依据、根据的意义等再直接给出权重的方法。

（3）公式计算　有确定的定权公式（函数形式），自变量含义明确，例如污染物的权重可用其浓度超标值求得，依据是超标值越大权重越大。其归一化的权重计算公式如下：

$$A_i=\frac{(c_i/s_i)}{\sum(c_i/s_i)}$$

式中　A_i——某污染物的权重

c_i——第 i 种污染物实测值

s_i——第 i 种污染物标准允许值

（4）调查统计法　通过发送调查表，征询有关专家和人员的意见，然后进行统计综合而定权的方法，特征是有调查、征询意见的过程。专家评判调查法、层次分析法均属此类。

（5）序列综合法　通过比较评价因子（指标）的某些性质分别排序，再根据其综合序列值推求权重的方法，特征是根据指标调查数据的结构特点进行，有排序过程且根据顺序值定权。

（6）因子分析法　通过因子分析（或主成分分析）方法求取权重，特征是用高等数学的主成分分析或因子分析法，通过对数据库结构（矩阵）的线性代数变换求取其因子贡献。

（7）回归系数法　在评价系统总体水平与评价指标之间建立多元回归方程，

然后将评价指标的回归系数标准化处理后作为其权重的方法。

在农业生态系统评价中，应用较多的是专家评判调查法和层次分析法。

专家评判调查法，又称德尔斐法，它是通过匿名征求专家意见的方法得到指标的权重，其实施步骤如下：

①将评价小组确定的指标权重发给每个专家，要求专家根据个人意见提出新的指标，并简要陈述其理由。评价小组根据专家意见汇总、合并同类指标权重，形成一个增选改进的指标权重全集。

②将改进的指标权重全集发给专家，由专家对所有指标权重再一次进行评判，由评价小组进行汇总，并进行下述处理工作：

a. 计算专家的集中意见，其公式为

$$M_j = \frac{\sum C_{ij}}{m_j}$$

式中 M_j——j 指标的算术平均值

m_j——参加指标打分的专家人数

C_{ij}——i 专家对于指标的打分

b. 计算专家意见的协调程度，这可以由变异系数 V_j 反映：

$$V_j = \frac{\bar{S}_j}{M_j}$$

式中 V_j——j 指标的变异系数

M_j——j 指标的算术平均值

$\bar{S}_j$——j 指标标准差

V_j 越小，j 指标的专家意见协调程度越高。

通过对所有特选指标权重按得分排序，并考察其变异系数，选取得分最高（得分率0.7以上）、变异系数不很大的（一般小于0.5）几个指示权重作为入选指标权重。若专家意见比较集中，可一次选取所需指示权重，否则可删去所选的几个指标权重和得分率最低的几个指标权重，将余下的指标权重继续提供给专家选择、打分，以此类推，直到选取指标权重为止。

层次分析法（AHP）是美国著名数学家 T. L. Saaty 于 20 世纪 70 年代提出的。这种方法把复杂的问题分解为各个组成因素，按一定支配关系分组形成有序的递阶层次结构。通过两两比较的方式，确定层次中诸因素的相对重要性，然后综合人们的判断，给出决策因素重要性的总排列。这种方法的主要优点，一是思路简单明了，使决策者对复杂问题的判断决策过程数字化、系统化、模型化，且不需要高深数学工具和复杂的运算手段，便于接受；二是不仅能进行定量分析，还可以进行定性分析，从而把决策过程中的定性与定量因素有机地结合起来，在定量数据较少时也能对问题的本质、包含的因素及内在关系分析清楚；三是适于多目标、多层次复杂问题的系统分析判断。

第二节　农业生态系统的调控

对农业生态系统进行综合评价，是为了更好地调控和管理农业生态系统。农业生态系统一方面从自然界继承了自我调节能力，保持一定的稳定性；另一方面它在很大程度上受人类各种技术手段的调节。充分认识农业生态系统的调控机制及调控途径，有助于建立高效、稳定、整体功能良好的农业生态系统，有助于利用和保护农业资源，提高系统生产力。农业生态系统是一个人工管理的生态系统，既有自然生态系统的属性，又有人工管理系统的属性。因此，它不可避免地既受自然因素的调节与控制，又受人工因素的调节与控制。

一、农业生态系统的调控目的

1. 提高系统的生产力和生产效率

农业生产系统的生产力是指某一现实系统在一定时间内一定面积上生产的农产品的多少。当然，任何经营者都希望获得更多农产品，可见系统产出的农产品多是系统优良的重要特征之一。但是，只考虑系统输出的多少而不考虑系统的输入也是不行的，农业生产同样要考虑成本的高低，这就需要用另一个指标——生产效率来衡量。所谓生产效率，是指系统各种形式的输出与输入之比，如能量产投比、资金产投比等。通过对系统的生产力和生产效率的测量，可以对不同类型、不同等级的农业生态系统当前的生产性能做出评价和比较。

对农业生态系统采用的任何调控措施，不但要提高系统的生产力，使系统产出更多的农产品并获得较高的产值，而且要注意提高系统的生产效率，使一定的资源或资金的投入获得尽可能多的产出。因此，提高系统的生产力和生产效率是农业生态系统调控的最终目的。

2. 维持系统的持续稳定发展

农业生态系统的稳定性就是指系统在遭受外界干扰时，仍能保持其稳定平衡状态，维持其特定功能的特性。稳定性差的系统，在遭受外界干扰时，其生产力将产生较大波动，可见稳定性实质上反映了系统的变异性。在一个时间序列中，生产力的变异程度越小，表明系统的稳定性越好。农业生态系统的持续性是指系统长久维持较高生产能力的特性。持续性良好的系统，其生产力应该是不断提高的，至少保持原有生产力水平不降低，可见持续性反映了生产力的发展变化趋势。

不同的生态系统，其稳定性和持续性有着不同的表现，通常，系统的结构越合理，系统的自我调节机制越丰富，抵抗外界干扰的能力越强，稳定性和持续性表现越好。人为的调控措施就是要维持农业系统的稳定持续发展。系统的生产力不但不应随时间的推移和环境的变化产生较大的波动，更要呈一定的提高。也就是说，对农业生产系统采取的任何调控措施，都应产生积极的效应，要维持农业系统的高产、稳产和持续增产。

二、 农业生态系统的调控层次

农业生态系统的调控有三个层次。

第一个层次的调控是自然调控。它是从自然生态系统的调控机制中继承下来的非中心式调控机制。这个层次的调控是通过生物与环境、生物与生物以及环境因子之间的相互作用，生物的生理、生化或遗传等机制来实现的。自然调控层次是基础，它每时每刻都在进行着，但有时表现得相当缓慢，一个调整周期需要很长的时间，如生态自然恢复有时需要几年、几十年甚至是更长的时间。

第二个层次的调控是人工直接调控。它是利用了农民或农业生态系统的经营者作为调控中心的典型的中心式调控机制，主要通过采用各种农业技术来实现。由于人工直接调控速度快、幅度大、效果明显，被广泛地用于农业生产的各个领域和环节，为农业的增产增收发挥着巨大的作用，但是，也常常因为过度依赖这个层次的调控，忽视自然调控而造成生态平衡失调，这一点应该引起足够的重视。

第三个层次的调控是社会间接调控。农业生态系统的经营者或农民在生产或经营活动中不可避免地要受到经济、法律、财政、金融、交通、市场、贸易、科技、教育、通信等各种社会因素的影响，经营者在社会因素影响下所采取的行动或进行的决策，实际上就是对农业生态系统实施了间接调控，例如近几年来我国农村政策的不断调整，就是对农业生态系统的间接调控。

三、 自然调控的机制及类型

（一）自然调控的机制

自然生态系统中的调控是通过非中心式调控机制来实现的。生物与生物之间、生物与环境之间存在着反馈调控、多元重复补偿稳态调控机制，以保持生态系统的稳定性。

1. 反馈机制

所谓反馈是指当生态系统中某一成分发生变化的时候，它必然会引起其他成分出现一系列的相应变化，这些变化最终又反过来影响最初发生变化的那种成分的过程。反馈有两种类型，即负反馈和正反馈。最初某种成分发生变化，减弱或抑制该成分发生变化的反馈称负反馈。负反馈的作用是能够使生态系统达到和保持平衡或稳态，反馈的结果是减弱或抑制最初那种成分所发生的变化。最初某种成分发生变化增加或增强该成分发生变化的反馈称正反馈。正反馈的作用常常使生态系统远离平衡或稳态，反馈的结果是增加或增强最初那种成分所发生的变化。群落或系统在不同的时期或者在演替过程中，正、负反馈作用的表现结果不同，例如在资源充足的情况下，种群数量的增加是种群数量进一步增加的原因，因为种群数量越大，繁殖速度越快，系统整体上表现为正反馈的结果；随着种群数量迅速增长并达到一定程度时，开始受到资源和空间的限制，种群数量虽继续增加，但增长速度逐渐降低，系统整体上表现为负反馈的结果，种群数量稳定地接近环境容量。

正反馈往往使系统产生急剧变化甚至发生演替。负反馈往往使系统趋于稳定或平衡。生态系统具有多种反馈机制，它能在不同的层次结构上行使调节机能。在个体水平上的正负反馈使得个体与环境、个体与群体之间保持一定的协调关系。在种群水平上捕食者与被捕食者就存在着反馈调节机制，被捕食者数量增加，捕食者数量会相应增加，捕食者数量的增加会使被捕食者数量减少；被捕食者数量减少，又导致了捕食者数量相应减少。在群落水平上由于受空间资源环境最大容纳量的制约，群落的数量及其对比关系也受到反馈机制的调节。在系统水平上，交错的群落关系、生态位的分化、严格的食物链量比关系等都受着反馈机制的调节。系统组分越多，相互关系越复杂，则系统所包含的正负反馈机制也越多，自我调节能力越强，系统的稳定性也越大。

生态系统的反馈调节机制的作用是有一定限度的。系统在不降低和破坏其自动调节能力的前提下所能忍受的最大限度的外界压力（临界值）称为生态阈值。外界压力包括环境因素、自然灾害等自然因素和人为因素。

2. 多元重复补偿

多元重复补偿是指在生态系统中，有两个或两个以上的组分具有相同或相近的功能，或者是处在相同或相近生态位上的多个组成成分，当外来干扰使其中一个或多个组分受到破坏的情况下，另外的一个或几个组分可以在功能上予以补偿，从而保持系统的相对稳定。

（二）自然调控的类型

成熟的生态系统组分复杂，生物具有多样性，整体上表现为和谐、协调、稳定。系统的长期发展，依靠各种自然调控机制，表现出很强的稳定性和抵抗外界干扰的能力。自然调控的类别有：程序调控、随动调控、最优调控和稳态调控。

（1）程序调控　生物个体的发育、生物群落的演替都明显地表现出程序调控的特征。植物从种子的萌发到开花结实；动物从卵、胎出生到发育、成熟、繁殖、死亡；昆虫的变态等过程都是按一定的先后顺序来进行的，不会颠倒。群落的演替过程在物种间的营养关系、化学关系上也明显地表现出程序性。

（2）随动调控　动植物的运动过程能跟踪一些外界的目标，随外界目标的变化而调整自身的行为。向日葵的花随着太阳转动；植物的根伸向肥水充足的方向；蝙蝠靠超声波跟踪捕捉昆虫等，这些都是典型的生物个体所表现出的随动调控过程。

（3）最优调控　生态系统经历了长期的进化，优胜劣汰，形成的很多结构和功能都是最优的或接近最优的。六角形的蜂巢是最节省材料的；鱼类的流线形鱼体是降低流体阻力最理想的体形等，都是最优调控的结果。

（4）稳态调控　自然生态系统形成了一种发展过程趋于稳定、受到干扰维持稳定、受到破坏自动修复的稳定性调控机能，这就是稳态调控。这种稳态主要靠系统组织层次、系统的功能组分冗余及系统的反馈作用来获得。

（三）自然调控机制的应用

农业生态系统在很大程度上采用了自然生态系统的自然调控机制，并且近几年来自然调控机制的应用越来越得到人们的认可和提倡，如现在国内外正在尝试和发展的生态农业、自然农业、有机农业、生物农业、生物动力学农业等，都在技术上加大了自然调控机制的运用。

实际上，农业生态系统是一个靠人工调节和自然调节相互补充的开放的系统，调节对农业生态系统的生产和经营起到了积极的推动作用。但是，由于人们过多地或者说是过分地依赖人工调节，而忽视了自然调节这个基础调节手段，虽然在短时间内取得了一定的经济效益，但同时严重地破坏了生态环境效益。在农业生产上人们大量甚至是过量地使用化肥，造成了土壤结构和功能的破坏、板结，持水、持肥能力下降；过量的化肥流失到环境中，造成水体的富营养化等一系列环境问题；同时长时间大量使用化肥，对土壤中的微生物也造成一定的影响，有可能导致致病微生物病害的爆发。在植物保护上，大量使用化学农药，在杀死害虫和病原微生物的同时也杀死了天敌和有益微生物，致使病虫害连年持续爆发，这样又不得不连续大量使用农药，形成了恶性循环。毁林造田、退草耕作造成了土地的沙漠化。激素的使用给食品安全带来了严重隐患，影响了人们的身体健康。大量触目惊心的实例发人深省，使人们不得不将调节方式的重点调回到自然调控的方式上来。

在传统继承和保留自然调节的基础上，加大自然调控技术的开发和应用，通过光照、温度、水分、土壤、空气、声音等生态因子对动植物的影响进行自然调控，增加系统的生物多样性，利用系统功能组分冗余、反馈等机制调节农业生产，充分利用随动调控、程序调控、优化调控、稳定调控，往往投入少、成本低，既保证了农业生产经营的经济效益，又避免了资源浪费和环境污染，带来了生态效益和社会效益。

自然调节的具体应用体现在各种农业技术措施上，在土壤中多施有机肥料和生物肥料，以促进生态系统的物质循环和能量的流动；在植物保护上多采用生物农药、引进天敌、调节环境因子等措施，有些是事半功倍的长效机制，又避免了环境污染，增加了食品的安全性。

在畜禽等动物养殖上也可广泛采用自然调控方式，除传统上应用的自然调节措施外，还有当前在全国范围内推广的自然生态养猪法、畜禽的自然散养等。在提高了经济效益的同时，其产品也受到了社会的普遍好评，带来了生态和社会效益。

自然调控（微课）

四、人工调控机制

人工调控是指农业生态系统在自然调控的基础上，受人工的调节与控制。人工调控遵循农业生态系统的自然属性，利用一定的农业技术和生产资料，加强系统输入，改变农业生态环境，改变农业生态系统的组成成分和结构，达到提高农业生产、加强系统输出的目的。农业生态系统的调控途径可分为直接调控和间接调控两种。

（一）直接调控

1. 生境调控

生境调控就是利用农业技术措施改善农业生物的生态环境，达到调控目的，包括对土壤、气候、水分、有利有害物种等因素的调节。其主要目的是改变不利的环境条件，或者削弱不良环境因子对生物种群的危害程度。

调节土壤环境，可通过物理、化学和生物等方法进行。传统的犁、耙、耘、起畦，以及排灌、建造梯田等属于物理方法，改善耕层结构，调节水、肥、气、热的矛盾；化肥、除草剂和土壤改良剂的使用，能够改善土壤中营养元素的平衡状况，属于化学方法；而施用有机肥、种植绿肥、放养红萍、繁殖蚯蚓等措施属于生物方法，既能改善土壤的物理性状，又能改善土壤中营养元素的平衡状况，有利于提高土壤肥力。

调节气候环境，表现在区域气候环境的改善，可通过大规模绿化和农田林网建设、人工降雨、人工驱雹、烟雾防霜等措施来得以实现。局部气候环境的改善，可通过建立人工气候室和温室、动物棚舍、薄膜覆盖、塑料大棚、地膜覆盖、施用地面增温剂等方法实现。

调节水分的方法也很多，如修水库、打机井、建水闸、田间灌排、喷灌、滴灌、施用叶面抗蒸腾剂等方法都可以直接改善水分供应状况。通过土壤耕作，增施有机肥料，改良土壤结构，也可以增强土壤的保水能力。

2. 输入输出调控

农业生态系统的输入包括肥料、饲料、农药、种子、机械、燃料、电力等农业生产资料；输出包括各种农业产品。输入调控包括输入的辅助能和物质的种类、数量和投入结构的比例。输出调控包括调控系统的储备能力，使输出更有计划；对系统内的产品加工，改变产品输出形式，使生产加工相结合，产品得到更充分的利用，并可提高产品的经济价值；同时，控制非目标性输出，如防止因径流、下渗造成的营养元素的流失。

3. 农业生物调控

农业生物调控是在个体、种群和群落水平上通过对生物种群遗传特性、栽培技术和饲养方法的改良，增强生物种群对环境资源的转化效率，达到调控目的。个体水平的调控，其主要手段包括品种的选用和改良，以及有关物种的栽培和饲养方法，如通过优良品种的开发、杂种优势利用、遗传的手段、生长期间整枝打顶、疏花疏果、激素喷施等措施调节生长。

种群水平的调控，主要是建立合理的群体结构和相应的栽培技术，调节作物种植密度、牧畜放养密度、水域捕捞强度、森林砍伐强度，从而协调种群内个体与个体、个体与种群之间的关系，控制种群的动态变化，保持种群的最大繁荣和持续利用。

群落水平的调控是调控农业生物群落的垂直结构、水平结构、时间结构和食物链结构，以及作物复种方式、动物混养方式、林木混交方式等，建立合理的群落结构，以实现对资源的最佳利用。

4. 系统结构调控

农业生态系统的结构调控是利用综合技术与管理措施，协调农业内部各产业生产间的关系，确定合理的农林牧渔比例和配置，用不同种群合理组装，建成新的复合群体，使系统各组成成分间的结构与机能更加协调，系统的能量流动、物质循环更趋合理。在充分利用和积极保护资源的基础上，获得最高系统生产力，发挥最大的综合效益。从系统构成上讲，结构调控主要包括以下 3 个方面。

（1）确定系统组成在数量上的最优比例　如用线性规划方法求农林牧用地的最佳比例。

（2）确定系统组成在空间上的最优组合方式　要求因地制宜合理布局农林牧生产，按生态位原理进行立体组合，按时空三维结构对农业进行多层配置。

（3）确定系统组成在时间上的最优组合方式　要求因地制宜找出适合地区优先发展的突破口，统筹安排先后发展项目。

（二）间接调控

农业生态系统的社会间接调控是指农业生态系统的外部因素，包括财贸金融、工交通信、科学文化、政法管理等，通过经营者对生态系统产生调节作用的有关社会机制。具体包括以下内容。

1. 财贸金融系统的间接调控

财贸金融系统通过影响经营者资金来源、消费方式和生产方向，实施间接调控，其主要调控手段有信贷、投资、税率、利率、价格、货币发行、市场渠道、政府预算等。市场渠道是商品交换的必要条件，缺乏适当的市场流通，商品交换受阻，农业生态系统只能局限于自给性，无法大量生产能充分发挥本地资源优势的、经济价值高的农业产品，进而影响农业生态系统的发展方向，如农产品价格鼓励决定着经营者发展农产品的方向和数量。

2. 工交通信系统的间接调控

工交通信系统通过影响经营者的农业生产资料和信息，实行间接调控。工交通信影响农业的装备能力、加工能力、物质流通能力和信息沟通能力。现代化农业愈来愈依赖农资工业发展的程度，即农机用具、化肥、农药、薄膜等农业生产必需品的供给。交通运输直接影响商品流通能力。美国专业化生产的主要条件之一就是有便利的、容量大的长距离运转能力以及较好的储存保管手段。信息系统对于经营者及时了解市场需求、资源供应情况、天气变化等是十分必要的。

3. 科技文教系统的间接调控

科技文教系统通过影响经营者的素质及其使用的农业技术，实施间接调控。从某种意义上来说，提高公众的生态意识，普及推广农业技术，就是提高农业生态系统的自我调节能力。

4. 政法管理系统的间接调控

政法管理系统通过影响经营者的积极性和行为规范，实施间接调控。政法管理系统通过强制性或倡导性的各种政策、方针、法令的制定和执行，影响着社会生产的组合形式、生产资料所有权、收益分配权、生产决策权等，对经营者的积极性和行为规范产生影响，对农业生态系统的类型、结构与生产力产生深刻的影响，如我国森林法、野生动物保护法、渔业许可证制度、基本农田保护法等，都将对保护森林、野生动物、渔业资源及基本农田起到良好的作用。

第三节　农业生态工程

农业生态工程可以定义为：运用生态学、经济学的有关理论和系统论的方法，以生态环境保护和社会协同发展为目的，对农业生态系统和自然资源进行保护、改造、治理、调控和建设的综合工艺技术体系或综合工艺过程。

对农业生态系统的调控简单地讲，就是因地制宜，即根据当地资源条件、气候条件、生产条件乃至生产和生活习惯条件来具体决定采用怎样的农业生产模式，资源条件主要是指自然资源，如平原、山区、沙丘、海滨等地形、地貌、坡度、土层厚薄、酸性土或盐碱地、土壤肥力、水源有无等都是考虑的依据；气候条件对农业生产模式的影响显而易见，不同纬度地区和不同海拔地区有不同的温度资源，应该根据温度条件选择不同作物和种植制度，还可以加上动物生产，配合林果，就是很典型的综合农作制度。

农业生态工程可以定义为：运用生态学、经济学的有关理论和系统论的方法，以生态环境保护和社会协同发展为目的，对农业生态系统和自然资源进行保护、改造、治理、调控和建设的综合工艺技术体系或综合工艺过程。

一、农业生态工程设计的主要内容

（一）生物种群的选择

一般说来，生物种群的选择有五个方面的依据。

（1）自然资源和自然环境状况是选择生物种群的重要依据　生产实践中，人工栽培和饲养的生物种已经过了前人的实践证明，能够适应当地的自然条件，农业生态工程的种群选择仍然是以它们为主体。但是，在农业生态工程建设中，为了追求更高的效益，往往需要引进新的品种或新的生物种。在引进新的物种时，切不可盲目行事，必须经过严格的动植物检疫，并进行较长时间的适应性试验研究，慎重筛选。否则，不仅可能导致生态工程的失败，还可能造成十分严重的后果，例如，1956年巴西圣保罗大学的研究人员为了培育新的蜜蜂品种，从非洲引进了35只毒性极强的非洲蜂蜂王，在培育过程中由于管理人员疏忽，在1957年的某一天跑掉了26只，由于当地优越的自然条件，非洲蜂繁殖很快，这种凶猛的蜜蜂经常袭击人类，造成200多人死亡，到1974年已越过巴西国界，以每年200~300km的速度向四周发展，使整个美洲“谈蜂色变”；我国也曾发生类似事件，一些人利用农业废弃物饲养据说外国人很喜欢吃、经济效益很高的福寿螺，但这种繁殖很快的蜗牛被引进以后，由于种种原因并没有出口的可能性，而东方人又不习惯吃它，致使这种曾经身价百倍的小动物流落到农田，成为生物入侵的典型之一。由此可见，在引进新的物种时必须十分小心。

（2）社会经济条件是选择生物种群的前提　当地的社会经济条件是设计和实施农业生态工程的重要社会保障，它不但决定了今后对工程的投入，也决定了工程运行过程中的技术保证水平。经济比较落后的地区一般经济承受能力都比较差，不可能保证较高的物质、能量和资金的投入，往往导致一些资金集约型经营项目失败。因此，在进行农业生态工程设计时，首先要充分预测生产单位的资金投入能力、设备拥有水平、产品加工能力、交通运输状况等因素，同时，还要考虑当地人民的宗教信仰、风俗习惯等社会因素。

（3）要考虑劳动者的文化技术素养　虽然目前已有一些有识之士开始投资农业生产，兴办农业企业，但我国农业从业人员的整体文化水平仍是各行业中最低的，绝大部分文化技术素养最低的人正在从事农业生产，正是我国农业生产发展缓慢的重要原因。因此，在进行农业生态工程设计时，必须针对生产单位的劳动者文化技术素养高低，来合理选择生物种群。对一个连温度计都不会使用的农民，如果要求他从事技术集约型的农业生产项目，那是注定要失败的。从这一方面来讲，发展农业职业教育，提高农业从业人员的文化技术素养，是将我国从农业大国向农业强国转变的重要前提，也是农业生态工程实施的重要基础。

（4）要掌握市场对该生物种群经济产品的需求情况和价格变动情况　农业生

态工程是以生态与经济协调为前提的，经济效益终究是经营者最关心的。然而，如何实现农业生态系统的高经济效益，却未必每个经营者都能够把握好。农业生态工程的设计者应该是高水平的，对市场应该有较准确的把握。这需要考虑四个方面的内容：

①市场容量的大小。前几年，特种养殖、特种种植在我国农村风起云涌，各种特种生物的生产项目也确实使一部分农民致富了，但也有不少亏本的，这中间就有个市场容量问题。黑米的价格是普通大米价格的几倍，少数人种黑米供宾馆里高消费人群消费，经济效益高，但如果大家都种黑米，黑米的价格就会回到原来普通大米的价格；杜仲是一种以皮入药的中药材，有的地区号称要发展 1500hm^2 杜仲，而原来种杜仲的地区也都在扩种，那五年以后杜仲皮也只能当柴烧了。

②市场需求规律。市场对农产品的需求规律包括两层含义，即时间上的淡季与旺季，以及地域上的产地与消费中心。目前大力发展的反季节蔬菜，就是针对蔬菜供应的淡季而获得高效益的。随着交通运输的发展，产地与消费中心的价格差异也明显减小。但是，掌握市场需求规律，合理选择生物种群和控制收获时间，对农业生态系统的经济效益有着深远的影响。

③市场价格变动情况。由于价值规律的作用，市场价格变动情况和市场需求情况往往是偶联的。正常情况是，产地的价格偏低，而消费中心的价格较高。但某些农产品也可能出现集中产地价格高而分散产地价格低的情况，这是因为集中产地购销渠道畅通，而分散产地因产品规模低、未建立起销售网络等原因，导致价格偏低甚至滞销的现象。这提示人们，农业生态工程不仅要把握好生产环节，还要注意把握好如何实现农产品的价值。

④对市场的占有能力。选择生物种群时，还要考虑生产单位的市场占有潜在能力。从成功地组织生产到成功地组织销售，都是农业生态工程设计中必须考虑的问题。我国目前正处于由传统农业向现代农业转化的阶段，农产品的商品率不断提高，在实现农产品商品化的过程中，把握市场动态变化，可能使生物种群的选择较合理，但一个生产项目选定以后，可能要连续多年从事这一项目的生产，几年以后，市场可能发生变化，这种产品可能大幅度增加，市场竞争加剧，在这种情况下，生产单位的市场占有能力就显得非常重要。配套的加工能力、成功的促销手段、恰当的媒体宣传，乃至于国际贸易、网上销售等，都将成为未来农业经营者占有市场的重要手段。

（5）要考虑生物种群可能带来的生态环境效益　农业生态系统中的各种有机废弃物都可以利用腐生食物链的某些生物成员进行利用转化，从而可以实现农业生态系统的无污染、无废弃物生产。因此，进行农业生态工程设计时，必须在系统中合理安排这类生物组分，提高系统的生态环境效益。

（二）人工食物链设计

农业生态工程的食物链设计，具体包括食物链“加环”设计、食物链“解链”

设计和“加工环”设计。其中，食物链“加环”设计是根据系统现有营养结构、资源类型的数量状况选定加环食物链的生物种群类型和种群数量及时空配置。食物链加环的类型包括生产环、增益环和减耗环三种。

食物链设计一般可以采用两条不同的技术路线：①顺序型设计，就是根据营养级层次排列顺序，根据系统内食物营养资源情况，针对系统中的草牧链、残屑链甚至寄生链，通过增加一个或几个生物种群，依次进行食物链加环设计，以提高系统内的资源利用率。②外延型设计，食物链加环的外延型设计，就是以人为确定的某一个食物链环节或营养级为中心开始，逐步向外延伸进行加环，以丰富系统的食物网。

1. 食物链生产环设计

以人类不能直接利用或利用价值较低的生物产品作为资源，通过加入一个新的生物种群进行能量和物质转化，以增加一种或多种产品的产出。生产环的增加，可以变废为宝、变低价值为高价值、变分散为集中、变粗为精、变滞销为畅销，从而提高整个系统的效益。其核心是“废弃物的资源化”和“产品的再转化”。

增加生产环的设计，可以采用顺序型设计。作物秸秆还田可增加农田有机质含量，提高土壤肥力，但若在其中增加一个草食动物环节，如将稻草进行氨化处理后喂牛，再以牛粪的方式返回农田，则系统的效益更高。生产环也可以采用外延型设计，如农田养蜂就是作物生产环节向外延伸增加的一个生产环节。不管是哪一种技术路线的加环设计，都要先计算准备转化的生物产品的数量和食物营养资源数量，然后选择合适的加环生物种群类型并计算种群的适宜数量，使之相互适应。如果增加的生产环生物种群数量过大，则可能会因资源不足而影响生产；若增加的生产环生物种群数量过小，则系统仍有资源浪费现象存在。生产环的加环可以加入一个或多个生产环节，要视系统的资源种类、性质和数量来确定。

2. 食物链增益环设计

食物链增益环主要是针对人类生产、生活过程中产生的废弃物来进行的。因为这些废弃物中仍然含有一定数量的营养物质和能量，实际上它们本身就是一种资源。根据这些资源的性质和特征，选定合适的生物种群来进行物质和能量的富集，这种富集的产品又可以提供给生产环，从而增加生产环的效益。水域通过放养水葫芦、水浮莲等水生植物，富集水体中的养分，并形成初级产品，这些产品又可以作为草食性鱼类的饵料提供给水域生态系统的生产者，从而提高鱼类产量；畜粪、垃圾等可以养殖蚯蚓、蝇蛆等腐生动物。而通过生物富集来转化废弃物中的有机质，生产出高蛋白的产品，这些产品又可作为蛋白饲料来喂鸡、养猪，以提高生产环的效益。据研究，每千克新鲜鸡粪可生产 25~30g 蝇蛆，10 万只蛋鸡的排泄物，一天可生产 227~453kg 鲜蛹，其质量占干粪量的 2.5%~3%，与此同时，还能生产出 540kg 无味的土壤结构改良剂。

食物链的增益环设计对开发废弃物资源、扩大食物生产、保护生态环境等方面都具有很重要的意义。

3. 食物链减耗环设计

据统计，大约有 270 种害虫会严重地损害农作物，其中危害水稻的约 40 种，危害马铃薯的约 60 种，危害甜菜的约 100 种，危害小麦、玉米的约 128 种。这些害虫每年在世界各地吃掉小麦 7300 万 t，水稻 12100 万 t，甜菜 22800 万 t，蔬菜 2300 万 t，葡萄和其他水果 1100 万 t。根据联合国粮食及农业组织统计，有害生物造成的损失，平均占各种农作物潜在产量的 30%。所以，我们把有害生物称为农业生态系统的耗损环。目前，植物保护用的化学药剂达 5000 种以上，年总产量超过 1700 万 t，总施用面积达 40 亿 m^2，全球农田、林地平均施用农药已超过 2.25kg/hm^2。但是，长期大量施用化学农药，已产生了一系列严重后果。据研究，我国癌症发病率逐年提高与农药使用量成平行相关关系，我国农村中 40%～50%的儿童白血病患者与农药等化学物质有关。

目前，国内外普遍探索利用生物措施防治有害生物，这种可以抑制耗损环的生物种群，称之为食物链的减耗环。目前全世界已有 70 多个国家建立了生物防治研究所，国际上也建立了完备的生物防治组织，欧洲共同体、美国、澳大利亚签署了加强生物防治科技的协议，集资在法国筹建“国际生物防治研究中心”。生物防治的定义也可以扩大为：利用生物及其代谢产物来控制有害生物或减轻有害生物的危害程度的方法。

食物链减耗环的应用前景是十分广阔的，在农业生态工程设计中具有特殊的重要作用。减耗环的具体设计可分四步进行：①查清当地主要有害生物类群（耗损环）及其发生发展规律，以及种群动态规律和它们彼此之间的相互关系。②选择对耗损环生物种群具有拮抗、捕食、寄生等负相互作用，但又对系统中的生产性生物无害的合适的生物种群。③建立减耗环生物种群的保护、放养与人工繁殖的工艺技术体系。④根据耗损环的种群数量和发生发展规律，来确定减耗环生物种群的数量配比。

4. 食物链的解链设计

由于大量使用化学制剂，造成有毒物质沿着食物链富集，严重地影响着生态系统的功能和人类健康。对于一片存在重金属污染的农田，如果种植粮食作物或饲料，重金属盐就会通过食物链富集，最终危害人体健康，而且这样的食物链拉得越长，有毒物质的富集浓度也就越高，对人体的危害也就越大。针对这样的情况，可使用食物链解链技术，避免或减轻有毒物质可能造成的危害。

在进行食物链解链设计时，要合理确定解链的时机和解链的方式，才能达到较好的效果。目前，食物链解链设计可从三个方面考虑：①在农业生态工程设计中，通过改变产品用途，使它们脱离与人类食物相连的食物链，切断污染物进入人体的渠道，例如在污染的耕地上种植粮食，但这些粮食可用于生产工业酒精或工业淀粉。②改变农业生态工程设计中的生物种群类型，使它们的产品不能自行进入人体，例如污染的耕地可用于种植棉花、黄麻、红麻等工业原料作物，或用于种植观赏植物。③加入一个或多个生物种群，使那些对于人类有害的物质得以降解，或使有毒物质离开农业生态系统，例如含有污染物的有机废弃物可加工成城市公园绿地急需的优质肥料，使有毒物质不再在农业生态系统内循环。

5. 产品加工链的设计

农副产品的加工虽然并不一定包含农业生物成员，不属于食物链的环节，但农副产品加工业是农业生态系统的一个重要组分，通过加工可以实现产品增值。从某种意义上说，通过机械设备和工艺流程的产品加工，也可以看作是农业生态系统中的一个食物链环节，而且这个环节对农业生态系统的经济流起着非常重要的影响。

进行农业生态工程设计时，可在原有食物链上合理地加入产品加工环，虽然在这个环节中起作用的是人类和相应的机械设备，但它能获得价值更高的加工品。随着农产品商品率的提高，产品的包装、储藏、保鲜、加工所取得的效果越来越明显。实际设计产品加工链时，应充分考虑系统内的资源、产品和副产品的种类和数量，因地制宜地选择合适的加工项目和生产规模。

6. 食物链复合环的选择与设计

在农业生态系统中的有些生物或生产环节，既可以作为农业生态工程的减耗环或增益环，本身又能提供产品，也是一个生产环，这可以称之为复合环。江南地区的稻田养鱼就是一种典型的复合环利用，稻田里杂草一般使水稻减产 10%左右，人工除草需要耗费大量的人力，稻田中若放养草鱼，杂草成了草鱼的好饵料，在不投入人工饵料的情况下一般可获得 500~1000kg/hm^2 的鱼产量，同时也能大大减轻农田杂草的危害，使水稻增产。农田养蜂、稻田养鸭、果园栽培食用菌等也都具有这类效果。

在农业生态系统中合理利用产品加工环，既能获得增值了的成品，提高系统的经济效益，加工后的副产品又可作肥料或饲料，这类加工项目也是一种复合环。

（三）生物群落结构设计

根据系统论的原理，结构决定功能，即功能的大小取决于系统的结构是否合理。为了使农业生态系统获得更高的效益，首先必须合理设计系统的群落结构。

农业生态工程的生物群落结构设计，包括种群组成和数量设计、种群平面布局设计、生物群落垂直结构设计三部分，以建立充分利用空间和资源的立体生产系统。在确定群落的种类构成和数量比例时，应根据系统所能提供的资源情况和社会对产品的需求情况进行科学预测和计算，确定了群落的种类构成和数量比例以后，再考虑群落的平面布局、垂直布局和景观布局等内容。

（四）人工环境设计

人工环境设计的目的是为人工生物群落创造一个良好的条件，充分发挥农业目标生物的生产潜力，提高农业生态系统的效益。人工环境设计的具体内容如下。

1. 合理改善限制因子

对于某一生物种群而言，某一时期的限制因子只有1~2个，通过对环境因子的人工调控，可以获得好的效果，例如珠江三角洲水网地区，由于地下水位高，影响作物的生长发育，当地农民挖塘抬基形成了著名的基塘生态系统，有效地改善了限制因子，使基塘系统表现出很高的生产力。

2. 配合生物群落的垂直结构设计

人工环境人为设计的生物群落垂直结构很大程度上依赖于人工环境的设计，以保证垂直梯度上的各种生物均有着适宜的环境条件，例如葡萄园栽培食用菌，必须采用棚架式设计以保证下部食用菌的阴湿条件。

3. 设施农业是最典型的人工环境设计

人工环境的建设，可以为农业生物创造较理想的环境条件。在植物生产中，塑料大棚、日光温室和人工气候室等的应用，能对光、温、湿、气等多种因子进行周密的控制，同时也因其适应市场而表现出高效益。农业动物棚舍和养殖场地建设的人工控制水平也不断提高，从传统的仿自然生态环境到完全人为控制和机械化操作，使规模经营的养殖企业能获得很高的经济效益，例如龟、鳖等冷血动物，自然条件下至少五年才能达到上市规格，如果建造恒温室内集约化养殖池，使温度控制在30℃左右，一年即可达到上市规格。

（五）节律匹配设计

节律匹配设计是在生物机能节律的基础上，根据环境因子的时间节律、市场需求的时间节律、劳动力分配的时间节律、生产资料供应节律、资金提供的时间节律等，来设计农业生物种群的时间节律配合。种植业生产中的套作是一种典型的节律匹配设计，这是从自然的光、热资源年节律变化考虑的；大棚蔬菜主要是考虑市场需求的时间节律，通过淡季供应来取得高效益；在劳动力不足的情况下，双季稻地区适当安排一定比例的一季稻，以缓解劳动力资源的分配；在资金紧张或生产规模较大时，合理设计资金周转节律，是保证系统正常运转的重要前提。

农业生态工程设计（微课）

二、实施农业生态工程的基本步骤

（一）本底调查

通过本底调查，了解系统的背景，是搞好农业生态工程建设的先决条件。通常本底调查包括以下内容。

（1）系统的自然资源状况　这包括系统的地形地貌、气候特点，以及土壤资源、水资源、生物资源及矿产资源的状况等内容。

（2）系统的社会经济背景　如所有制形式、产品分配制度、生产管理制度、流通能力（包括离主要贸易中心的距离和运输能力）、市场状况（指主要农产品及农业生产资料的供求情况和市场价格）、经济状况（指经济实力和融资能力等）、人口状况（人口数量和年龄结构等）、劳动力状况（包括劳动力数量和劳动者的文化技术素质及劳务市场供应潜力），以及各种与农业有关的政策和法规等。

（3）系统的结构和功能现状　了解原系统的亚系统和组分构成及其结构和功能现状。

对于以上内容，应着重调查当时的实际情况，并了解各项目在不同地点所表现出来的差异和特点，必要时还要了解各项目在不同时期的历史变化，为以后各步骤的顺序进行提供充足而真实的本底资料。

为了获得可靠的和可比的本底资料，调查之前应统一调查方法，定出统一的调查提纲和表格。本底资料的来源是多方面的，可采用各级各类部门、单位和个人的统计记录，查阅有关资料，进行座谈访问、实地勘查、田间试验和室内分析等，还可以利用前人的研究结果，以及有经验的专家、领导和农民提供的经验值。

（二）诊断性评价

根据本底调查的结果，综合运用生态学原理和经济学原理，以系统论的方法，对现实系统进行诊断分析和综合评价，以明确系统的优势和主攻方向，找出现实系统所存在的问题，确定农业生态工程设计的指导思想和建设目标。具体说来，诊断性评价一般包括以下内容。

（1）环境分析　对系统的自然环境和社会环境进行综合分析，明确系统的优势和主攻方向，找出需要改善的环境因子。

（2）组分与资源的协调性评价分析　系统所安排的生物种类和数量与系统所能提供的资源种类和数量是否协调，为了合理地利用系统内资源，找出需要调整的组分。

（3）结构合理性评价　对系统的水平结构、垂直结构、时间结构和营养结构分别进行诊断分析，找出其中尚待改进和调控的内容。

（4）功能现状评价　对现实系统的能量流动、物质循环、信息传递、价值转换进行定性和定量分析，必要时还可以采用一定的数学描述和计算机模拟，以诊断系统的功能现状，找出需要改善的环节和内容。

（5）效益分析　分析原系统的社会效益、经济效益和生态效益，从而确定农业生态工程设计的指导思想和建设目标。在确定系统的建设目标时，应尽量具体化，对三大效益的各个方面都要提出具体的要求和目标，并且还要分别确定其近期目标（1~3 年）和长期目标。同时还要注意，目标应该是切实可行的，在系统原有效益的基础上，既要考虑充分发挥系统的生产潜力，提高系统效益，又要使各项指标符合实际情况，避免将目标定得过高。

（三）编制设计方案

在编制农业生态工程设计方案时，原系统可能有多个方面的内容需要调整，而每一项需要调整的内容又可以通过不同的途径和方式来实现，所以同一系统可以编制出几套不同的设计方案。对于这些设计方案的每一项具体措施，都要事先预测其可能产生的影响，然后综合分析并预测每一套方案可能实现的效益，以此对照前面所确定的指导思想和建设目标，从全部方案中评审出一个最有价值的设计方案。

编制设计方案是在本底调查和诊断性评价的前提下进行的，设计时应充分考虑本底调查的实际情况，根据诊断性评价所得出的结论，运用生态学原理和经济学原理来进行合理设计。就设计方案的内容而言，一般应包括系统的组分、平面结构设计、垂直结构设计、时间结构设计（节律匹配）以及营养结构的设计，并要求设计出系统的物流（包括废弃物和副产品）路径和流量，以物流图描述出来。

（四）方案实施

在设计方案实施之前，通常还需要拟定一个实施程序，并制订出实施的具体措施和方法，以保证实施能够有计划地进行。

（五）跟踪调查及反馈检验

每完成一个生产周期或一个年度以后，都要及时进行跟踪调查，以把握方案实施动态，了解各阶段实际产生的效益情况，检验设计方案的正确性和可靠性，对不合理的内容及时进行修正和调整。

对于规模较大的农业生态工程建设，为了保证方案准确可靠，需要请有经验的专家、领导、农民对方案进行多方论证和反复推敲，有时还要在一个较小的具有代表性的范围内进行模拟试验，在模拟过程中对方案做进一步的修正和优化，确认方案准确可靠以后再推广普及。

对任意一个具体的农业生态系统，在进行农业生态工程建设时，虽然可以按照以上步骤进行，但在实际工作中却并非如此简单，它要求经营者不但能够根据具体情况综合运用生态学原理和经济学原理进行合理设计，组配出一个生态上协调合理、生产上切实可行的高效益的农业生态系统，而且要善于管理系统内的每一种生物，使系统中的每一组分都高产、优质和低成本。为此，农业生态工程建设者不仅要能够灵活运用生态学原理和经济学原理，还要精通系统内各种农业生物的高产栽培和饲养管理技术，以充分发掘系统的生产潜力。

实验实训　农业生态系统的调查与设计

一、 目的意义

本实训把农户作为农业生态系统调查研究的对象，通过调查若干农户，分析农户所在农业生态系统的优点与存在的问题，并提出农业生态系统的调整与设计的初步方案。在此基础上，分析和总结由一个个农户组成的农业生态系统现状，并能提出初步发展规划。

二、 方法与步骤

（一） 农户调查

1. 调查内容

（1） 自然条件　地理位置、地势、地形、土质、地下水位、气候条件及特点（包括光热水变化规律及其生产潜力、主要气象灾害等） 等。

（2） 生产条件　农户庭院面积、人口、庭院设施种类、数量、承包的土地面积、类型（山、水、田、林等）、劳力、畜力、机械、灌溉条件等。

（3） 经济状况　庭院经营收入、大田经营收入、年总收入、人均纯收入、人均粮、棉、油、肉、蛋、蔬菜、水果等数量、生活水平等状况。

（4） 生产经营状况　庭院生产经营类型、规模、产品种类、数量、投入资金额、各类经营产值、纯收益、大田生产经营类型、规模、产量、产值、主要农作物的栽培管理经验、主要病虫草害的类型及其危害程度、大田生产投入情况及效益。

（5） 市场调查　农户所生产经营的各类产品在市场上的销售状况及市场对其他产品的需求状况。

（6） 农户各成员的知识水平、技术特长、生产经验等。

（7） 农户生产经营中存在的突出问题（包括庭院和大田两方面）。

2. 调查方法

（1） 搜集资料　通过农户所在地区的农业生产领导部门、技术部门、市场管理部门、科研单位等有关部门收集：①当地气象资料。②农业区划资料。③市场行情。④水文地质资料。⑤土壤普查资料。

（2） 农户调查

①选户：选择庭院和大田生产都有一定规模，并取得一定效益的有代表性的农户进行调查。

②调查：通过对庭院和大田实地察看、测量和农户座谈取得第一手资料。

③对调查资料及时整理并制作调查表，如有遗漏或不清楚，应设法补充，力求保证资料的完整性。

（3）统计与初步分析　在上述调查整理的基础上可进行初步统计和简单分析，并记录对该农户的印象和评价意见。

（二）农业生态系统设计

1. 设计的原则和依据

（1）需求原则。

（2）提高系统的总体功能和综合效益原则。

（3）相宜性原则。

①农业生态综合经营项目的多少、规模的大小以及可能实现的经济、生态、社会效益的大小等，应当与农户所拥有或可供其支配、使用的各类生产要素相适应，宜农则农、宜林则林、宜牧则牧，以发挥各业的潜在优势和现实优势。

②要与市场需求结构相适应，产销对路。

③要与农户的具体情况，如劳力、资金、技术水平、文化程度、管理能力相适应，即要“因户制宜”。

（4）合理利用空间、时间的原则　在庭院内实行立体开发，充分利用地上、地面、地下各层空间；在大田中也要进行立体开发，充分利用各层空间的光、热水、土资源，同时还要在时间上合理安排，使有限的资源得到多次、充分而有效的利用，保证再生产的节奏与连贯。

（5）综合经营原则　在不违背相宜性原则的前提下，以市场为导向，开展多种经营，保持农户收益的稳定增长。

（6）结构应具有较强的调节机能　保证农户的整体生产力在各种条件下都比较稳定。

2. 设计内容

（1）总体设计　根据农户的自然和经济条件以及各方面的需要确定庭院和大田的生产经营方向、规模，并在两者之间合理分配人力、物力、财力，使它们相互联系，充分发挥各自的生产经营潜力，提高农户的整体生产经营水平，获得最佳的经济效益、生态效益和社会效益。

①确定大田生产经营结构：根据农户的经济实力、生产条件、生活需要、生产任务、市场需求价格、大田土壤肥力、农作物产量、庭院能提供的肥料数量、化肥、农药供求等，确定大田作物生产的种类和比例。

②确定庭院生产经营结构：根据农户的经济实力、生活需要、市场情况、劳动力素质、技术特长、庭院环境、设施、大田产品种类和数量确定庭院种植、养殖、加工等生产类型和规模，以充分利用庭院空间、现有设施，提高庭院生产的经济效益，美化庭院生活环境。

③对庭院和大田生产进行综合平衡，使两者密切配合，协调发展。

（2）部门设计　部门设计主要分为庭院和大田设计。

①庭院设计，主要从以下几个方面进行：平面设计；垂直设计；时间设计；食物链设计。

②大田设计，主要从以下几个方面进行：种植制度设计，包括确定各种作物的播种面积及配置、确定复种方式、轮作方式及配置，间混套作方式及配置；养地制度设计及其他配套措施。依据种植制度，确定土壤耕作制、灌溉制、农田防护林、病虫草害防治、作物品种类型组合等。

3. 方法步骤

（1）对农户现有的农业生态系统进行评价

①现有的农业生态系统结构是否合理？

②农户的能量流动、物质循环是否合理？

③农户的生态环境、经济效益如何？

④各种产品能否满足需要？

⑤各种资源是否得到充分利用和保护？

⑥增产潜力多大？障碍因素是什么？

（2）进行需要和可能的分析　计算农户的养分平衡、水分平衡、资金产投比、能量利用率、劳动生产率等。

（3）确定农户生产经营的目标　主要目标有：总产量最高；经济效益最大（如产值、净产值、纯收益最大）；总生产成本最低；资源利用率最高；生活环境优美。

（4）运用经验法、优化法进行农业生态工程设计。

（5）空间配置　根据因地制宜的原则把各种生产要素在庭院和大田内合理安排，并绘制平面分布图。

（6）可行性论证　对资源利用效益、产量效益、经济效益、社会效益、生态效益等进行可行性分析。

（7）编写设计说明书。

①基本情况。

②粮、棉、油、肉等各方面的需求指标。

③农业生态工程设计（庭院、大田）方案。

④实施设计方案的措施。

本章小结

本章主要介绍了农业生态系统的评价与调控；介绍了采用不同的方法来进行农业生态系统的评价；在对农业生态系统评价的基础上采用不同层次和不同方式

对其进行调控；重点对人工调控进行了阐述；并对农业生态工程做了初步的介绍，包括农业生态工程设计的主要内容及实施的基本步骤。

复习思考题

1. 解释以下概念：生态效率、同化效率、生长效率、消费效率、光能利用率、平均生长率、抵抗力、恢复力、局域/全域稳定性、脆弱性、强壮性、反馈机制、正反馈、生态阈值、人工调控、生境调控、间接调控、农业生态工程。
2. 现有的农业生态系统功能评价的不足有哪些？
3. 农业生态系统为什么要进行调控？
4. 农业生态系统的调控可以分为哪几个层次？
5. 自然调控的机制及类型是什么？
6. 人工调控的机制是什么？
7. 农业生态工程设计的主要内容是什么？
8. 如何实施农业生态工程？

资料收集

以家乡所在地为主，通过对某农户进行调查，对其农业生态系统进行调整与设计，编写设计说明书。

查阅文献

利用课外时间阅读《地球不高兴——被掩盖的真相》《神圣的平衡——重寻人类的自然定位》《生态文明与生态自觉》等书籍，学习人类对生态环境的认识和评价之路。

习作卡片

在农户调查的基础上，总结农户所在自然村（或者所在区域）农业生产现状，形成报告，并撰写农业生态系统的规划的报告。一般包括的内容如下。

（1）自然条件　年降水量、年蒸发量、年日照时数、年平均温度、年极端温度、日照时数、太阳辐射量、无霜期等。

（2）土地资源类型　山坡地、丘陵地、平地、水田、水域、滩涂地。

（3）土地使用状况　耕地面积、林地面积、草地面积、园地面积及其他用地。

(4) 社会条件　人口数量、人口密度、受教育现状、农业人口数量、劳动力数量、农业机械化条件、交通现状、距周边市场距离、农业用电情况、化肥用量、农药用量、农村能源现状（沼气、风能、水能、生物质能、电能）。

(5) 农业生产现状　种植业结构、牧业结构、林业结构。

(6) 农村经济现状　农业、工业、加工业、副业、渔业现状。

(7) 农业生态系统发展规划报告提纲

①农业结构调整：种植业结构、畜业结构、林业结构、农林牧结构。

②农村经济结构调整：第一、第二、第三产业发展方向。

③农村市场环境建设。

④农村科技推广及教育体系建设。

⑤投资基础环境及设施建设。

⑥农业龙头企业建设。

⑦农村生态环境建设。

课外阅读

地球的绿色斗篷

水、土壤和由植物构成的大地的绿色斗篷组成了支持地球上动物生存的世界；纵然现代人很少记起这个事实，即假若没有能够利用太阳能生产出人类生存所必需的基本食物的植物的话，人类将无法生存。人们对待植物的态度是异常狭隘的。如果人们看到一种植物具有某种直接用途，就种植它。如果出于某种原因人们认为一种植物的存在不合心意或者没有必要，就可以立刻判它死刑。除了各种对人及牲畜有毒的或排挤农作物的植物外，许多植物之所以注定要毁灭仅仅是由于人们狭隘地认为这些植物不过是偶然在一个错误的时间，长在一个错误的地方而已。还有许多植物正好与一些要除掉的植物生长在一起，也就随之而被毁掉了。

大地与植物是生命之网的一部分，在这个网中，植物和大地之间，一些植物与另一些植物之间，植物和动物之间存在着密切的、重要的联系。有时，人们只能破坏这些关系而别无他法，但是应该谨慎一些，要充分了解自己的所作所为在时间和空间上产生的远期后果。但当前灭草剂销路兴隆，使用广泛，杀死植物的化学药物大量生产，灭草剂行业突然兴旺，它们当然是不会持有谨慎态度的。我们未曾料到的、对风景破坏惨重的事件很多，这里仅举一例，那是发生在西部鼠尾草地带，在那儿正在进行着毁掉鼠尾草改为牧场的大型工程。自然的景色是许多创造了这一景色的各种力量相互作用的动人画面。它展现在我们面前就如同一本打开的书，我们可以从中读到为什么大地是现在这个样子，为什么我们应该保持它的完整性。然而现在，书本打开在那儿，却没有人去读。

几百万年以前，这片生长鼠尾草的土地是西部高原上山脉的低坡地带，是一片由落矶山系的巨大隆起所产生的土地。这是一个气候异常恶劣的地方：在漫长的冬天，当大风雪从山上扑来，平原上是深深的积雪；夏天的时候，由于缺少雨水，一片炎热，干旱在深深地威胁着土壤，干燥的风吹走了叶子和茎干中的水分。

作为一个正在演化的景观，在这一大风呼啸的高原上移植植物需要长期试验与失败的过程。一种植物接着一种植物生长失败了。最后，一类兼备了生存所需要的全部特性的植物发展起来了：鼠尾草。它长得很矮，是一种灌木，能够在山坡和平原上生长，它能借助于灰色的小叶子保持住水分而抵住像小偷一样的风。这不是偶然的，而是自然选择的长期结果，于是西部大平原变成了生长鼠尾草的土地。

动物生命和植物一道发展起来，同时与土地的迫切需要一致。恰好，在这时，有两种动物像鼠尾草那样非常圆满地被调整到它们的栖息地。一种是哺乳动物——敏捷优美的尖角羚羊；另一种是鸟——鼠尾草松鸡，这是路易士和克拉克地区的平原鸡。鼠尾草和松鸡看来是相互依赖的。鸟类的自然生存期和鼠尾草的生长期是一致的；当鼠尾草地衰落下来时，松鸡的数目也相应地减少了。鼠尾草为平原上这些鸟的生存提供了一切。山脚下长得低矮的鼠尾草遮蔽着鸟巢及幼鸟，茂密的草丛是鸟儿游荡和停歇的地方，在任何时候，鼠尾草为松鸡提供了主要的食物，这还是一个有来有往的关系，这个明显的依存关系还表现在由于松鸡帮助松散了鼠尾草下边及周围的土壤，清除了在鼠尾草丛庇护下生长的其他杂草。

羚羊也使它们的生活适应于鼠尾草。它们是这个平原上最主要的动物，当冬天第一次大雪降临时，那些在山间度夏的羚羊都向较低的地方转移。在那儿，鼠尾草为羚羊提供了食物以便它们渡过冬天。在那些其他植物都落下叶子的地方，只有鼠尾草保持常青——保持着它那缠绕在浓密的灌木茎梗上的灰绿色叶子，这些叶子是苦味的，散发着芬芳香气，含有丰富的蛋白质和脂肪，还有动物需要的无机物。虽然大雪堆积，但鼠尾草的顶端仍然露在外面，羚羊可以用它尖利蹄子得到它。这时，靠鼠尾草为食的松鸡在光秃秃的、被风吹刮得突出的地面上发现了这些草，也就跟随着羚羊到它们刮开积雪的地方来觅食。

其他的生命也在寻找鼠尾草。黑尾鹿经常靠它过活。鼠尾草可以说是那些冬季食草牲畜生存的保证。许多放牧绵羊的冬季牧场上，几乎只有高大的鼠尾草丛生长着。

鼠尾草是一种比紫苜蓿含有更高能量价值的植物，在一年的一半时间内，它都是绵羊的主要饲料。

因此，严寒的高原，紫色的鼠尾草残体，粗野而迅捷的羚羊以及松鸡，这一切就是一个完美平衡的自然系统——真的是吗？恐怕在那些人们力图改变自然存在方式的地区，“是”应改为“不是”，而这样的地区现已很多，并且日益增多。在发展的名义下，当地的土地管理部门已着手去满足放牧者得到更多草地的贪婪要求。由此，他们策划制造一种除掉鼠尾草的草地。于是，在一块自然条件适合于与鼠尾草混杂或在鼠尾草遮掩下长草的土地上，人们正计划除掉鼠尾草，以造成一种单纯的草地。看来很少有人去问，这片草地在这一区域是不是有一个稳定的和人们期望的结局。当然，大自然自己的回答并非如此。在这一雨水稀少的地区，年降雨量不足以支持一个好的地皮草场，但它却对在鼠尾草掩护下多年生的羽茅属植物比较有利。

然而，根除鼠尾草的计划已经进行多年了。一些政府机关对此活动很为积极；工业部门也满怀热情地鼓励这一事业，因为这一事业不但为草种，而且为大型整套的收割、耕作及播种机器创造了广阔的市场。最新增加的武器就是化学喷洒药剂。

现在每年都对几百万英亩（1 英亩≈0.40hm^2）的鼠尾草土地喷洒药物，后果是什么呢？排除鼠尾草和播种牧草的最终效果在很大程度上只能靠推测。对于土地特性具有长期经验的人们说，牧草在鼠尾草之间以及在鼠尾草下面生长的情况可能比失去保持水分的鼠尾草后单独存在时的情况要好一些。

这个计划只顾达到其眼前的目的，但结果显然是整个紧密联系着的生命结构被撕裂了。羚羊和松鸡将随同鼠尾草一起绝迹。鹿儿也将受到迫害；由于依赖土地的野生生物的毁灭，土地也将变得更加贫瘠。甚至于有意饲养的牲畜也将遭难；夏天的青草不够多，绵羊在缺少鼠尾草、耐寒灌木和其他野生植物的平原上，在冬季风雪中只好挨饿。

这些是首要的、明显的影响。其次的影响则与对付自然界的那杆喷药枪有关：喷药也毁坏了目标之外的大量植物。司法官威廉·道格拉斯在他最近的著作《我的旷野：东部的肯塔基》中叙述了在美国怀俄明州的布类吉国家森林中由美国森林服务公司所造成的一个生态破坏的惊人例子。屈从于想得到更多草地的牧人的压力，一万多英亩鼠尾草土地被公司喷了药，鼠尾草按预想方案被杀死了。然而，对于那沿着弯弯曲曲的小河、穿过原野的垂柳树，它那绿色、充满活力的柳丝也遭到同样的迫害。麋鹿一直生活在这些柳树丛中，柳树对于麋鹿正如鼠尾草对于羚羊一样。海狸也一直生活在那儿，它们以柳树为食。

它们伐倒柳树，造成一个跨过小河的牢固水堤。通过海狸的劳动，造成了一个小湖。山溪中的鳟鱼很少有比六英寸（1 英寸≈2.54cm）长的，然而在这样的湖里，它们长得肥大，许多已达到 5 磅（1 磅≈0.45kg）重。

水鸟也被吸引到湖区。仅仅由于柳树及依靠柳树为生的海狸的存在，这里已成为引人入胜的钓鱼和打猎的娱乐地区。

但是，由于美国森林服务公司所制定的“改良”措施，柳树也同鼠尾草一样，被不分青红皂白地喷药所杀死。当 1959 年道格拉斯访问这个地区的时候，这一年正在喷药，他异常惊骇地看到枯萎垂死的柳树，认为是“巨大的不可相信的创伤”。麋鹿将会怎么样呢？海狸以及它们所创造的小天地又怎样呢？一年以后他重新返回这里以了解风景毁坏的结果。

麋鹿和海狸都逃走了。那个重要的水闸也由于缺少精妙的建筑师的照料而无踪影了，湖水已经枯竭，没有一条大点儿的鳟鱼活下来，没有什么东西能够生存在这个被遗弃的小河湾里，这个小河穿过光秃秃的、炎热的、没有留下树荫的土地。这个地区的生命世界已被破坏。

——摘自蕾切尔·卡森《寂静的春天》

第七章

农业资源利用与保护

学习目标

掌握农业资源的概念、分类和特性，了解现阶段我国自然资源和社会资源的开发和利用状况；掌握合理利用自然资源需要遵守的原则；熟悉土地资源、生物资源、水资源等农业自然资源的合理利用和保护途径；掌握农业资源节约基本技术体系内容，树立资源节约意识。

第一节　农业资源的分类与特性

农业资源是人类赖以生存的物质基础，随着我国社会经济的发展和人口数量的不断增加，农业资源承受的压力越来越大，并导致局部地区农业资源的退化和生态环境的不断恶化，严重地制约着我国经济的可持续发展和人民生活水平的提高。清醒地认识我国农业资源的现状，解决农业资源利用中存在的问题，协调好人口、资源、环境和发展之间的关系，走农业资源可持续利用的道路，是我国农业发展的战略选择。

在一定的技术、经济和社会条件下，人类农业活动所依赖的自然资源、自然条件和社会条件构成农业资源。认识农业资源的存在状况及其发展规律，目的在于合理开发与保护农业资源，建立与资源状况相适应的农业生产结构体系，提高资源的转化效率，以促进农业生产持续、稳定发展。

一、 农业资源的相关概念

（一）资源

资源是在一定的时空范围和一定的经济条件、技术水平下，由人们发现的、可被人们利用的、有价值的物质和因素，包括有形的物品和无形的因素，如资本、技术和智慧等。资源既包括一切为人类所需要的自然物，如阳光、空气、水、矿产、土壤、植物及动物等；也包括以人类劳动产品形式出现的一切有用物，如各种房屋、设备、其他消费性商品及生产资料性商品；还包括无形的资产，如信息、知识和技术以及人类本身的体力和智力。任何事物只要能满足人们的某种特定需求，能够被人们利用来实现某些有价值的目的，都可以被认为是资源。资源包括两大类别，即自然界赋予的自然资源和来自人类社会劳动的社会资源（包括来自社会的人、财、物和技术等）。

资源的概念是动态的，是随着人类的认识水平和科技成就而不断地扩展的，与人类需要和利用能力紧密联系。也就是说，资源是一个历史范畴的概念，随着社会生产力水平和科学技术水平的进步，其内涵与外延将不断深化和扩大。

（二）农业资源

农业资源是一种特定的资源，是指农业生产活动中所利用的有形投入和无形投入。它包括自然界的投入和来自人类社会本身的投入，并且，由于它与农业这一特定的产业部门联系在一起，所以也或多或少地具有产业部门的一些特性。

农业资源有广义与狭义之分。由于农业生产是在人类管理与控制下的一种有目的的生物生长过程，所以农业生产活动所需要的投入包括生物生长发育所需要的自然界的投入和人类为达到特定目的而进行的物质技术投入。广义的农业资源是指所有农业自然资源和农业生产所需要的社会经济技术资源的总和。狭义的农业资源仅指农业自然资源，不包括农业生产的社会经济技术条件。

农业自然资源是自然界可被利用于农业生产的物质和能量，以及保证农业生产活动正常进行所需要的自然环境条件的总称。农业自然资源包括农业气候资源、农业土地资源、农业水资源、农业生物资源。

农业生产的社会经济技术资源，是指农业生产过程中所需要的来自人类社会的物质技术投入和保证农业生产活动正常进行所必需的社会经济条件。农业社会经济资源包括农业人力资源、农业能源与矿产资源、农业资金、农业物质技术资源、农业旅游资源、农业信息资源等。直接来自其他社会部门的农药、化肥、农机等都是农业生产所依赖的社会资源。随着农业经营从经验上升到科学，从小规模自给性生产到大规模商品性生产，农业越来越需要准确的天气、病虫、地力、技术、交通、市场等方面的农业生产信息。因此，农业生产信息也正成为日益重要的社会资源。

二、 农业资源的分类

依据资源的直接来源，农业资源可分为自然资源和社会资源两大类。

自然资源是指在一定社会经济技术水平下，能够产生生态效益或经济价值，以提高人类当前或预见未来生存质量的自然物质、能量和信息的总和。农业资源包括来自岩石圈、大气圈、水圈和生物圈的物质，具体包括：由太阳辐射、降水、温度等因素构成的气候资源；由地貌、地形、土壤等因素构成的土地资源；由天然降水、地表水、地下水构成的水资源；由各种动植物、微生物构成的生物资源。生物资源是农业生产的对象，而土地、气候、水资源等是作为生物生存的环境存在的，是全部生物种群生命活动依托的处所。

社会资源是指通过开发利用自然资源创造出来的有助于农业生产力提高的人工资源，如劳力、畜力、农机具、化石燃料、电力、化肥、农药、资金、技术、信息等。

自然资源与社会资源的关系：①自然资源是农业资源的基础，是生物再生产的基本条件。②社会资源的投入是对自然资源的强化和有序调控手段，可以扩大自然资源利用的广度和深度，反映农业发达的程度和农业生产水平，如在农业发展早期，人们主要依赖优越的自然资源，除人力、畜力及简单的农具外，几乎没有其他社会资源投入，生产力水平极低下，随着生产的发展，社会资源的投入日益增多，农业生产力随之不断提高，现代农业生产越来越依赖社会资源的投入。③在农业生产中社会资源的投入并不是越多越好，伴随现代农业的发展而带来的诸如环境污染、资源短缺等一系列社会、生态弊端正影响着人类健康发展，有待在前进中不断克服和发展。④农业生产是自然再生产与经济再生产相交织的综合体，农产品是自然资源与社会资源共同作用的结果，都是人类通过社会劳动把资源的潜在生产力化为社会财富的过程，如玉米种子春天播种到出苗后经过一系列的生长发育过程，秋天又能收回更多的种子，是种子自身繁殖即自然再生产过程；同时从种到收需要投入种子、劳力、畜力、化肥、机械等费用，但通过卖种子又能获得较这些费用更高的经济收入，这是经济再生产过程。

按其重复利用程度，农业自然资源可进一步分为可更新资源（再生性资源）和不可更新资源（不可再生性资源），如土壤肥力可以借助于生物循环得到更新，得以长期利用；森林、草原以及各种动植物、微生物、地表水、地下水也属于可更新资源；劳力、畜力等也属于可更新资源；农业气候资源（如光、温、降水）在年内属于流失性资源，在年间又具有相对的稳定性，能年复一年地显现，也可归为可更新资源中。可更新资源能持续地或周期性地被产生、补充和更新。而不可更新资源缺乏这种持续补充和更新的能力，或者其补充和更新周期相对于人类的生产活动而言过长。化石燃料、矿藏等都属于不可更新资源。深层地下水的补充和更新常常较缓慢，特别是在干旱地区，人们常把这种深层地下水当作是一种不可更新的“水矿”。不可更新资源的储量有限，用一点少一点，如不珍惜或节约使用，就会供不应求，导致资源危机。

三、农业自然资源的特性

纵观整个农业发展历程，人类的所有农业自然资源利用活动均是从不同地区自然资源的基本条件出发，依据一定的技术经济水平对其加以开发，以满足不同阶段、不同层次的社会需求，从而形成了类型繁多、各具特色的利用方式。但决定农业自然生产力的不是单项的自然资源，而是农业生态系统的整体结构和功能，这就是农业自然资源的整体性。同时，农业自然资源还具有地域性、有限性、有限度的可再生性、多宜性和可培育性等，这些基本特性同样也是通过农业生态系统的整体而作用于农业生产的。孤立地管理单项自然资源不能满足维护、提高农业资源生产能力的要求。所以农业自然资源具有以下几个特征。

（一）整体性

农业自然资源彼此之间是一个统一的整体，相互联系、相互制约。一种自然因素的变化，会引起其他相关因素也发生变化，甚至会引起资源组合的相应变化。

（二）地域性

农业自然资源的分布，只有相似而无相同的地区，地球上各个地区的水、热条件是各不相同的，这是由于地球与太阳的相对位置及运动特点、地球表面的海陆分布状况和地质地貌变化等引起的。

（三）可更新性

水分的循环补给、土壤肥力的周期性恢复、生物体的不断死亡和繁衍、气候条件的季节性变化等都体现出农业自然资源是可以更新和循环的。人类活动的干预可以影响农业自然资源的更新和循环，合理的干预能使自然资源继续保持不断更新循环的良好状态，不合理的干预则会使一些资源衰退甚至枯竭。

（四）可培育性

自然资源不能被创造，但是它的形态和性质在一定程度上却是可以被改变的。通过培育优良的生物品种、改土培肥、改善水利等，可以进一步发挥自然资源的生产潜力。

（五）数量的有限性和潜力的无限性

地球上农业自然资源的数量是相对有限的，而且由于受科学技术水平的制约，人类利用资源的能力以及资源被利用的途径和范围还比较小。但是由于其可更新和可培育性，农业自然资源的生产潜力是无限的。随着科技的进步，我们不但有可能保持其循环更新，而且可以不断扩大利用范围，使有限的资源发挥无限的生产潜力。

四、 我国农业资源状况

我国位于亚洲的东部，东临太平洋，是一个海陆兼备的国家。南北相距5500km，东西相距5200km，大陆海岸线长达18000多km，沿海岛屿5000多个。我国是一个多山的国家，山地和高原所占面积很大。海拔500m以上的，占全国总面积的75%，山地、高原、丘陵占69%，平原占12%，盆地占19%。地势西高东低，自西向东构成了“三大阶梯”。以青藏高原为主的最高的一级阶梯，海拔在4000m以上，青藏高原至大兴安岭、太行山、巫山和雪峰山之间为第二阶梯，海拔在1000~2000m，主要由山地、高原和盆地组成，从该线往东直到海岸线，以海拔500~1000m的平原、低山和丘陵为主，是最低一级阶梯，东北平原、华北平原、长江中下游平原几乎相连，是我国最重要的农业区。

（一）土地资源和耕地资源

土地是人类从事生产活动的场所，是农业生产最基本、最珍贵的生产资料，广义的土地是指地球表层所拥有的全部自然资源和包括人类活动影响在内的全部综合体。狭义的土地是指地球表面的陆地部分，是土壤、地形、植被、岩石、水文、气候等因素长期作用，以及人类的长期活动共同影响形成的自然综合体。我国土地资源的现状如下。

（1）土地类型多样　其中湿润、半湿润区土地面积占52.6%；干旱、半干旱区土地面积占47.4%。从地形高度看，从平均海拔50m以下的东部平原，逐级上升到西部海拔4000m以上的青藏高原。

（2）山地面积大　山地（包括丘陵、高原）面积约633.7万km^2，占土地总面积的66%。我国1/3的人口、2/5的耕地和9/10的林地分布在山地。

（3）农用土地资源比重小　中国土地总面积很大，但按现有技术经济条件，可以被农林牧渔各业和城乡建设利用的土地资源仅627万km^2，占土地总面积的65%，其他约1/3的土地，是难以被农业利用的沙漠、戈壁、冰川、石山、高寒荒漠等。在可被农业利用的土地中，耕地和林地所占比重相对较小，耕地约1.35亿hm^2，占土地总面积的14%；林地约1.67亿hm^2，占土地总面积的17%。

（4）后备耕地资源不足　据统计，在天然草地、疏林地、灌木林地和海涂中，尚有适宜于开垦种植农作物、发展人工牧草和经济林木的土地约3530万hm^2，占全国土地总面积的3.7%。

（二）气候资源

1. 光资源

太阳辐射是进行光合作用的能源，也是生命所需热量的能源。我国大部分地区属于中纬度地带，太阳辐射能资源丰富。光照年总辐射量在 $92.8\times10^4\sim278.4\times10^4 W/m^2$，其分布规律是从东向西逐渐增大。年辐射量最大的青藏高原，大部分地区在 $185.6\times10^4 W/m^2$ 以上，西北地区年辐射量为 $127.6\times10^4\sim150.8\times10^4 W/m^2$，华北地区为 $139.2\times10^4\sim162.4\times10^4 W/m^2$，东北地区为 $139.2\times10^4\sim150.8\times10^4 W/m^2$，长江中下游地区为 $139.2\times10^4\sim150.8\times10^4 W/m^2$，而其上游四川盆地仅 $92.8\times10^4\sim116\times10^4 W/m^2$，是全国年辐射量最低的地区。目前全国光能利用率平均约为 0.5%，光热潜力仍然很大。提高复种指数、实行间套作是提高光能利用率的重要途径。

全年日照时数，华南一般为 1800h，日照百分率 45%，长江中下游分别为 2000~2200h，日照百分率 40%~45%，华北为 2600h，日照百分率 65%，内蒙古自治区、西北各地为 3000h，日照百分率 60%~70%，最多的在塔里木盆地东部、内蒙古自治区西部、宁夏回族自治区、甘肃北部、柴达木盆地和西藏西部地区，全年日照时数达 3100~3300h，日照百分率达 70%。

2. 热量资源

热量是维持生命活动的主要条件。在现有的科技水平下，很难大面积地改变与控制热量条件。因此，作物的生产力在一定程度上取决于热量条件。热量条件对作物布局、多熟种植起了决定性作用。我国大部分地区属于温带和亚热带，南方热量资源比较丰富。按大于等于 10℃积温划分，我国的热量分布自南向北逐渐减少。一般纬度越高，海拔越高，大于等于 10℃积温越低，如最南部的南沙群岛超过 10000℃，全年日平均温度都在 10℃以上，最北部的黑龙江北部为 1500℃，一般不适宜农作物生长，东北平原为 3000~4000℃，稻作一年一熟；华北、关中平原为 4000~4500℃，可稻作一年两熟；长江流域以南地区 5800~6000℃，可稻作一年三熟；南岭以南地区在 7000℃以上，农作物可四季生长，稻作一年可三熟。各地区无霜期大致是：黑龙江北部小于 100d；东北大部 100~160d；长城以南 160~210d；秦岭淮河以南 210~250d；长江下游 250~300d；华南 300~360d；海南 365d。

3. 降水资源

我国多年平均降水深 648mm，降水总量 6.19 万亿 m^3，年降水深分布极不平衡，总的趋势从东南沿海向西北内陆逐渐减少。东南沿海和西南部分地区年降水深超过 2000mm，长江流域 1000~1500mm，华北、东北 400~800mm，西北内陆地区年降水量显著减少，一般不到 200mm，新疆塔里木盆地、吐鲁番盆地和青海柴达木盆地是降水深最小的地区，一般为 50mm，盆地中部不足 25mm。

（三）水资源

水资源包括降水量、河川径流与地下水。我国平均年径流总量为 27115 亿 m^3，年均地下水资源量为 8288 亿 m^3，扣除重复计算量，我国的多年平均水资源总量为 28124 亿 m^3。河流径流是水资源的主要组成部分，占我国水资源总量的 94.4%。

我国平均年降水量为61889亿 m^3，降水量的45%转化为地表和地下水资源，55%消耗于蒸发。

我国水资源的主要特点：①总量并不丰富，人均占有量更低。我国水资源总量居世界第六位，人均占有量为2240m^3，约为世界人均的1/4，在世界银行连续统计的153个国家中居第88位，属于世界上13个贫水国之一。②地区分布不均，水土资源不相匹配，南多北少，东多西少。长江流域及其以南地区国土面积只占全国的36.5%，其水资源量占全国的81%；淮河流域及其以北地区的国土面积占全国的63.5%，其水资源量仅占全国水资源总量的19%。③年内年际分配不匀，旱涝灾害频繁。大部分地区年内连续四个月降水量占全年的70%以上，连续丰水年或连续枯水年较为常见。

(四) 生物资源

我国生物种属繁多，群落类型多样，品种资源丰富，是世界上生物种类最丰富的国家之一。我国有高等植物300多个科，2980多个属，30000多个种，高等植物种类数量仅次于马来西亚、巴西，居世界第三位。

1. 我国农、林、牧、渔业的品种资源丰富

我国是世界上最古老的作物资源中心之一，世界上栽培植物（农作物）中最主要的有90多个种在我国就有50多个，其中水稻、大豆、粟、稷、荞麦、绿豆、赤豆等20种作物均起源于我国。全世界果树大约有60个科，2200个种左右，而我国主要果树就有50多个科，约300个种，品种万余个。全世界栽培的蔬菜有100多个种，其中原产于我国的约占49%。我国也是许多著名花卉的原产地。豆科牧草是人工草场最重要的栽培牧草，全世界约有600个属、1200个种，我国约有139个属、1130个种；禾本科牧草全世界共有500个属、6000多个种，我国有190多属、1150个种。我国还有丰富的野生资源植物，初步统计较重要的纤维原料植物有438种，淀粉原料植物145种，蛋白质和氨基酸植物260种，油脂植物374种，芳香油料植物285种，药用植物更是种类繁多，而且有许多是我国特有的珍稀种类。初步统计，我国有鸟类1186种，兽类470余种，其中具有经济价值的鸟类和兽类分别有329种和188种。我国的家禽家畜品种资源也是十分丰富，著名的地方良种约280个，其中拥有地方猪品种就有48个。我国近海有较大经济价值的鱼类1500多种，有淡水鱼类832种，其中不入海的纯淡水鱼类767种，江河洄游性鱼类65种。

此外，我国动物区系兼有古北区和东洋区的特点，黄河、长江中下游地区两大区系的动物交叉分布，兽类的狼、狐，鸟类中的麻雀、喜鹊、鸢等广泛分布，一级保护的特有珍稀动物有大熊猫、金丝猴、白唇鹿等23种，鸟类有丹顶鹤等3种，还有爬行类扬子鳄等。害虫天敌资源有赤眼蜂、啄木鸟等。

当前，我国作物种质资源总量突破50万份，位居世界第二。畜禽地方品种

达550多个，占全球的1/6。全国建立了以作物种质长期库为核心，复份库与10座中期库、43个种质圃为支撑、206个原生境保护区（点）为补充的作物种质资源保护基础设施体系，建立了199个国家级、458个省级畜禽遗传资源保种场、保护区、基因库相配套的畜禽遗传资源保护基础设施体系。资源收集保护与鉴定评价、发掘创制与育种应用等工作的开展，有力支撑了突破性新品种的培育推广，推动实现了农作物矮秆化、杂交化等历次农业绿色革命，持续提升了我国种业自主创新能力。当前，我国农作物自主品种占95%以上，畜禽核心种源自给率达到64%，品种对农业增产的贡献率达到45%。农业遗传资源保护与利用取得举世瞩目的成就，为保障国家粮食安全、生物安全和生态安全提供了有力支撑。

2. 森林资源

森林是重要的生物资源，是巨大的绿色宝库，是木材及林产品的资源，在保护资源与环境中起着重要作用。根据2019年第九次森林清查结果，森林面积2.20亿万 hm^2，全国森林覆盖率达到22.96%，全国现有森林面积2.2亿 hm^2，森林蓄积量175.6亿 m^3，实现了30年来连续保持面积、蓄积量的“双增长”。我国成为全球森林资源增长最多、最快的国家，生态状况得到了明显改善，森林资源保护和发展步入了良性发展的轨道。经济价值较高的有1000多种，如用材树种红松、落叶松、云杉、冷杉等，粮油树种板栗、大枣、核桃、油茶等，经济林树种橡胶、油桐、竹等。我国特有的古老树种有水杉、银杉等。

我国森林资源的特点是：①人均占有量低。我国的森林覆盖率只相当于世界森林覆盖率的61.52%，平均每人占有森林面积不到0.132hm^2，全国人均占有森林面积不到世界人均占有量的1/4。②分布不均。东部地区森林覆盖率为34.27%，中部地区为27.12%，西部地区为12.54%，而占国土面积32.19%的西北5省区森林覆盖率只有5.86%。③森林质量不高，林龄结构不合理。可采资源继续减少，这对后备资源培育构成极大威胁。④蓄积量低。全国平均每公顷蓄积量只有84.73m^3。单位面积蓄积量指标远远低于世界林业发达国家水平，人均木材蓄积量9m^3，仅相当于世界人均水平的13%。林木蓄积消耗量呈上升趋势，超限额采伐问题十分严重，全国年均超限额采伐达7554.21万 m^3。

3. 草原资源

我国草原面积约3.19亿 hm^2，约占全国总面积的33.6%，其中可利用面积为2.62亿 hm^2，主要分布在中国的西北部。从大兴安岭起，经黄土高原北部、青藏高原东缘，至横断山脉划一斜线，线以西为草原集中分布区，以东为农耕区（其间约有草地440万 hm^2）。我国重要的饲用植物不下6000种，占世界主要禾本科和豆科牧草种类的85%以上。中国草原上养育的各种家畜（不包括猪）量占全国1/3以上，其中有多种著名畜种，如三河马、新疆细毛羊、伊犁马、西藏羊、沙毛山羊及阿拉善骆驼等。

4. 水产资源

我国不仅有辽阔的陆地疆域，渤海、黄海、东海、南海四海相连，呈东北西南向的弧形，环绕我国东部和东南海岸，总面积$370\times10^4hm^2$，其中200m深线以内的大陆架面积$1.47\times10^8hm^2$，内陆水面约$0.27\times10^8hm^2$，其中河流$0.12\times10^8hm^2$，湖泊$0.08\times10^8hm^2$，池塘水库近$0.07\times10^8hm^2$，沿海还有潜海滩涂$49.33\times10^4hm^2$。目前淡水渔业利用率为65%，淡水养殖的利用率为23.5%，海洋捕捞多集中在近海范围，已引起近海渔业的退化，单位船生产力下降，同时经济鱼减少，杂鱼、小鱼增多。

第二节　农业资源的合理利用与保护

人类对资源的利用最初仅仅是为了温饱和生存，随着人类社会的发展，经济收益在资源利用中的地位逐步上升，开展资源保护通常与资源利用发生矛盾。为了解决人口增长与人均自然资源和农业用地不断减少的矛盾，为了保护自然资源、改善生态环境，为了农业现代化进一步发展，必须合理利用农业资源。所谓合理利用农业资源，就是合理的开发、利用、治理、保护和管理农业资源，以期达到最佳的生态和经济效益。

合理利用农业资源，是发展农业生产的一个具有战略意义的重大问题，必须依据农业资源的特性，综合考虑农业生态系统内的资源现状，以及各种农业资源所具备的特点，合理利用农业资源，遵循资源利用的基本原则，以充分发挥资源的最大效益。

一、合理利用农业自然资源的基本原则

随着社会生产的发展和人口的增加，产生了资源的有限性和环境污染问题的矛盾，这个矛盾日趋突出。为了解决人口增长与人均自然资源和农业用地不断减少的矛盾，为了保护自然资源、改善生态环境，为了农业现代化进一步发展，必须合理利用农业资源。所谓合理利用农业资源，就是农业资源的合理开发、利用、治理、保护和管理，以期达到最好的综合经济效果。

合理利用农业自然资源，是发展农业生产的一个具有战略意义的重大问题。必须根据前述的自然资源的基本特性，综合考虑农业生态系统内的资源现状，以及各种农业资源所具备的特点，合理利用农业资源，遵循以下基本原则，以充分发挥资源效益。

（一）因地制宜、因时制宜的原则

我国地域辽阔，自然资源时空分布形成了严格的区域性和时间节律性。因此，

在农业自然资源的合理利用中，要注意遵循因地制宜、因时制宜的原则，切忌“一刀切”。特别是农业可更新资源的利用，一方面要注意不同农作物、畜禽、林木、水生生物等都对其生长发育环境有着特殊的要求；另一方面要注意分析和研究不同地区资源的特点和其可利用性，充分利用资源的有利条件，发挥其生产潜力，做到宜农则农、宜林则林、宜牧则牧、宜渔则渔，并根据资源的供应量，合理组配农业生物种群和配置适宜的种群密度。针对农业自然资源的时间节律性，设计合理的农业生物节律与之配合，真正做到因地制宜和因时制宜，扬长避短，发挥优势。

譬如，根据气候干湿状况与生产力地区差异，在我国的东南部湿润、半湿润地区，要充分发挥资源的综合优势，不断提高综合效益；西北部干旱、半干旱地区，立足于保护生态环境，努力恢复和提高资源生产力；东西部之间，干湿过渡地带，要加强综合治理，尽快扭转恶性循环。

不同的农业生态系统，其农业社会资源状况也具有很大的差异，农业基础设施、经济实力和融资能力、离主要贸易中心的距离、交通运输能力、劳动力的数量和质量、农业信息的获取和处理能力等各不相同，农产品市场更是一个动态市场，农业经营者应根据本单位的具体情况，找出自己的社会资源优势和不足，随时掌握农产品市场的动态变化，具体情况具体分析，因地制宜、因时制宜地安排农业生产。

（二）资源利用与资源保护相结合的原则

资源利用与资源保护是相互联系又相互制约的，合理利用必须做到合理开发利用与加强资源保护相结合。在开发利用时注意保护，在保护的前提下合理开发利用。如果说开发利用资源是为了满足人类生活和社会需求，保护资源就是为了保证这种供应的连续性；如果说开发利用资源是为了提供当代人的需要，那么保护资源是为了不危害子孙后代的需求。

自然资源的合理利用和保护，应当根据不同的资源类型和特点，制订相应的利用和保护计划。可更新资源的利用要首先考虑资源的再生能力，开发利用的强度不应超过资源的再生能力。在利用可更新资源时，还要注意抑制资源生产力的下降，防止自然资源的破坏和流失，确保其可持续利用。对于系统内不可更新资源的利用，要确定资源的储采比，合理调节有限资源的耗竭速度，开源节流，延长资源的使用年限。

任何一种资源的利用都有适量、不适量和最大适量的问题，中国在农业生产中严重的教训是过去曾经忽视了生态平衡，对自然资源的利用超过了资源的利用极限和再生极限，进行掠夺性经营，诸如种植业中的盲目开荒、林木中的过度采伐、草原牧业中的超载放牧、渔业中的过度捕捞等，其对于农业生产力以及生态环境所带来的恶果已为历史事实所证明。

合理利用和保护资源，不仅包括对自然资源的保护和利用，也包括对农业社会资源的合理利用和保护。在农业社会资源的合理利用和保护中，构筑合理的人才管理机制是现代化农业企业的关键，通过引进人才、培训人才、加强社会交往，以充实加强系统的人才储备库；通过继续教育、对口培训，以提高系统内的劳动者素质；通过合理的分配制度、和谐的内部关系，以充分调动全体从业人员的积极性。

（三）资源利用与资源节约相结合的原则

由于中国生产技术比较落后，设备陈旧，管理不善，资金短缺，资源性产品价格偏低，资源管理体制和政策尚不十分健全等，导致资源浪费现象严重，矿产资源每年至少浪费1000万t以上，水资源的浪费更是数目惊人。因此，中国自然资源的节约潜力很大。节约使用资源不但有利于资源保护，而且具有投资少、周期短、见效快等特点。

当然，一方面要注意节约使用资源，另一方面也要注意资源的开源与节流相结合。资源的开源和节流是互为依存的，开源是节流的前提，节流是开源的继续，应根据不同资源不同条件确定其侧重点。对于某一现实的农业生态系统，开源的途径是多方面的，通过资源引进、低值资源的利用、替代资源的开发、废弃物资源化等途径，从而拓展系统的资源流通量，提高农业生态系统的功能。

据测算，现在栽培植物的光能利用率全世界平均不到0.1%，普通大田作物的光能利用率为1%~2%，理论光能利用率可接近5%，在实验室中甚至可达10%~12%，植物光能利用的发展潜力巨大。此外，遗传工程、生物固氮等现代生物学研究的进展，电子技术、核技术等在农业上的广泛应用等，也已为农业自然资源的进一步开发利用带来新的前景。

替代资源的开发具有很重要的实际意义，为了使资源替代实现最佳经济效果，可利用边际平衡原理进行分析。利用多种资源生产等量农产品时，为了节省费用、降低成本，用高效（或价格低廉）的资源来替代一部分原有资源，当替代资源的边际费用与换出资源的边际费用相等时，就使相互替换的资源之间的替换率达到了最适度，从而能找出生产等量农产品的成本最低的资源组合。

农业资源
替代技术（微课）

（四）综合开发、综合利用的原则

由资源本身所具有的多宜性决定了对多宜性资源要进行综合开发，实现资源的多层次、多途径利用，以提高资源的利用效益，例如水库的主体功能是用于农业灌溉，但在水库中养殖鱼类并不影响其灌溉功能；再结合钓鱼，既能给垂钓者提供乐趣，又能增加系统收益；若综合开发为由旅游、养殖、灌溉、水力发电等项目组成的综合利用系统，则系统的效益更高。由此可见，综合开发、综合利用资源，形成良性循环的多层次、多途径综合生产系统，不仅可充分发掘资源的生产潜力，还能大大提高农业生态系统的效益。

资源的综合开发和综合利用不仅要对资源进行定性分析，以找出资源能提供的多种利用途径，还要对资源进行定量分析，以找出等量资源生产多种农产品的最佳收益组合。这可利用边际平衡原理，即：若一定数量的资源分配用于生产多种产品，当生产出的各种产品的边际收入相等时，系统的生产收益最大。

二、 土地资源的合理利用与保护

1. 当前我国土地资源利用主要问题

（1）绝对数量大，总量大，人均少，“人地矛盾形势严峻” 我国耕地面积142439万亩，居世界第四位，人均耕地占有量1.4亩，只相当于世界人均值的三分之一。由于我国人口众多，土地资源相对不足，导致人地矛盾形势严峻。

（2）土地类型多，但利用难度大 由于我国国土面积大，导致地形条件复杂多样，山地、盆地、丘陵、平原、高原等各类地形交错分布，形成了复杂多样的土地资源类型，为综合发展农、林、牧、副、渔业生产提供了有利的条件，但是也使得开发利用十分困难。在全国国土面积中，65%属于山地或丘陵，33%属于干旱地区或荒漠地区；55%不适宜人类生活与生产，35%受到土壤侵蚀或沙漠化影响。全国大于25°的陡坡耕地有9000多万亩。从耕作条件来看，我国大多数地区的耕地耕作条件差，存在水源缺乏、干旱退化、水土流失、污染严重等问题。

（3）土地利用程度低，浪费严重，且利用程度空间分布不均匀 近年我国各地都兴建开发区，但是由于资金不足等多种原因，许多开发区实际上处于停滞状态，浪费了大量的土地资源。另外，我国土地资源的利用程度地区分布不均匀，东部地区可利用土地少，但是利用程度高，中部地区利用程度相对比较充分，而西部地区则利用率非常低。

（4）分布不均匀，保护和开发利用问题突出 分布不均匀主要是指类型分布不均匀和人均占有量分布不均。不同地区的土地资源在保护和开发方面都有着不同的问题，如我国有着广阔的草原，但是利用率很低，而局部地区的草原又有着放牧过度、草场退化的问题。

2. 保护我国土地资源的合理利用

针对以上问题，在保护我国土地资源的合理利用过程中应该始终做到以下几点。

（1）加快经济增长方式和土地利用方式的转变 首先，要加快产业政策的调整和经济增长方式的转换，不断地优化土地利用结构。产业政策主要包括产业结构政策、产业组织政策、产业技术政策和产业布局政策这四大部分。发达地区的城市产业一般都处在“二、三、一”的阶段，产业结构调整的大体方向是加大对第三产业的投入，使城市的产业结构调整为“三、二、一”，做这种调整的原因是，就土地本身利用的集约度和土地的利用效益而言，第三产业的土地利用集约度远远大于第一、第二产业。而在产业技术政策与产业布局政策的调整上，应该由资源密集型产业导向转化为资源节约型产业导向，促进产业技术的不断升级和产业布局的集中发展。在对农业内部进行结构调整时，也应该向遵循这种原则，努力促成土地方式由粗犷利用向集约利用的农业耕作方式和种植方式转化，大力提倡各种土地节约型技术和项目的开展。

其次，在城市化进程的过程中要注意准确引导，不断地提高土地利用的集约度。土地资源的约束是城市化进程的首要制约因素，而在城市化进程中，更应该要把土地利用规划作为主导，稳步推进城市化进程。土地利用规划的内涵就是根据社会经济发展的基本需求对土地资源实行再分配的过程。因此，必须着眼于土地的可持续发展利用，其基本的核心是如何处理好生存和发展的关系问题，规划的方法应该以供给来定位土地的需求，并适当结合当地的实际需求。

(2) 加强对土地使用方式的管理，保护耕地资源的数量稳定　第一，把基本农田保护放在第一位，对弹性耕地总量实行弹性的动态平衡政策。这一政策是中央政府在我国耕地面积逐年减少的情况下，出于对粮食安全的考虑而做的正确决策，但由于其对于新开垦的耕地质量标准要求比较模糊，更没有考虑到土地开发造成的环境生态影响和地区之间的人地关系差异，从这方面上看，这一政策的效果有点不佳。因此，应当把耕地总量指标作为实现动态平衡的目标，对耕地总量实行动态平衡政策。第二，对用地审批严格把关。根据相关的动态政策规划，对审批用地严格把关，对待后耕地的管理监督不断加强，坚决收回各种违规的和不符合国家相关产业政策的项目用地，对一些“不切实际”的面子工程，坚决不予审批。对一些重点地区和重点城市的重点项目组织严格检查，不断强化建筑用地的批后监督管理，尽快全面落实建筑用地的备案和批后审查制度，建立完善的土地利用信用评估机制。

(3) 加强对土地资源质量保护，减少因此而造成的土地资源流失　其一，在对农地保护措施上，实行以退耕还林、退耕还草以及休耕为主，加强对土地质量的保护。对农地有力的保护可以减少土壤的侵蚀量和水土的流失量。退耕还林、退耕还草、休耕就是将一些较容易发生侵蚀的区域耕地转化为林地、草地或者休耕，有利于更好地涵养水源，保护水土的流失。从长期来看，通过对农地的保护，既可以维持粮食的生产能力，又可以不破坏当地的生态环境。因为在这个过程中，农业的自我调节和恢复能力逐渐发挥，因此，土地资源的利用变得非常重要。其二，逐渐实行对中低产田的改造，提高土地生产力。我国的耕地面积不断减少的趋势越来越明显，为了不断满足人口增长的压力，保障生态退耕的有利进行，遏制耕地质量的下降，必须对土地采用集约化管理和利用，大力加强基本农田的建设和改造。

三、生物资源的合理利用与保护

（一）森林资源的利用与保护

我国森林资源利用中存在的问题也较多，这主要表现在：滥砍滥伐现象严重，过量采伐和重采轻造的现象仍较突出；由于护林防灾规章制度和组织不健全，使森林水灾严重，大量森林毁于火灾；由于人口增长，毁林开荒以增加粮食产量，导致了严重的生态后果；重采轻育，使森林资源得不到人工更新。

森林资源的利用与保护途径主要为：大力开展造林绿化，认真贯彻《中华人民共和国森林法》，提高森林覆盖率；封山育林，制止滥砍滥伐，加强森林资源管理；有计划地加速边远过熟林区的开发利用；对水源区和用于防风固沙的森林要严加保护：加强森林的更新和抚育，提高速生丰产林面积；开发木材综合利用技术，开发木材的替代材料（如以钢代木、以草代木等），以尽可能减少森林资源的砍伐。

（二）草场资源的利用与保护

在草场资源利用中，我国目前还存在着草场管理不善，滥垦、滥牧、滥采现象仍较严重，大部分草场不同程度地存在超载现象，草场资源退化严重。南方山地及滩涂草地尚有大部分未开发，造成草场资源的极大浪费；北方农区草地大多垦草种粮，造成“开垦—沙化”或“次生盐渍—撂荒”的恶性循环，严重地破坏了草地资源。草地资源重利用轻建设的现象仍较普遍，草地畜牧业设施简陋，草地经营粗放。家畜良种化程度低。我国草地畜牧业的畜群结构不合理，家畜大多为古老的地方品种，优良品种较少，良种化程度低。

根据草场的具体条件，确定合适的载畜量，及时调整畜群结构，是提高草场资源利用效率的重要措施；建设一定面积的集约化人工草场，实行科学管理，以达到优质高产，推动我国畜牧业生产的发展；严禁对草原乱垦、滥放，加强对草场资源的管理，以防止草场土壤沙化和草场资源退化。

（三）渔业资源的利用与保护

渔业资源利用中存在的问题主要是：随着工农业生产的发展，环境污染也越来越严重，日益严重的水域污染，导致水生生物种类减少，沿海和近海渔业资源遭到严重破坏，优质经济鱼类大幅度减少，幼杂鱼比例过大。渔业发展不平衡，渔业内部结构失调突出。近年来，我国淡水养殖业发展较快，但浅海滩涂开发利用不够，外海水产资源开发利用不充分，水产品保鲜加工基础设施落后，制约了我国渔业进一步发展。

渔业资源的利用与保护途径为：确定科学、合理的捕捞强度，严禁超强度捕捞，坚决制止捕捞经济渔类的幼苗，禁用破坏渔业资源的渔具和捕鱼方法；大力开展人工养殖和资源增殖；发展远洋渔业；对内陆水域资源，要控制围湖造田，防止环境污染；建立水产资源和水域环境的监测系统，以保护渔业，促进渔业发展。

农业资源增殖技术（微课）

（四）野生生物资源的利用与保护

野生生物资源具有非常重要的意义：①生物资源是维系生态系统多样性的物质基础。多样化的生态系统、交错的食物网关系、复杂的种间相互作用，都依赖于生物圈的生物多样性。②物种多样性是人类赖以生存和长期延续的前提。现在的农业动物和植物，最初都来自野生生物；现在的野生生物，将来也可能成为农业生物。③遗传多样性为育种工作和遗传工程提供了广阔的前景。野生生物经历了漫长的自然选择，其遗传、变异形成了内容丰富的基因库，人类对农业动植物的改造和育种工作利用野生生物资源中的某些特异基因，往往能取得重大进展；遗传工程通过对野生生物的基因利用，拥有了更加广阔的发展前景。

野生生物资源的保护措施主要有以下几种。

（1）加强野生生物资源的管理　目前，我国已制定了《中华人民共和国野生动物保护法》《中华人民共和国野生植物保护条例》等法律法规。然而，珍稀野生植物的采集，野生动物的乱捕、滥猎现象仍然十分严重。这一方面需要有关职能部门加强管理，严格执法；另一方面，还要广泛宣传，提高公民的环保意识，使广大公众加强监督，齐抓共管。

（2）野生生物资源的就地保护　目前，建立各种类型的自然保护区，将有价值的自然生态系统和野生生物生境保护起来，已成为有效保护野生生物资源的重要措施。我国于 1956 年在鼎湖山建立了第一个自然保护区，到 2013 年年底，全国已建立国家级自然保护区 407 个。自然保护区的类型有森林生态系统、草地生态系统、荒漠生态系统、内陆湿地和水域生态系统、海洋和海岸带生态系统、野生动物、野生植物、自然遗迹等。

（3）野生生物资源的迁地保护　利用植物园保护野生植物资源，各国均有许多成功的经验，例如中国植物园保存的高等植物达 23000 种，为了加强珍稀濒危野生植物的保护，还对濒危林木、果树、观赏植物、药用植物等进行保护性繁育。野生动物的迁地保护主要是通过动物园进行，我国利用动物园迁地保护的野生动物达 10 万多头，已建成以保护野生动物为目的的濒危动物繁育中心、基地 26 个，濒临灭绝的大熊猫、扬子鳄、东北虎开始复苏。

（4）离体保护种质资源　我国已成为世界上遗传种质资源材料保存最多的国家之一，收集和保存的作物遗传种质资源总量达 35 万份，保存的畜禽地方良种有 398 个，同时新建立了一批具有现代化水平的动物细胞库和动物精子库。把这些离体保护种质资源的设备设施进一步发展，应用到野生生物种质资源的保护中，将对我国的遗传工程有重大意义。

四、水资源的合理利用与保护

我国水资源存在的问题主要有：水资源相对较少；水资源分布不均匀；水环境恶化；水资源利用效率低。水资源的合理利用与保护途径主要在以下几个方面。

（一）加强水利基本建设

兴修水利包括有计划地修建水库等集水设施，增加蓄水、供水能力；修建规范的排灌系统，提高水资源的利用率；清理维修池塘、坝堰、水渠，提高其灌溉功能。进行大江、大河、湖泊的综合治理，加强江河湖泊的蓄洪、泄洪和灌溉功能。

（二）节约用水

在水资源不足的地区，改进灌溉技术，采用喷灌、滴灌等措施，可节约水资源；改良土壤结构，提高土壤的保水保肥能力，可减少灌溉水的耗用；地膜覆盖、塑料大棚、日光温室等设施设备，不仅能改良农业生物的温度等生态因子，其水分利用率也很高，发展节水农业，减少水资源浪费是农业生态系统发展的一大方向。工业生产和城市居民生产的节水也具有很大的潜力。

（三）水资源的区域调节

我国水资源分布的地带性差异，形成了明显的南方水资源相对过剩，而北方水资源严重不足的情况。我国目前进行的南水北调工程，就是为解决北方水资源缺乏情况。长距离的水分区域调节完全是可行的，通过修建引水渠和输水系统，可提高水体的灌溉效率和水体灌溉覆盖度。

（四）加强废水利用

废水利用不仅包括农业灌溉水的回收利用，还包括城市生活污水和其他只含有机污染物的废水的污水灌溉，以及用于污水处理的氧化塘内的种植和养殖。对于含有酸、碱、盐和重金属污染物或其他有毒物质的污水，一般不能直接用于农业灌溉，也不能用于饲料生产，以防有毒物质沿食物链进入人体，最终危害人体健康。对于这类废水，可用作生产观赏性植物、纤维作物等的灌溉用水，也可作纯观赏用途，或回收用于工业生产。

（五）适度开采地下水

在严重缺水地区，开采地下水用于生活和农业灌溉也是必要的，但地下水的开采应该适度，不能形成过度开采。目前，我国北方各大中城市都存在地下水开采过度的问题，地下水位平均每年下降1m以上。

（六）综合利用水资源

水体的功能是多方面的，包括灌溉、运输、养殖、种植、清洗、溶解、观赏、游乐等，综合利用水资源的方法也多种多样。通过多渠道、多途径、多层次综合利用水资源，提高水资源的生产效率，建立合理的水域生态系统，不仅可提高水域生态系统的经济效益，也有利于水域实现生产自净和良性循环，改善水域生态环境，提高整个系统的功能。

农业资源节约技术1（微课）

第三节　农业资源调查与评价

农业资源节约技术2（微课）

一、农业资源调查与评价的目的和原则

（一）农业资源调查与评价的目的

农业资源调查是指对一个国家、一个地区各种农业资源的种类、特征、数量、质量、分布和潜力及其开发利用现状、存在问题进行的全面综合的调查。而农业资源评价则是在资源调查基础上，针对资源数量的有限性和质量、分布及其结构功能的差异性，结合发展生产的要求，对各种资源在利用中可能发生或已发生的作用和效益予以科学的计量与评价，提出资源合理开发利用的方向和方式。

农业资源调查评价的基本目的在于查清农业资源的数量、质量、分布利用状况及其生产潜力，协调人与自然、人与资源的关系，保持和增强农业生产中生物系统为人类需要提供资源的能力，以提高资源生产力和生产率，促进农业扩大再生产，使生产的发展与环境协调，取得最佳的综合效益。

通过农业资源调查，首先可以为研究农业结构和布局奠定基础，要构建一个合理的结构和布局，对农业资源进行综合评价是一项必不可少的基础工作。然后，可为科学划分农业区域提供可靠依据，农业生产地域差异性强，不同地区的生产力水平、自然资源和经济条件不同，农业资源调查与评价能揭示农业生产的地域分异规律。最后，可以为农业资源的合理开发和农业区域规划提供科学依据。

（二）农业资源调查评价的原则

根据农业资源调查与评价的目的，结合农业生产特点，在农业资源调查与评价中必须遵循下列原则。

（1）着眼长远，立足当前，实行长远与当前结合，为农业生产服务，既要从

我国当前农业的实际情况和特点出发，依据实现农业可持续发展的具体要求，查明资源及其潜力，探明地区的资源优势和生态规律，为制订农业区域规划和开发整治的最优方案提供依据；也要考虑在市场经济条件下自然生态系统变化和经济周转速度快的特点，使评价工作不断增加深度和广度。

（2）运用生态效益、经济效益和社会效益相结合的原则，进行综合效益的分析、评价，农业资源调查与评价工作既要依据自然生态规律要求，查明和分析各部门与农作物在一定自然条件下的适宜性和技术可能性，又要在此基础上根据社会经济规律要求，分析论证其经济合理性和可行性，以期在保证生态效益的前提下，取得最大的社会经济效益。

（3）要深入分析主导因素和限制因素，进行全面系统地评价。各种农业资源在农业生产中是一个有机的整体，但由于各种资源条件对不同作物与生产部门的意义、作用和适宜程度各不相同，因而不能把所有因素放在同等重要的地位，而必须着力于主导因素和限制因素的调查与评价。所谓主导因素，就是在很大程度上决定某一生产门类的发展是否适宜、是否合理可行的因素，它可以是单项因素，也可以与部分自然因素的结合。

（4）依据农业地域差异、因地制宜、扬长避短、发挥区域优势的原则，评价资源的质量等级及其合理利用的方向和途径。农业资源是形成农业生产地域性的基本因素，在社会、经济技术条件大体相同的情况下，条件的差异常成为决定农业生产结构和地区布局的决定因素。因此农业资源评价要着重于发挥当地资源优势，突出地域生态条件的特征和主导因素，分析确定各种资源的开发利用方向，为因地制宜地利用、改造自然和指导农业生产提供依据。

二、 农业资源调查与评价的内容

农业资源调查与评价的基本内容，一般应包括以下几个方面。第一，摸清资源“家底”，查明资源的种类、分布、数量、质量特征和潜力。第二，评价各种资源条件与农业生产的关系，探索农业生态规律及各种资源条件对农业生产的适宜性和限制性。第三，综合分析各种资源条件在地域上的不同组合及其对农业生产的有利和不利影响。第四，探讨各地区合理开发、利用、改造和保护自然资源的方向、方式和途径及其生态效益和社会经济效益。

由于农业资源种类繁多，不同农业资源调查与评价内容也各不相同，因而农业资源调查与评价的具体内容很多。调查与评价工作要围绕农业生产发展和人类生活需要，侧重于那些有重大影响而较为稀缺的自然资源。主要是土地资源、气候资源、水资源、生物资源等，而数量巨大不易匮乏的农业资源，则可以不作为重点。

土地资源的调查与评价首先要为各种农业用地的现用地建立严格规范的土地档案。其次要对各种农业用地的质量进行调查。只有在对现有耕地资源的土壤性状了解的基础上，才能因土制宜、科学地制定正确的施肥、耕作和改良措施，提高我国农业土地资源的使用效率。再次，对适宜农用的土地的选定标准、分类系统、评价原则与制图方法进行科学的分析并应用于土地资源调查。综合考虑气候、土壤、地貌、水文、地质、植被等因素综合分析，确定宜垦土地的选择标准，制定一个统一的质量评价标准，为确定开垦程序、开垦措施、改良方向提供依据。

气候资源的调查与评价首先要阐明光照、温度、水分等因素在时间、空间上的分布变化规律。其次还要注意进一步揭示光、温、水等因素对各种作物、家畜、林木、牧草的生长繁育和经济性能的影响，建立相关的指标体系，阐明诸因素与农业生物生产量之间的相关性，分析各种农业生物稳产、高产、优质的气象条件，从而为合理配置农林牧业、制定增产措施、因地制宜引种育种等工作提供科学依据。

水资源不仅仅要应用于农业，同时也是工业、城乡人民生活所必需的资源。然而农业仍是用水量最大的部门，其用水占世界总用水量的70%~80%。近几十年来，全世界上的用水需求量在急剧增长，不少国家和地区日益感到水资源的不足对社会经济发展的制约。如何协调社会经济各个方面的用水，保证农业水资源的可持续利用和开发，针对农业水资源的调查将是所有工作的基础。

农业生物资源的调查，对于我国这样一个农业大国发展国民经济有着更直接的联系。从生物所属种类到可持续性的开发利用，建立一套完整的调查研究体系是我们科学分析、有效利用农业生物资源的重要保证，如各种野生油料、香料、淀粉、药用植物等，各种野生、驯化的珍贵毛皮、药用动物，各种经济鱼、虾、贝藻等水生生物，都是发展工业、农副业、渔业的重要资源，应该有计划、有组织地逐步查明它们的分布规律、生态条件，研究其理化性质、经济价值，估算其数量，为合理利用与引种栽培、驯化饲养提供科学依据。

农业生物资源还包括各种农作物、栽培牧草、家畜、家禽等品种资源。我国农业文明历史悠久，有着异常丰富的品种资源。它们是在各种不同的生态条件下通过人工长期栽培、饲养繁育出来的，是我们现有农业生物资源的重要组成部分。广泛调查收集这些品种资源及其野生近缘资源的数据资料，进行整理、鉴定和储藏，对于研究其合理利用和发挥其更大作用，进一步选育新的更适宜的优良品种，具有重要的作用。

另外，我国拥有大量珍稀动植物品种，由于它们对生存条件和生活环境的要求十分特殊，因而分布区域十分狭小，数量稀少，有的甚至是全世界仅存的种类，例如水杉、银杉、大熊猫、金丝猴等。这些珍贵稀有动植物往往于森林茂密处生息繁衍，而这样的地区往往又是农业生产可利用资源的开发区，如何在保护好珍稀物种资源的前提下，达到可持续开发利用农业生物资源的目的是我们进行农业生物资源调查研究乃至评估的重要原因。因此，全面细致深入地调查、规划，加强对珍贵动植物及其生活环境的保护，开展珍贵动植物生态规律与更新、繁殖的研究，为我国农业发展乃至国民经济的发展提供更多的生物资源是我们调查研究的重要任务。

除此之外，还要注意海洋生物资源的调查研究。中国海域的生物种类丰富多样，已有描述记录的物种达 2 万多种。海产鱼类 1500 种以上，产量较大的有 200 多种。渔场面积 280 万 km^2，水产品年产量达 2800 多万 t，居世界首位。中国目前已是世界第一海水养殖大国。我国海洋生物的物种较淡水多得多，有记录的 3802 种鱼类中，海洋中的鱼类就占 3014 种。此外，我国还拥有红树林、珊瑚礁、上升流、河口海湾、海岛等各种海洋高生产力的生态系统，对各类海洋生物的繁殖和生长极为有利。“海洋水产生产农牧化”“蓝色革命计划”和“海水农业”构成未来海洋农业发展的主要方向。然而和大陆生物资源的调查相比，海洋调查工作做得就更少了。对海洋生物资源的开发和利用就是要通过人为干涉改造海洋环境，以创造经济生物生长发育所需的良好环境条件，同时也对生物本身进行必要的改造，以提高它们的质量和产量。通过建立育苗厂、养殖场、增殖站，进行人工育苗、养殖、增殖和放流，使海洋成为鱼、虾、贝、藻的农牧场，而这一切都是以科学的调查和分析为基础的。

三、 农业资源的评价方法与程序

农业资源利用效率评价是资源科学研究的重要内容。农业资源利用效率研究不但可以促进资源科学综合研究，丰富资源科学理论，而且有利于保障粮食安全、改善生态环境、提高粮食产量，因此，农业资源利用效率研究具有很强的理论和现实意义。

（一）农业资源评价方法

目前，国内外许多学者将经济学、社会学、生态学、数学等学科的理论和方法与农业生产实践相结合，在计算机等现代分析手段的辅助下，对如何更好地评价农业资源利用效率进行不断的探索。我国农业资源具有绝对量大、相对量小的特点，特别是耕地资源紧张，水资源匮乏，构成了农业持续发展的重要限制因素。粮食生产过程中不当的资源利用方式不但没有达到稳产高产的目的，而且给环境带来了很大的负效应。如何对有限的农业资源进行内涵挖潜，提高资源利用效率，协调粮食生产过程中生态效益、经济效益与社会效益三者间的关系，实现农业资源的高效持续利用，是一个具有理论和实践意义的课题。

1. 比值分析法

比值分析法是一种简便而又实用的方法，农业资源效率计算如下：

$$R_{\infty}=\frac{E_0-N_0}{R_i}$$

式中　R_{∞}——广义的农业资源效率

R_i——资源消耗量或占有量

E_0——有效价值产出

N_0——伴随该资源消耗利用过程产生的负面效应价值

可以利用比值分析法直接求算资源利用效率，还可以通过计算资源消耗系数间接求算资源利用效率。消耗系数越大，资源的利用效率就越低。

2. 能量效率分析的评价方法

农业资源利用效率评价指标体系中除包括水、土、气、生等单项资源利用效率评价指标外，还包括物质、能量转化效率等一些综合性指标。能量效率分析就是要研究系统的能量流，从能量利用转化的角度进行效率分析。在研究能量流的过程中，利用能量折算系数把各种性质和来源不同的实际投入、产出物质转换成能流量，通过计算机和统计分析确定系统内各成分间各种能流的实际流量。

对于农业生产系统，主要是研究其辅助能量投入、产出以及转化率的大小，包括生物辅助能、工业辅助能、人工辅助能、产出能等。目前能流分析方法有统计分析法、输入输出分析法、过程分析法三种。以输入输出法为例，首先测定输入输出实际的流量，利用能量折算系数统一量纲；在此基础上，进行能量效率分析，分别计算各种辅助能的能量利用效率（总产出能/各辅助能投入）、太阳能利用率（系统能量总产出/系统太阳能输入）、总的能量利用效率（总产出能/总投入能）以及能量投入边际产出等。还可以利用统计的方法，对各辅助能投入与能量总产出之间进行回归分析，寻找农业生产中的限制性因子。应用灰色系统理论的关联分析方法对影响能量总产出的各项投入因子的重要性进行量化分析，寻找较能影响系统产出的因素，计算各种能量的投入比例，分析系统的能量投入结构，以反映能量投入效果，确定能量投入是否合理。

3. 因子-能量评价模型

因子-能量评价模型是基于能量分析，以能量作为评价媒介，采用能量的形式，将诸多功能、性质、量纲等都不一致的因子置于统一的衡量指标下。不同于能量效率分析的是，它以能量运动转化的衰减过程为评价主线，不但是对辅助能的评价，而且更多的是对自然资源利用效率的评价，评价过程也具有更好的层次性。因子能量评价模型将农作物产量形成过程划分为若干环节，每个环节加入一个资源因子，对应一个理论产量，随着环节的深入，影响因子逐渐增多，理论产量呈衰减趋势，通过建立因子间相互关系来寻找限制性资源因子及其定量制约程度。因子对生产过程的影响主要通过以下几个方面体现：因子-能量损失量（相邻理论产量的差值）；因子-能量衰减率（差值与上一级理论产量的比值）；资源组合利用效率（实际产量与各级理论产量的比值）。

4. 能值评价方法

能值是由著名生态学家奥德姆创造的一个新词，其定义为：一种流动或储存的能量所包含的另一种能量的数量，称为该能量的能值。在实际应用中通常以太阳能值为标准来衡量其他各类能量的能值，即一定数量某种类型的能量中所包含的太阳能的数量。将单位数量（1J、1kg 等）的能量或物质所包含的太阳能值称为“太阳能值转换率”。能值的提出是系统能量分析在理论和方法上的一个重大飞跃，借助太阳能值转换率，生态系统的能量流、物质流和货币流等，均可换算为统一的能值。因此，系统研究包含了自然和经济资源，而且这些作用流可以直接加减和相互比较，从而实现了系统生态分析和经济分析的有机统一。

5. 包络分析法

包络分析（DEA）法是美国著名运筹学家 Chares 和 Cooper 等在 1978 年提出的，主要采用数学规划方法，利用观察到的有效样本数据对决策单元进行生产有效性评价。DEA 法用一组输入、输出数据来估计相对有效生产前沿面，这一前沿能够很方便地找到，生产单位的效率度量是该单位与确定前沿相比较的结果。应用 DEA 法可以进行农业资源相对生产效率评价及农业技术效率评价。

6. 指标体系评价方法

为评价目标建立评价指标体系是较基础而常用的方法，在农业资源利用效率研究中建立评价指标体系，根本目的在于通过制定适当的度量指标，并依据指标间的前后、左右关系，形成有序而全面的评价指标系统，用以定量反映和衡量农业资源利用的有效性状况，识别和诊断不同地区、不同类型和不同模式农业生产和再生产过程中的限制性因素及其制约程度，勾绘出农业发展的资源利用基本轮廓。

（二）农业资源调查与评价的程序

1. 有步骤地安排工作程序

农业资源调查与评价工作一般应按照先调查后评价的顺序进行，但二者在实践中不是截然分开的，通常是结合进行的。首先，要根据农业部门或作物对光、热、水、土等有关自然条件的要求，对一定地区的自然条件进行分析，评定其分布、数量、质量特征，以及对生产发展与布局的适应性和保证程度，并评价这些条件在地域上的组合和作用；然后，在综合分析基础上，区分主次因素，深入分析主导因素及其对生产发展的作用，按主导因素的数量、质量指标及主导因素同各项次要因素的联系特征，把评价地区划分为不同等级的自然条件评价类型地区；最后，按类型地区逐一论证其合理开发利用的可能方式、方向及综合经济效果。

2. 选择具体的调查与评价方法

农业资源调查的形式很多：按调查所涉及学科分为综合调查和专题调查；按调查包括的范围可以分为全国、大区、流域、省、市（自治区）、县、场等；按时间分为一次性调查和经常性调查；按不同特点又分为普查、重点调查、典型调查；按调查方法可分为地面常规调查和遥感调查。针对农业资源调查的不同目标，应有选择地采用不同的调查方法。

3. 设计适当的指标系统

在农业资源调查与评价中，无论采用哪种方法，都要对各地区各种自然资源的适宜性和保证程度进行切实的分析评价，还必须根据评价项目的具体要求，因地制宜制定一系列的指标体系，以作为自然、经济、技术评价的尺度。定性分析只能从适宜性和合理性程度上反映分析等级尺度，主要用于概查和初期评价，如对土地质量的适宜性、限制性评价，其级间差异只是用“适宜”“不适宜”“高度适宜”“中度适宜”“勉强适宜”“有条件适宜”“当时不适宜”“永久不适宜”等定性指标来表示相对的等级差别。当进入详查阶段后，只进行定性分析已不能满足评价要求，还要进行定量分析。这就要求制定定量指标，如反映土地特性和质量的自然属性指标：雨量、土壤质地、土壤水分有效性、土壤抗侵蚀性、作物产量、树种年增长量等。

实验实训　农业资源及其利用现状调查

一、 目的意义

通过对农业资源及其利用现状调查，了解所在地区的农业资源现状，分析存在问题，提出改进农业资源利用的措施。

二、 方法与步骤

1. 活动准备

将全班按每组 3~5 人，分为 6~10 组，以组为单位制订活动提纲。

2. 实训步骤

（1）搜集资料　可到有关地区农业生产行政管理部门、农业技术推广部门、农业科研院所、气象站、水文站和学校图书馆等广泛搜集本地区与农业资源有关的资料，如农业区划资料、土壤普查资料、农业基本统计资料、土地管理基本统计资料、气象资料、水文地质资料等。

（2）实地调查

①选点：选取能够代表调查地区自然条件、农业生产条件和社会经济条件的地区或生产单位。

②实地勘察：请有关人员引导察看现场，熟悉地形、位置、耕地分布、居民点情况等，并绘制平面示意简图。

③座谈访问：向有生产经验和了解情况的基层干部、技术人员和农民群众访问或座谈，获得相关资料。

④填写表格或问卷：根据调查目的，设计有关调查表格或问卷，并根据座谈访问、资料查阅、实地勘察等方法进行填写。

（3）调查内容

①农业自然条件：如地理位置、地形地貌、土质、地下水位、水资源、气候资源等。

②农业生产条件：如耕地面积、山地面积、草地面积、林地面积、荒地面积、劳动力状况、灌溉条件、机械化水平等。

③农业生产现状：如历年各业的规模、单产、总产量、总产值及其变化，历年各业成本、收入情况及其变化，各业收入比重，各种农产品的自给率、商品率，以及人均产量、人均产值、劳动产量、劳动产值、人均纯收入等。

④社会经济条件：如人口状况、劳动力状况、交通条件、经济条件、教育条件、通信条件等。

⑤农业资源利用现状：通过调查各种农业自然资源和社会资源的利用现状，总结其资源利用方面的成功经验，找出资源利用过程中存在的问题。

（4）资料整理与分析　调查过程中，应及时对所收集的资料进行整理，并进行必要的统计分析，从而得出有价值的结论。

3. 编写报告

根据调查获得的资料，分组讨论并总结，写出一份调查报告。

本章小结

本章主要介绍了农业资源的合理利用及保护，分别从农业资源的分类与特性、农业资源的合理利用与评价和农业资源的调查三方面进行了介绍，介绍了农业资源的概念、分类和特性，以及现阶段我国自然资源和社会资源的开发和利用状况；介绍了合理利用自然资源需要遵守的原则；介绍了土地资源、生物资源、水资源等农业自然资源的合理利用和保护途径；介绍了如何对现有的农业资源进行评价。

复习思考题

1. 解释以下概念：资源、农业资源、自然资源、社会资源、多宜性、可塑性。
2. 试分析自然资源与社会资源的关系。
3. 现阶段我国农业资源的基本状况如何？
4. 合理利用农业资源的原则是什么？
5. 土地资源的利用和保护途径有哪些？
6. 为什么要对农业资源进行调查评价？
7. 在农业资源调查评价中应遵守哪些原则？

资料收集

收集当地农业资源中自然资源和社会资源的利用现状及将来要采取的可持续利用对策。

查阅文献

利用课外时间阅读《远离垃圾与白色污染》《生命之水在哪里》《谁动了我的空气》《只有一个地球》等书籍，了解我们生活的地球上各种资源的利用现状及存在的问题。

习作卡片

通过调查，将当地农业自然条件、农业生产条件、农业生产现状和社会经济条件等信息制成小卡片，进一步熟悉自己家乡的发展现状。

课外阅读

作物和家畜驯化——农业动植物种质资源重要起源地

中国是世界上最早的动植物驯化中心之一。作为农业品种三大起源地之一，中国在长期的农业生产过程中培育了丰富的作物品种。《授时通考》（1742）就记录了当时全国16省水稻良种3429个，谷子良种251个，小麦良种30余个，大麦良种10余个。此外，中国是世界上最早驯化了猪、鸡、狗等的国家。进一步的良种的培育使中国积累了宝贵的种质资源，极大促进了中国农业生产力的提高。

中国的农作物及其他动植物资源不断传至世界各地，对其他地区的发展也做出巨大贡献。仅英国爱丁堡皇家植物园就有由中国引种的植物1500余种，并以其为亲本培育出了多种植物。中国农科院的研究也表明：世界上1200种作物中，中国就有600余种，且约300种起源于中国。

1. 稻——世界第一大作物

水稻是我国古代最重要的粮食作物之一，中国是亚洲水稻的原产地之一。在所有考古发现的农作物中，以稻谷遗存为最多。其中年代最早的是江西万年仙人洞和吊桶环遗址，在属于新石器时代早期距今14000—9000年前的上层发现了类似栽培水稻的植硅体，为探索稻作农业的起源提供了重要线索。湖南道县玉蟾岩遗址发现了距今

10000 多年的水稻谷壳实物，是我国迄今为止发现的最早的古栽培稻实物。

魏晋以前中国粮食生产一般是北粟（麦）南稻，全国的经济重心一直在北方。但随着南方开发加速，南方人口持续增长，北宋元丰三年（1080）已占到全国总人口的 69%。这一重要变化与南方稻作生产的发展有着十分密切的关系。唐、宋以后，南方发展成为全国稻米的供应基地。民间有“苏湖熟，天下足”和“湖广熟，天下足”的说法。据《天工开物》估计，明末时的粮食供应，大米约占 70%，可见稻米在国家经济与社会发展中的重要地位。

2. 养蚕缫丝

中国是世界上最早发明养蚕缫丝的国家。公元前 14 世纪，中国原始居民就已经掌握了养蚕缫丝的技术。“男耕女织”“农桑并举”成为中国古代农业的特点，蚕丝业成为中国古代社会经济不可缺少的重要组成部分，“公私仰给，惟蚕丝是赖”。唐天宝年间，朝廷收受绢帛数占全国赋税总收入的 1/3 左右。宋元以后，南方蚕丝业迅速发展，太湖流域已是全国主要的商品蚕丝产区，康熙所作《蚕赋》中称“天下丝缕之供，皆在东南，而蚕桑之盛，惟此一区”。

3. 茶

茶，不但是中华民族的国饮，而且是世界三大饮料之一。中国是茶树的原产地，公元前 200 年左右的《尔雅》中就提到有野生大茶树。在中国历史上，茶一度与粮食占有同等重要的位置。为达到“以茶治边”的目的，官府不但控制茶叶的供应，而且以茶交换战马，这就是历史上的“茶马互市”。

中国茶的对外传播也分为陆路和海路两条：陆路是沿丝绸之路向中亚、西亚、北亚、东欧传播；海路是向阿拉伯、西欧、北欧传播。元明时期，传教士将中国的茶介绍到欧洲。1517 年，葡萄牙海员从中国带去茶叶，茶叶开始在欧洲传播，改变了欧洲的酗酒风气。1662 年酷爱饮茶的葡萄牙公主凯瑟琳嫁与英国查尔斯二世。在她的倡导和推动下，饮茶之风在朝廷和王公贵族间盛行。18 世纪“下午茶”渐成风气，延续至今。

今天，五大洲已有 60 个国家生产茶叶，约 30 亿人饮茶。直到今天，中国茶叶产量仍占世界总产的 1/3，出口 120 多个国家和地区。可以说，中国给了世界茶的名字、茶的知识、茶的栽培加工技术，世界各国的茶叶大多与中国茶有着千丝万缕的联系。

4. 大豆

所有植物性食物中，只有大豆蛋白可以和肉、鱼等动物性食物中的蛋白质相媲美，被称为“优质蛋白”。大豆在中国已有 4000 年的驯化栽培历史。我国是栽培大豆的起源地，现今世界各国的大豆都是直接或间接从中国传去的。这些国家对大豆的称呼，几乎都保留了我国大豆古名——菽的语音（拉丁文，*Soja*；英文，Soy；法文，Soya；德文，Soja；俄文，соя）。

战国时，大豆与粟同为主粮。汉代以后，大江南北，长城内外，都已开始大豆种植。康熙二十四年（1685）开海禁，东北豆、麦每年输送上海千余万石，可知清初东北已成为大豆主要生产基地。至1936年，中国大豆产量仍占世界总产量的91%。现在，中国以从国外进口大豆为主，2010年中国大豆进口5480万t，约占全球大豆出口的60%。豆腐的发明，是大豆利用中的一次革命性的变革，是我国古代对食品的一大贡献。

5. 猪

猪，古称豕，又称彘、豨，别称刚鬣。野猪最早在中国被驯化，中国养猪的历史可以追溯到新石器时代早、中期，至今已有上万年历史。据殷墟出土的甲骨文记载，商、周时代已有猪的舍饲。而后随着生产的发展，逐渐产生了对不同的猪加以区分的要求，商、周时代养猪技术上的一大创造是发明了阉猪技术。汉代随着农业生产的发展，养猪已不仅为了食用，也为积肥。这一情况促进了养猪方式的变化。汉代以前虽已有舍饲，但直至汉代时止，放牧仍是主要的养猪方式。当时在猪种鉴定上已知猪的生理机能与外部形态的关系，这对汉代选育优良猪种起了很大作用。魏晋南北朝时期，舍饲与放牧相结合的饲养方式逐渐代替了以放牧为主的饲养方式。随着养猪业的发展和经济文化的不断进步，养猪经验日益丰富。隋唐时养猪已成为农民增加收益的一种重要手段。

猪的驯化对中华文明的发展贡献巨大。家猪是中国古代先民最主要的肉食来源，在当时的社会、经济和文化中扮演着重要角色，直至今天也依然如此。“谷豕是飨”的农耕传统曾对中国周邻地区产生过广泛的辐射影响。

6. 水产养殖

中国是世界上开展水产养殖最早的国家。中国淡水养殖历史可追溯到公元前11世纪，公元前5世纪已有《养鱼经》问世。《魏武四时食制》就记载：“郫县子鱼，黄磷赤尾，出稻田，可以为酱。”这表明当时就有稻田养鲤了。刘恂在唐昭宗时代所作的《岭表录异》记载：“伺春雨丘中贮水，即先买鲩鱼子散水田中，一二年后，鱼儿长大，食草根并尽，即为熟田又收鱼利。”这是中国历史上最早的稻田养草鱼的记录。这部书还阐明了稻和草鱼综合养殖中的互利关系。南宋的《嘉泰志》记载：“会稽、诸暨以南，大家多凿池养鱼为业。每春初，江洲有贩鱼苗者，买放池中，辄以万计……其间多鳙、鲢、鲤、鲩、青鱼而已。”此处记载的正是鱼类混养。明代徐光启的《农政全书》中还介绍了鲢和草鱼混养的比例及其营养关系。中国的海水养殖也有较久的历史，宋代已有人工培育珍珠、插竹养牡蛎和藻类养殖的记载。目前，中国是世界上唯一的水产养殖超过捕捞的国家，水产的农业化有助于人类提高生态文明建设的步伐。

——摘自常杰，葛莹等《生态文明中的生态原理》

第八章

农业环境污染及防治

学习目标

了解大气污染的现状、对农业生产的危害、相应的防治措施，了解水污染的现状和类型，了解精准治污、科学治污、依法治污内容与要求和污水防治措施；了解固体废弃物的概念及危害性，熟悉固体废弃物的主要处理与处置方法。

第一节　大气污染及防治

一、 大气的组成

大气是多种气体的混合物，就其组分的含量变动情况可分为恒定组分、可变组分和不定组分三种。恒定组分指 N_2、O_2 和 Ar。N_2 占空气体积 78.09%、O_2 占 20.95%、Ar 占 0.93%，三者总和占空气总体积的 99.97%，其余为微量的氖、氦、氙、氡等稀有气体。可变组分指空气中的 CO_2 和水蒸气，通常 CO_2 含量为 0.02%～0.04%，水蒸气含量小于 4%。可变组分在空气中的含量随季节、气象与人类活动的变化而变化。不定组分指煤烟、尘埃、硫氧化物、氮氧化物及一氧化碳等，它们与人类活动直接相关，这些组分达到一定浓度，会给人类、生物造成严重的危害。

二、 大气污染的特征

大气污染通常是指由于人类活动或自然过程引起某些物质进入大气中，呈现出足够的浓度，达到足够的时间，并因此危害了人体的舒适、健康和福利或环境的现象。究其成因主要分为自然因素（如森林火灾、火山爆发等）和人为因素（如工业废气、生活燃煤、汽车尾气等）两种。随着工业及城市化进程的加快，人为因素在大气污染中扮演越来越重要的角色，尤其是工业生产和交通运输。大气污染不但对人类健康产生影响，而且对农业生产、农业生态系统也带来巨大的破坏作用。我国是世界上大气污染最严重的国家之一，大气污染是我国环境问题中的一个主要问题。我国的经济发展、能源结构、地形及气候条件决定了大气污染具有以下特征。

（1）煤烟型污染是污染的普遍问题，主要污染物是烟尘和二氧化硫。

（2）汽车尾气污染明显增加，并逐渐上升为城市大气主要污染源，总悬浮颗粒物或可吸入颗粒是影响城市空气质量的主要污染物。

（3）酸雨分布区域性、季节性明显，污染物成分特点突出，多以硫酸酸雨为主。

（4）工业“三废”任意排放是目前大气污染的罪魁祸首，但农业引发的大气污染仍不容忽视。

三、 大气污染物

（一）一次污染物与二次污染物

按照污染物形成过程的不同，可将其分为一次污染物与二次污染物。一次污染物是从污染源直接排出的大气污染物，如颗粒物、二氧化硫、一氧化碳、氮氧化物、碳氢化合物等；二次污染物则是由污染源排出的一次污染物与大气正常组分，或几种一次污染物之间，发生了一系列的化学或光化学反应而形成了与原污染物性质不同的新污染物，如还原性烟雾中硫酸、光化学烟雾中过氧乙酰硝酸酯、酸雨中硫酸和硝酸等。这类污染物颗粒小，一般在 0. 01~1. 0μm，其毒性一般较一次污染物强。

（二）常见主要大气污染物简介

据不完全统计，目前被人们注意到或已经对环境和人类产生危害的大气污染物大约有 100 种。其中影响范围广、对人类环境威胁较大、具有普遍性的污染物有颗粒物、二氧化硫、氮氧化物、一氧化碳、碳氢化合物及光化学氧化剂等。

1. 颗粒物

颗粒物即颗粒污染物，是指大气中粒径不同的固体、液体和气溶胶体。粒径大于 10μm 的固体颗粒称为降尘，由于重力作用，能在较短时间内沉降到地面。粒径小于 10μm 的固体颗粒称为飘尘，能长期地飘浮在大气中。粉尘的主要来源是固体物质的破碎、分级、研磨等机械过程或土壤、岩石风化等自然过程以及燃料燃烧所形成的飞灰。目前大气质量评价中常用到一个重要污染指标——总悬浮颗粒物（TSP），是分散在大气中的各种颗粒物的总称，数值上等于飘尘与降尘之和。

2. 含硫化合物

硫常以二氧化硫和硫化氢的形式进入大气，也有一部分以亚硫酸及硫酸（盐）微粒形式进入大气，人类活动排放硫的主要形式是二氧化硫（SO_2）。天然源排入大气的硫化氢，也很快氧化为 SO_2，成为大气中 SO_2 的另一个源。

SO_2 是一种无色具有刺激性气味的不可燃气体，刺激眼睛、损伤器官、引发呼吸道疾病，甚至威胁生命，是一种分布广、危害大的大气污染物。SO_2 和飘尘具有协同效应，两者结合起来对人体危害作用比单一情况增加 3~4 倍。SO_2 在大气中不稳定，在相对湿度较大且有催化剂存在时，发生催化氧化，转化为 SO_3，进而生成毒性比 SO_2 大 10 倍的硫酸或硫酸盐。故，SO_2 是酸雨形成的主要因素之一。

3. 碳氧化合物

碳氧化合物主要是 CO 和 CO_2。CO_2 是大气中的正常组成成分，CO 则是大气中排量极大的污染物。全世界 CO 年排放量约为 2.10×10^8t，为大气污染物排放量之首。CO 是无色、无味的有毒气体，主要来源于燃料的不完全燃烧和汽车尾气。CO 化学性质稳定，可以在大气中停留较长时间。一般城市空气中的 CO 水平对植物和微生物影响不大，对人类却是有害物质。因为一氧化碳与血红蛋白的结合能力比氧与血红蛋白的结合能力大 200~300 倍，当 CO 进入血液后，先与血红蛋白作用生成羧基血红素，能使血液携氧能力降低而引起缺氧，使人窒息。

CO_2 主要来源于生物呼吸和矿物燃料的燃烧，对人体无毒。在大气污染问题中，CO_2 之所以引起人们普遍关注，是因为它能引起温室效应，使全球气温逐渐升高、气候发生变化。

4. 氮氧化物

氮氧化物是 NO、N_2O、NO_2、N_2O_4、N_2O_5 等的总称，其中主要的是 NO、N_2O、NO_2。N_2O 是生物固氮的副产物，主要是自然源，故通常所说的氮氧化物，多指 NO 和 N_2O 的混合物，用 NO_x 表示。全球年排放氮氧化物总量约为 10^9t，其中 95%来自自然源，即土壤和海洋中有机物的分解；人为源主要是化石燃料的燃烧过程，如飞机、汽车、内燃机以及硝酸工业、氮肥厂、有色及黑色金属冶炼厂等。

NO 毒性与一氧化碳类似，可使人窒息。NO 进入大气后被氧化成 NO_2。NO_2 的毒性约为 NO 的 5 倍，它既是形成酸雨的主要物质，又是光化学烟雾的引发剂和消耗臭氧的重要因子。

5. 碳氢化合物

碳氢化合物包括烷烃、烯烃和芳烃等复杂多样的含碳和氢的化合物。大气中碳氢化合物主要是甲烷，约占 70%。大部分的碳氢化合物来源于植物的分解，人类排放的量虽然小，却很重要。碳氢化合物的人为来源主要是石油燃料的不充分燃烧过程和蒸发过程，其中汽车尾气占有相当的比重。

目前，虽未发现城市中的碳氢化合物浓度对人体健康的直接影响，但已证实它是形成光化学烟雾的主要成分。碳氢化合物中的多环芳烃化合物3，4-苯并［a］芘具有致癌作用，已引起人们的密切关注。另外，甲烷也具有温室效应，且效应比同量的 CO_2 大20倍。

6. 含卤素化合物

大气中的含卤素化合物主要是卤代烃以及其他含氯、溴、氟的化合物。大气中卤代烃包括卤代脂肪烃和卤代芳烃，如有机氯农药DDT、六六六，以及多氯联苯（PCB）等以气溶胶形式存在。含氟废气主要是指含HF和 SiF_4 的废气，主要来源于钢铁工业、磷肥工业和氟塑料生产等过程。氟化氢是无色有强烈刺激性和腐蚀性的有毒气体，极易溶于水，还能溶于醇和醚。氟化氢对人的呼吸器官和眼结膜有强烈的刺激性，长期吸入低浓度的HF会引起慢性中毒。在氟污染区，大气中的氟化物被植物吸收而在植体内积累，再通过食物链进入人体，产生危害，最典型的是“斑釉齿症”和使骨骼中钙的代谢紊乱“氟沉着症”。

7. 光化学烟雾（洛杉矶烟雾）

汽车、工厂等排入大气中的氮氧化物、碳氢化合物等一次污染物，在太阳紫外线的作用下发生光化学反应，生成浅蓝色的混合物（一次污染物与二次污染物），称为光化学烟雾。光化学烟雾的表观特征是烟雾弥漫，大气能见度低。一般发生在大气相对湿度较低、气温为24～32℃的夏季晴天。光化学烟雾最早在美国的洛杉矶被发现，之后陆续出现在世界的其他地区。一般多发生在中纬度（亚热带）汽车高度集中的城市，如蒙特利尔、渥太华、悉尼、东京等。20世纪70年代我国兰州西固石油化工区也出现了光化学烟雾。光化学烟雾成分很复杂，主要成分是臭氧、过氧乙酰硝酸酯（PAN）、大气自由基以及醛、酮等光化学氧化剂。夏季中午前后光线强时，是光化学烟雾形成可能性最大的时段。天空晴朗、高温低湿和有逆温层存在，或地形条件利于使污染物在地面积聚的情况都易于形成光化学烟雾。

光化学烟雾的危害非常大，烟雾中的甲醛、丙烯醛、PAN、O_3 等可刺激人眼和上呼吸道，诱发各种炎症。臭氧浓度超过嗅觉阈值（0.01～0.015mg/L）时，会导致人哮喘。臭氧还能伤害植物，使叶片上出现褐色斑点。PAN则能使叶背面呈银灰色或古铜色，影响植物的生长，降低抵抗害虫的能力。此外，PAN和 O_3 还会使橡胶制品老化、染料褪色，对油漆、涂料、纤维、尼龙制品等造成损害。

8. 酸雨

环境科学中将 $pH<5.6$ 的雨、雪等大气降水统称为酸雨。由于人类活动的影响，使大量 SO_2 和 NO_x 等酸性氧化物进入大气中，并经过一系列化学作用转化成硫酸和硝酸，随雨水降落到地面，形成酸雨。天然降水中由于溶解了 CO_2 而会呈现弱酸性，但一般pH不低于5.6，故一般认为是大气中的污染物使降水pH达到

5.6 以下的，所以酸雨是大气污染的结果。

四、 大气污染的危害

（一）对农业生产的危害

农田大气污染对农作物产生危害主要有两种机制：一是气体状污染物通过作物叶片上的气孔进入作物体内，破坏叶片内的叶绿体，影响作物的光合作用、受精过程等，以致影响生长发育，降低产量和改变品质；二是颗粒状污染及含重金属、氯气体，被作物吸附与吸收后，除影响作物生长外，还能残留在农产品中，造成农产品污染，影响食用。对农作物造成危害的大气污染物很多，其中以二氧化硫、氟化物、氟气、一氧化碳、氮肥氧化物和烟尘等危害较大。

1. 二氧化硫是对农业危害最广泛的空气污染物

二氧化硫自古以来作为植物“烟斑”的原因物质对植物产生危害。典型的二氧化硫伤害症状是出现在植物叶片的叶脉间的伤斑，伤斑由漂白引起失绿，逐渐呈棕色坏死。二氧化硫会在环境作用下产生“酸雨”，以降水形式危害农业生产，可以使土壤酸化，土壤微生物死亡，农业建筑受损。

2. 大气中的氟污染主要为氟化氢（HF）

氟化氢的排放量比二氧化硫小，影响范围也小些，一般只在污染源周围地区，但它对植物的毒害很强，比二氧化硫还要大 10~100 倍。空气中含 mg/L 级浓度时，接触几个星期就可使敏感植物受害。氟化氢危害植物的症状与二氧化硫不同：伤斑首先在嫩叶、幼芽上发生；叶上伤斑的部位主要是叶的尖端和边缘，而不是在叶脉间；在被害组织与正常组织交界处，呈现稍浓的褐色或近红色条带，有的植物表现为大量落叶。

3. 光化学烟雾

氧化烟雾是包括臭氧（O_3）、氮氧化物（NO_x）、醛类（RCHO）和过氧乙烯基硝酸酯（RAN）等具有强氧化力的大气污染物的总称，又称为光化学烟雾。氧化烟雾中含有 90%的臭氧，是主要的危害因素，还有 10%左右的氮氧化物和约 0.6%的过氧乙酰基硝酸酯类。植物受臭氧危害时，症状一般仅在成叶上发生，嫩叶不易发现可见症状。氮氧化物中，作为大气污染物的主要是二氧化氮、一氧化氮和硝酸雾，而以二氧化氮为主，主要来源是汽车排气。二氧化氮危害植物的症状，与二氧化硫、臭氧相似，在叶脉间、叶缘出现不规则水渍状伤害，逐渐坏死，变成白色、黄色或褐色斑点。

4. 煤烟粉尘是空气中粉尘的主要成分

工矿企业密集的烟囱和分散在千家万户的炉灶是煤烟粉尘的主要来源。烟尘中大于 10μm 的煤粒称为降尘，它常在污染源附近降落，在各种作物的嫩叶、新梢、果实等柔嫩组织上形成污斑。叶片上的降尘能影响光合作用和呼吸作用正常进行，引起褪色，生长不良，甚至死亡。重金属污染物也主要通过飘尘危害大气，还可通过沉降作用进入土壤，危害土壤生态环境。

其他的大气污染物，例如氯气、一氧化碳、氨、氯化氢等都会对作物产生危害。但由于不是主要的大气污染物，浓度相对较低，故对农业生产影响较小。

（二）对人体健康的危害

大气污染后，由于污染物质的来源、性质、浓度和持续时间的不同，污染地区的气象条件、地理环境等因素的差别，甚至人的年龄、健康状况的不同，对人均会产生不同的危害。大气污染对人的危害大致可分为急性中毒、慢性中毒、致癌三种。

1. 急性中毒

大气中的污染物浓度较低时，通常不会造成人体急性中毒，但在某些特殊条件下，如工厂在生产过程中出现特殊事故，大量有害气体泄漏外排，外界气象条件突变等，便会引起人群的急性中毒，如印度帕博尔农药厂甲基异氰酸酯泄漏，直接危害人体，导致2500人丧生，十多万人受害。

2. 慢性中毒

大气污染对人体健康慢性毒害作用，主要表现为污染物质在低浓度、长时间连续作用于人体后，出现的患病率升高等现象。近年来我国城市居民肺癌发病率很高，其中最高的是上海市，其城市居民呼吸系统疾病明显高于郊区。

3. 致癌作用

致癌作用是长期影响的结果，是由于污染物长时间作用于肌体，损害体内遗传物质，引起突变，如果生殖细胞发生突变，使后代机体出现各种异常，称为致畸作用；如果引起生物体细胞遗传物质和遗传信息发生突然改变作用，称为致突变作用；如果诱发成肿瘤的作用称为致癌作用。这里所指的“癌”包括良性肿瘤和恶性肿瘤。环境中致癌物可分为化学性致癌物、物理性致癌物、生物性致癌物等。致癌作用过程相当复杂，一般有引发阶段、促长阶段。能诱发肿瘤的因素，统称为致癌因素。由于长期接触环境中致癌因素而引起的肿瘤，称为环境瘤。

（三）对大气和气候的影响

大气污染物质还会影响天气和气候。颗粒物使大气能见度降低，减少到达地面的太阳光辐射量。尤其是在大工业城市中，在烟雾不散的情况下，日光比正常情况减少40%。高层大气中的氮氧化物、碳氢化合物和氟氯烃类等污染物使臭氧大量分解，引发的“臭氧洞”问题，成为了全球关注的焦点。

从工厂、发电站、汽车、家庭小煤炉中排放到大气中的颗粒物，大多具有水汽凝结核或冻结核的作用。这些微粒能吸附大气中的水汽使之凝成水滴或冰晶，从而改变了该地区原有降水（雨、雪）的情况。人们发现在离大工业城市不远的下风向地区，降水量比四周其他地区要多，这就是“拉波特效应”。如果，微粒中央夹带着酸性污染物，那么，在下风地区就可能受到酸雨的侵袭。大气污染除对天气产生不良影响外，对全球气候的影响也逐渐引起人们关注。由大气中 CO_2 浓度升高引发的温室效应，是对全球气候的最主要影响。地球气候变暖会给人类的生态环境带来许多不利影响，人类必须充分认识到这一点。

五、 大气污染的防治

从大气污染的发生过程分析，防治大气污染的根本方法，是从污染源着手，通过削减污染物的排放量、促进污染物扩散稀释等措施来保证大气环境质量。但目前现有的经济技术条件还不能彻底根治污染源，因此，大气环境的保护就需要通过运用各种措施，进行综合防治。目前主要从以下几个方面入手寻求大气污染的控制途径。

（一）采取各种措施，减少污染物的产生

1. 区域采暖和集中供热

家庭炉灶和取暖小锅炉排放大量 SO_2 和烟尘是造成城市大气环境恶化的一个重要原因。城市采取区域采暖、集中供热措施，能够很好地解决这一问题。区域采暖、集中供热的好处表现在：①可以提高锅炉设备效率，降低燃料消耗量，一般可以将锅炉效率从 50%~60%提高到 80%~90%。②可以充分利用热能，提高热利用率。③有条件采用高效率除尘设备，大大降低粉尘排放量。

2. 改善燃料构成

改善城市燃料构成是大气污染综合防治的一项有效措施。用无烟煤替代烟煤，推广使用清洁的气体、液体燃料，可以使大气中的 SO_2 和烟尘（降尘、飘尘）显著降低。

3. 进行技术更新，改善燃烧过程

解决污染问题的重要途径之一是减少燃烧时的污染物排放量。通过改善燃烧过程，以使燃烧效率尽可能提高，污染物排放尽可能减少。这就需要对旧锅炉、汽车发动机和其他燃烧设备进行技术更新，对旧的燃料加以改革，以便提高热机效率和减少废气排放。

4. 改革生产工艺，综合利用“废气”

通过改革生产工艺，可以力求把一种生产中排出的废气作为另一种生产中的原料加以利用，这样就可以达到减少污染物的排放和变废为宝的双重效益。

5. 开发新能源

开发太阳能、水能、风能、地热能、潮汐能、生物能和核聚变能等清洁能源，以减少煤炭、石油的用量。以上新能源多为可再生性能源，在利用过程中不会产

生化石能源开采使用的环境问题，是比较清洁的燃料。

（二）合理利用环境自净能力，保护大气环境

1. 搞好总体规划，合理工业布局

大气环境污染在很大程度上是工业排放的污染物造成的，合理工业布局是防治大气污染的一项基本措施。合理工业布局，就是按照不同的环境要求，如人口密度、能源消费密度、气象、地形等条件，安排布置工业发展，如对于风速比较小、静风频率较高、扩散条件较差的地区，不宜发展有害气体和烟尘排放量大的重污染型工业。工业建设项目的布局选址也很重要，在城市、风景区、自然保护区等敏感地区的主导风向上不应建设重污染型工业。这样做可能会制约某些项目投资，但从防治大气污染和整个社会经济的长远发展看，是完全必要的。

2. 做好大气环境规划，科学利用大气环境容量

在环境区划的基础上，结合城市建设、总体规划进行城市大气环境功能分区。根据国家对不同功能区的大气环境质量标准，确定环境目标，并计算主要污染物的最大允许排放量。科学利用大气环境容量，就是根据大气自净条件（如稀释扩散、降水洗涤等），定量、定点、定时地向大气中排放污染物，保证大气污染物浓度不超过环境目标的前提下，合理地利用大气环境资源。

3. 选择有利于污染物扩散的排放方式

根据污染物落地浓度随烟囱的高度增加而减少的原理，我们可以通过广泛采用高烟囱和集合烟囱排放来促进污染物扩散，降低污染源附近的污染强度。集合烟囱排放就是将数个排烟设备集中到一个烟囱排放，这样可以提高烟气的温度和出口速度，达到增加烟囱有效高度的目的。这种方法虽可以降低污染物的落地浓度，减轻当地的地面污染，却扩大了排烟范围，不能从根本上解决污染问题，尤其是在酸雨问题日益严重的今天，这种方法只能作为一种权宜之计。

4. 发展绿色植物，增强自净能力

首先，绿色植物能吸收 CO_2 放出 O_2。发展绿色植物，恢复和扩大森林面积，可以起到固碳作用，从而降低大气 CO_2 含量，减弱温室效应。其次，绿色植物还可以过滤吸附大气颗粒物、吸收有毒有害气体，起到净化大气的作用。研究表明，$1hm^2$ 的林木可以有相当于 $75hm^2$ 的叶面积，其吸附烟灰尘埃的能力相当大。就吸收有毒气体而言，阔叶林强于针叶林，而落叶阔叶林一般又比常绿阔叶林强，垂铆、悬铃木、夹竹桃等对二氧化硫有较强的吸收能力，而泡桐、梧桐、女贞等树木具有较强的抗氟能力，禾本科草类可吸收大量的氟化物。

城市绿化不仅可以净化大气，还可以调节温度、湿度和城市的小气候。在大片绿化带与非绿地之间，因温度差异，在天气放晴时可以形成局地环流，有利于大气污染物的扩散。国内外都在大力研究筛选各种对大气污染物有较强抵抗和吸收能力的绿色植物，以及绿化布局对空气净化作用的影响。同时努力扩大绿化面

积，改善居住环境。

（三）加强大气管理

大气污染物总量控制也是一种行政手段，它是从大气环境功能区划分和功能区环境质量目标出发，考虑排污源与功能区大气质量间关系，通过区域协调，统筹分配允许排放量，把排入特定区域的污染物总量控制在一定的范围内，以实现预定的环境目标。运用经济方法管理环境，是按照经济规律办事的客观要求，充分利用价格、利润、信贷、税收等经济杠杆的作用，来调整各方面的环境关系，凡是造成污染危害的单位，都要承担治理污染的责任，对向大气环境排放污染物超过国家标准排放的企业，根据超标排放的数量和浓度，按规定征收排污费。

大气环境技术管理是通过制定技术标准、技术政策、技术发展方向和生产工艺等进行环境管理，限制损坏大气环境质量的生产技术活动，鼓励开发无公害生产工艺技术。开展农田大气污染监测，制定实施农田大气环境质量标准，通过监测及时掌握污染动态和采取相应措施，从而减少污染危害；加强田间管理，合理施肥，提高作物抗污染能力。在作物上喷洒某些化学物质可以减轻污染危害的作用，如喷石灰乳液可减轻二氧化硫和氟化氢的危害。

总之，大气污染是一个复杂的并涉及多方面的环境问题，除了涉及植物本身外，还涉及气候、土壤、污染物本身性质以及公众的环境意识等。大气污染与农业生产息息相关，关系到一个国家的稳定与健康发展。目前，虽然有很多治理农田大气污染的方法、措施，但都不够系统，效果差强人意。从根本上说，防治大气污染，还得从人们的环保意识和对新能源的开发着手，同时秉承可持续发展理论，才能从本质上解决问题。

第二节　水污染及防治

一、 水资源概况

（一）世界水资源状况

世界上水的总储量接近 $15\times10^8km^3$，平铺在地球表面上约有 3000m 高。地球表面 70%被水覆盖，因此有人把地球说成是蓝色星球，又称水球。地球上的水 97. 2%都分布在海洋中，这些咸水是人类无法直接利用的（要利用就要进行海水淡化，成本很高）。陆地上两极冰盖和高山冰川中的储水占总水量的 2. 15%，目前也无法直接利用。余下的 0. 65%才是人类可直接利用的。从数字上可看出，水资源是丰富的，但可利用的淡水资源是极其有限的。

人类用水量中，25%的消费被用于工业，70%以上则用于农场和牧场。农业是用水矛盾最突出的领域。当今世界的水资源分布十分不均。除了欧洲因地理环境优越、水资源较为丰富以外，其他各洲都不同程度地存在一些严重缺水地区，最为明显的是非洲撒哈拉以南的内陆国家，那里几乎没有一个国家不存在严重缺水的问题。阿拉伯联合酋长国从 1984 年起每年从日本进口雨水 2000 万 m^3。土耳其给幼发拉底河以及底格里斯河畔的大型水利工程配备了地对空导弹，抵御军事袭击，约旦盆地也潜伏着水的争端，那里许多蕴藏地被掠夺破坏，以致海水涌入，使地下水不能再为人所用。

（二）中国的水资源状况

我国水资源总储量约 2.8×10^4 亿 m^3，居世界第六位，但人均水资源量不足 $2400m^3$，仅为世界人均占水量的 1/4，相当于美国的 1/5，加拿大的 1/48，世界排名 110 位，被列为全球 13 个人均水资源贫乏国家之一。全世界有 60 多个国家和地区严重缺水，1/3 的人口得不到安全用水。

（三）北京市的水资源状况

北京市的水资源由入境地表水、境内地表水和地下水组成。地表水和地下水主要靠降雨补给。北京市水资源的特点：北京市属于华北地区干旱少雨气候，水资源严重不足，年际变化大，降雨多集中在 6~8 月，往往形成地表径流，不易补充、涵养地下水。北京市人均水资源不足 $300m^3$，仅为全国人均的 1/8，世界人均的1/32。南水北调是解决北京市水危机的根本出路，2010 年开始陆续从南方调水，40 亿~100 亿 m^3/年。

二、 水污染的概念及分类

水污染通常是指排入水体的污染物超过了该物质在水体中的本底含量和水体的环境容量，即水体对污染物的净化能力，因而引起水质恶化，水体生态系统遭到破坏，造成对水生生物及人类生活与生产用水的不良影响。水的污染有两类：一类是自然因素造成的，如地下水流动把地层中某些矿物溶解使某些地区水体盐分、微量元素浓度偏高，或因植物腐烂产生的毒物而影响了当地的水质；另一类是人为因素造成的，主要是工业排放的废水。此外，还包括生活污水、农田排水、降雨淋洗大气中的污染物以及堆积在地上的垃圾经降雨淋洗流入水体的污染物。随着工农业生产的发展，城镇的增加和扩大，城市生活污水、工农业生产废水大量排入水体而造成污染，人类对大气和土壤的污染，经过降水和径流过程，使污染物最终也进入水体，此外还包括石油和其他工业废水进入海洋而造成的水污染。

自然环境，包括水环境，对污染物质都有一定的承受能力，称为环境容量。水体在环境容量的范围之内，在污染物进入水体后，依靠环境自身的作用而使污染物浓度自然降低或消除的过程即称为水体的自净作用。水体的自净往往需要一定的时间和条件，还与污染物的性质、浓度（或数量）以及排放方式等有关。按照作用机理，这种自净作用又可分为物理自净、物理化学自净和生物自净三种。

（1）物理自净　污染物进入水体后，通过水的流动，使污染物得到扩散、混合、稀释、挥发，改变污染物的物理性状和空间位置，使其在水体中降低浓度以至被消除。

（2）物理化学自净　污染物在水体中通过中和、沉淀、氧化还原、化合分解等物理化学变化，使污染物发生化学性质、形态、价态上的变化，从而改变污染物在水体中的迁移能力和毒性大小。

（3）生物自净　生物自净指悬浮和溶解于水体中的有机污染物在微生物的作用下，发生氧化分解，使其降低浓度，转化为简单、无害的无机物以至从水体中被消除的过程。它还可以包括生物转化和生物富集等过程。在水体自净中，生物自净占有主要的地位。

水体污染物按污染物的危害性可分为：无毒污染物和有毒污染物两大类。

水体中的无毒污染物包括酸碱盐等无机物及蛋白质、油类、脂肪等有机物，它们虽一般无生物毒性，但含量过高会对人类或生态系统产生不良影响。酸、碱物质使水体不能维持正常 pH 范围（6.5~8.5）。合成洗涤剂及化肥的含氮、磷的化合物等是营养物质，会因过量引起藻类疯长而使水体缺氧。其他有机物也可能因化学和微生物分解过程而消耗水体中的氧气，致使水体中溶解氧耗尽，水质恶化。各种溶于水的无机盐类会造成水体含盐量增加，硬度增加，同样会影响某些生物的生长和造成农田盐渍化，还影响工业用水和饮水水质，从而增加处理费用。

有毒污染物包括无机有毒物和有机污染物。其中无机有毒物质又分为：①重金属污染物：Hg、Ph、Cr、As、Be、Co、Ni、Cu、Zn、Se 等。As、Be、Se 虽非重金属，但在环境科学中考虑到 As、Se 的毒性和某些性质类似于重金属，Be 与人体健康关系密切，因此常把它们列入重金属讨论范畴。②无机阴离子：NO^{2-}具有毒性，进入生物体内后易转化为强致癌物质亚硝胺，在饮用水中不得检测出 NO^{2-}，在腌制食品时的无氧环境中，盐中的 NO^{3-}有可能转变成 NO^{2-}，NO^{3-}含量在水中以 N 计不容许超过 10mg/L；CN^-具强烈配合作用，能破坏细胞中氧化酶，造成人体缺氧呼吸困难，从而窒息死亡，人为排放的因素主要来自化学、电镀、煤气、炼焦等工业排放的含氰废水，每升饮用水中 CN^-含量不能超过 0.01mg/L。有毒的有机物主要包括有机农药、多氯联苯、多环芳烃等类有机物。有毒有机污染物的共同特点是：极大多数为难降解有机物，或称持久性有机物。它们在水中的含量虽不高，但因在水体中残留时间长、有蓄积性，可促进慢性中毒，造成致癌、致畸、致突变等生理毒害。

三、水污染的危害

水污染主要来自工业废水、生活污水、农业废水等。水污染可分为病原体污染、需氧物质污染、植物营养物质污染、石油污染、热污染、放射性污染、盐类污染、有毒化学物质污染等。有些污染物是可以用肉眼看出来的，例如水污染后，有飘浮物、水变颜色、有异味等，而有些污染物则需要测定。在湖泊、水库、海湾、水口，由于氮、磷等植物营养成分大量积聚，使水生生物，特别是水藻类过分繁殖引起污染的现象，称为水体的富营养化。富营养化还可能使有些湖泊由贫营养湖变为富营养湖，进一步发展为沼泽和干地。根据污染的程度可把水体划分为以下五类：一类指未受任何污染的源头水；二类指重要的集中式生活饮用水源一级保护区及珍贵的鱼类保护区、鱼虾产卵场；三类指集中式生活饮用水源二级保护区及一般鱼类保护区、游泳区；四类指一般工业用水区及人体非直接接触的娱乐用水区；五类指一般农业用水区及一般景观要求的水域。

（一）水污染对人体健康的危害

水污染对人体健康造成的危害是严重的，水体受化学毒物污染后，通过饮用水或食物链便会造成人体中毒，如甲基汞中毒（水俣病）、镉中毒（痛痛病）、砷中毒、氰化物中毒、农药中毒等。

1. 水俣病（重金属污染）

1950 年，在日本水俣湾附近的小渔村中，发现一些猫的步态不稳，抽筋麻痹，最后自己跳水溺死，当地人称它们为“自杀猫”。此后，水俣镇发现了一个怪病人，初时步态不稳，面部呆痴，进而耳聋眼瞎，全身麻木，最后精神失常，一会儿酣睡，一会儿兴奋异常，身体弯弓，高叫而死。1956 年又有同样病症女孩住院，引起当地熊本大学医院专家注意，开始调查研究。最后发现原来是当地一个化肥厂（日本氮肥公司）在生产氯乙烯和醋酸乙烯时，采用成本低的汞催化剂工艺，把大量的含有有机汞的废水排入水俣湾，使鱼有毒，人和猫、狗吃了毒鱼生病而死。因为此病发生在水俣湾，故称为水俣病。1991 年 3 月底有 2248 人被确认为病患者，其中 1004 人死亡，制造氮肥的公司（TISSO 株式会社的前身）累计支付的补偿金额到 1993 年年底为 908 亿日元，现在仍每年支付 30 多亿日元。其水域因底泥污染严重，直到现在仍能从一部分鱼类贝类中检测出高于日本规定的“汞的暂行控制值”。

2. 赤潮

赤潮是由于浮游生物异常繁殖使海水变色的现象。种类繁多的浮游生物，其中多数具有一定颜色，少数还有发光本领。当港区海面养分过分时，带有各种颜色的浮游生物大量浮于水面，在阳光的照射下显得五光十色。赤潮并非都是红色，它是随着引起红潮的浮游生物的颜色不同，而呈现出红色的、红褐色的、绿色的以及发光的和不发光的。发生赤潮时，大量浮游生物浮在水面，减少或隔绝水中溶解氧的来源，使大量鱼类等水生生物缺氧而死。同时，浮游生物在代谢过程中或尸体分解时，往往产生多种有毒物质。这些有毒物质通过食物链而富集在鱼类、贝类体内，产生毒害作用，人若食用它们就有中毒的危险。

3. 多瑙河污染

2000 年 2 月 12 日，从罗马尼亚边境城镇奥拉迪亚一座金矿泄漏出的氰化物废水不可阻挡地流到了南联盟境内。毒水流经之处，所有生物全都在极短时间内死亡，流经罗马尼亚、匈牙利和南联盟的欧洲大河之一蒂萨河及其支流内 80%的鱼类灭绝，沿河地区进入紧急状态。这是自前苏联切尔诺贝利核电站事故以来欧洲最大的环境灾难。

（二）水污染对农业的危害

农业污染日趋严重，农药、化肥、农膜等农用化学物品的大量使用，对促进农业增产、农民增收和解决粮食供给做出了突出贡献。但与此同时，也造成了极其严重的农业面源污染。首先是农药使用，20 世纪 70 年代以有机氯为主的高毒高残留农药的使用，给农业生态环境造成了严重污染。目前中高毒农药的使用屡禁不止。其次是化肥施用量呈逐年上升趋势，较普遍的是蔬菜、瓜果等农作物化肥用量很高，导致个别蔬菜中硝酸盐和亚硝酸盐严重超标。而化肥的利用率仅有 30%左右，其大部分流失造成了地表水富营养化和地下水硝酸盐污染。然后是农民居住环境和生产环境污染加剧。随着畜禽养殖业的发展，大量畜禽粪便和养殖废水未经有效处理和利用，随意堆放，跑、冒、滴、漏现象较为普遍，严重污染农村水体和空气。最后还有农副产品初加工业的兴起，带来的一系列农业生态环境问题。

受污染的水从各种途径对农业生产产生影响，主要表现是：对农作物生育产生直接影响，使产量降低；对土壤产生影响，间接影响农作物生育；对农产品品质产生影响，降低其食用价值，间接影响人畜健康。

1. 氮过量危害

作物生育必须吸收大量氮素，缺氮不能高产，但灌溉水中若含氮过多，造成氮过量的危害，对作物来讲，氮就是污染了。灌溉水中如果含氮过多，可造成作物的营养失调，导致徒长、倒伏，抗逆性差，易发生病害、成熟不良等问题，从而使作物减产，品质恶化。

2. 有机物的危害

水中的有机污染物种类很多，它们的共同点是容易分解。污水中的有机物进入农田后，在旱地氧化条件下，分解迅速，变成 CO_2 和其他无机形态；在水田，分解过程消耗大量氧气，且氧化物（如三价铁）、硫酸根、锰等被还原，嫌气分解过程中生成的氢、甲烷等气体及醋酸、丁酸等有机酸和醇类等中间产物中相当一部分对水稻有毒害，使水稻的养分吸收和体内代谢过程受抑制，导致减产。

3. 油分的危害

各种矿物油和动植物油进入农田后，能引起土壤障碍和对植物的直接危害。

油分渗入组织，使其呈半透明状态，因而体内水分代谢发生障碍，叶尖卷曲，心叶黄白色，使植株枯萎。油分在土壤中残留，引起慢性障碍。石油不仅影响农作物的生长发育，还会被作物吸收残留在植物体内，使粮食、蔬菜变味，所谓“油味饭”就是引用炼油厂含石油浓度高，而未经处理的废水灌溉的结果。

4. 盐分的危害

含盐量高的各种废水对作物的危害主要由高浓度的盐分所造成，其中氯化钠最为常见。高浓度的含盐污水能在短时间内使全部叶子失水干枯致死；低浓度的含盐污水危害首先表现为叶色变浓，接着下部叶片枯萎，分蘖受到抑制。

5. 酸碱危害

各种工业企业的排水，常含较强的酸性或碱性，如造纸厂的废水碱性很强，硫化物矿排水，水泥、水坝施工现场排水等均含大量的酸、碱。农田受碱性危害时，作物叶色浓绿，地上部分生长受抑制，引起缺锌症状，生育停滞，叶片出现赤枯状斑点。在酸过强情况下，土壤表面呈赤褐色，为铁、铝溶出的结果，在这种情况下，作物吸收铁过多，会产生营养障碍，并对植物根的生育有抑制作用。

6. 重金属的危害

各种金属矿山、冶炼厂、电镀厂等的废水中，含有铜、锌、镉、镍等重金属或砷及其他元素，这些废水使农作物受害的事故较多，引起相当严重的公害问题，对人体健康有不良影响。

7. 酚、氰的危害

酚的来源比较广，焦化厂、城市煤气厂、炼油厂和石油化工厂等的排放废水含有大量的酚。酚在植物体内积累，产品食味恶化，带酚味，品质下降，特别是对蔬菜作物影响更大。氰化物对动物有很强毒性，而高等植物对氰化物有一定同化能力，毒性相对弱，对植物的影响主要是由于氢氰酸是一种呼吸抑制剂。

四、 水污染的防治

（一）污水处理基本方法

污水处理是用物理、化学或生物方法，或几种方法配合使用以去除废水中的有害物质，按照水质状况及处理后出水的去向确定其处理程度，废水处理一般可分为一级、二级和三级处理。污水处理常用技术见表 8-1。

表 8-1　　污水处理常用技术

方法	基本原理	常用技术
物理法	通过物理或机械作用去除废水中不溶解的悬浮固体及油品	过滤、沉淀、离心分离、上浮等

续表

方法	基本原理	常用技术
化学法	加入化学物质，通过化学反应，改变废水中污染物的化学性质或物理性质，使之发生化学或物理状态的变化，进而从水中除去污染物	中和、氧化、还原、分解、絮凝、化学沉淀等
物理化学法	运用物理和化学的综合作用使废水得到净化	汽提、吹脱、吸附、萃取、离子交换、电解、电渗析、反渗析等
生物法	利用微生物的代谢作用，使废水中的有机污染物氧化降解成无害物质的方法，又称生物化学处理法，是处理有机废水最重要的方法	活性污泥、生物滤池、生活转盘、氧化塘、厌气消化等

（资料来源：肖时祥，《2014—2018 年中国污水处理行业市场前瞻与投资规划分析报告》，2014）

一级处理采用物理处理方法，即用格栅、筛网、沉沙池、沉淀池、隔油池等构筑物，去除废水中的固体悬浮物、浮油，初步调整 pH，减轻废水的腐化程度。废水经一级处理后，一般达不到排放标准（BOD 去除率仅 25%～40%），故通常为预处理阶段，以减轻后续处理工序的负荷和提高处理效果。

二级处理是采用生物处理方法及某些化学方法来去除废水中的可降解有机物和部分胶体污染物。经过二级处理后，废水中 BOD 的去除率可达 80%～90%，即 BOD 含量可低于 30mg/L。经过二级处理后的水，一般可达到农灌标准和废水排放标准，故二级处理是废水处理的主体。但经过二级处理的水中还存留一定量的悬浮物、生物不能分解的溶解性有机物、溶解性无机物和氮磷等可使藻类增殖的营养物，并含有病毒和细菌。因而不能满足要求较高的排放标准，如处理后排入流量较小、稀释能力较差的河流就可能引起污染，也不能直接用作自来水、工业用水和地下水的补给水源。

三级处理是进一步去除二级处理未能去除的污染物，如磷、氮及生物难以降解的有机污染物、无机污染物、病原体等。废水的三级处理是在二级处理的基础上，进一步采用化学法（化学氧化、化学沉淀等）、物理化学法（吸附、离子交换、膜分离技术等）以除去某些特定污染物的一种“深度处理”方法。显然，废水的三级处理耗资巨大，但能充分利用水资源。

（二）污水的生物处理技术

排放到污水处理厂的污水及工业废水可利用各种分离和转化技术进行无害化处理。其中废水的生物处理法是基于微生物通过酶的作用将复杂的有机物转化为简单的物质，把有毒的物质转化为无毒的物质的方法。根据在处理过程中起作用的微生物对氧气的不同要求，生物处理可分为好气（氧）生物处理和厌气（氧）生物处理两种。

（1）好气生物处理是在有氧气的情况下，利用好气细菌的作用来进行的。细菌通过自身的生命活动——氧化、还原、合成等反应过程，把一部分被吸收的有机物氧化成简单的无机物（CO_2、H_2O、NO^{3-}、$PO_4{}^{3-}$等）获得生长和活动所需能量，而把另一部分有机物转化为生物所需的营养物质，使自身生长繁殖。

（2）厌气生物处理是在无氧气的情况下，利用厌氧微生物的作用来进行。厌氧细菌在把有机物降解的同时，需从 CO_2、H_2O、NO^{3-}、$PO_4{}^{3-}$等中取得氧元素以维持自身对氧元素的物质需要，因而其降解产物为 CH_4、H_2S、NH_3 等。

用生物法处理废水，需首先对废水中的污染物质的可生物分解性能进行分析，主要有可生物分解性、可生物处理的条件、废水中对微生物活性有抑制作用的污染物的极限容许浓度三个方面。可生物分解性是指通过生物的生命活动，改变污染物的化学结构，从而改变污染物的化学和物理性能所能达到的程度。对于好气生物处理是指在好气条件下污染物被微生物通过中间代谢产物转化为 CO_2、H_2O 和生物物质的可能性以及这种污染物的转化速率。微生物只有在某种条件下（营养条件、环境条件等）才能有效分解有机污染物。营养条件、环境条件的正确选择，可使生物分解作用顺利进行。通过对生物处理性的研究，可以确定这些条件的范围，诸如 pH、温度以及碳、氮、磷的比例等。

近年来，在水资源再生利用研究中，人们十分关注各种纳微米级颗粒污染物的去除的问题。水中的纳微米级颗粒污染物是指尺寸小于 1μm 的细微颗粒，其组成成分极其复杂，如各种微细的黏土矿物质、合成有机物、腐殖质、油类和藻类物质等，微细黏土矿物作为一种吸附力较强的载体，表面常吸附着有毒重金属离子、有机污染物、病原细菌等污染物，而天然水体中的腐殖质、藻类物质等，在水净化处理的氯消毒过程中，可与氯形成氯代烃类致癌物，这些纳微米级颗粒污染物的存在不但对人体健康具有直接或潜在的危害作用，而且严重恶化水质条件，增加水处理难度，如在城市废水的常规处理过程中，造成沉淀池絮体上浮、滤池易穿透，导致出水水质下降、运行费用增加等困难。而目前采用的传统常规处理工艺无法有效去除水中这些纳微米级污染物，一些深度处理技术如超滤膜、反渗透等又由于投资及费用昂贵，难以得到广泛应用，因此迫切需要研究和发展新型、高效、经济的水处理技术。

水污染（微课）

第三节　固体废弃物的处理与处置

目前，越来越多的垃圾严重破坏了环境，如何有效地回收利用垃圾，是待解决的一个重大的问题。世界各国都在同垃圾进行斗争，垃圾处理技术已由过去的收运、堆存和消纳转为向垃圾减量化、无害化、资源化和综合利用的方向发展。在一些发达国家，垃圾的综合利用已成为新兴的盈利产业。固体废弃物问题较之其他形式的环境问题有其独特之处，简单概括之，即“四最”——最难得到处置、最具综合性的环境问题、最晚得到重视、最贴近的环境问题。

最难得到处置：固体废弃物为“三废”中最难处置的一种，因为它含有的成分相当复杂，其物理性状（体积、流动性、均匀性、粉碎程度、水分、热值等）也千变万化。

最具综合性的环境问题：固体废弃物的污染，从来就不是单一的，它同时也伴随着水污染及大气污染问题。我们无法回避其给人类生存空间、可持续发展带来的影响。

最晚得到重视：在固、液、气三种形态的污染（固体污染、水污染、大气污染）中，固体废弃物的污染问题较之大气、水污染是最后引起人们的注意，也是最少得到人们重视的污染问题。

最贴近的环境问题：固体废弃物问题，尤其是城市生活垃圾，最贴近人们的日常生活，因而是与人类生活最息息相关的环境问题。关注固体废弃物问题，也就是关注我们最贴近的环境问题，通过对我们日常生活中垃圾问题的关注，也将最有效地提高全民环境意识、资源意识。

一、 固体废弃物及其分类

固体废弃物指人类在生产、生活过程中产生的对所有者不再具有使用价值而被废弃的固态和半固态物质。它是人类物质文明的产物。大量的固体废弃物排入环境，不但占用大量土地，而且严重污染周围环境，破坏生态平衡。固体废弃物的产生有其必然性。一方面由于人们在索取和利用自然资源从事生产和生活活动时，限于实际需要和技术条件，总会将其中一部分作为废物丢弃；另一方面，由于各种产品本身有其使用寿命，超过了一定期限，就会变成废物。固体废弃物的产生又有其相对性。固体废弃物只是相对于某一过程或某方面没有使用价值，而非在一切过程或一切方面都没有使用价值。随着时间的推移和技术的进步，废弃物将越来越多地被转化为新的原材料，所以有人说固体废弃物是被放错了位置的原料。

固体废弃物的种类很多，通常将固体废弃物按其组成、形态、来源划分其种类。如按其化学组成可分为有机物和无机物；按其形态可分为固体的（块状、粒状、粉状）和泥状的；按其来源可分为矿业的、工业的、城市生活的、农业的和放射性的。此外，固体废弃物还可分为有毒和无毒的两大类。有毒有害固体废弃物是指具有毒性、易燃性、腐蚀性、反应性、放射性和传染性的固体、半固体废弃物，占一般固体废弃物量的1.5%~2.0%。

二、 固体废弃物的危害

在自然条件影响下，固体废弃物中的部分有害成分可以进入大气、水体和土壤环境，参与生态系统的物质循环进而污染环境，故固体废弃物具有潜在的、长期的危害性。固体废弃物的性质多种多样，成分也十分复杂，尤其是在废气治理过程中排出的固体废弃物，更是浓集了许多有害成分，对环境的危害面广。

（一）侵占土地，损伤地表

固体废弃物露天堆存，不但占用大量土地，而且其含有的有毒有害成分会渗入土壤之中，使土壤碱化、酸化、毒化，破坏土壤中微生物的生存条件，影响动植物生长发育。许多有毒有害成分还会经过动植物进入人的食物链，危害人体健康。据估计，每堆积 1×10^4t 固体废弃物约占地 670m^2，而受污染的土壤面积往往比堆存面积大 1~2 倍。大量固体废弃物的堆积侵占了大量土地甚至农田，造成了极大的经济损失，并严重破坏了地貌植被和自然景观，许多城市都被垃圾所困扰。土地是宝贵的自然资源，随着生产的发展和消费的增长，固体废弃物的受纳场地日显不足，固体废弃物侵占土地与争地的矛盾将日益尖锐。

（二）污染土壤

长期露天堆存的固体废弃物和未经适当防渗填埋的垃圾中的有害成分经过风化、雨淋、地表径流的侵蚀很容易涌入土壤中，使土地毒化、酸化和碱化，从而改变了土壤的性质和结构，影响土壤微生物的活动，妨碍植物根系的生长。有些污染物在植物机体内积蓄和富集，通过食物链影响人体健康，甚至杀灭土壤微生物，使土壤丧失腐解能力，导致草木不生。20 世纪 80 年代，我国内蒙古包头市的一个堆积如山的尾矿就曾造成坝下游大片土地被污染，使一个村的村民被迫搬迁。

（三）污染水体

固体废弃物对水体的污染表现在以下几个方面：①大量固体废弃物排放到江河湖海会造成淤积，从而阻塞河道、侵蚀农田、危害水利工程。②与水（雨水、地表水）接触，废弃物中的有毒有害成分必然被浸滤出来，从而使水体发生酸性、碱性、富营养化、矿化、悬浮物增加甚至毒化等变化，危害生物和人体健康。在我国，固体废弃物污染水的事件已屡见不鲜，如 20 世纪 50 年代我国锦州市发生过一起固体废弃物污染水体事件，该市某铁合金厂露天堆存的铬渣经雨水淋溶，铬渗入地下，数年后，使近 20km^2 范围内的水质遭受六价铬污染，地下水中铬超过饮用水允许容量的 1000 倍，致使七个自然村屯 1800 眼水井的水不能饮用。

（四）污染大气

固体废弃物还可以通过多种途径污染大气。固体废弃物对大气的污染表现为三个方面：①废弃物的细粒被风吹起，增加了大气中的粉尘含量，加重了大气的尘污染。②生产过程中由于除尘效率低，使大量粉尘直接从排气筒排放到大气环境中，污染大气。③堆放的固体废弃物中的有害成分由于挥发及化学反应等，产生有毒气体，导致大气的污染。有机固体废弃物在适宜的温度和湿度下会滋生微生物并通过微生物释放出有毒气体；煤矸石自燃会散发出大量的二氧化硫、CO_2、氨气等气体从而严重地污染大气。焚烧法处理固体废弃物也会污染大气。

（五）影响环境卫生

垃圾粪便固体废弃物如不加以利用，则需占地堆放。固体废弃物，特别是城市垃圾和致病废弃物如果长期弃往郊外，不作无害化处理，会使蚊蝇滋生、致病细菌蔓延、鼠类肆虐的场所成为流行病的重要发生地。简单地被植物吸收进入食物链，还能传播大量的病原体，引起疾病。另外，固体废弃物的堆放还影响了周围的自然景观。

三、固体废弃物的处理原则

中国的垃圾治理政策是："减量化""无害化"和"资源化"。对于已经产生的垃圾，"无害化"是处理的基础，在实现"无害化"的同时，实现垃圾的"减量化"和"资源化"是所追求的目标。

（一）"无害化"原则

固体废弃物的"无害化"处理指对已产生又无法或暂时尚不能资源化利用的固体废弃物，经过物理、化学或生物方法，进行对环境无害或低危害的安全处理、处置，达到废弃物的消毒、解毒或稳定化，以防止并减少固体废弃物的污染危害。垃圾的焚烧、卫生填埋、堆肥的厌氧发酵、有害废弃物的热处理和解毒处理等都属于"无害化"原则。

对不同的固体废弃物，可根据不同的条件，采用各种不同的无害化处理方法，如土地处置和海洋处置、焚烧等。土地处置包括卫生土地填筑、安全土地填筑以及土地深埋技术等现代化土地处置技术；海洋处置包括远洋焚烧和深海投弃。

（二）"减量化"原则

通过适宜的手段减少固体废弃物数量、体积，并尽可能地减少固体废弃物的种类、降低危险废弃物的有害成分浓度、减轻或清除其危险特性等，从"源头"上直接减少或减轻固体废弃物对环境和人体健康的危害，最大限度地合理开发和利用资源和能源。对固体废弃物的综合利用是实施减量化的一个重要途径。

（三）"资源化"原则

固体废弃物资源化指采取管理和工艺措施，从固体废弃物中回收有用的物质和能源。故固体废弃物又被称为"再生资源"或"二次资源"。固体废弃物的资源化是固体废弃物的主要归宿，包括物质回收、物质转换和能量转换等途径。

目前，工业发达国家出于资源危机和治理环境的考虑，已把固体废弃物资源化纳入资源和能源开发利用之中，逐步形成了一个新兴的工业体系：资源再生工程。如欧洲各国把固废资源化作为解决固废污染和能源紧张的方式之一，将其列入国民经济政策中，投巨资进行开发；日本由于资源贫乏，将固废资源化列为国家的重要政策，当作紧迫课题进行研究；美国把固废列入资源范畴，将固废资源化作为固废处理的替代方案。我国固废资源化虽然起步较晚，但20世纪90年代已把八大固废资源化列入国家的重大技术经济政策之中。

四、 固体废弃物的处理方法

固体废弃物处理方法可分为物理处理、化学处理、生物处理、固化处理和热处理。

（一）物理处理

不改变固体废弃物成分，仅改变固体废弃物结构的方法，如破碎、压实、分选等。

1. 固体废弃物的压实

当对固体废弃物实施压实操作时，随压力强度的增加，空隙率减少，表观体积随之而减小，容重增加。因此，固体废弃物压实的实质，可以看作是消耗一定的压力能，提高废弃物容重的过程。压实可以看作降低运输成本、延长填埋厂寿命的预处理技术。

2. 固体废弃物的破碎

固体废弃物破碎过程是减少其颗粒尺寸使之质地均匀，从而可降低空隙率、增大容重的过程。据有关研究表明，经破碎后的城市垃圾比未经破碎时的容重增加25%~50%，且易于压实。这一处理技术对大规模城市垃圾的运输、物料回收、最终处置以及对提高城市垃圾管理水平，无疑具有特殊意义。

3. 固体废弃物的分选技术

用人工或机械的方法把固体废弃物分门别类地分开来，回收利用有用物质、分离出不利于后续处理工艺的物料的处理方法。根据物质的粒度、密度、磁性、电性、光电性、摩擦性、弹性以及表面润湿性的不同进行分选，可分为：风力分选、筛选、重力分选、磁力分选、电力分选、光电分选、摩擦及弹性分选、浮选。

（二）固体废弃物的化学处理

固体废弃物的化学处理是针对固体废弃物中易于对环境造成严重后果的有毒有害化学成分，采用化学转化的方法，使之达到无害化。由于这类化学转化反应的条件较为复杂，受多种因素影响，因此，化学处理仅限于对单一成分或几种化学性质相近的混合成分进行处理。对于不同成分的混合物，采用化学处理方法，往往达不到预期的效果。化学处理方法主要包括中和法与氧化还原法。

1. 中和法

中和法是处理酸性或碱性废水常用的方法，对于固体废弃物主要应用于处理化工、冶金、电镀与金属表面处理等工业中产生的酸、碱性泥渣。这类泥渣对土壤与水体均会造成危害。中和反应设备可以采用罐式机械搅拌或池式人工搅拌，前者多用于大规模中和处理，而后者多用于间断的小规模处理。

2. 氧化还原法

通过氧化或还原化学处理，将固体废弃物中可以发生价态变化的某些有毒成分转化为无毒或低毒且具有化学稳定性的成分，以便无害化处置或进行资源回收。

（三）固体废弃物的生物处理

利用微生物将固体废弃物中的有机物转变成无害的处理方法，其基本原理是利用微生物的生物化学作用，将复杂有机物分解为简单物质，将有毒物质转化成为无毒物质。许多危险废弃物通过生物降解来解除毒性，解除毒性后的废弃物可被土壤和水体所接纳。生物法主要有活性污泥法、好氧堆肥法和厌氧发酵制沼气。

1. 好氧堆肥法

堆肥就是利用微生物对有机废弃物进行分解腐烂而形成肥料。木质废弃物、植物秸秆、落叶、厩肥、禽类粪、人粪尿、城市及工业废弃物中的有机质、动物尸体、食物下脚料、污水处理厂的污泥等均属于有机固体废弃物，如不处理它们，则会在自然条件下变质腐烂，放出有害气体，污染环境。但是这些废弃物中含有相当量的可利用的肥效元素，如 N、P、K、Na、Mg、Mn 及 Fe 等，可以通过微生物将这些元素变成优质复合肥料。

为了加快堆肥熟化，提高肥料的复合性，还要加入：①水解酶的主要原料，如人畜粪尿及污水等。②控制碳氮化的无机肥料，碳氮比一般应为 50∶1 上下，但是秸秆、树枝、玉米芯、纸、落叶、生活垃圾及食品工业废弃物的碳氮比为100∶1 左右。一般要加入的无机肥料有 $(NH_4)_2SO_4$、$(NH_4)_2CO_3$、$(NH_4)_2HPO_4$ 等。③作为刺激微生物生长和增加其活性的微量元素，以及其他物质，如 Fe、Mn、Mg、Zn、维生素 H、辅酶 M 等。

好氧-厌氧兼性堆肥法是一种适合于处理有机固体废弃物的方法，堆肥场宜建在城市垃圾堆放场周围，这里有足够的有机添加剂，产品就近施用，既可减少环境污染负荷，又可实现高效生态农业。肥质优良，营养元素丰富，特别是对砂土地和变质板结土地有明显的改良作用。

2. 厌氧发酵制沼气

利用厌氧微生物将废弃物中可降解的有机物分解为稳定的无害物质，同时获得以甲烷为主的沼气。生物质厌氧发酵制沼气主要原料是农作物秸秆，从环保、资源及能源利用角度看，秸秆厌氧制沼气工艺是将来秸秆综合利用的主要途径。其次，养殖场粪便也可大量应用厌氧发酵处理。据统计，我国现有规模化养殖场 5 万多个。经初步测算全国每年鲜猪粪排放量为 9.22 亿 t，如加上牛、鸡等的粪便污水排放量更是高达 60 多亿 t。只有少部分畜禽养殖场采用厌氧发酵制沼气和微生物菌耗氧发酵技术制有机肥，大多数未经任何处理就直接排放，对周边水源、空气、环境造成严重污染。如果将这其中 1000 万 t 猪、牛、鸡的粪便污水进行厌氧发酵处理，可产沼气 4 亿 m^3、有机肥 500 万 t；沼气发电装机容量可达 1000 万 kW，发电量上百亿千瓦。经济价值、环保价值不可估量。

（四）热处理

热处理通过高温破坏和改变固体废弃物组成和结构，同时达到减容、无害化或综合利用的目的。热处理方法包括焚烧、热解、湿式氧化以及焙烧、烧结等。

1. 焚烧法

焚烧一般是指将垃圾作为固体燃料送入焚烧炉中，在高温条件下（一般为 900℃左右，炉心最高温度可达 1100℃），垃圾中的可燃成分与空气中的氧进行剧烈化学反应，放出热量，转化成高温烟气和性质稳定的固体残渣。从焚烧角度分析，城市生活垃圾可分为可燃和不可燃两部分。

（1）可燃垃圾　橡胶、塑料、纸张、破布、竹木、皮革、果皮及动植物、厨房垃圾等，其组分、物性和燃烧特性等非常复杂，不易直接填埋。

（2）不可燃垃圾　金属、建筑垃圾、玻璃、灰渣等，除可回收利用部分外，大多可直接安全填埋。

2. 热解

固体废弃物热解是利用有机物的热不稳定性，在无氧或缺氧条件下受热分解的过程。

五、固体废弃物的处置

因技术原因或其他原因无法利用或处理的固态废弃物，是终态固体废弃物。终态固体废弃物的处置，是控制固体废弃物污染的末端环节，是解决固体废弃物的归宿问题。处置的目的和技术要求是，使固体废弃物在环境中最大限度地与生物圈隔离，避免或减少其中的污染成分对环境的污染与危害。终态固体废弃物的处置可分为海洋处置和陆地处置两大类。

（一）海洋处置

海洋处置主要分为海洋倾倒与远洋焚烧两种方法。

1. 海洋倾倒

海洋倾倒是将固体废弃物直接投入海洋的一种处置方法。它的依据是海洋是一个庞大的废弃物接受体，对污染物质有极大的稀释能力。进行海洋倾倒时，首先要根据有关法律规定，选择处置场地，然后根据处置区的海洋学特性、海洋保护水质标准、处置废弃物的种类及倾倒方式进行技术可行性研究和经济分析，最后按照设计的倾倒方案进行投弃。

2. 远洋焚烧

远洋焚烧是利用焚烧船对固体废弃物进行船上焚烧的处置方法。废弃物焚烧后产生的废气通过净化装置与冷凝器，冷凝液排入海中，气体排入大气，残渣倾入海洋。这种技术适于处置易燃性废弃物，如含氯的有机废弃物。

（二）陆地处置

陆地处置固体废弃物的方法有多种，包括土地填埋、土地耕作、深井灌注等。土地填埋是从传统的堆放和填地处置发展起来的一项处置技术，它是目前处置固体废弃物的主要方法，可分为卫生填埋和安全填埋。

1. 卫生土地填埋

卫生土地填埋是处置一般固体废弃物使之不会对公众健康及安全造成危害的一种方法，主要用来处置城市垃圾。通常把运到土地填埋场的废弃物在限定的区域内铺撒成一定厚度的薄层，然后压实以减少废弃物的体积，每层操作之后用土壤覆盖，并压实。压实的废弃物和土壤覆盖层共同构成一个单元。具有同样高度的一系列相互衔接的单元构成一个升层。完整的卫生土地填埋场是由一个或多个升层组成的。在进行卫生填埋场地选择、设计、建造、操作和封场过程中，应该考虑浸出液渗漏的预防、降解气体的释出控制、臭味和病原菌的消除、场地的开发利用等问题。

2. 安全土地填埋

安全土地填埋法是卫生土地填埋方法的改进方法，对场地的建造技术要求更为严格，对土地填埋场必须设置人造或天然衬层材料；最下层的土地填埋物要位于地下水位之上；要采取适当的措施控制和引出地表水；要配备浸出液收集、处理及监测系统，采用覆盖材料或衬里控制可能产生的气体，以防止气体释出；要记录所处置的废弃物的来源、性质和数量，把不相容的废弃物分开处置。

实验实训　校园的空气污染源分析

一、 实训目的

（1）通过实训进一步巩固课本知识的学习和掌握，深入了解空气环境中污染因子的类型、采样、分析及数据处理等。

（2）根据污染物或其他影响环境质量因素的分布，追踪污染途径，寻找污染源，为校园环境污染的治理提供依据。

（3）培养团结协作精神及综合分析与处理问题的能力。

二、 校园大气环境影响因素识别

大气污染受气象、季节、地形、地貌等因素的强烈影响而随时间变化，因此应对校园内各种空气污染源、空气污染物排放状况及自然与社会环境特征进行调查，并对大气污染物排放做初步估算。

1. 校园空气污染源调查

主要调查校园空气污染物的排放源、数量、燃料种类和污染物名称及排放方式等，为空气环境监测项目的选择提供依据，可按表 8-2 的方式进行调查。

表 8-2　校园内空气污染源调查

序号	污染源名称	数量	燃料种类	污染物名称	污染物治理措施	污染物排放方式
1	食堂					
2	印刷厂					
3	锅炉房					
4	建筑工地					
5	家庭炉灶					

2. 校园周边大气污染源调查

大学校园多位于交通干线旁，因此校园周边大气污染源主要调查汽车尾气排放情况，汽车尾气中主要含有 CO、NO_x、烟尘等污染物。调查形式如表 8-3 所示。

表 8-3　校园周边各路段汽车流量调查

路段		××路	××路	××路	××路	……
车流量/（辆/h）	大型车					
	中型车					
	小型车					

3. 气象资料收集

主要收集校园所在地气象站（台）近年的气象数据，包括风向、风速、气温、气压、降水量、相对湿度等，具体调查内容如表 8-4 所示。

表 8-4　气象资料调查

项目	调查内容
风向	主导风向、次主导风向及频率等
风速	年平均风速、最大风速、最小风速、年静风频率等
气温	年平均气温、最高气温、最低气温等
降水量	年平均降水量
相对湿度	年平均相对湿度

三、对校园的环境空气质量进行简单评价

全班同学在一起对大气监测结果进行讨论，并对校园的空气环境质量进行简单评价，要求学生积极发言，充分发表自己的观点及意见。期望学生对环境分析与监测课程实训的组织形式提出改进意见。

本章小结

本章主要介绍了农业环境污染及防治，主要包括大气污染和水污染的概况以及固体废弃物的处理；介绍了大气污染的现状、对农业生产的危害、相应的防治措施，并对现阶段大气环境污染的处理技术进行了简单的介绍；介绍了水污染的现状和类型，并对水污染的危害和污水防治措施做了初步介绍；介绍了固体废弃物的概念及危害性，以及固体废弃物的主要处理与处置方法。

复习思考题

1. 解释以下概念：大气污染、一次污染物、二次污染物、光化学烟雾、酸雨、水污染、水体的自净作用、固体废弃物、减量化、无害化。
2. 大气污染的特征是什么？
3. 大气污染对农业生产的危害有哪些？
4. 大气污染的控制途径有哪些？
5. 水污染的分类有哪些？
6. 水污染的防治措施有哪些？
7. 固体废弃物的危害性有哪些？
8. 固体废弃物处理的原则有哪些？

资料收集

以当地农村养殖户或大型养殖企业为主要调查对象，调查家畜家禽养殖产生的气体污染、废水污染和固体废弃物情况，根据所学课程提出解决的意见建议。

查阅文献

利用课外时间从网上收集有关雾霾天气和水质污染的阅读材料，了解它们的产生原因及对人类和生态环境的危害。

习作卡片

以当地农村为主要调查对象，调查当地有哪些固体废弃物，做成卡片并分类，分析如何把日常生活中的一些废弃物变废为宝。

课外阅读

雾霾到底是怎么形成的？

雾霾，是“雾”和“霾”的组合词，常见于城市。我国不少地区将“雾”并入“霾”一起作为灾害性天气现象进行预报、预警，统称为雾霾天气。近年来，雾霾问题已成为我国大气污染危害升级的突出标志，随着空气质量的恶化，我国多地都出现了雾霾天气，带来的危害较多。那么，雾霾天气形成的原因究竟是什么呢？

众所周知，判断雾霾天气的重要指标是PM 2.5的数值，即直径小于2.5μm的细小颗粒悬浮物。各个城市和地区人口、产业结构等不同，导致PM 2.5产生的主导因素也存在较大差异。此外，PM 2.5在空间分布上也存在一定的差异性。据《人民日报》报道，北京大学教授谢邵东表示，研究显示PM 2.5的来源非常复杂，大气中PM 2.5的主要化学组成成分包括：有机物质、元素碳、硝酸盐、硫酸盐、铵盐、氯盐、痕量元素等。各地来源解析结果表明，目前PM 2.5的主要来源是燃煤、工业、机动车、扬尘和生物质燃烧等。

有科学家将雾霾天气也称之为灰霾天气。据中国网报道，中国科学院“大气灰霾追因与控制”专项和区域大气环境研究卓越创新中心首席科学家贺泓研究表示，灰霾的形成是内外因共同作用的结果。内因是污染的排放，包括一次污染源和二次污染源，即污染源的直接排放和二次生成。一些污染源比如汽油车，虽然其尾气中一次颗粒物浓度不高，但经过在大气中反应就会产生大量二次颗粒物，这是城市PM 2.5的重要来源之一；不利气象条件是灰霾形成的外因，污染物的排放会使气象条件变得更差，排放到大气中的PM 2.5会加剧大气污染，另外，无风天气也会造成灰霾集聚不散。

俗话说，“冰冻三尺，非一日之寒”，关于雾霾的成因，还有一种“积累说”，这是基于雾霾形成的机制提出的。据《光明日报》报道，众所周知，环境是有自净能力的，大气的稀释、扩散、氧化等物理、化学作用，能使进入大气的污染物质逐渐消失，这就是大气的自净能力。在污染物排放未超过自然界净化能力时，并不会形成雾霾，只有超过了一定限制，自然界无法消化如此多的污染物，才以雾霾的形式警告人类，这也就是量变引起质变的规律。

由于雾霾中的可吸入颗粒物会严重影响人类的身体健康，进而引发各类呼吸道疾病。那么，人们该如何预防雾霾的危害呢？据环球网指出，雾霾天气里，无论在室内或在户外，都应避免剧烈的体力活动和体育运动；若发生呼吸困难或心脏不适等情况，应及时就医；尽量避免清晨和夜晚外出、避免靠近交通主道；推迟需要付出大量体力的活动，以及减少体育活动等都可以有效预防雾霾天气带来的危害。

今天的治理，是为了明天能够“拨开迷雾见蓝天”。实现这一目标，还有很长的路要走，只有找准原因，才能制定有效可行的对策。治理雾霾，政府和全体民众都要动起来，落实到生活中的每个细节之处，节约资源消耗、倡导绿色健康生活，才是长久之策。

——人民网-科普中国

2017 年 06 月 29 日

第九章

农田土壤污染与修复

学习目标

理解农田土壤污染概念；把握土壤污染新动态、新特点及新趋势；了解农田土壤污染来源、危害和特点等；理解农田土壤修复概念；掌握农田土壤修复基本原理及常用手段；理解农艺调控、固化/钝化修复、植物修复、微生物修复等修复方式。

第一节　农田土壤污染

一、我国的农田土壤污染现状

随着经济的快速增长和城市化程度的不断提高，土壤重金属污染日趋严重。我国土壤污染面积亦不断增加，已有超过1000万hm^2的土壤遭到不同程度的污染，直接影响到土地耕地质量、食品安全和居民健康。2014年，我国发布了全国土壤污染状况调查公报。公报报道全国土壤环境状况总体不容乐观，部分地区土壤污染较重，耕地土壤环境质量堪忧。全国土壤总的超标率为16.1%，其中轻微、轻度、中度和重度污染点位比例分别为11.2%，2.3%，1.5%，1.1%。污染类型以无机重金属污染为主，有机污染次之，复合型污染比重较小。重金属污染物超标点位数占全部超标点位的82.8%。具体来说镉、汞、砷、铜、铅、铬、锌、镍8种重金属污染物点位超标率分别为7.0%，1.6%，2.7%，2.1%，1.5%，1.1%，0.9%，4.8%。耕地土壤点位超标率为19.4%，其中轻微、轻度、中度和重度污染点位比例分别为 13.7%，2.8%，1.8%，1.1%（表 9-1）。

表 9-1　　无机污染物超标情况

污染物类型	点位超标率/%	不同程度污染点位比例/%			
		轻微	轻度	中度	重度
镉	7.0	5.2	0.8	0.5	0.5
汞	1.6	1.2	0.2	0.1	0.1
砷	2.7	2.0	0.4	0.2	0.1
铜	2.1	1.6	0.3	0.15	0.05
铅	1.5	1.1	0.2	0.1	0.1
铬	1.1	0.9	0.15	0.04	0.01
锌	0.9	0.75	0.08	0.05	0.02
镍	4.8	3.9	0.5	0.3	0.1

重金属容易在农作物中富集，较高浓度的重金属含量可能对植物造成胁迫效应，导致农作物产量和品质受到影响。据调查，目前我国受镉、汞、铬、铅、铜、锌等重金属污染的耕地面积近 2000 万 hm^2，约占耕地总面积的 1/5，我国因重金属污染而引起的粮食减产每年达 1000 多万 t，被重金属污染的粮食每年多达 1200 万 t，两者合计每年经济损失至少 200 亿元。土壤中的重金属可通过植物累积而进入食物链，从而危害人体健康，引发癌症或其他疾病。

镉因移动性大、毒性高、污染面积广等特点，在当前的土壤重金属中被称为“五毒之首”。过去几十年里排放到全球环境中的镉多达 22000t，导致部分农田的土壤污染问题，如江西省大余县污灌引起的镉污染面积达 12%；沈阳市某灌区因污灌而造成农田受严重污染面积达 13%，已经成为严重污染区。

土壤环境是多组分的综合体，环境中的重金属以单元素存在的情况是很少的，而重金属的污染也不是单一元素的简单效应，而是一个相当复杂的问题。它通常涉及双因子甚至是多因子及其相互作用的影响，也就是我们常说的重金属复合污染的影响。早在 1939 年，学者提到拮抗作用、独立作用、加和作用和协同作用等用于描述复合污染元素间的作用效果。在复合污染条件下，重金属的吸附顺序也会发生变化。如长沙市郊有 70%的土壤受到了镉的污染，27.6%的土壤受到了汞的污染，58.6%的土壤受到了重金属的复合污染。江西省贵溪市滨江乡铜矿区附近农田受铜、镉复合污染。而重金属在复合污染条件下对植物的毒害及其在土壤中的迁移动态要比单一元素的污染复杂、严重得多。由于重金属在土壤系统中的长期性、隐蔽性以及不可逆性等特点，土壤一旦被其污染，不仅会导致土壤退化、农作物产量和品质降低，还可能通过淋洗和径流作用污染地下水和地表水等自然环境，损害生态系统，进而通过直接接触和食物链等途径进入人体，导致人群健康风险暴露。

二、 农田土壤污染来源

土壤污染物来源于自然和人为污染，自然污染源指自然界中某些矿床或物质的富集中心周围形成自然扩散晕，使周围土壤中某些物质含量超标而造成污染；人为污染源来自工业废弃物、农业投入品、有机废弃物、污水灌溉等。人为污染是土壤污染的主要成因。

（一）工业废弃物

改革开放以来，我国工业化和城市化迅速发展。然而工业发展的同时伴随着大量未经妥善处理的工业废水肆意排放、大气污染沉降和工业固体废弃物随意堆放等问题的发生，导致了周边农田土壤受到重金属污染的风险。相关研究表明，由于工业化和城市化的进程，我国城郊周边农田土壤重金属含量已经普遍高于农村土壤，人为富集特征突显，部分地区已经产生镉、铅和砷等重金属不断累积甚至严重污染的现象。以天津市城郊农田土壤为研究对象，采集水田、旱地和园地三种土壤利用类型土壤，分析测定土壤中砷、铅、镉、铬和镍 5 种重金属含量。结果表明，除铬外的其他四种重金属元素的平均含量均高于天津市农村农田土壤含量。现有的对石家庄、开封市等城市城郊农田土壤的调查均有类似发现。与 30 年前的土壤调查数据相比，我国土壤重金属发生明显累积。

在工业企业中，金属矿产采选冶炼和加工业、电器机械和器材加工制造业、石油化工业、交通和仓储业、化学药品及农药制造业、皮革纤维及纺织印染业等是发生重金属污染的重点行业，需格外关注。

1. 金属矿产采选冶炼和加工业

金属矿产采选冶炼和加工业的常见污染因子为铅、汞、镉、铅、砷、镍、铜、锌、铬、锰、锑、银、钒和铊等重金属。对于金属矿采选业来说，选矿废水、废石场/排土场淋溶水、尾矿库废水、硫化矿井下涌水、采矿粉尘、废石场/排土场扬尘、尾矿库扬尘及废石和尾矿等均是可能造成土壤污染的产污环节。对于金属冶炼和加工业来说，金属冶炼装置产生的废气通过大气环流作用扩散到周边地区，在大气沉降的作用下进入土壤中。金属冶炼过程的生产废水、尾渣、水处理污泥、浸出渣等进入农田土壤中，造成重金属污染。

金属矿物的广泛开采和冶炼导致周边区域的土壤污染成为世界性的问题，如对法国蒙彼利埃北部的铅锌矿区的土壤和植物重金属含量进行研究，发现周边盆地土壤中锌含量高达 160000mg/kg，铅含量高达 9000mg/kg，砷含量 9700mg/kg。对土耳其某铜矿区周边土壤进行采样分析发现，土壤样品中铬、锰、镍、铜、锌、砷和铅等含量达到重度污染标准。我国贵州万山汞矿区，号称中国的“汞都”，由于长期的矿山活动，导致当地的土壤总汞含量远远超过相关国家标准，贵州万山汞矿区不同采样点土壤总汞浓度为1.1~790mg/kg，而农田土壤汞的风险筛选值标准为0.5~1.6mg/kg（根据农田性质和土壤pH确定）。云南省是著名的有色金属王国，针对各大铅锌矿区附近的农田土壤重金属调查已有报道，如对云南会泽县铅锌矿区的调查显示，土壤中镉和铅的含量分别为4.68~46.88mg/kg和529.84~4862.19mg/kg，高于国家农田土壤重金属风险筛选标准（镉为0.3mg/kg，铅为250mg/kg）。其他矿区亦有相关报道。

2. 电器机械和器材加工制造业

电器机械和器材加工制造业在废弃电池、废水处理污泥、熔铅渣、废极板、尘渣等固体废弃物及加工和清洗过程中的废水排放可能造成土壤重金属污染。徐州市环境监测中心站选取了7个电池制造厂，对周边100m范围内农田土壤进行调查，结果表明土壤铅浓度平均值超过100mg/kg，高于相关国家标准。为了解电子电器制造业的重金属生态风险，广东微生物研究所对佛山市某电器工业区的河涌沉积物重金属含量进行调查研究，发现河涌沉积物重金属污染状况严重，尤其以铜、镉和汞生态风险极强。此外，电子电器废弃物拆解业造成的土壤污染问题值得关注。电子电器及其废弃物中含有大量的重金属元素，对这些固体废弃物进行拆解、回收利用的过程中会有重金属进入环境。对瑞士电子电器废弃物中重金属含量调查显示铜的含量高达41000mg/kg，铬的含量高达9900mg/kg。对美国电路板和绝缘线废弃处理厂调查显示，飞灰及底渣中铅含量超过相关控制标准的200倍与20倍之多。2006年对中国贵屿镇的调查发现，当地土壤中镉和铜含量较高：电子废弃物焚烧点土壤中镉含量达到1.7mg/kg，铜的含量达到496mg/kg；打印机硒鼓拆解区土壤中镉浓度达到3.1mg/kg，铜浓度达到712mg/kg。

3. 石油化工焦化业

石油中含有几十种金属元素，这些金属随着石油污染进入土壤环境中，同时油田的钻井液中也含有一定浓度的重金属，在油田开发的同时势必会导致油田土壤中重金属污染的加剧。石油化工焦化业在压裂液收集和处理系统和清洗、生产的废水及水基钻井废弃物、采浆坑、废弃金属催化剂、含重金属污泥和其他生产废渣的排放可能导致土壤重金属增加。对尼日利亚东南部的油田周边石油污染土壤的重金属含量进行调查发现，表层土壤中镍、铜和铅的浓度要高于正常土壤。西北农林科技大学对陕西北部某化工企业污灌区土壤-作物系统的重金属积累状况及空间分布进行了深入研究，结果表明，企业的污水排放导致了周围农田土壤中镉和铜的累积，其中镉的积累量超过国家规定的风险筛选值。研究发现污水排放企业污灌区土壤和作物重金属铜、锌和镉的强烈聚集区出现在企业排污口附近100m范围内、铅集中在200m范围内，并随着距企业距离的增加含量呈降低趋势。在垂直分布上，所有重金属元素均表现出明显的表聚现象，主要聚集在土壤表层0~15cm范围内，该层即为农田土壤的耕作层。

4. 交通和仓储业

交通和仓储业中的污染因子主要为铅、砷、镉、铬、铜等。汽车尾气和含重金属的粉尘排放是重金属暴露的重要途径。汽车尾气排放、运输过程中机动车油料泄漏等都会导致公路周边土壤重金属含量升高。众所周知，含铅汽油经过燃烧作用，变为含铅的污染物排入大气中，经过大气沉降作用，沉淀到土壤，造成重金属污染。国内外学者对道路周边土壤重金属现状进行大量研究和报道，如对美国加利福尼亚州某县的八条道路周边土壤的铅污染问题进行了研究，结果表明，最靠近道路处的土壤中铅的含量要远远大于加利福尼亚州当地的土壤重金属背景值，甚至超过了美国国家环境保护局的有害废弃物标准值；对澳大利亚布里斯班市区内的三条主要道路路域周边的大气、降尘和灰尘中铅的含量展开研究，发现道路周边沉降下来的灰尘对铅的吸附作用最强烈。国内学者亦有相关报道，如湖南科技大学对湘潭市道路灰尘和周边土壤进行了调查研究，结果表明土壤和灰尘中铅含量均达到重污染水平；我国 316 国道华容县至鄂州市临江段公路两侧土壤中铅和铜的含量随着公路的距离增加而降低。此外，机动车车速对土壤中铅的累积量有明显影响，车速快时对铅累积起到的作用要小于车速慢时。机动车排放的含铅尾气，在交通繁忙的路边大气中铅的含量更高，更容易沉积在路边土壤和植被上。

5. 化学药品及农药制造业

化学药品及农药制造业主要污染因子为砷、镍、汞、锌等重金属及一些有机物质。药品在合成、精馏、蒸馏、投料、干燥等工序产生的废气和分离、过滤、洗涤、废气净化工序产生的废水以及废盐渣、污泥等固体废弃物的排放过程中产生重金属。

6. 皮革纤维及纺织印染业

皮革纤维及纺织印染业的污染因子主要为铬、锑和锌等，在染色、印花、浸酸、鞣制等工序产生的废水及处理废水的污泥、废催化剂、废活性炭等的排放，可能导致周边土壤重金属风险增加。

（二）农业肥料

长期以来，肥料就是农作物生长的必需品。为生长和完成生命周期，植物不仅需要大量营养元素（氮、磷、钾、硫、钙、镁等），也需要必要的微量营养元素，如钼、钴、锰、铁、锌、镍、铜等。当自然条件不足以供给作物生长的元素时，就可以人为添加这些元素，以满足作物生长所需、提高农业产出，如作物光合作用减弱若是因为根茎缺少重金属锰，则增施锰肥；若作物缺铜则增施硫酸铜。然而肥料中的微量营养元素仅少部分能够被植物吸收利用，大部分重金属物质遗留在农田中，因此长期的肥料滥用就会导致重金属不断累积，造成土壤污染。有些肥料中本身就含有对植物生长有害的重金属，如磷肥中镉含量较高，长期施用会造成土壤和植物镉累积，影响土壤性质及农产品产量和品质。据国外学者报道，若在农田中施用大量的磷肥，肥料中 80%的镉会留在土壤中。

1. 无机肥

无机肥是指用化学合成方式生产的肥料，特点是有效成分高、肥效快、易溶于水、施用简单。无机肥主要包括：①氮肥，主要包括碳酸氢钠、硫酸铵、尿素、硝酸铵。②磷肥，主要包括过磷酸钙、磷酸二氢钾、磷矿粉等。③钾肥，主要包括硫酸钾、硝酸钾等。④复合肥，即以上三种肥料中两种或两种以上的复合产品。现有部分调查数据显示的无机肥料中重金属含量见表 9-2。表中显示所有化肥中几乎都含有铜、锌、铬、镉、铅、砷、汞 7 种重金属，表明肥料中重金属普遍存在，但重金属含量是有差别的，如锌、铬、铅和砷四种重金属含量普遍较高。值得注意的是，相比于其他肥料，磷肥中的镉含量普遍较高。化肥中的重金属来源有两个：一是生产原料；二是生产过程，后者的重金属的带入量是微小的，因此无机肥中重金属主要是来自生产化肥的原料中。

表 9-2　　肥料中重金属种类及含量差异　　单位：mg/kg

肥料种类	样品数	Cu	Zn	Cr	Cd	Pb	As	Hg
尿素	6	0.28	2.34	—	0.03	0.18	—	—
	10	—	—	7.82	0.13	8.25	8.57	0.34
	3	—	—	60.5	0.24	7.80	4.30	0.09
氯化钾	6	1.30	4.47	—	0.05	0.69	—	—
	3	—	—	76.70	0.96	11.90	11.90	0.50
钙镁磷肥	3	4.93	11.17	—	0.08	3.52	—	—
	3	—	—	77.47	0.49	31.14	16.88	0.34
过磷酸钙	3	16.64	89.32	—	0.63	31.16	—	—
	20	—	—	20.55	0.96	61.70	7.96	9.72
	3	—	—	89.80	0.23	7.90	8.52	0.07
磷酸铵	10	—	—	8.49	0.19	7.31	9.93	1.05
	3	7.34	21.1	—	0.12	2.070	—	—
复混肥	4	—	—	45.42	0.98	27.75	38.12	0.16
	20	—	—	12.96	0.23	12.09	11.12	0.14
无机肥	3	13.72	95.38	—	0.27	11.38	—	—

注：表中数据来自不同文献。

制造化肥的矿物原料及化工原料中，含有多种重金属物质，它们随肥料进入农田造成土壤重金属污染。磷矿最主要的伴生金属为镉。尽管我国磷矿镉含量较低，但由于产能不足，我国每年都会从国外进口大量磷矿，这些磷矿石含镉量远远高于本土磷矿。长期滥用磷肥会造成农田土壤镉的累积，全球每年因施用磷肥带入土壤的镉约 66 万 kg。据美国的学者估计，以 2001 年土壤中镉的含量为基础值，预计施磷肥的土壤将在 34 年后超过国家环境质量一级标准，而未施磷肥的土壤约 92 年后超过该标准。

2. 有机肥

有机肥是指经植物残体和（或）动物粪尿及其他生物物质发酵而成，施于土壤中以供给植物营养的碳基肥料。若植物或动物体内重金属含量较高，发酵而成的有机肥可能携带较高浓度的重金属。这些肥料的长期施用，可能引发土壤重金属污染风险。部分学者认为，有机肥是所有肥料中对土壤重金属贡献最大的因子，如在英国，家庭养殖产生的动物排泄物带入农田中的铜、锌量约占重金属总输入量的 40%。一些长期定位研究报道，有机肥使土壤铜、锌、镉、铬、汞和砷含量都呈增加趋势，而施用氮肥对土壤重金属影响不大，施用磷肥使土壤镉含量增加。有机肥中以鸡粪、猪粪、垃圾粪肥和污泥粪肥发酵而成的肥料中铜、锌风险最高。

尽管有机肥可能提高土壤重金属含量，但施用有机肥能够有效降低农产品中重金属累积，因而常常被用于农田土壤安全利用，如研究报道施用有机肥使番茄中的汞和铬含量降低，施用牛粪有机肥能够显著降低辣椒、生菜等蔬菜可食部分镉和铜的浓度，其原因在于有机肥钝化了土壤重金属或抑制了作物的重金属富集。

施用无机肥和有机肥不仅导致土壤重金属总量增加，还可能影响土壤重金属形态。重金属在土壤中赋存于各种形态，例如，汞在土壤中主要以稳定的硫化汞的形态存在，当土壤淹水或土壤有机质增加，就会促进硫化汞向毒性更高的甲基汞形态发生转化。大量研究报道，肥料的长期施用会影响重金属的赋存形态，进而影响其在土壤中的行为。

化肥对土壤重金属形态的影响主要是通过改变土壤的理化性质做到的，如土壤 pH 和土壤表面电荷等。不同种类的化肥对重金属形态的影响机制和结果不同，例如氮肥施入提高了土壤 pH，导致活性态重金属含量降低，铁锰氧化物结合态和碳酸盐结合态等稳态重金属含量升高。磷肥的大量施用可能增加土壤负电荷和阳离子交换量，提高土壤对金属阳离子的吸附，抑制水溶态及交换态重金属离子的析出。钾肥施入土壤后，钾离子与重金属离子发生交换，提高土壤水溶态和交换态镉含量。化肥对重金属形态的影响还与重金属种类和土壤性质有关。研究表明施用磷酸氢二钾降低了酸性土壤（pH4. 6）中离子态铅和镉的含量，促进微酸性土壤（pH5. 8）中有机结合态和残渣态的铜和锌向交换态转化。土壤性质与重金属形态也有关系，研究发现施用氮肥后红壤土中交换态铅含量降低。

有机肥对土壤重金属的赋存形态也有显著的影响。其原因在于增施有机肥后，有机肥料分解所产生的腐殖质含有一定量的有机酸、糖类、酚类及氮、硫的杂环化合物，具有活性基团，与土壤中铜、锌、铁、锰等金属元素发生络合或螯合反应，影响重金属元素的有效性。这种影响作用与有机肥种类、施用量、土壤类型有关。当这些条件发生改变，其作用结果可能发生变化。一些学者报道以畜禽粪便为原料发酵的有机肥，可明显促进土壤重金属的活化和迁移淋滤。在长期施用高量猪粪有机肥的稻田中，土壤铜、锌和镉的有效性显著提高。在水稻土和赤红壤中施入含鸡粪和猪粪有机肥，土壤有效态铜、锌和砷分别提高 5.2~19.4，4.0~65.9，0.011~0.034mg/kg。畜禽粪便有机肥能够增加土壤重金属的移动性，可能因其所含有机酸能与金属结合形成水溶性化合物或胶体，提高了重金属的溶解能力。与之相反的一些研究，认为施用有机肥能够显著降低土壤重金属有效性。沈阳农业大学的学者研究发现施用有机肥后农田中重金属铅、铜的有效态含量均显著降低，而有效态重金属锌含量增加。污灌区存在相似现象，施用有机肥后农田土壤中重金属铅有效态含量有所减少，重金属铜有效态含量略有升高，重金属锌有效态含量保持稳定。中华人民共和国生态环境部南京环境科学研究所的学者发现施用有机肥尽管提高了云南土壤中镉和铜有效态含量，却能够降低蔬菜中的重金属浓度，由此可见有机肥对重金属形态的影响的复杂性，当环境条件发生改变，土壤重金属形态的变化可能截然不同。因此，在施用有机肥时，需因地制宜地筛选有机肥及确定有机肥施用技术，以最大限度地规避有机肥可能造成的负面效应。

（三）污水

污水灌溉作为一种污水利用的方式已有 400 年的历史，在我国乃至世界上许多国家都有广泛的应用。据统计，世界范围内每年使用污水进行灌溉的农用耕地达 2000 万 hm^2。欧洲的学者报道，亚洲和非洲的一些城市 50%的蔬菜供应来自污水灌溉农田。虽然污水中重金属含量通常比较低，但长期灌溉仍可能导致土壤重金属累积。国内学者调查了一些长期使用污水灌溉的污灌区土壤重金属污染情况，如石家庄污灌区土壤铬、砷含量高于非污灌区，太原市污灌区土壤汞、镉、铅、砷等重金属高于太原市土壤重金属背景值。

（四）有机废弃物

有机废弃物是指人们在生产活动中产生的丧失原有利用价值或虽未丧失利用价值但被抛弃或放弃的固态或液态的有机类物品和物质，如畜禽粪尿、污泥等。这些有机废弃物进入农田土壤中，可能导致土壤镉、铬、铜、铅、汞、镍、硒、锌等重金属的污染。尽管畜禽粪便常常作为有价值的肥料被直接还田，但若未加无害化处理，可能引起重金属在土壤中的累积。其原因在于饲料中生长促进剂含有较高浓度的铜和锌，导致食用这些饲料的动物产生的粪便中铜、锌浓度较高。

污泥主要是由废水处理过程产生的有机物和无机物复合的固体沉淀物质。在许多国家，将生物污泥作为土壤肥料和改良剂而被用于农田中。在美国，每年约有 560 万 t（干重）生物污泥被用于农业生产。在欧洲，超过 30%的污泥被用作农业肥料。在澳大利亚，每年约有 17.5 万 t 的干重污泥被用于农业耕地。污泥中的常见重金属有铅、镍、镉、铬、铜和锌等，重金属元素种类和浓度取决于工业活动的性质和强度以及处理过程中采用的工艺类型等。这些污泥以种植泥质的形式进入农田，可能导致土壤重金属含量增加。而且由于污泥长期暴露在环境中，重金属元素的不稳定形态（如可迁移的酸溶态、还原态、氧化态等）会逐渐释放进入环境介质中，产生生态风险。

（五）农药

在农业和园艺中广泛使用的几种常见农药中含有较高浓度的重金属。在英国，约10%的杀虫剂和杀菌剂是含铜、汞、锰、铅或锌的化合物，例如，用于杀死真菌的硫酸铜和氯氧铜杀菌喷雾剂，用于控制果园寄生性害虫的砷酸铅杀虫剂。在新西兰和澳大利亚，含砷化合物还被广泛用于防治牛蜱虫和香蕉害虫。而调查发现，这些地区的土壤中铜、铬和砷浓度远远超过当地土壤背景值。对当地农药企业遗址也开展调查，发现其周边表层土壤砷、铅、镉和汞含量发生明显累积，尤其是砷的最高浓度达到欧盟土壤标准的2.59倍。

三、农田土壤污染特点及危害

（一）农田土壤重金属污染特点

1. 形态多样且毒性不同

重金属大多属于过渡元素，表现出具有多种氧化态的变价特点，同一重金属的不同形态其毒性各不相同，如三价铬的毒性远低于六价铬，原因是三价铬不易通过细胞膜，对生物体构成的风险较低。一般来说，离子状态的重金属比络合状态的毒性要大得多，如铜、锌、镉和铅的离子态毒性均远大于其络合态。重金属的有机结合态的毒性通常大于无机相态，比如汞以甲基汞形态存在的危害远大于无机汞形态。土壤重金属的赋存形态往往还决定了重金属的生物可利用性和迁移能力。离子态或络合态的重金属通过扩散作用、沉积作用、水解反应、氧化还原反应和甲基化反应等过程在迁移转化过程中发生多种物理、化学变化，这些变化可能对重金属的毒性产生影响。

2. 隐蔽性和滞后性

相对而言，大气、水体和废弃的污染比较直观，往往凭借感官就能发觉，而农田土壤重金属污染靠感官难以察觉，多是通过化学手段检测或是造成生物损害之后才被发现。因此农田土壤重金属污染具有滞后性和隐蔽性的特点。从病理学角度来讲，重金属摄入人体后缓慢积累，具有较长的毒性潜伏期，一般不会表现出器质性损伤和临床医学特征，往往经过几年或几十年时间病变才会显现。如日本富山县神通川流域的“痛痛病”在10~20a后才被人们发现。

3. 不可逆性

大气和水体都是具有有限自净功能的流体，通过稀释、吸附、氧化还原等作用，不再与污染源接触后其污染程度将会持续减轻。然而重金属在土壤中的累积很难靠自净化作用来稀释或去除。土壤重金属污染是一个不可逆的过程，参与自然界自净作用转化中的重金属仅可能发生形态上的转变，或是从一处迁移至另一处。通常情况下农田土壤重金属污染一旦发生，就很难被降解消除。

4. 表聚性

土壤中存在无机胶体、有机胶体和有机-无机复合胶体，对重金属有较强的吸附作用和螯合能力。所以当重金属进入土壤中，首先受到这些胶体的吸附螯合作用，限制了其在土层中的迁移，使得重金属污染物难以向土壤下层移动，大多残留在土壤耕层。

（二）农田土壤重金属污染危害

1. 对土壤环境的危害

土壤重金属污染会引起土壤组成、结构和功能变化，影响土壤微生物活性和土壤动物的生存繁衍，破坏土壤生态系统功能。研究发现：在高浓度铅、砷污染土壤中，弹尾目的个体密度均显著降低；蜱螨目的个体密度分别降低了 74. 3%和 36. 4%。重金属对土壤生物的影响与其污染程度密切相关，土壤动物群落的类群数目和个体数目随污染程度的加重而减少。在土壤重金属严重污染区，动物数量和种群密度锐减。

土壤重金属污染影响土壤酶活性。土壤酶广泛参与土壤中的生物化学反应，能反映土壤中微生物的活跃程度，是反映土壤肥力的一项重要生物指标。研究发现，在重金属污染农田中，土壤蔗糖酶减少 25. 5%～47. 3%、脲酶减少 22. 6%～74. 2%、酸性磷酸酶减少 30. 9%～83. 1%、过氧化氢酶减少 16. 7%～69. 1%、脱氢酶降低 34. 6%～92. 3%。

2. 对农作物和食品安全的危害

土壤中的重金属超过限量浓度会造成重金属胁迫，重金属胁迫可能抑制细胞酶活性，诱导出对植株生长有危害的物质，影响植株的正常生长。在高浓度镉处理下，马铃薯幼苗植株生长缓慢、矮小，叶片失绿泛黄，少量出现黑色小斑点，随着生长期变长，叶片黑色斑点面积扩大，生长状况差。轻度镉与重度镉胁迫下，马铃薯单株产量及根系干质量、地上茎、块茎、叶片生长状况均表现出下降趋势。由此可见，重金属污染对植物生长带来不利影响。水稻由于其特殊的淹水环境，成为一些重金属富集的“温床”。稻田的淹水环境有益于一些甲基化细菌（如硫酸盐还原菌、铁还原细菌、产甲烷菌等）的活动，从而将无机汞转化成甲基汞。而无机汞一旦转化成甲基汞，其被稻米富集的能力约增强 800 倍。

近年来，许多污染地区的粮食、蔬菜、水果等食物中镉、铬、砷、铅等重金属含量超标或接近食品安全临界值，不少地区已经发展到产生“镉米”“铅米”及“铜米”的程度。对我国贵州、江西、湖南、湖北、江苏、广东等地区的稻米样品进行抽样检验，结果显示约有 10%的稻米样品汞浓度超过食品安全国家标准，而我国汞矿区地区稻米中汞浓度绝大多数超标。南京农业大学对我国多个县级以上市场的大米进行了调查，结果表明 10%左右的市售大米镉含量超标。因此，由重金属土壤污染导致的农产品重金属安全问题不容忽视。

3. 对人群健康的危害

在世界范围内，由重金属污染引起的疾病和环境公害事件屡见不鲜。据世界卫生组织报道，在孟加拉湾和西孟加拉湾的地下水砷污染地区，当地居民因饮用砷污染水，引发 3600 万人砷中毒，被称为是“人类历史上危害最严重的、规模最大的中毒事件”。20 世纪 50 年代，日本的水俣病公害事件轰动世界。同样发生在日本的“痛痛病”事件是由于人们摄入了受镉污染的鱼类、稻米导致的。在我国也有相关报道，广西某矿区因污水灌溉而使稻米镉浓度严重超标，当地居民长期食用这种“镉大米”后，开始出现腰酸背疼和骨节痛等“痛痛病”的症状，经过骨骼透视后确定，已经达到“痛痛病”的第三阶段。

因此，土壤重金属污染的直接后果是影响人群身体健康，图 9-1 直观地显示了土壤重金属对人体健康的暴露途径。重金属进入人体后，对机体的作用不尽相同。有些是人体生长发育必需的微量元素，有些是非必需元素，而有些则属于有毒有害的重金属元素，如铅、镉、汞等。当体内缺乏某些必需的微量重金属元素时，可能导致机体的正常代谢紊乱，但当过量摄入时则产生毒害作用，如镉中毒能引起呼吸、肠胃及骨骼方面的疾病；铅中毒会给儿童带来脑损伤，并对人体的血管及生殖系统带来严重危害；汞中毒出现体力和记忆力减退、头昏等症状；砷中毒的主要症状是皮肤出现病变，神经、消化和心血管系统发生障碍，还会引起皮肤癌、肺癌、肝癌和膀胱癌等疾病；铬的过量摄入会引起细胞突变和癌变；体内铜过剩可使血红蛋白变性，损伤细胞膜，抑制一些酶的活性，还会导致心血管系统疾病；过量的镍可造成心肌、肝脏、肾及神经损伤，出现肺水肿和呼吸道衰竭等症状。总的来说，对人体危害最大的常见（类）重金属为铜、镉、铅、砷、镍、锌、汞、铬。

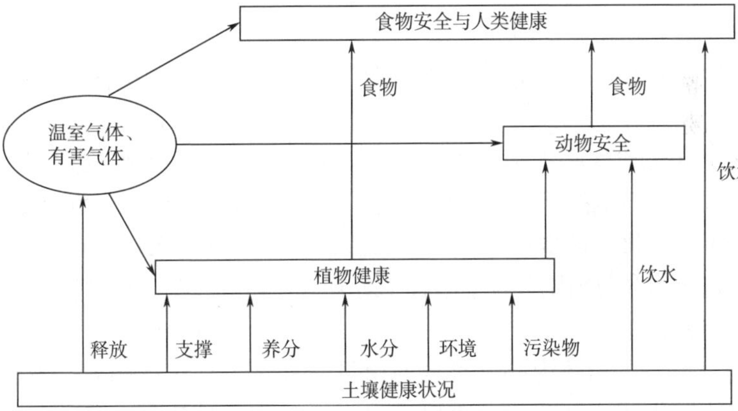

图 9-1　土壤环境质量对人类健康的影响途径

（1）铜　铜是人类发现的最古老的金属之一，其应用最早可追溯至3000多年前。铜在自然界中以一价或二价状态存在于化合物中。人体脏器组织中的含铜与锌超氧化物歧化酶（SOD）的活性受到铜的影响。胺氧化酶活性因缺铜而降低，阻碍血管弹性硬蛋白的合成，影响结缔组织生成，使骨胶原合成受阻，进而引发心肌变脆，导致主动脉破裂，还有可能造成骨质疏松、毛发脱落、生长缓慢等。铜和铜盐具有很强的毒性，摄入过量轻则引起恶心、呕吐，重则导致肾衰竭、抑制中枢神经系统等。

（2）锌　锌在自然界中多以二价离子状态存在于硫化物中，可溶于无机酸、碱、醋酸，不溶于水。由于人体进行核酸和蛋白质代谢活动时锌是必需元素之一，因此一旦缺锌，侏儒症、高血压等疾病随之而来。然而，锌的过量摄入也会引起人体呕吐、腹泻和肠功能失调等中毒症状。

（3）铅　铅具有熔点低、密度大、展性好、延性差等特点，是最软的重金属。过量的铅会毒害人体神经系统、血液和血管，并能抑制合成血红素的酶促过程。铅中毒会导致细胞病变，引起慢性中毒后出现贫血、高血压、生殖能力和智力减退等症状。急性铅中毒则表现为便秘、腹绞痛、神经麻痹等症状。

（4）镉　镉是银白色有金属光泽的金属，可溶于酸，但不溶于碱，具有优良的韧性和延展性。镉在自然界中主要以正二价形式存在于化合物中，主要矿物为硫镉矿，与锌矿、铅锌矿、铜铅锌矿共生。镉通过食物链进入人体，逐渐在肾脏及骨骼中富集，一方面导致患者骨骼软化、骨质疏松、全身疼痛、四肢弯曲变形、脊柱受压缩短变形、全身多发性骨折等症状；另一方面损害肾小管，引发胃脏功能失调，导致患者肾功能异常，尿钙增多，致使骨质脱钙。

（5）铬　铬是人体必需的微量元素。三价铬是对人体有益的元素，而六价铬是有毒的。铬在天然食品中的含量较低，均以三价的形式存在。铬帮助胰岛素促进葡萄糖进入细胞内的效率，是重要的血糖调节剂。铬在提高高密度脂蛋白（HDL，对人体有利的脂蛋白）、降低胆固醇水平方面也发挥着积极的作用，有助于预防及改善动脉硬化、预防高血压等心血管疾病。此外，铬可使人们减少对甜食的渴求，帮助降低体脂含量、增加瘦肌肉组织，从而促进新陈代谢，维持理想体重。

铬的毒性与其赋存形态有极大关系。六价铬易于被人体吸收且在体内蓄积，而三价铬不易进入细胞被认为是基本无毒的。六价铬比三价铬毒性高数百倍，两者之间可以相互转化。通常来说，铬以六价铬的形式进入人体，在细胞内还原为三价铬，中间产物会与细胞大分子结合，对DNA造成损害，引起遗传密码的改变，致使细胞突变和癌变。

（6）镍　镍是生物体内必不可缺的微量元素之一，它影响着某些酶的活性，对维持细胞的氧化还原状态十分重要，同时还参与各种生理、生化和生长反应。但是生物体对镍的需求量是有限的，超出了一定的范围就会对人体产生多种毒害作用。金属镍几乎没有急性毒性，一般的镍盐毒性也较低，但羰基镍却能产生很强的毒性。羰基镍以蒸气形式迅速由呼吸道吸收，也能由皮肤少量吸收，前者是作业环境中毒物侵入人体的主要途径。羰基镍在浓度为 3.5$\mu g/m^3$ 时就会使人感到像灯烟的臭味，低浓度时人有不适感觉，吸收羰基镍后可引起急性中毒，10min 左右就会出现初期症状，如头晕、头疼、步态不稳，有时恶心、呕吐、胸闷；后期症状是在接触 12~36h 后再次出现恶心、呕吐、高烧、呼吸困难、胸部疼痛等。接触高浓度羰基镍时发生急性化学肺炎，最终出现肺水肿和呼吸道循环衰竭而致死亡。接触致死量羰基镍时，事故发生后 4~11d 死亡。人的镍中毒特有症状是皮肤炎、呼吸器官障碍及呼吸道癌。

(7) 砷　砷俗称砒。适量的砷有助于血红蛋白的合成，能够促进人体的生长发育。动物实验也表明，砷缺乏会抑制生长，生殖也会出现异常。当人体砷摄入量过多时，就会造成砷中毒。一般来说，无机砷比有机砷的毒性大，三价砷比五价砷的毒性大。砷的氧化物（如三氧化二砷）和盐类绝大部分属于高毒物质，而砷化氢则属于剧毒物质，是目前已知的砷化合物中毒性最大的一个。过量的砷会干扰细胞的正常代谢，影响呼吸和氧化过程，使细胞发生病变。砷还可直接损伤小动脉和毛细血管壁，并作用于血管舒缩中枢，导致血管渗透性增加，引起血容量降低，加重脏器损害。三氧化二砷和三氧化砷对眼、上呼吸道和皮肤均有刺激作用。

(8) 汞　吞食微量的液体汞一般不会造成严重的中毒反应，但汞蒸气和汞盐都是剧毒的，口服、吸入或接触后可以导致脑和肝损伤。当无机汞被转化为有机汞后，其毒性大大增强。甲基汞在生物体内累积，很容易通过皮肤以及呼吸道和消化道吸收。水俣病是汞中毒的一种。甲基汞破坏中枢神经系统，对口、黏膜和牙齿有不良影响。长时间暴露在高汞环境中可以导致脑损伤和死亡。一直以来，摄食鱼类等水产品被认为是人群暴露甲基汞的主要途径。近年来国内一些学者发现，水稻田因其特殊的淹水环境导致甲基汞在土壤稻米中大量累积，米是我国居民的主要食物，因此摄食稻米成为我国内陆居民（尤其是汞矿区居民）暴露甲基汞的又一重要途径。

第二节　农田土壤污染修复

一、农田土壤污染修复技术概述

农田土壤污染修复是指利用物理、化学和生物的方法将土壤中的污染物清除或将其固定在土壤中降低其迁移性和生物有效性使其无法向农产品中转移，降低污染物的环境风险。早在 20 世纪 70 年代，联合国粮食及农业组织就颁布了《土地评价纲要》，内容包括了评价土地生产力、适宜性、安全性等方面的技术指标和方法，旨在解决土壤环境污染给农产品质量安全带来的风险问题。许多发达国家和地区普遍采用土壤污染风险管理思路，对于污染农田一般采用休耕的方式解决。然而，我国耕地资源有限，人地矛盾突出，通过休耕整治重金属污染的方式难以实施，迫切需要研究适合我国不同地域特点和耕种习惯的重金属污染耕地修复技术和方案。

近年来随着人们对土壤污染认识的加深、投入的加大，污染土壤的修复技术研究取得了长足发展，已有的土壤修复技术达到一百多种，常用技术也有十多种。农田土壤修复具有其特殊性，因考虑其用途和实际收支平衡关系，较少采用大规模工程投入进行重金属污染修复。而且对于不同类型土壤，由于土壤本身性质、重金属种类、形态及其污染程度不同，修复技术的应用效果相差很大。因此，确定修复目标后，需要对不同类型的土壤进行实验，确定处置工艺和参数，以使污染土壤修复达到目标值。在进行农田土壤修复工程时，需遵循以下原则。

（1）修复技术成熟可靠　目前国内外有多种重金属污染土壤修复技术，有些技术已经成熟，有些还在研究阶段。为了保证农田土壤修复工程顺利完成，设计采用成熟可靠的修复技术，具有较好的操作性。

（2）修复时间合理　为尽快完成污染土壤修复工作，降低清理过程中的潜在环境风险，在选择污染土壤修复技术时，同等条件下，选择修复时间短的技术。

（3）修复费用经济合理　结合农田土壤中的污染物特性，选择经济可行的污染土壤修复技术，既满足修复目标要求，又尽量控制土壤修复费用。

（4）保持农田农用地功能　修复时及修复后能够使其修复地块保持农用地功能，保障当地农民的经济利益。

（5）周边环境影响小　农田污染土壤修复工程实施过程中要严格控制对周围环境的影响，做好工程实施过程中的各项环境保护措施，防止二次污染，减少对周边环境的影响。

根据这些原则，农田土壤污染修复技术一般采用农艺调控、物理/化学修复、植物修复、微生物修复等土壤环境扰动小、成本相对较低的修复技术。其基本技术原理可概括为：①改变污染物在土壤中的存在形态或同土壤的结合方式，降低其在环境中的可迁移性与生物可利用性。②去除污染土壤中有害物质。③改变种植模式，避免重金属通过食物链影响生物和人体健康。

二、农田土壤污染修复技术

（一）农艺调控技术

我国《土壤污染防治行动计划》确定了农用地分类管理的思路，对于中轻度污染农田重在安全利用。因此，可以采用农艺调控技术边生产边修复，以保障重金属污染农田的安全生产。

1. 深耕翻土

深耕翻土措施是将土壤上下土层翻动，使表层的重金属转移到深层土壤中，以减少其对植物系统的毒害作用。深耕修复技术在美国、日本等国家取得了一定的修复效果，日本学者对神通川流域污染的土壤采用了深耕修复方法，前后共修复了 646hm^2 的土壤，使受污染区 43%的土壤得到有效治理。20 世纪 90 年代我国台湾地区广泛使用深耕翻土措施减轻土壤中锌、铬、铜的污染。湖南省长沙县对全县范围内镉污染农田免费进行深耕翻土处理，以改善土壤耕层结构，降低重金属活性。深耕翻土旨在通过稀释表层土中重金属的含量，以降低农田中重金属的植物毒性。作为一种农民惯用的农耕方式，深耕翻土仅通过翻动上下层土壤便可降低耕层土壤的重金属含量，对土壤扰动相对较小，还可打破犁底层，起到疏松土壤、促进深根系作物生长及提高土壤保水能力的作用，特别适宜对农田重金属污染的处理实施，在土壤重金属修复方面具有很好的应用前景。

尽管深耕措施具有对土壤扰动相对较小、效果明显、成本低廉、农民认可度高等优点，但其未从根本上改变土壤重金属含量或其形态。而且当外来污染物进一步在土壤中累积，则可能导致上下土层的重金属累积，加速了污染物的向下迁移。此外，耕层中土壤养分含量随着土层深度的增加而降低，一些学者认为深耕措施在稀释土壤重金属的同时，也稀释了表层土壤的氮磷钾、有机质等养分，从而导致农产品产量和品质的降低。在黄土高原北部的试验结果表明，在同一土壤类型中，土壤全氮含量在 0~60cm 均随土层深度增加而下降。在延安市的试验表明，0~30cm 土层土壤中有机质含量显著高于 30cm 深度以下土层。在马达加斯加共和国的试验也有类似发现，与常规耕作相比，深耕处理耕层上部的土壤有机质含量有所下降。因此在采用深耕措施修复污染农田土壤时，应避免土壤肥力及农业生产力的损失。

2. 水分管理

水分管理措施是通过调节土壤水分，控制土壤的氧化还原电位（E_h），以降低重金属的植物可利用性，进而抑制作物中重金属累积的一种修复技术。土壤中重金属的移动性受 pH、温度、E_h、有机质、阳离子交换量等土壤理化性质的影响，而其中 E_h 是影响重金属溶解性的重要因子，控制 E_h 的关键就是水分管理。

在农田中进行适宜的水分管理可有效降低土壤重金属有效性，保证农产品安全。淹水还原条件可有效降低水稻镉的累积量，而好氧条件下水稻镉累积量增加。水稻抽穗期到成熟期，是水稻吸收镉的关键时期。在这一时期，延长水稻的滞水时间，保持淹水，可显著减少水稻籽粒镉含量。其他作物亦有类似发现。油菜在淹水条件下，植株内的镉含量最低，生长发育最好。淹水处理的空心菜根际土壤有效态镉显著低于非淹水处理组，空心菜可食部分镉累积量降低。在镉污染土壤中，水作能显著提高空心菜地上部和地下部根系生物量，而地上部和根系镉含量则显著低于旱作处理组。田间持水量为55%~85%时，玉米地上部镉含量随着土壤水分的增加而降低。除镉外，不同水分管理措施对砷、汞污染土壤修复也有不同效果。灌浆期是水稻吸收土壤砷的关键时期，湿润灌溉使土壤 E_h 显著提高，土壤砷的迁移能力得到明显抑制。与之相反，甲基汞在作物籽粒中的累积随淹水时间的减少、干期时间的延长而降低。南京大学的研究表明，相比于持续淹水，稻田干湿交替条件下，稻米甲基汞的累积显著降低，西南大学及中国科学院地球化学研究所亦有类似发现。

水分管理是调控农田土壤重金属植物可利用性的有效手段，其调控效率与土壤硫含量密切相关。相比于低硫土壤，高硫土壤溶液中 Cd^{2+} 的去除率更快，且土壤可交换态镉占比更低。在还原条件下（淹水条件），土壤 SO_4^{2-} 被还原为 S^{2-}，Cd^{2+} 可与 S^{2-} 形成低溶解度的 CdS 沉淀。而土壤排水后进入氧化状态，CdS 被氧化为 $CdSO_4$，$CdSO_4$ 可溶于土壤溶液中，导致镉的移动性和生物有效性增大。因此在水分管理的同时，添加一些硫肥，可提高其调控效率。此外，淹水条件下，水稻根部形成的铁膜也可以阻止根部镉的吸收。值得一提的是，对于镉砷复合污染农田土壤，淹水调控减少镉生物有效性的同时会增大水稻籽粒砷累积量，因此应合理调节淹水时间以最大程度地避免稻米砷过量累积，水稻抽穗期后淹水比水稻抽穗期前淹水对降低稻米镉累积更有效，而砷累积的增大量相对较小。

水分管理一般适宜于形态变化受土壤 E_h 影响较大的重金属污染土壤，如镉、汞和砷等，对于其他一些重金属类型如锌、镍等相关研究较少。而且增加或减少作物水分灌溉，可能会对其产量造成一定程度的影响。在作物生长的不同时期，镉、汞和砷等富集能力受 E_h 的影响截然不同，因此针对镉、汞或砷复合污染土壤，需综合考虑重金属元素、作物种类和生长期等因素。

3. 肥料管理

肥料管理措施是指向土壤或作物施加功能性肥料，以阻止农作物对重金属的吸收，从而降低作物中重金属累积的一种修复措施。一般分为叶面肥和地面肥，前者是直接向植株叶表面喷施肥料，后者则是向土壤中增施肥料。近年来，常用的肥料管理修复措施以叶面微肥喷施为主，涉及硅肥、硒肥和锌肥等多种肥料类型。

水稻是典型的喜硅植物，具有主动吸收和积累硅的能力，向水稻叶面喷施硅肥，能够提高水稻植株抗倒伏能力，降低水稻茎叶夹角，增加群体光合强度，促进光合作用产物向根部的运输，促进根系对土壤养分的吸收及生长发育，提高水稻单产。同时，施用硅肥还可以降低细胞膜的通透性和加强水稻对重金属镉的抗性。硅从叶片进入水稻体内后，向根部移动，与镉发生沉淀反应，阻止镉的向上运输，从而减少作物地上可食用部位镉累积。研究表明，水稻喷施叶面硅肥可以增产20%以上，米镉含量下降40%左右。硅肥类型对其阻控镉的效果略有差异，如盆栽水稻喷施有机硅和无机硅后，稻米中镉的含量分别下降44%和53%。

硒与多数重金属元素表现出拮抗效应，比如在植物的生理浓度范围内的硒可以有效减少植物根系对镉、汞等重金属的吸收。研究表明，水稻喷施叶面硒肥可以使稻米增 16.2%，镉含量下降 8.6%~17.8%。硒能与重金属镉相结合形成难容的 $CdSeO_3$，使其难以被作物所吸收。硒还能使重金属在细胞点位上发生移动或者改变细胞膜对重金属镉的通透性，从而影响镉在作物体内的转运。硒和镉都能与蛋白质中半胱氨酸的巯基结合，外源硒供应水平可使水稻体内谷胱甘肽过氧化物酶底物中的谷胱甘肽含量增加，从而减少水稻对镉的吸收。南京大学的研究表明，在土壤中添加硒肥，能够显著阻止稻米甲基汞的累积，原因在于“硒/汞拮抗”效应有效抑制了汞的甲基化。

叶面施锌可使水稻叶中锌、镉共用的亲和性质膜转运蛋白产生“锌/镉拮抗”作用，从而降低水稻对镉的吸收。锌还可以与镉竞争细胞上的结合位点，最终达到降低镉含量的目的。研究表明，叶面喷施锌肥后可以显著提升水稻的鲜量和增加干物质的积累，稻米中镉含量降低 15.4%。

4. 低累积作物品种筛选

所谓低累积作物品种是指吸收或运输重金属到可食用部位能力低的农作物品种。在中轻度污染土壤上，种植低累积作物品种，是我国污染土壤利用的一个切实可行的措施。不同作物种类对不同重金属的累积量有所差异，例如镉污染土壤中豆类作物镉累积量较低，根菜类蔬菜镉累积量居中，而叶类蔬菜镉累积量相对较高。

不同作物引起的镉吸收累积差异机制不同。一些低累积作物通过减少镉由根部向地上部转移的方式降低可食部位镉浓度，如在低镉累积大豆根细胞内发现有与镉形成螯合物的蛋白质和氨基酸，可减少镉向地上部的迁移；一些植物通过减少根细胞吸收镉的途径而降低地上部镉的累积量，该过程主要以根细胞壁作为有效吸收屏障，而根细胞分泌的与镉亲和性较高的有机物可进一步降低根细胞的镉吸收量。

近年来，对镉的转运机制的研究已经深入到分子水平，如施用相同浓度的镉胁迫 3d 后，耐镉小麦（品种 RAJ 4161）根部植物螯合肽合成酶增加，而镉敏感小麦（品种 PBW343）减少；胁迫 10d 后，耐镉小麦镉根部和叶部抗坏血酸过氧化物酶和谷胱甘肽还原酶达到最大值，表明两种不同品种小麦的镉耐性差异机制主要表现为 mRNA 表达的差异。在基因调控水平上，导致水稻镉吸收累积差异的主要机制是编码 HMA3 转运蛋白基因的差异，水稻等位基因 OsHMA3 影响镉从根部到地上部的转移效率，OsHMA3 基因静默可导致水稻根部镉向地上部转移量增大；OsHMA3 突变，镉向地上部运转大幅度增加，而 OsHMA3 基因过量表达则减少了镉的转移。OsNramp5 基因负责将细胞外部溶液中的镉转移到根细胞内。去除 OsNramp5基因的水稻突变体，根部镉吸收量比野生型的水稻降低 90%。不同品种大白菜镉累积量差异也与基因表达的差异有关。值得一提的是，这些作物的低累积特性存在不稳定性，如研究发现低累积小麦品种（尧麦 16 和洛优 9909）在连续种植 3 年后，第 3 年籽粒中镉质量浓度超过 0.1mg/kg，可见多代种植后作物的低累积特性可以发生变化。

（二）固化/钝化阻控技术

固化/钝化阻控技术是指向土壤中加入一种或多种活性物质，通过发生离子交换吸附、有机络合、共沉淀、氧化还原等反应，改变土壤重金属的化学形态，降低土壤中重金属的迁移性、植物有效性和生物毒性，最终达到使农产品符合相关食品安全标准的目的。重金属污染土壤的钝化修复材料主要为磷化合物、碱性物质、黏土矿物、有机物料、金属氧化物、炭材料、新材料，各类化学修复材料的结构成分、修复效果以及作用机制各不相同（表 9-3）。

表 9-3　　钝化修复材料

类型划分	物质名称	目标金属	作用机理
磷化合物	磷矿粉、磷酸、钙镁磷肥、磷灰石	Pb、Cd	矿物表面吸附重金属或与重金属形成沉淀
碱性物质	硅酸钙、钢渣、石灰、石灰石、碳酸钙镁	Zn、Pb、Cu、Cd	提升土壤 pH 增加胶体表面负电荷，以促进对重金属的吸附，或形成金属沉淀
黏土矿物	海泡石、蛭石、坡娄石、膨润土、硅藻土、高岭土	Pb、Cu、Zn、Cd	以矿物表面离子代换吸附固定重金属
有机物料	有机堆肥、城市污泥、作物秸秆、腐殖酸、胡敏酸、富里酸	Cu、Zn、Pb、Cd、Cr、Ni	形成溶解度较低的大分子金属有机络合物
金属氧化物	零价铁、硫酸亚铁、硫酸铁、针铁矿、水合氧化锰、水钠锰矿、赤泥	As、Pb	以矿物表面专属吸附或共沉淀来固定重金属
炭材料	秸秆炭、污泥炭、骨炭、黑炭、果壳炭	Pb、Cu、Zn、Cd、As	以胶体表面功能团的配位反应、离子代换吸附来固定重金属
新材料	介孔材料、多酚物质、纳米材料、有机无机多孔杂化材料	Pb、Cu、Cd	以物质表面吸附、络合及晶格内部固定重金属

1. 钝化阻控材料

（1）磷化合物　近年来，采用含磷物质修复重金属污染土壤的报道大量出现，土壤活性较高的铅经磷作用后，转化成活性较低的磷酸铅沉淀物，铅的生物有效性显著降低。在美国，含磷材料因其见效快、费用低等优点，被作为重金属铅污染土壤优先考虑的治理措施。含磷化合物种类、重金属铅的形态分布、土壤酸碱度、土壤固/液比及磷/铅比等均对磷、铅的相互作用有重要影响，进而引起污染土壤修复效果的差异，如微酸性（pH<6）土壤中的铅更易于形成磷酸铅类沉淀，表现出良好的修复效果；固/液比较高的重金属污染土壤中，难溶性磷酸铅类化合物的数量也较多。

磷与铅形成沉淀的最佳分子比为0.6，若高于这一比例，不但可能导致修复效果不佳，而且可能引发二次污染问题。过量的磷进入土壤，经地表径流进入水体，可能会导致水体富营养化。高含量的可溶性磷还可能增加土壤硒、砷等污染物浸出。

（2）碱性物质　碱性物质指具有提供电子的能力或接受质子的能力的物质，如碳酸钙、氧化钙、二氧化硅等。碱性物质施入土壤后，土壤 pH、表面负电荷升高，促进了土壤胶体对重金属离子的吸附，抑制重金属向地上部的迁移和富集。此外，碳酸钙、二氧化硅等碱性物质中的钙、硅成分对作物的生长发育有促进作用，能够提高农产品的产量和品质及增强植物抵抗不良环境的能力。研究表明，在重金属污染土壤中施加 $750kg/hm^2$ 的氧化钙，可使土壤有效态镉降低10%以上。硅酸盐在降低黑麦草地上部分重金属浓度的同时，提高了体内酶活性，增加了叶绿素含量，促进了植物生长。

（3）黏土矿物　黏土矿物是指具有层状构造的含水铝硅酸盐矿物，是构成黏土岩、土壤的主要矿物组分，如高岭石、蒙脱石、海泡石、蛭石等。黏土矿物因结构层带电荷、比表面积较大，能与土壤重金属发生交换吸附、配位及共沉淀等反应，具有钝化重金属污染土壤的潜力。

近年来，天然黏土矿物因易得、价格较低、效果明显，且对土壤质地结构、理化形状影响较小，被广泛应用于重金属污染土壤修复实践中。使用5%的海泡石修复重度镉污染红壤，菠菜可食部位镉含量显著降低45.6%，达到相关食品安全标准。同时，海泡石的施用还改善了土壤性质，如土壤过氧化氢酶、蔗糖酶的活性分别提高15.4%和34.0%，细菌、真菌的数量也显著增加。使用蛭石修复重金属复合污染土壤，与对照组相比，土壤 pH 增加1.82个单位，交换态铜、铅等显著降低，莴苣、菠菜体内重金属含量降低60%以上。

（4）有机物料　有机物料一般指农作物秸秆、畜禽粪便、生活垃圾和城市污泥及其发酵而成的有机肥等高有机质组分的物质。有机物料施入重金属污染土壤中后，能够改善土壤酸碱度，提高土壤阳离子交换量，抑制重金属在土壤溶液中的析出。有机物料中含有的大量大分子腐殖物质，能够与重金属发生络合、螯合反应，形成稳态结合物，从而降低重金属活性。相关研究表明，施加大分子腐殖酸后，可溶态镉含量显著降低，有机结合态、氧化物结合态镉显著升高。腐殖酸组分不同，对土壤重金属的钝化效果也不同，按灰色胡敏酸、棕色胡敏酸、富里酸的顺序逐级递减。相对分子质量越大、结构越复杂的腐殖酸成分，对土壤重金属的吸附、固定效果越好。

（5）炭材料　炭材料一般指经特殊处理的炭，将有机原料（果壳、煤、木材等）在隔绝空气的条件下加热，以减少非碳成分（此过程称为碳化），然后与气体反应，表面被侵蚀，产生微孔发达的结构（此过程称为活化）的物质。一般包括生物炭、活性炭等。炭材料由于其较大的比表面积，能够吸附土壤中的重金属离子，抑制其向植物地上部分的迁移。近年来，生物炭被广泛应用于重金属污染土壤修复。

（6）金属氧化物　金属氧化物是指氧元素与另外一种金属化学元素组成的二元化合物，如氧化铁、氧化钠等，具有粒径小，溶解度低，主要以晶体态、胶膜态等形式存在等特点。金属氧化物通过与土壤重金属发生表面吸附、共沉淀等作用，实现对土壤重金属的吸附固定。

（7）新材料　新材料指具有特殊结构、物质组成的介孔材料、功能膜材料及纳米材料等新型材料。由于新材料在成分构成、晶格结构等方面具有物理独特性，较低的添加量亦可取得较好的土壤修复效果，近年来成为研究的热点，例如向土壤中施加介孔材料，可有效促进土壤铅、铜和镉的植物有效态向有机结合态的转化，作物可食部分中地上部分重金属含量也随之降低。在铜污染土壤中施加磷酸铁纳米材料后，土壤水溶态及可交换态铜含量显著降低，稳定态铜浓度显著升高。向铬含量较高的土壤中施加纳米材料后，土壤淋洗液中的铬浓度显著降低。由此可见，新材料的逐步运用可能是土壤修复的新趋势。

2. 环境影响因子

土壤酸碱性对土壤重金属的形态转化有重要影响。一般来讲，土壤胶体对重金属的吸附能力随 pH 的升高而提高，重金属有效性随之下降。当土壤 pH 下降时，胶体吸附的重金属可能会重新释放进入土壤溶液，重金属有效性随之提高。但是当土壤 pH 增大到一定水平时（$pH>6$），部分重金属元素如铜、铅和砷的移动性反而增大。

土壤有机质对重金属在土壤中的转化也有重要作用。当结构简单的小分子有机酸与土壤重金属形成溶解度较高的有机络合物时，土壤重金属的移动性、生物活性明显升高；而当大分子有机酸与重金属生成溶解度低的有机螯合物时，重金属在土壤胶体上的吸附增加，生物有效性下降。

土壤氧化还原电位（E_h）对镉、汞和砷污染物的形态影响较大。当 E_h 升高后，土壤镉的生物有效性随之增加。农业生产中，通过水分管理实现镉的形态转化，就是基于这一原理。

除土壤 pH、有机碳、氧化还原电位外，土壤中共存的金属离子间也存在着相互作用。磷化合物修复重金属复合污染土壤的研究表明，因土壤重金属间的竞争影响，复合体系土壤胶体上吸附的锌、铜和铅分别比单一体系下土壤胶体上吸附的量降低了 48%，76%，15%，复合体系下的修复效果显著降低。相关研究也发现，因对胶体表面离子结合位点的竞争，铬-铅土壤体系中铬的移动性、植物有效性较单一体系更高。

（三）植物修复技术

广义的植物修复技术是指利用植物提取、吸收、分解、转化和固定土壤、沉积物、污泥、地表水及地下水中有毒有害污染物技术的总称。植物修复技术不仅包括对污染物的吸收和去除，还包括对污染物的原位固定和转化，即植物提取技术、植物固定技术、根系过滤技术、植物挥发技术和根际降解技术。与重金属污染土壤有关的植物修复技术主要包括植物提取、植物固定和植物挥发。植物修复过程是土壤、植物、根际微生物综合作用的效应，修复过程受植物种类、土壤理化性质、根际微生物等多种因素控制。

植物提取是指利用超积累植物吸收污染土壤中的重金属并在地上部分积累，通过收割该植物地上部分从而达到去除污染物的目的。植物提取分为两类，一类是持续型植物萃取，直接选用超富集植物吸收土壤中积累的重金属；另一类是诱导性植物提取，在种植超积累植物的同时添加某些可以活化土壤重金属的物质，提高植物萃取重金属的效率。超积累植物是指相对于普通植物能从土壤或水体中吸收富集高含量的重金属，并具有将重金属从植株的地下部分向地上部分大量转运的特殊能力，表现出很高的富集系数。超富集植物的界定一般有 3 个：①植物地上部分重金属浓度积累达到一定临界值。②生物富集系数（地上部分重金属浓度/土壤重金属浓度）>1。③转运系数（地上部分重金属浓度/地下部分重金属浓度）>1。植物提取技术的关键是超富集植物的筛选，目前世界上发现超富集植物 400 多种，关于植物提取技术的研究近年来成为科学界的研究热点，在实际污染场地的工程应用中也得到了推广应用。风尾蕨属的蜈蚣草是世界上首次发现的砷超富集植物，对砷具有超强的富集能力，通过刈割可以提高其对砷的去除能力。陈同斌等已在湖南郴州建立了世界上第一个砷污染土壤的植物修复工程示范基地。后来相关调查和试验研究发现风尾蕨属的大叶井口边草和粉叶蕨也是砷的超富集植物。张杏峰等开展牧草对重金属污染土壤修复潜力的研究，发现杂交狼尾草和热研 11 号黑籽雀稗可作为植物提取技术的优良草种，前者可修复镉和锌污染土壤，后者可修复镉污染土壤。研究表明景天属植物如伴矿景天、东南景天、八宝景天等均具有超富集镉的能力。研究表明 EDTA（乙二胺四乙酸）和 EDDS［*N*，*N′*-（1，2-乙烷二基）双天冬氨酸］是强化植物提取重金属的高效螯合剂，添加 EDTA 可使龙葵叶部、茎部和根部 Zn 浓度分别提高 231%，93%，81%；添加 EDDS 可使龙葵叶部、茎部和根部 Zn 积累浓度分别提高 140%，124%，104%。此外，天然螯合剂柠檬酸、草酸、酒石酸等也可以提高植物提取重金属的效率。

植物固定是指利用植物根系固定土壤重金属的过程。重金属被根系吸收积累或者吸附在根系表面，也可通过根系分泌物在根际中被固定。此外，植物根际微生物（细菌和放线菌）通过改变根际土壤性质（如 pH 和 E_h）而影响重金属在根际的化学形态，也有利于降低重金属对植物根系的毒性。植物固定可降低土壤中重金属的移动性和生物有效性，阻止重金属向地下水和空气的迁移及其在食物链中的传递。植物固定技术并非真正意义上从土壤中去除重金属，只是将重金属固定在植物根部或根际土壤中，因此开展修复土壤的长期监测是必须的。植物固定对干旱、半干旱区的尾矿堆置地修复具有广阔的应用前景，可以实现此类污染场地的植被重建。串叶松香草可应用于镉污染土壤的修复。

植物挥发是指利用植物根系分泌的一些特殊物质或微生物使土壤中的硒、汞和砷等转化为挥发形态以去除其污染的一种方法。植物挥发技术适用于修复那些硒、汞和砷污染的土壤。在硒污染土壤中种植芥菜可以通过挥发形式去除土壤硒。洋麻可使土壤中三价硒转化为挥发性的甲基硒从而达到去除的目的。种植烟草可以使土壤中的汞转化为气态的汞而把土壤中的汞去除。气态硒、汞和砷等挥发到大气中易引发二次污染，因此要妥善处置植物挥发的有害气体。

植物修复技术较传统的物理、化学修复技术更具有技术和经济上的双重优势，主要体现在以下几个方面：①可以同时对污染土壤及其周边污染水体进行修复。②成本低廉，而且可以通过后置处理进行重金属回收。③具有环境净化和美化作用，社会可接受程度高。④种植植物可提高土壤的有机质含量和土壤肥力。但是植物修复技术也有缺点，如植物对重金属污染物的耐性有限，植物修复只适用于中等污染程度的土壤修复；土壤重金属污染往往是几种金属的复合污染，一种植物一般只能修复某一种重金属污染的土壤，而且有可能活化土壤中的其他重金属；超富集植物个体矮小，生长缓慢，修复土壤周期较长，难以满足快速修复污染土壤的要求。目前，基因工程技术可以克服上述植物修复技术上的某些弱点，但采用基因工程技术培育转基因植物用于重金属污染土壤的修复尚处于比较有争议的阶段，转基因植物容易诱发物种入侵、杂交繁殖等生态安全问题。

（四）微生物修复

土壤中微生物数量众多，某些微生物如细菌、真菌和藻类对重金属具有吸附、沉淀、氧化-还原等作用，从而降低污染土壤中重金属的毒性。细胞壁是细菌和重金属直接接触的部位，富含羧基阴离子和磷酸阴离子，易结合环境中活性金属阳离子到其表面。细菌及其代谢产物对溶解态的金属离子具有较强的活化能力，也可以吸附固定土壤中的重金属。研究发现从香蒲（*Typha latifolia*）根际中分离出的一些菌株能钝化固定土壤中的 Cu 和 Cd，降低它们在土壤中的可交换态含量。有研究报道，在土壤中接种某菌株，利用其在底物诱导下产生的酶化作用，分解产生 CO_3^{2-}，从而矿化固结在土壤中的有效态重金属，使其沉积为稳定态的碳酸盐。

根际中菌根真菌对于提高植物对重金属的抗性和提高修复效率具有重要作用。

菌根真菌可通过分泌根系分泌物改变重金属在根际中的存在形态，进而降低重金属的植物毒性和生物有效性。接种菌根真菌可提高蜈蚣草对土壤中 As 的提取效率。菌根真菌（*Glomus mosseae*）可以改变水稻根部细胞细胞壁的组成，降低水稻地上部分对 Cu 的吸收积累，增强水稻对 Cu 的抗性。盆栽试验和田间试验的结果表明，接种丛枝真菌极大地提高了鬼针草和龙珠果对污染土壤中 Cu、Pb 和 Zn 的吸收积累。接种不同种类的菌根真菌对植物吸收重金属的作用不同，某些菌种有利于提高植物对重金属的吸收从而提高植物的提取效率，而某些菌种则抑制植物对重金属的吸收，提高植物对重金属的抗性，因此要根据不同的目的来合理选择菌根菌种。菌根修复（微生物修复）是植物-微生物联合修复的一种，菌根修复的关键仍是植物修复，筛选出优良的菌种并在植物修复中应用是今后微生物修复发展的方向。

三、 农田土壤污染修复案例分析

1. 农艺调控技术

案例：云南省某市有机农业土壤水质耦合的土壤修复技术示范项目

本项目农田土壤发生镉、铜重金属中轻度污染。中华人民共和国生态环境部南京环境科学研究所连续三年开展利用土壤深耕、低累积作物、土壤酸碱改良种植等集成技术，显著降低了表层土壤铜和镉的总量及有效态含量，保证了农产品均达到安全利用的标准，保障了当地农田土壤的安全利用。本技术修复成本较低，每亩不超过 200 元。

2. 固化/钝化阻控技术

国外采用稳定化/固化技术修复被汞和砷污染场地的工程应用案例很多，该技术也是美国超级基金修复场地最常用的五种处理方法之一，自 1982 年以来，采用该技术已经修复 160 多处场地。国内也有采用稳定化/固化技术作为重金属污染土壤的修复技术。

案例 1：山东省某市蔬菜镉污染钝化技术

2010—2013 年，中国农业科学院试验站连续 4 年开展了利用新型钝化阻抗剂治理镉污染土壤的大田应用研究，主要目标是利用钝化阻抗剂降低常见蔬菜中镉的含量。根据镉与污染土壤中的巯基有着较强的络合化学反应特征，利用工业废弃物质赤泥和富含巯基的植物秸秆粉末作为钝化剂，同时结合锌对镉的拮抗作用，降低农产品中镉的含量。

该技术明显降低了蔬菜及其他农产品中镉含量的 63%~71%，达到农产品安全生产标准，并且持续有效性可以大于 4 年；本技术主要采用工农业生产的废弃物，费用是将钝化剂磨细和运输的费用，平均每亩不超过 140 元。

案例 2：湖南省某市稻田镉污染钝化技术

自 2010 年开始，在湖南省某市累计开展了 12500 亩的大田示范，其中 2010 年

500 亩，2011 年 2000 亩，2012 年和 2013 年均为 5000 亩早晚稻推广应用该技术产品。团队研究开发出了一种可有效降低污染稻田米镉含量的专用功能型复混肥（ZL 2011 1 0051612. X），其主要特征是含有 38. 5%～50. 5%的海泡石、铁锰氧化物、钙镁磷肥、高岭土、膨润土、电厂炉渣等钝化剂，和 25%的总养分（$N+P_2O_5+K_2O$）含量，采用该功能型复混肥替代传统肥料，其用量根据水稻生长发育需求确定。同时利用钝化剂成分有效降低土壤中镉的生物有效性，减少稻谷对镉的吸收和累积。该技术适用于酸性轻微镉超标稻田，即土壤全镉含量 0. 3～0. 6mg/kg，土壤 pH<6. 0。

通过连续 3 年的示范，可使稻田土壤有效态镉含量降低 32%～58%，稻米镉含量降低 29%～52%；稻米镉含量基本控制在国家食品卫生限量标准以内。同时，氮和磷的养分利用效率提高 1. 3～2. 4 个百分点，稻谷产量提高 7. 1%～8. 9%。与常规水稻种植相比，使用该技术每亩稻田生产成本提高 12. 7～13. 5 元/a，其效益为提高的稻谷产量效益与增加的生产成本之间的差值，根据 2010～2013 年间早晚稻保护价格计算，每亩净效益 2. 12～36. 34 元/a，累积总效益为 37 万元。

案例 3：湘江流域水稻田镉污染生物炭阻控技术

某项目农田 pH5. 8，镉浓度为 2. 4mg/kg。研究开发出了可有效阻控水稻可食部分（稻米）中镉积累的生物炭阻控技术，其主要特征是将水稻秸秆在高温、缺氧条件下加工成生物炭，在水稻种植前期按照一定比例施用在镉超标土壤中即可。通过控制稻田水分管理模式和施用以生物炭为主的阻控技术，可使早稻米镉含量降低 50%以上；稻米镉含量基本控制在国家食品卫生限量标准以内。添加 5%稻秆生物炭后，pH 升为 6. 5，其中籽粒中镉浓度由原来的 0. 55mg/kg 达到 0. 18mg/kg，下降约 70%，稻米中镉含量达到《食品安全国家标准　食物中污染物限量标准》（GB 2762—2017）的要求（0. 2mg/kg）。修复成本为 1500 元/a。

该技术成熟、稳定，稻田超标镉阻控效率高，对于污染面积大，同时不破坏土壤肥力和生境的农田土壤修复比较适宜。该方法适用于中轻度镉超标的水稻田，特别是 pH<6. 0 的酸性水稻田污染，但相对于镉超标 5 倍以上的重度污染土壤并不适用。

案例 4：广东某市铅锌矿废水污染农田安全利用技术示范

广东省某市铅锌矿废水污染河水灌溉的农田，土壤 pH4. 60 左右，土壤类型为砂壤土，重金属全量 Cd、Pb、Zn 和 Cu 的含量分别为 0. 80，128，199，86. 6mg/kg。

该技术首先施用土壤重金属钝化剂（如石灰 0. 3kg/m^2），再种植低累积玉米品种（云石 5 号），在土壤和作物层面同时阻隔重金属的迁移。

在轻度污染土壤上可以安全生产农产品（特别是饲料、水果等）。一般来说，可使农产品 Cd、Pb 含量降低为原来的 1/3 左右，如第 1 季玉米籽粒 Cd 含量的降低幅度为 49. 4%，第 2 季降幅为 70. 4%，降到 0. 054mg/kg，符合食品卫生标准。修复成本为 300～800 元/（亩・a）。不过，需要每 2 年施用 1 次土壤重金属钝化剂。

稳定化/固化技术的优点是技术成熟可靠，操作简单、安全，排放少，处置成本较低，300~500 元/t；缺点是该技术只是将污染物固定在混合体内，而非去除，土壤内污染物总量未得到削减。因此，稳定化固化处理后的土壤应结合其最终归宿，制定相应的验收方法和标准，如浸出检验等。处理后的土壤由于材料性质的改变，通常不易再作为普通土壤使用，需进行填埋处置，或采取与其性质相符的资源化利用途径。

3. 植物修复技术

案例 1：湖南某市砷污染农田植物修复

2001 年中国科学院地理科学与资源研究所在湖南建立了农田砷污染修复工程，修复面积为 15 亩。工程采用植物萃取技术，用超富集植物蜈蚣草吸收土壤中的砷，通过刈割超富集植物地上部分，然后焚烧达到其收获物的安全处置要求，实现砷等重金属污染土壤的彻底修复。课题组在 1999 年于中国本土发现了砷的超富集植物——蜈蚣草，其能够生长在 0.15%~3%的污染土壤和矿渣上，具有极强的耐砷毒能力，其叶片富集砷的含量一般达到 0.5%（5000mg/kg），高出普通植物成千上万倍，显示出超常的从土壤中吸收富集砷的能力。通过收割蜈蚣草的地上部分，带走土壤中的砷，使砷含量降低到国家土壤环境质量二级标准（30mg/kg）以下，达到彻底修复土壤污染的目的。田间的蜈蚣草叶片砷含量为 8000mg/kg，生物量 $5t/hm^2$，其对砷的年平均修复效率达 8%。

通过 3~5 年的修复，土壤砷平均含量由原先的 50mg/kg 降到 30mg/kg 以下，达到《土壤环境质量　农用地土壤污染风险管控标准》（GB 15618—2018）的二级标准。为检验修复后土壤的安全利用情况，在已修复的农田上种植大白菜、青菜、茼蒿 3 种蔬菜，其砷含量满足《食品安全国家标准　食品中污染物限量》（GB 2762—2017）的限量要求，这说明通过植物修复工程，实现了砷污染土壤的安全利用。

案例 2：广西重金属污染农田土壤修复

2011 年，在原中华人民共和国环境保护部和原广西壮族自治区环境保护厅的监督指导下开展广西重金属污染农田土壤修复项目。项目共投资 2650 万元，修复重金属污染农田 1280 亩，其中核心示范区 293 亩、推广区 987 亩，针对污染农田重金属种类和污染程度的差异，采用不同的土壤修复技术：轻、中度砷、镉污染土壤采用植物萃取技术，即分别采用砷和镉的超富集植物蜈蚣草和东南景天提取土壤中重金属；为实现边修复边生产边增效的目的，在轻度的砷、镉污染土壤采用间作修复技术，即超富集植物与农作物间作；多金属轻、中度污染土壤采用钝化修复技术和植物阻隔技术，实现农产品的安全生产。

通过 2~3 年的修复，不同修复技术都取得较好效果。

植物萃取技术：每年利用蜈蚣草和东南景天萃取土壤中砷、镉的效率分别达到 10%和 65.5%，修复 4 年达到农田环境质量标准，修复成本在 3 万~5 万元/亩。

间作修复技术：实施了蜈蚣草与甘蔗、桑树等间作，以及东南景天与玉米、红麻、桑树等农作物间作，修复后农产品重金属合格率达 94%～100%；修复周期一般为 5 年，修复成本 2 万～3 万元/亩。

植物阻隔技术：实施了甘蔗、桑树、水稻和玉米低累积品种的种植农产品重金属达标率为 90%～100%；修复周期 2～5 年，修复成本 1 万～2 万元/亩。

钝化修复技术：实施了甘蔗地、桑树地等钝化修复技术，修复后农田的农产品达标率为 90%～100%；修复周期 2～5 年，修复成本 1 万～2.5 万元/亩，该技术为保证长期的修复效果，需要定期使用钝化剂。

示范工程产生经济效益 1560 万元，受益人口达 1.2 万人。项目的实施改善了当地农民的生产生活条件，解决了其温饱和就业问题，促进了灾区农民增收、农村稳定和农业可持续发展。

案例 3：东南景天与低镉作物间套种修复镉污染土壤

某项目区铅锌矿废水污染农田土壤 pH 为 4.70，土壤质地为中石质轻壤土，土壤 Cd、Zn 起始含量分别为 1.2mg/kg 和 300mg/kg。在 Cd 污染农田上，种植 Cd 超富集植物（东南景天）提取土壤中的 Cd，与低 Cd 作物间套种在一起，可以在修复污染土壤的同时收获符合一定卫生标准的农产品，实现边生产边修复。采用东南景天+低 Cd 玉米品种（云石 5 号）间套种，2008 年 4 月开始修复，随着试验的进行土壤中 Cd、Zn 含量逐步下降，试验 3 年后（2011 年 3 月）土壤 Cd 含量降低了 71%（土壤镉每年下降 10%以上，修复 3～6a 达到农业土壤环境质量标准），土壤 Zn 含量降低 36%，已经达到国家土壤环境质量标准（Cd0.3mg/kg、Zn200mg/kg），第 4 季玉米子粒 Cd 浓度也符合国家食品卫生标准（0.1mg/kg），作物产量达到常规的 80%以上。该间作修复成本大约为 5000 元/（亩・a），总修复成本为2 万～3 万元/亩。

案例 4：河南某市重金属污染农田修复

由于金属冶炼导致冶炼厂周边的表层土壤受到不同程度的重金属污染，某冶炼厂的大气飘尘导致其周边农田表层土壤重金属污染较严重。据前期监测结果表明，土壤砷含量为 68.1～93.6mg/kg，铅含量为 802～1332mg/kg，镉含量为 7.16～10.5mg/kg，土壤砷、铅和镉含量是《土壤环境质量标准》二级标准的 2～10.5 倍，污染比较严重，属于典型的重金属污染农田土壤。采取以植物萃取法为主，结合化学修复技术，通过种植砷-铅共富集植物蜈蚣草、镉-锌共富集植物伴矿景天，从而实现土壤中砷、镉和铅等重金属浓度持续减少，逐步恢复示范地块的土地农用功能，保证农作物质量和食用安全。

经过两年的连续修复，实现了蜈蚣草一年内收割两茬的目标，从土壤中平均每亩共去除砷 338.5g、镉 36.2g 和铅 104.5g，超富集植物对砷、镉、铅的修复效率分别为 13.9%，16.1%，0.5%；与修复前相比，土壤中 As 和 Cd 浓度分别降低 10.4%和 6.69%，有效清除了重金属污染；同时，建设安装一套超富集植物安全处置及资源化利用设备——焚烧炉，利用中国科学院地理科学与资源研究所自主研发的技术参数，实现了超富集植物焚烧废气排放达标，减少了二次污染。此外，实现了蜈蚣草在北方地区的安全越冬，为蜈蚣草在北方高纬度地区的推广应用提供了有益借鉴。

与物理、化学和微生物处理技术相比，植物修复技术有其独到的优点：①植物修复最显著的优点是修复成本低，可作为物理化学修复的替代方法。根据美国的种植管理实践，用植物修复的方法把土壤铅含量从1.4g/kg降到0.4g/kg，按照每年种植3季、每季收获干物质40t/hm^2计算，共种植10年，植物收获物在填埋场进行处理，所需费用为279000美元/hm^2；而用挖掘和填埋方法处理的费用为1620000美元/hm^2，用土壤淋洗法的处理费用为790000美元/hm^2。②对环境扰动少。植物修复是原位修复，不需要挖掘、运输和巨大的处理场所；不破坏土壤生态环境，能使土壤保持良好的结构和肥力状态，无需进行二次处理，即可种植其他植物。植物修复技术可增加地表的植被覆盖，控制风蚀、水蚀，减少水土流失，有利于生态环境的改善和野生生物的繁衍生境。③对植物集中处理可减少二次污染，对一些重金属含量较高的植物还可通过植物冶炼技术回收利用植物吸收的重金属，尤其是贵重金属。④植物修复不会破坏景观生态，能绿化环境，容易为大众所接受。然而，植物修复技术应用在污染农田的治理修复时，也会遇到植物修复过程周期长等缺点，同时会受到土壤营养等条件和酸污染等限制。因此植物修复技术在实施过程中，经常辅以修复剂，提高植物修复技术的应用范围。

4. 微生物修复技术

微生物修复技术在污染土壤和地下水的修复领域使用非常广泛，该技术非常适用于大面积的污染场地修复。近年来在美国修复市场占有的比例在10%左右，在国内也有一定的应用。

案例1：意大利某储油罐区修复项目

某储油罐区修复场地位于意大利北部一个城市化程度较高的地区，比邻高速公路，周边建有工厂和住宅楼（距离不足50m），修复场地面积约10万m^2，地块平整。其土壤和底土中一些分析项目超过了工业用地阈值水平，如轻质烃、重质烃、矿物油和重金属（包括砷、镉、总铬、汞、镍、铅、铜和锌）等，土壤中矿物油和总石油烃（TPH）的最大检测浓度分别为17500mg/kg和13500mg/kg，地下水中矿物油最大浓度约为2100μg/L，地下水采样过程中发现了浮油。该项目采用生物堆技术成功处理了约8500m^3受石油烃污染的土壤；通过生物通气原位处理技术成功处理了约20000m^3的受石油烃污染土壤。

案例2：美国亚拉巴马州THAN公司超级基金场地修复

某污染场地位于美国亚拉巴马州蒙哥马利市南部，场地面积大约6.5km^2。场地前期主要用于生产、分装杀虫剂和除草剂，也用作其他工业或化学品废弃物处理场所。US EPA于1998年9月签署修复决议。该场地土壤及沉积物主要受毒杀芬、DDE和DDT等污染。该场地采用DARAMEND生物修复技术，向土壤基质中添加有机改良剂、零价铁粉和水，刺激生物消耗氧气产生较强的还原条件，促进有机氯化合物脱氯，同时采用覆盖物控制水分含量，提高土壤基质的温度，避免产生异味和渗滤液，保持无扰动缺氧修复周期；随后在每个氧化阶段周期，定期翻耕土壤，增加土壤氧气扩散和灌溉水的分配，促进厌氧过程中脱氯降解形成的产物在好氧槽中进行生物降解。

修复该污染场地受污染土壤约4500t，修复时间约150d，修复后污染物浓度达到特定修复标准，场地修复土壤每吨修复费用不等，为29~63美元。平均处理费用约为55美元/t。

退化环境修复技术（微课）

微生物修复技术是成本较低廉的修复技术之一，但微生物种类的选择和培养过程比较复杂，不同的微生物只适用于分解不同的污染物。生物反应必须控制反应条件，对技术实施的要求较高。因为微生物消耗污染物的速度很慢，导致修复时间很长，因此这种技术适用于对土地修复时间没有严格限制的工程。此外，微生物制剂的环境安全性也是应该关注的。

实验实训　农田土壤调查分析

一、目的和要求

1. 通过实训了解农田土壤污染及农田土壤污染的调查方法。

2. 通过调查，分析重点行业企业现址或遗址周边农田土壤污染情况及其对农业生产的影响，具体调查农田土壤污染的特征污染物和污染程度，分析可能的迁移途径。

3. 通过实训加深对农田土壤污染的认识，并提出可行的修复方案。

二、实训原理

（1）重点行业企业产生的工业“三废”处理不当会对周边农田土壤造成污染。

（2）过去的一段时间由于环保意识不强，工业“三废”处理不当，可能导致污染物在农田中的累积。

（3）农田土壤污染问题可能对农作物产量、品质及安全构成威胁。

三、实训内容

（一）分组对以下企业周边农田土壤进行调查

（1）加油站。

(2) 垃圾填埋场。
(3) 印染厂。
(4) 工业园区。

(二) 讨论

四、 调查方法

(1) 制定采样方案，确定分析方法。
(2) 在田间采取土壤样品，并检测分析。
(3) 进行整理，统计，备案。
(4) 撰写报告。

五、 教学要求

分组进行调查，每人完成一份实验报告，每组提交一个 PPT，明确下列问题。
(1) 调查区域的主要污染源、污染物及污染程度。
(2) 土壤污染是否对当地农业生产安全造成威胁。
(3) 如何防控当地农业土壤污染及减少对农业生产的风险。

本章小结

本章概述了农田土壤污染及污染修复技术；介绍了农田土壤污染的来源、危害及特点；介绍了农田土壤修复的基本原理及常用手段，并详述了农艺调控技术、固化/钝化修复技术、植物修复技术、微生物修复技术等修复技术；介绍了国内外农田土壤修复的典型应用案例。

复习思考题

1. 农田土壤污染的主要来源有哪些？
2. 农田土壤污染的特点有哪些？会产生哪些危害？
3. 农田土壤污染修复的定义是什么？
4. 农田土壤修复技术的设计原则及基本原理是什么？
5. 常见的农田土壤修复技术包括哪些？
6. 简要说说常用的钝化阻控材料。
7. 什么是植物修复技术？其筛选原则是什么？简单介绍几种常见的超富集植物。

资料收集

以家乡所在地为主，调查家乡所在省、市或自治区的农田土壤污染现状、修复现状及提出改善建议。

查阅文献

利用课外时间阅读《农业土壤重金属污染研究的理论与实践》《土壤环境质量　农用地土壤污染风险管控标准（试行）》（GB 15618—2018）、《全国土壤污染调查公报》《土壤污染防治行动计划》。

习作卡片

调查当地农田土壤污染的可能来源并制成卡片。提出源头防控措施及可能的治理方案。

课外阅读

分类施策源头防控让“病”土重生

曾经拥有亚洲最大单砷矿的湖南省常德市石门县，长期的开采给矿区及其周边 35km^2 范围内的土壤造成严重污染。从 2012 年起，石门县相继向国家申报了五期重金属源头治理项目，生态修复约 7 万 m^2，安全填埋含砷废渣 34.44 万 m^3。其中，一期工程主要包括农田污染土壤修复与防治工程、农田土壤修复产业园建设，目前整体工程已全面完成。

石门县土壤修复是常德市土壤污染综合防治的一个缩影。2016 年，常德市获批纳入全国 6 个土壤污染综合防治先行区之一，开启了新一轮“治土模式”的探索。

全面摸底详查，实施污染治理修复项目

记者近日在常德石门县原雄黄矿区看到，曾经的矿洞已封闭，矿池、矿渣等已清理覆土，新栽的橘树苗正茁壮成长，蓝天白云下，山头青翠如黛。

早在 2009 年，常德市就开展过土壤污染状况调查。从 213 个采集点位的土壤样品分析结果来看，土壤污染源以砷、镉等元素为主。为进一步找准污染源和污染地块，常德市在土壤污染综合防治先行区建设中，再次开展了全面的摸底详查，先后对116个重点土壤污染行业企业、107个疑似污染地块、7个正规生活垃圾填埋场进行了调查，形成《常德市污染源调查报告》《常德市污染地块调查报告》。

“预计今年年底，全市将完成建设用地土壤环境质量调查，形成《常德市土壤污染状况分布图》。”常德市生态环境局党组书记陈建国说。

在雄黄矿污染治理中，利用蜈蚣草将土壤中的重金属“吸”出来、建立“防—控—治”相结合的土壤环境保护模式，成为治污的一大亮点。“蜈蚣草的根系对土壤中的重金属砷有超强的吸附能力，是普通植物的10万~20万倍。”石门县环保局有关负责人介绍说。据2018年对项目区蜈蚣草的检测结果显示，收获物砷浓度高达2910mg/kg，土壤砷含量年去除率达14.1%，超额完成项目预定目标。

“地是我们的命根子，大伙看得见家乡的变化，也盼着这些地能早点种上农作物。”一位当地农民说。了解到居民们的期盼后，石门县充分发挥中国科学院地理科学与资源研究所的科技优势，结合当地产业结构特征，改良柑橘品种，构建蜈蚣草-柑橘间作修复模式，通过“边修复、边生产”的治理模式，提高柑橘产业效益。如今，经过近7年的土壤污染治理，昔日寸草不生的“砒霜地”正重焕生机。

创新修复模式，严控通向土壤的污染源

在常德市电镀中心，记者看到在各车间之间，整齐地悬空架设着一条条管线。“这些是架空污水管线，可以防止重金属污水向土壤渗漏。”常德市电镀中心负责人王建忠说，该中心是一个专业性电镀园区，主要从事金属表面处理及热处理加工，生产过程中会产生重金属废水。

为严防土壤污染，园区根据污水处理工艺，分别建设离地高6m的架空主管网，每一栋标准电镀车间分别预留8个重金属废水对接口和2个回用水对接口，各车间根据废水种类接入对应的废水主管网。“园区还做好重点部位工段防腐防渗措施，开展重点行业企业用地调查及涉镉等重点行业企业排查，确保土壤环境安全。”王建忠说。

这是常德市在土壤污染管控方面的一次有益实践。“修复污染土地是事后补救，不得已而为之。要保护更广阔的土地免受污染，还要从根子上解决问题——严控通向土壤的污染源。”陈建国深有感触地说。

为此，常德市积极构建源头防控机制，出台《常德市重金属污染防控工作方案》。在全省率先开展对湖南海利常德农药化工有限公司等22家土壤重点监管企业的用地调查工作，并加强日常监测监管。开展涉镉等企业排查，从源头上控制农用地环境安全。超前谋划重金属减排工作，先后关闭5家电镀企业、1家有色金属冶炼企业，对4家电镀厂、1家有色金属冶炼企业进行规范化整治，通过清洁生产、技术改造等方式进一步缩减重金属排放量。强化建设用地准入，发布《常德市污染地块名单及开发利用负面利用清单》，规定对名单内地块，未经治理修复不得开发利用。

以项目为抓手，创新修复模式，是常德市土壤污染防治的重要途径。据统计，近年来全市已实施桃源县胜利化工污染场地风险管控等 5 个工业场地污染治理项目，总面积 563.55 亩。实施石门县、临澧县农用地土壤污染治理修复项目，面积 6776 亩。

不仅如此，常德市探索建立涵盖市、县、企业三级网络数据的土壤环境管理平台，包括农用地监管、污染地块管理、专项资金项目管理、重点行业企业监管、尾矿库监管等业务管理模块，用“大数据”保护土壤。

分类施策，探索可复制推广的治土模式

同样的生态变化，也在常德市汉寿县崔家桥镇连家坝金矿遗留场地上演着。

连家坝金矿遗留场地占地约 397 亩，是 20 世纪 90 年代由当地居民私自开采提炼金矿遗留的重金属污染场地。周边居民有 102 户、510 人受其污染影响，有部分村民已经搬离。水库下游约 430 亩灌溉农田均受到不同程度影响。

2017 年，汉寿县崔家桥镇连家坝金矿遗留场地风险管控项目启动。“项目通过原位阻隔技术控制了污染源；其次通过处理受污染地表水清理了二次污染源，最后采用人工湿地、表土覆绿、护坡取得了较好的生态修复效果。”汉寿县环保局相关负责人说，变化最大的是郭家冲水库水质，“砷平均浓度由 0.178mg/L 下降至 0.115mg/L，降低了 35%以上，随着时间的推移还会进一步降低。”记者在现场看到，过去金矿开采造成的地势崎岖不平、污水横流、草木不生，如今已变得地势平整、满地翠绿。

“相比大气污染、水污染，土壤污染防治是一项更为复杂的系统工程，其治理需要大量的技术支撑、资金投入等，且治理时间比较长。”陈建国告诉记者，除了项目建设，常德市分类施策，开展了化肥农药零增长行动、废弃农膜回收利用、工业场地污染治理等工作，积极探索可复制推广的“治土模式”。

“作为全国土壤污染综合防治先行区之一，我们将继续创新探索土壤修复可持续发展的‘常德模式’，确保到 2020 年，受污染耕地安全利用率达 93%左右，污染地块安全利用率达 97%以上，让老百姓‘吃得放心、住得安心’。”陈建国说。

——《中国环境报》　记者：刘立平　通讯员：姚懿容，黄道兵

2018 年 05 月 21 日

第十章

农业面源污染及防治

学习目标

理解农业面源污染定义及其特点；了解我国农业面源污染面临的主要问题；树立山水林田湖草沙一体化保护和系统治理理念，掌握农业面源污染治理系统技术体系基本内容；重点掌握农业固体废弃物资源化利用技术。

第一节　我国农业面源污染

当前我国农业产业化、城乡一体化进程不断加快，随着农业集约化程度快速增高、农业种养殖业结构的调整，农业面源污染面临新的挑战。《生态文明体制改革总体方案》指出，要加大生态环境保护工作对农村地区的覆盖，建立健全农村环境治理体制机制，加大对农村污染防治设施建设和资金投入力度，治理农业面源污染是首要任务。

一、 农业面源污染的定义

农业面源污染又称农业非点源污染，是指在农业生产和生活活动中溶解的或固体的污染物，如氮、磷、农药及其他有机或无机污染物质，从非特定的地域，通过地表径流、农田排水和地下渗漏进入水体引起水质污染的过程。典型的农业面源污染包括农田径流（化肥、农药流失）和渗漏、农村地表径流、未处理的农村生活污水、农村固体废弃物及小型分散畜禽养殖和池塘水产养殖等造成的污染。

农业面源污染具有：①污染来源的分散性、复杂性以及溯源的困难性。②污染物排放的不确定性和随机性。③污染物以水为载体，其产流、汇流特征具备较大的空间异质性。④污染物具有量大和低浓度等典型特征。

二、我国农业面源污染现状

目前，我国农业面源污染的来源日趋多样化，化肥农药施用、农田固体废弃物、畜禽粪便构成了农业面源污染的三大污染源，同时，化肥农药施用和畜禽养殖引起的面源污染仍占主导地位。

1. 化肥农药用量大，有效利用率低

我国的化肥生产与使用量均居世界第一位，世界卫生组织规定作物化肥的用量上限为 $255kg/hm^2$，而我国目前化肥用量平均已经达到 $400kg/hm^2$。2015 年我国农药生产总量达到 132.8 万 t，平均施用量 $2.33kg/hm^2$。钾肥利用率 40%～60%，氮肥利用率 30%～40%，磷肥利用率为 10%～15%，农药利用率仅为 10%。

2. 畜禽粪便利用率低、排放量大，法律法规不完善

2014 年行业统计资料显示：年畜禽养殖化学需氧量和氨氮排放量分别为 1049 万 t 和 58 万 t，占农业源排污总量的 95% 和 76%，大部分没有资源化利用。尽管相继出台了《畜禽养殖污染防治管理办法》和《畜禽规模养殖污染防治条例》，但其内容更多是针对畜禽规模化养殖场所制定的，对非规模化养殖场和养殖户没有明确的规定。

3. 农田固体废弃物产生量大、覆盖面广，利用率和回收率低

我国地膜总重量逾 131 万 t，累计覆膜面积 2.6 亿亩，每年农作物秸秆产生量约 8.0 亿 t。农膜残膜率高达 40%，秸秆 40% 未被有效利用，露天焚烧量达到 23% 左右。

三、我国农业面源污染防治面临的主要问题

近年来，中华人民共和国生态环境部以农业源污染物总量减排、农村环境连片整治、生态文明示范区建设、畜禽养殖场（小区）环境专项执法检查等为抓手，强化了农村、农业环境保护监督管理。中华人民共和国发展和改革委员会、中华人民共和国农业农村部、中华人民共和国水利部等有关部门为防治农村面源污染，持续实施新农村建设、农村清洁工程、测土配方施肥、土壤有机质提升等项目，推行农业清洁生产，发展高效节水灌溉，在化肥、农药、农膜等农业投入品合理使用和秸秆、畜禽粪便等农业废弃物综合利用方面做了大量工作，取得了明显的成效，但是，农业面源污染问题涉及面广，要在短时间内得到全面改善，依然是一项巨大的挑战性工作，主要面临的问题包括以下几个方面。

1. 缺乏专门性法规，政府投入有限

农村环境保护法制建设滞后。虽然国家目前已经颁布了一系列有关环境保护的法律法规，其中一些也涉及解决农村环境问题，但针对性和可操作性不强，一

些重要的农村环境保护领域还存在着立法空白，农村环境保护的法规和标准体系很不健全，尚没有制定关于农村环境保护或者农业环境保护方面的专门性法律或法规，致使针对农村面源污染的监管缺失或无法可依。我国乡镇环境保护机构设置不健全、人员不足或监管能力不强，环境保护的宣传教育、知识普及及技术培训力度不够，农村环境保护相关基础设施供给不足或不适应农村污染治理的现实需求。

2. 量大面广，意识薄弱，监管困难

农村面源污染是由分散的污染源造成的，其污染物质面积大或范围大，缺乏明确固定的污染源，污染排放点不固定且排放具有间歇性、随机性和广泛性特征。农业生产者对农村面源污染普遍缺乏足够的认识，认为水土污染和自己无关，大多是面源污染防治的看客。目前尚没有建立科学合理的监测体系，为政府对面源污染的监督管理增加了难度。

3. 技术支撑不足，农药化肥的替代产品成本高、推广难

适应面源污染量大面广特征的低成本、易推广的防治技术不足，针对农业面源污染资源性特征的高附加值利用的技术不足，且缺乏有限定性的农业生产技术标准。尽管我国已经颁布了一些农业环境方面的法规，但多数以国外修订的框架为参照，缺少必要的试验工作，不利于各省、各流域制定适合本地农民执行的技术标准。同时有机肥、生物农药等化肥农药替代品的生产成本或使用劳力成本较高，对政府的财政补贴依赖性强，农民使用积极性不高，推广应用难以持续。

第二节　农业面源污染来源及防治措施

近年来，随着环境污染的转型，农业生态环境正遇到前所未有的严峻挑战，农业污染问题日益突出，已成为制约农业和农村经济发展的重要因素。农业污染物种类逐渐增多，污染空间呈现扩张和立体化的趋势。除了农药化肥污染、废弃秸秆、塑料薄膜、城乡废弃物、集约化养殖场畜禽粪便等农业污染物外，2009 年 12 月 7 日，美国国家环境保护局又发布公告，将温室气体正式认定为污染物，农业生产排放温室气体对农业生态环境带来的影响也成为国际化的热点问题。呈现多种特征的农业污染正逐渐成为一个世界性的问题，农业污染对世界经济发展和社会进步造成的损失无法估量，农业污染防治已成为保障农业“健康”生产和食品安全的世纪目标。下面将从农业温室气体、农业水污染和农业固体废弃物三方面来介绍我国农业面源污染的主要来源，并给出相应的防治减排和处理处置措施。

一、　农业温室气体及减排措施

温室气体是指大气中能吸收地面反射的长波辐射，并重新发射辐射的一些气体，如水蒸气、CO_2、大部分制冷剂等。它们的作用是使地球表面变得更暖，类似于温室截留太阳辐射，并加热温室内空气的作用。一般所说的温室气体包括水（H_2O）、二氧化碳（CO_2）、氧化亚氮（N_2O）、氟利昂、甲烷（CH_4）等。

自20世纪90年代以来，由温室气体大量排放导致的气候变化问题便是国际政治最重要的议题之一。农业温室气体排放是全球温室气体循环的重要组成部分。2007年政府间气候变化专业委员会（IPCC）第4次评估报告表明，农业是温室气体的重要排放源，全球范围内农业排放的非CO_2温室气体占人为排放的非CO_2温室气体总量的14%，其中农业排放了84%的N_2O和47%的CH_4，农业生产活动对温室效应的影响不容忽视。

（一）农业温室气体的来源

农业生产活动中会释放出大量的温室气体，主要包括以下几个方面：因农业和畜牧业导致的森林减少；饲养反刍动物，如牛、羊、骆驼等，饲料在其肠内发酵引起CH_4排放；种植水稻，因土壤长时间用水淹没，形成厌氧条件，产生并排放CH_4；农田过量施用氮肥，造成土壤中的N_2O的排放；家畜粪肥处理过程也会引起CH_4和N_2O的排放以及生物质燃烧等。

1. CO_2的排放

在农业生态环境中，土壤是连接自然界中无机界与有机界、生物与非生物界的重要枢纽。土壤本身就是一个巨大的碳库。农业土壤碳储量占全球碳储存总量的8%~10%。但是，一方面，土壤呼吸使大量的有机碳以CO_2形式释放到大气中，据估计，全球每年由土壤释放到大气中的碳量为（0.8~4.6）$\times10^{-12}$g；另一方面，由于农业生产活动，土地利用发生变化，土地利用变化是目前大气中碳含量增加的第二大来源，其作用仅次于化石燃料的燃烧，目前由于土地利用变化每年向大气中排放1.6$\times10^{-12}$g碳，约占人类活动总排放量的20%。另外向土壤中施用石灰和尿素也会加剧温室效应。石灰能够降低土壤的酸性，促进作物生长，但是碳酸盐和重碳酸盐的溶解和释放过程中也会产生大量的CO_2。尿素施用过程中碳素的易挥发性也导致大量CO_2的损失。

2. CH_4的排放

在农业生产活动中，稻田甲烷排放是农业甲烷排放的主要排放源之一。千百年来因种植水稻而形成的水稻土，每年排放的甲烷占全球甲烷排放总量的10%~15%。反刍动物（主要为牛、羊和骆驼）消化道发酵也会排放大量的CH_4。研究显示反刍动物的CH_4释放占家畜释放总量的84%。而全球动物废弃物的甲烷释放量为28.42$\times10^9$t。同时秸秆还田和使用有机肥也会改变土壤的物理和化学特性，影响甲烷菌的活性，进而增大了CH_4的排放量。另外，在发展中国家，与农业有关的生物质燃烧占每年生物质燃烧总量的50%，另50%的废弃物作为生活用能被燃烧，据估计全球每年有87$\times10^9$t干物质被燃烧，此源CH_4排放量为0.22$\times10^9$t。

3. N_2O 和 NO_2 的排放

化肥施用是 N_2O 和 NO_x 的直接来源，这主要与化肥中的氮元素有关。施用的化肥，有相当一部分以有机或无机氮形态的硝酸盐进入土壤，在土壤反硝化微生物作用下，会使难溶态、吸附态和水溶态的氮化合物还原成亚硝酸盐，同时转化生成 N_2O 和 NO_x 进入大气，使空气质量恶化，根据 Veldkamp 和 Keller 估计，施用施氮肥的约 0.5%是以 NO_x 的形式损失。化肥损失释放到大气中的 N_2O 是在微生物参与下的硝化-反硝化作用的产物，虽然占肥料施用氮量的比例不大（0.7%~1.3%），但氮化合物的增温效应明显，是 CO_2 的 150~200 倍。王效科等通过 DNDC 模型计算认为，施用化学氮肥是我国农田土壤 N_2O 直接排放量最重要的影响因素，当化肥使用量减少到现状的 50%或倍增时，土壤 N_2O 直接排放量分别是目前 78%和 155%。

（二）农业温室气体的减排措施

面对农业温室气体的排放现状，采取有效的控制措施十分必要。由于影响各种温室气体排放的因素不同，具体的减排措施也存在差异。

1. CO_2 减排措施

在农业的多个环节都会涉及 CO_2 的排放。因此针对各种情况采取的控制措施主要包括以下几个方面：①扩大种植面积，提高农业产量。植物的光合作用能有效吸收 CO_2，增加农作物的种植面积、提高农作物的产量有利于 CO_2 的减排。改变土地的利用状况，垦荒复耕，持续利用现有耕地，加强管理，提高农业生产水平，减少农用田的闲置，都能更好地保护农业生态系统，促进农业增产。②秸秆还田，秸秆还田有利于增加土壤有机质和减少 CO_2 的排放。美国秸秆还田率近 90%，其结果是农业土壤中有机碳量逐年增加。③保护性耕作。过度耕作使土壤中的碳素释放，是农业排放碳的主要途径。所谓“保护性耕作法”是将少耕、免耕与生物覆盖相结合的先进耕作方法。减少耕作，首先可以减少农业机械的施用，从而减少化石燃料的燃烧，从根本上减少 CO_2 的排放；其次减少耕作可以保存土壤中的碳的含量，有利于土壤对碳的固定；再次减少耕作还能保持水土，减少土地沙化的发生，提高生物多样性。④农机节能增效。农业的迅速发展，推动了农业生产集约化和经营规模的扩大，农业生产中农机使用越来越频繁。使用新型节能型农机有利于减少 CO_2 的排放。⑤生物燃料的开发利用。通过农业生产的生物燃料（生物燃料作物、农林混合系统、作物秸秆等）代替化石燃料的消费，减少 CO_2 的排放。

2. 甲烷减排措施

无氧和甲烷菌是水稻田产生 CH_4 的两个必备条件，因此采用适宜的农业管理措施可以有效地控制稻田 CH_4 的排放。第一，选择低排放水稻品种。稻田向大气排放的 CH_4 有 5%~90%是通过水稻植株来完成，水稻的高产品种在相同条件下

CH_4 排放率相差 1 倍以上。我国现有水稻推广品种 200 多个，若选育并推广排放率低的高产品种，稻田的 CH_4 排放率将可能减少 20%~30%。第二，合理的施肥管理。用腐熟度高的沼渣代替农家堆肥作为稻田的基肥，可明显减少稻田的 CH_4 排放。用化肥代替有机肥将有效地减少稻田 CH_4 排放；并且适当提高氮磷水平，既有利于产量的提高，又有利于控制稻田 CH_4 排放。第三，水分控制，水稻从分蘖期到抽稻期间采用间歇落干的管理方法，可以明显减少 CH_4 的排放，试验表明，间歇落干比常规淹灌的 CH_4 排放减少 28%。CH_4 的另一个重要来源是反刍动物及其废弃物，因此，采用在饲料里“添营养砖”、提高动物饲养管理水平、建立发酵池和沼气池等方法，可以减少 CH_4 的排放。

3. 氧化亚氮减排措施

农业 N_2O 的排放主要来源于灌溉和化肥的施用。土壤的 N_2O 排放量在很大程度上取决于土壤水分状况及其变化频率，采用间歇性灌溉的方法可以有效地减少 N_2O 的产生和排放，但是要注意稻田中 CH_4 和 N_2O 的相互削减作用。科学的施肥方法能减少 N_2O 的排放。由于各种氮肥施用后释放 N_2O 的量不同，农业氮肥应多施尿素、复合肥和沼渣；定期测定土壤氮含量，根据作物长势及土壤营养状况制定施肥方案，克服多施氮肥的盲目性。将化肥施于土深 6~10cm 处，可明显提高氮素肥的利用率。

二、 农业水污染及防治

（一）农业水污染来源

1. 种植业污染

目前，农村经济发展的两个重要组成部分为种植业和养殖业。水污染的面源污染主要来自种植业。在传统观念的影响下，农村大部分的种植业为追求农作物的产量而大量使用化肥、农药。同时，随着耕地面积的减少，为提高农作物的产量，也加剧了化肥、农药的使用。种植过程中施肥以氮、磷、钾肥为主，但化肥用量过大或是使用不合理，会导致土壤板结、土壤和水分流失，造成对地表水、地下水的污染。氮、磷、钾肥中又以氮肥最为普遍，但氮肥用量过多易使作物倒伏，造成粮食减产，也会使作物抗虫能力下降，虫害增加，从而导致农药用量增加，进而产生恶性循环。一般来讲，只有 10%~20%的农药附着在农作物上，而 80%的农药则流失在土壤、水体和空气中，并于灌水或降水时在淋溶作用下污染地下水。

2. 养殖业污染

养殖业是农村经济飞速发展的另一支柱。目前，农村养殖包括规模化养殖和家庭化散养。家庭化散养中，禽畜基本随地排便，粪便也通常随意堆放。规模化养殖大多建于大型港道或者湖泊旁边，一是因为大规模养殖需大量用水，取水要便捷；二是由于大量禽畜排泄物需处理，便随意将其排入港道及湖泊中。

现阶段，我国农村存在许多未经批准建设的小型养殖场及屠宰场。这些养殖场缺乏基本的粪便等处理设备，部分屠宰场更是直接将禽畜内脏、粪便等直接就近排入水体中。未经处理的污染物经雨水冲刷，通过径流溶于河道、湖泊，造成水体水质恶化和水体有机物严重超标，致使水体发黑发臭，同时也会滋生各种病菌，严重影响周边居民的身体健康。

养殖业污染处理技术（微课）

（二）农业水污染的防治措施

1. 优化农业肥料技术

新型肥料多是基于当地土壤、作物、天气和其他条件生产的缓释肥料；一般来说，其养分释放速率与作物生长周期相匹配，有效减少养分的浸出和挥发，从而达到提高化肥利用率的目的。根据土壤肥力条件和作物肥料需求，作物的特种肥料配方不仅含有大量的氮、磷和钾，还含有作物生长所需的微量元素。通过改良肥料技术，在提高肥料利用率的同时，通过减少残留降低污染。

2. 加强农业投入品管理

加强市场管理，严格控制农药使用标准，大力对假农药经营者进行查处，严厉查处违禁农药，逐步规范农药市场秩序。在确定土壤养分的基础上，结合当地农业生产情况，根据农作物养分需求进行科学施肥；增加特种作物复合肥、有机无机复混肥和微量元素肥的施用，坚持均衡施肥原则，不断优化肥料结构。科学防治农业病虫害，对农药的使用进行科学化管理，通过对病虫害监测确定施药剂量、施药时间；推广规模化、机械化施药技术和手段，发挥其喷洒均匀、效率高的优势；推广低残留农药，杜绝高毒农药的使用。

3. 畜禽粪便污染防治措施

首先环保部门应加强畜禽养殖污染监管、指导，对畜禽养殖污染减排进行考核，对畜禽养殖企业及养殖户实施排污检测并征收排污费，可有效降低畜禽粪便排放量，依据畜禽粪便排泄物与周边农作物消纳量相适应原则，优化畜牧业的产业布局；其次，引进清洁养殖技术，在畜禽生长不同阶段，选择合理的饲养方式，减少冲洗用水，同时采用畜禽粪便脱水干燥技术，尽量减少畜禽粪便排放量；再次，使用环保型饲料喂养，给畜禽饲喂含有生物活性物质的饲料，提升饲料养分的利用率，可以减少畜禽排泄物数量，降低畜禽养殖对环境污染的风险。

4. 对种植业造成的面源污染的处理

（1）现有农田四周均有灌溉及排水沟渠，农田沟渠大多布局不合理，存在大量“土沟渠”“三面光”型沟渠，沟渠内水生植物单一、配置不合理。可以通过规范化设计和整理，对沟渠进行优化布局和改造。可将现状沟渠改造成植草沟（图 10-1），用作农村面源污染滤渗处理。地表径流以及农田排水经植草沟滞留以及植物的过滤渗透作用，将多数悬浮颗粒污染物和部分溶解态污染物有效去除，可控制和削减进入受纳水体的径流污染负荷，在完成水体输送的同时实现径流水体净化的目的。

图 10-1　植草沟示意图

（2）前置库具有费用较低、适应性强等特点，是目前防治面源污染的有效措施之一。面源污染来水进入前置库后，通过延长其水力停留时间来使水体中的大颗粒物、泥沙等进行沉淀；同时，由于前置库中还种植有水生植物，这些植物也能进一步吸收水体中所含的营养成分。一般前置库会依据现有地形进行设计，通常设在现状缓坡入水处，通过分级处理后进入湖泊，如图 10-2 所示。通常，径流进入前置库后首先将水体中泥沙等大颗粒物质进行沉淀，再经过跌水区，通过充氧方式再次沉淀泥沙等，然后进入生态净化区，利用水生植物的根系等吸收水体中的氮、磷等物质，处理完后的水再排入湖泊中。部分地方已经利用前置库中水体的富营养化等进行水产养殖，实现可循环利用。

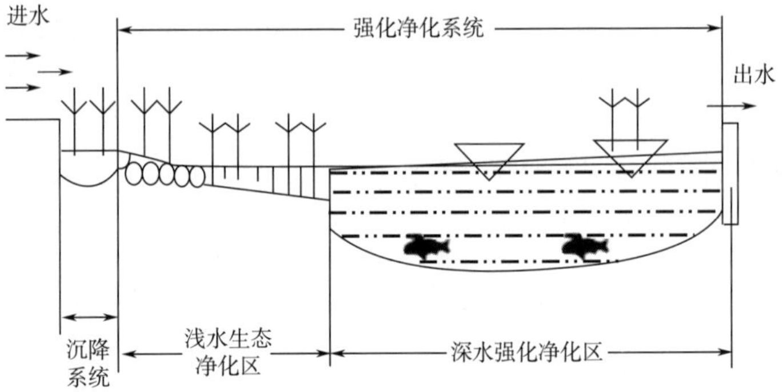

图 10-2　前置库示意图

（3）通过植草沟、前置库可以沉淀大部分的颗粒物质以及氮、磷等，但依然存在残留的农药等有害物质，直接排入水体中还是会有风险。因此，在沟渠或前置库入港或入湖的末端，可设置人工湿地。人工湿地主要是依靠植物、微生物以及基质的共同作用来对污水进行净化。植物通过根系将有机物吸收转化为自身的营养物质，同时还能通过光合作用增加水体的溶氧量。微生物能将有机污染物进行降解。基质可以通过吸附作用吸附部分颗粒物以及有机物等。植物和微生物是人工湿地的重要组成部分，但植物受到环境、气候、地理位置等因素的影响较大，生长过程中会产生明显的差异性，最终起到的效果也会差别较大。因此，人工湿地的植物大多选用对水质有强烈净化作用的乡土植物，如香蒲、美人蕉、鸢尾等。

农田排水处理技术（微课）

三、 农业固体废弃物及资源化利用

（一）农业固体废弃物概述

一般意义上的农业废弃物，主要是指农业生产和农村居民生活中不可避免的一种非产品产出。从生产角度分析，农业固体废弃物是农业生产和再生产链中资源投入与产出在物质和能量上的差额，是资源利用过程中产生的物质能量的流失份额。从资源经济学角度上看，农业废弃物是某种物质和能量的载体，是一种特殊形态的农业资源。根据原中华人民共和国环境保护部 2010 年颁布实施的《农业固体废弃物污染控制技术导则》（HJ 588—2010），农业固体废弃物是指农业生产过程中产生的固体废弃物，主要来自农作物、畜禽养殖及农用塑料残膜等。

1. 农业固体废弃物现状

据不完全统计，目前我国是农业固体废弃物产量最多的国家，农业固体废弃物每年总量为 50 多亿 t，其中包括稻草、玉米秸秆、杂粮作物秸秆、蔬菜废弃物等农作物秸秆 11 亿 t，牛粪、猪粪、羊粪、家禽粪便达到 26. 9 亿 t，农村居民的生活废弃物 3. 5 亿 t，以及其他有机废弃物约 9. 2 亿 t，折合约 30 亿 t 的标准煤，预计到 2025 年将达到 60 亿 t。

2. 农用固体废弃物类型

农业固体废弃物从类型上看主要包括：①畜禽养殖垃圾，主要是畜禽粪便、畜禽垫料等。②农业生产固体废弃物，如农作物的秸秆、果壳、枯枝落叶等。③农用塑料，如农用地膜等。

3. 农业固体废弃物的成分特点

从我国农业固体废弃物的成分特性来看，其元素组成主要为 C、O、H，这三种元素达到 65%~90%，其他元素还包括 Mg、S、N、P、K 等。从化学组成来看，农业固体废弃物既有纤维素、淀粉等天然高分子聚合物，也有氨基酸、抗生素、单糖等天然小分子化合物。从物理特性来看，农业固体废弃物具有抗拉、韧性大、抗冲击力强等特点。

4. 农用固体废弃物的危害

（1）畜禽养殖排放污染物危害

①污染环境卫生：许多养殖场将粪便堆在户外，导致周边臭气熏天、污水漫

流、蚊蝇滋生。

②污染空气：对空气的污染主要发生在畜牧场圈舍内外、堆粪便周围的空间，这些地区粪便产生的有毒有害挥发性气体浓度大，可形成局部性空气污染。其污染物主要包括粪便有机物分解产生的恶臭、粉尘携带的病原微生物、氨等排放的气体。

a. 恶臭污染。恶臭主要来自畜禽粪便、垫料、饲料、畜禽尸体的腐败分解产生气体。据报道，恶臭成分极其复杂，其可测成分在牛粪中有 94 种，猪粪中有 230 种，鸡粪中有 150 种。恶臭的主要成分有挥发性脂肪酸、有机酸类、醇类、酚类、醛类、酮类、胺类、硫醇类、含氮杂环化合物以及氨、硫化氢等。

恶臭对人体健康有危害，使中枢神经系统的反射调节作用产生障碍，引起兴奋和抑制过程的紊乱。恶臭还会危害家畜，研究表明，恶臭使家畜呼吸变慢，肺活量减少，食欲不振，严重时导致呼吸困难，进而影响代谢功能，降低机体抵抗能力和免疫力，发病率和死亡率提高，生产量下降。

b. 粉尘携带的细菌污染。粉尘可携带细菌并传播疾病，如武汉某鸡场，夏季细菌总数为 22.09 万个/m^3；某蛋鸡场细菌总数 39.18 万个/m^3；某猪场细菌总数为 118.93 万个/m^3。细菌总数普遍超标，一般超标 1300~1500 倍，重者超标 1.5 万倍。

c. 分解气体的污染。畜禽粪便堆积发酵，产生硫化氢、氨、胺、硫醇、苯酚、挥发性有机酸以及粪臭素、乙醇、乙醛等上百种有毒有害物质，造成空气中含氮量相对下降、污浊度升高，降低空气质量。

d. 污染水环境。畜禽粪便污染途径如下：粪便在清理过程中，随冲洗水直接流失；畜禽粪便在储存和堆放过程中，在室外被雨水冲刷淋失。有资料表明，畜禽粪水进入水体率达 50%，粪便的流失率也达到 5%~9%。粪便对水体的污染还包括生物病原菌污染，其传播途径有两种方式：第一种是以水传播，特别是饮用水直接传播，如传播伤寒、痢疾和霍乱等；第二种是以水生动植物为中间宿主和媒介，通过人们生食传播疾病和寄生虫病。

（2）农作物秸秆

①侵占土地：由于我国农业产量大，农业秸秆产生量大，而且难降解成分居多，因此其主要处理处置方式是堆积、焚烧等，堆积秸秆易侵占土地，滋生细菌、蚊蝇，影响环境。

②污染河流：堆积秸秆往往是露天放置，在雨水浇湿后，易腐烂，散发臭味，同时被冲洗进河流中影响水环境，危害较大。

③露天焚烧影响空气质量：由于秸秆在一些地区有大量剩余，露天焚烧秸秆，乱堆乱放秸秆，影响村容镇貌问题日益突出，露天焚烧秸秆带来的一个最突出问题是导致大气污染，直接影响了民航、铁路、高速公路的正常运营，如成都双流国际机场从 1996 年开始，每逢农作物收获季节都深受焚烧秸秆危害，有时机场能

见度低于400m，严重影响机场航班的正常起飞和降落，据统计1997年5月14~18日期间，该机场有10个航班不得不降落到其他机场，有22架进出港的航班延误，滞留旅客1000多人。同时焚烧秸秆还易引起火灾，如安阳县夏收期间1天接到20多个火警，全部是由燃烧秸秆引起的。

(3) 塑料农膜　塑料农膜是一种高分子材料，具有不易腐烂、难于降解的性能，散落在土地中会产生永久性污染，其危害也比较严重。

①毒害作物，降低产量：对于作物种子萌芽和种子幼苗生长有损害作用，如农膜的增塑剂二甲酸二异丁酯随水溢出深入土壤，对种子有毒害作用。根据田间大量试验调查表明，作物减产幅度随作物使用年限和残留量的增加而增加，一般情况下，小麦减产7%~20%，玉米减产15%~20%，大豆减产5%~10%，蔬菜作物减产5%~40%。

②对土壤的破坏：模拟试验表明，不同作物、不同地块中农膜残片存量虽有差异，但对土壤的物理性能影响基本相同。农膜残片影响土壤含水率、土壤容重、土壤孔隙率、土壤透气性和渗透性。一般来说，残片越大，影响越严重，但对土壤硬度影响不大，特别是聚烯烃类薄膜在土壤中抗机械破碎性强，妨碍气、热、水和肥等的流动和转化，使土壤物理性能变差，养分运输困难，最终造成减产。

③残膜的化学污染：农用塑料膜是聚乙烯化合物，在生产过程中需加40%~60%的增塑剂，即邻苯二甲酸二异丁酯，其化学性能对植物的生长发育毒性很大，特别是对蔬菜毒性更大。

邻苯二甲酸二异丁酯从农膜散发到空气中，再经叶子气孔进入叶肉细胞，而植物的生长点和嫩叶生理活动旺盛，易受伤害。它的毒性作用主要是破坏叶绿素和阻碍叶绿素的形成。据对白菜叶切片的显微镜观察发现受害叶细胞内叶绿素明显减少，由于叶绿素减少，影响了作物的光合作用，导致作物生长缓慢，严重者黄化死亡。

(二) 农业固体废弃物资源化利用技术

1. 畜禽养殖废弃物的资源化利用

资源化利用的技术方法包括肥料化、能源化和饲料化三个方面。其中，肥料化和能源化是主要利用方向。

(1) 肥料化技术　肥料化利用技术是目前各国最为常用的畜禽养殖废弃物资源化利用技术，同时也是我国目前主要采用的资源化利用方式，通常通过堆肥来实现，堆肥是有控制地通过好氧生物分解有机物形成一种稳定的、称之为堆肥的产物；本质上类似于自然降解，与其不同的是堆肥还通过有机废弃物与其他成分混合促进微生物生长增强和加速分解过程。废弃物通过堆肥系统转化成一种具有稳定有机质、富碳以及无病原菌、寄生虫卵和杂草种子的可利用的资源，其物理性质与初始的原材料已截然不同，堆肥产物可作为土壤修复剂或肥料，还可制成栽培基质或土壤覆盖物。根据堆肥过程中氧气的供应情况，可以把堆肥过程分成好氧堆肥和厌氧堆肥。

①好氧堆肥技术：好氧堆肥是在有氧条件下，利用好氧微生物（主要为好氧菌）的作用进行。在堆肥过程中，农业固体废弃物中可溶解性有机物质透过微生物的细胞壁和细胞膜被微生物吸收；固体状和胶状有机物先附着在微生物体外，由微生物所分泌的胞外酶分解为可溶解性物质后再渗入细胞。微生物通过自身的生命活动——氧化、还原、合成等反应过程，把部分被吸收的有机物氧化成简单的无机物，并释放出微生物生长活动所需要的能量，同时微生物还可把部分有机物转化成微生物所必需的营养物质，合成新的细胞物质，于是微生物逐渐生长繁殖，产生更多的生物体。因此，好氧堆肥过程中物质转化主要为有机质的分解和腐殖质的合成两个过程。在有机物生化降解的同时伴有热量产生，堆肥工艺中该热能不会全部散发到环境中，就必然造成堆肥物料的温度升高，使得不耐高温的微生物死亡，耐高温的细菌快速繁殖。生态动力学表明，好氧分解中发挥主要作用的是菌体硕大、性能活泼的嗜热细菌群。该菌群在大量氧分子存在下将有机物氧化分解，同时释放出大量能量。因而好氧堆肥过程可分成三个阶段：起始升温阶段、高温阶段和常温熟化（降温）阶段，具有两次升温过程。总体而言，好氧堆肥具有废弃物分解较为彻底、堆置周期较短、产生异味较少、可大规模采用机械处理等优点。

影响堆肥效果的因素主要包括碳氮比、水分、氧气浓度、粒度、温度以及 pH 等，其中，碳氮比应控制在（25∶1）～（30∶1）；水分控制在 50%～60%；氧气浓度大于 5%；粒度应在 3～12mm；pH 应在 6.5～8.0；温度则在 55～65℃较为理想。

目前比较常见的好氧堆肥形式有槽式堆肥和反应器堆肥，其中槽式堆肥主要通过机械的定期翻堆配合强制通风来维持堆体中的有氧状态，反应器堆肥则是在一个或几个容器中进行，通气和水分得到了更好的调节，工作原理如下。

a. 槽式堆肥。堆肥过程发生在长而窄的被称作“槽”的通道内（图 10-3），通道墙体的上方架设轨道，在轨道上有一台翻堆机可对物料进行翻堆，槽的底部铺设有曝气管道可对堆料进行通风曝气，是将可控通风与定期翻堆相结合的堆肥系统，适用于大规模堆肥。

目前使用的翻堆机自动化程度高，机器利用控制开关可自动运行，同时多数槽式翻堆机（图 10-4）配备了移行车，能使翻堆机从一个槽转移至另一个槽，这样一台翻堆机可用于多个槽的翻堆，设备使用效率提高。

大部分工厂化堆肥系统为了达到快速堆肥的目的，都在发酵槽底安装通气装置，由于沿着槽的长度方向放置的原料处于堆肥过程的不同阶段，沿着长度方向将鼓风槽分为不同的通风带，槽式堆肥系统可使用几台鼓风机，每台鼓风机把空气输送到槽的一个地带，并由温度传感器或定时器独立控制。

图 10-3　发酵槽

图 10-4　槽式翻抛机

系统的容量由槽的数量和面积决定。槽的尺寸必须和翻堆机的大小保持一致。为了保护机器设备并控制堆肥条件，槽要建造在建筑物或温室内。如果在温带的气候条件下，则仅需加上顶棚即可。槽的长度和预定的翻堆次数决定了堆肥周期。鼓风槽式堆肥系统的建议堆肥周期为 2~4 周。

b. 反应器堆肥。反应器堆肥系统是一种从顶部进料、底部卸堆肥的筒仓（图 10-5），每天都由一台旋转桨或轴在筒仓上部混合堆肥原料，从底部取出堆肥。通风系统使空气从筒舱的底部通过堆料，在筒仓的上部收集和处理废气。这种堆肥方式典型的堆肥周期为10d。每天取出堆肥的体积或重新装入原料的体积约是筒舱体积的1/10。从筒仓中取出的堆肥经常堆放在第二个通气筒仓。由于原料在筒仓中垂直堆放，因而这种系统堆肥的占地面积很小。尽管如此，这种堆肥方式仍需要克服物料压实、温度控制和通气等问题，因为原料在仓内得不到充分混合，必须在进入筒仓之前就混合均匀。上图的发酵系统发酵室总容量是66.0m^3，每天通过进料料斗可进料约6m^3，物料在反应室中发酵10d，可用于生活垃圾、养殖粪污、污泥等有机固体废弃物的处理，适合小规模堆肥。

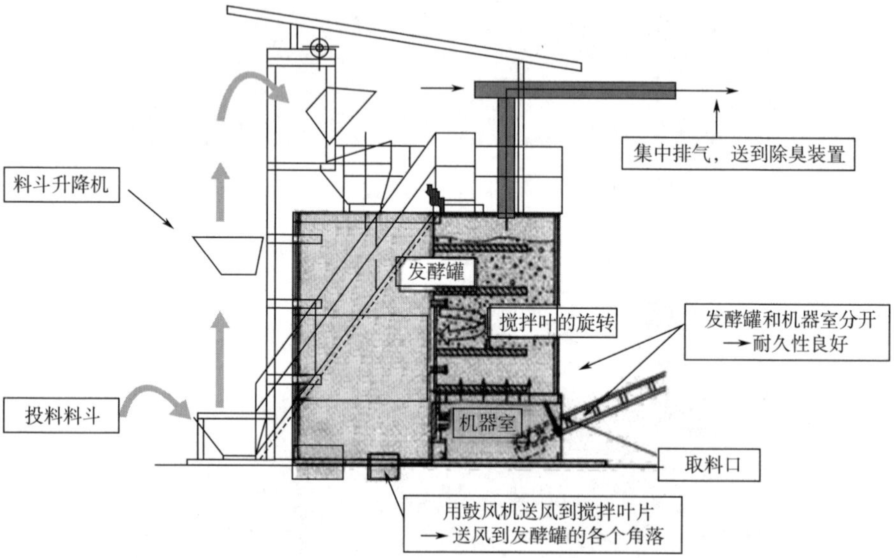

图10-5　筒仓式堆肥

②厌氧堆肥技术：厌氧堆肥是在不通气的状态下，利用微生物将农业有机废弃物进行厌氧发酵，转化为甲烷和氨，制成有机肥料，是固体废弃物无害化的过程。厌氧堆肥堆体内不设通气系统，堆体温度低，腐熟及无害化时间较长，臭味大，能耗低。但厌氧堆肥法具有简便、省工的优点，在不急需用肥或劳力紧张的情况下可以采用。一般厌氧堆肥要求封堆后一个月左右翻堆一次，以利于微生物活动使堆料腐熟。

（2）能源化　畜禽养殖废弃物的能源化处理途径主要是制备沼气和焚烧产热。

①厌氧发酵产沼气：畜禽养殖废弃物厌氧消化是在无氧的条件下，厌氧微生物、兼性厌氧微生物将粪污中有机物转化成沼气（甲烷和CO_2）的过程。畜禽养殖废弃物产沼气是最为成熟的畜禽养殖废弃物能源化利用技术。

根据进料总固体（*TS*）含量，沼气发酵可分为湿式发酵（$TS<15\%$）、半干式

发酵（*TS* 为 15%~20%）和干式发酵（*TS* 为 20%~40%）。湿发酵物料流动性好，较少产生抑制，工艺成熟，目前绝大多数畜禽粪污处理沼气工程都采用湿发酵工艺。但是畜禽粪便湿发酵需要加水稀释，沼液量大，很难完全资源化利用。干发酵技术因为节约用水，管理方便，发酵后的沼液养分浓度高，容易资源化利用，已经成为沼气发酵领域的研究热点。

畜禽粪污厌氧消化生产沼气是目前主要的能源化技术。湿式发酵技术已经在工程上大量应用，但是存在冬季产气效果差、沼液量大、难以完全还田利用、沼液达标处理技术要求高、管理复杂、运行费用高等问题。粪便干式沼气发酵是以后的发展方向，但需要解决发酵对产甲烷菌活性的抑制、原料输送以及发酵过程有效搅拌等问题。

②焚烧产热：焚烧是传统的畜禽粪污能源化利用方法，草原上的牧民至今仍有以牛粪为燃料煮饭的习惯。畜禽粪便直接燃烧的现代化利用方法是将畜禽粪便与其他生物质或煤的混合燃烧，产生蒸汽用于发电和供热。从 1992 年开始，英国有公司就将鸡粪与煤混合燃烧，产生蒸汽发电，发电机组 65×10^6W。日本岩手县某鸡肉产品公司燃烧鸡粪发电，投资 65 亿日元，鸡粪经燃烧和处理后，每小时可传输 6250kW 的电力。美国明尼苏达州农场将畜禽粪便与秸秆、木屑、干草（占 20%~25%）燃烧发电，投资 2 亿美元，装机 55×10^6W，每年处理家禽粪便70 万 t，可供 55000 户家庭用电。我国某公司投资 3.2 亿元建立了以发展养鸡场鸡粪与谷壳混合物为原料的直燃发电厂，2016 年处理鸡粪 30 万 t，年发电约 1.3 亿 kW · h。畜禽粪便直接燃烧主要的问题是粪便对燃烧特性、气体排放的影响。研究表明，混入 20%的鸡粪对煤的燃烧及气体排放没有显著影响。牛粪燃烧的 NO_x 排放量只有天然气燃烧和煤燃烧的 20%~30%，CO 的排放量有所增加；牛粪的燃烧温度比煤低 100℃左右。粪便燃烧的另一个问题是造成炉灰量剧增，鸡粪与煤混烧使炉灰增加了约 50%；煤和牛粪用量比为 90∶10 的试验中，炉灰的产量是纯煤燃烧的 2 倍。

（3）饲料化　畜禽粪便含有大量未消化的蛋白质、B 族维生素、矿物质元素、粗脂肪和一定数量的碳水化合物，特别是粗蛋白质含量较高，1t 干鸡粪可替代 0.35t 饲料粮，因此，多年来，我们一直提倡把粪便用作饲料，其中使用最广泛的就是把鸡、鸭等粪便用来养鱼，还有些养殖场（户）采取畜禽混合养殖，用某种畜禽的粪便饲喂另一种畜禽。但需要强调的是畜禽粪便的成分比较复杂，畜禽废弃物中也含有一些潜在的有害物质，如重金属（铜、锌、砷等）、药物（抗虫药、磺胺等）、抗生素、激素以及大量病原微生物或寄生虫等，必须注意，这样的食物链存在很大的危险，极易造成畜禽交叉感染或传染病的爆发。因此，经济发达国家基本上不主张用粪便作饲料，或主张粪水分离，固体粪渣无害化处理后用作饲料，液体部分用于生产沼气或灌溉农田。

2. 作物秸秆的资源化处置途径

农业种植固体废弃物，以秸秆为代表，每逢秋收季节，由于缺乏有效的经济利用价值与手段，大量农田秸秆被以简单的焚烧法进行减容处理，得到的少量灰分以草木灰的形式回田，可以补偿土壤中部分钾、钙等元素，而在秸秆焚烧过程中放出的烟雾已经构成现阶段农业生产最为重大的面源性污染源之一。作物秸秆是农作物生产过程中产生的一种生物资源。中国秸秆现在年产量突破 8×10^8t，长期以来秸秆作为一类资源没有得到充分合理的利用，大量的秸秆被丢弃、焚烧，不仅造成了资源浪费，还污染了环境，引起了全社会的广泛关注。秸秆资源化利用技术总体来说可以分为两大类，生物质资源利用技术和生物炭资源利用技术。目前，前者已经在广大地区开展，并取得了良好的经济效益；而后者则契合目前主流的低碳经济，对降低温室气体排放，具有重大的战略意义，同时也可得到一系列具有较高环境意义和经济价值的产物。

（1）秸秆的生物质利用　中国农业秸秆固废数量大，种类多，但其元素组成和结构组成具有一定的范围。元素碳、氢、氧、氮的总含量在75%以上，是一种优良的生物质材料。现阶段中国秸秆利用方式主要以秸秆肥料化、饲料化、生物质能燃料转化为主，还有一部分用作化工原料及建材。

①秸秆肥料化技术：秸秆肥料化是传统的秸秆回收利用的手段之一，可以通过直接还田、焚烧还田、堆沤还田和过腹还田等方法加以利用。直接还田是在机械化收获作物的同时粉碎秸秆还田，秸秆经翻埋后腐烂，其中的养分保留在土壤中可以有效增加土壤有机质，但秸秆中的病虫卵可能引发病虫害。焚烧还田则是将秸秆焚烧后得到草木灰，将其作为一种辅助钾肥施加到田地中来提高土壤的养分，但秸秆焚烧会导致严重的大气污染，已经成为目前雾霾的一大来源，因此国家已经明确禁止露天焚烧秸秆。过腹还田是指秸秆经过牲畜消化后，以牲畜粪便的形式施入土壤中，可以大幅提高土壤有机质、腐殖质，同时改变土壤的理化性质，改良土壤。堆沤还田是将秸秆作为畜牧养殖场的铺料，经过清理后堆沤还田。秸秆堆肥技术是目前所采用的一类新型的秸秆回用技术，在一定的堆肥场地下，通过接种特定的降解微生物，在厌氧、好氧的不同条件下将秸秆有机质进行降解处理，产生农田肥料。然而，堆肥过程中氮素损失较大，磷、钾等元素含量也不高，从经济效益来看也不如化肥。可以考虑采用其他生物技术，如蚯蚓消化，对秸秆堆肥技术进行改进。也可以根据堆肥产物的元素组成，有针对性地后加氮磷钾等元素，对堆肥产物的肥力进行调节，在将秸秆资源化的同时提高其有效利用性。

②秸秆饲料化技术：作为一种替代性食物来源，秸秆可以部分代替玉米等高价值农作物作为饲料的补充。在作为饲料应用前需要进行一定的预处理，如青贮、氨化、微生物发酵等化学、生化处理方法以及粉碎、切割、膨化和热喷等物理处理方法。通过以上方法处理，可以有效提高秸秆饲料的粗蛋白含量，降低木质素和粗纤维含量。但是有些方法也存在一些不足之处，如化学法氮素流失较大，物理法能耗大且无法有效提高营养价值。相比之下生化法，尤其是厌氧青蓄发酵法，可以将部分纤维素的降解产物转化为蛋白质类，在提高秸秆饲料营养价值的同时

提高可消化率，使最终产物的部分指标达到精饲料的标准。

③生物质塑料技术：秸秆作为一种生物质材料，可以用来合成可降解塑料，具有天然的环境亲和力。国外经过对生物降解高分子材料广泛的研究，已得到聚乳酸（PLA）、聚丁二酸丁二醇酯（PBS）、聚己内酰胺（PCL）等生物塑料，还可以在此基础上开发可降解生物质复合材料，通过共混、挤出、热压、注塑等工艺将天然纤维材料与EVA、PVA等可降解材料复合，进一步强化了生物质材料的性能，降低了生物质材料的生产成本。作为一种可以有效缓解白色污染压力的新型塑料，必将在未来得到更广泛的推广和利用。

④生物质能转化技术：包括直燃发电、生物质气化、生物质热解和生物质燃料等技术。

a. 直燃发电技术。秸秆直燃发电、供热技术，可以实现热电联供。秸秆直燃发电的技术难点在于秸秆体积能量密度低，需要固化成型后才能作为有效的燃料进行燃烧，同时也对直燃机组的稳定性和燃烧效率提出了较高的要求。中国近年来对秸秆固化成型技术有了较大的突破，但是对发电设备如直燃机组等还需要依赖国外技术。

b. 生物质气化技术。生物质气化技术可以采用固定床和流化床工艺形式，输出产品为电力及燃气。生物质气化发电分为小型、中型、大型气化发电系统。小型气化发电系统主要采用固定床工艺，中型气化发电系统一般采用流化床工艺，大型气化系统工艺尚未成熟，应用较少。气化技术中存在焦油堵塞问题，导致气化站运行困难。

⑤生物质快速热解技术：生物质快速热解技术是在高温下，将生物质隔绝空气或在少量空气中加热很短的时间，然后迅速冷却，得到炭、热解油和混合可燃气。目前的研究方向是降低成本，提高热解油的纯度。

⑥生物燃料：以秸秆为材料，开发生物质燃料主要有沼气、乙醇、氢气和生物柴油几种转化途径。沼气是通过厌氧发酵菌群在厌氧条件下对秸秆、动物粪便等有机质进行发酵得到的。中国20世纪70年代开始推广沼气发酵技术，经过几十年的发展，中国的沼气发酵技术已经相当成熟。目前中国已有超过1300万个用户在用沼气池，并建设了很多大型沼气发酵工程。液体酒精燃料技术是利用生物技术通过发酵手段等把生物质转化为乙醇的过程。以前主要通过粮食作物来生产酒精，为了节省粮食，目前以秸秆纤维素为原料制取燃料乙醇的技术也已经获得突破。氢气是目前最理想的燃料，可以实现碳的零排放，因此受到了广泛的关注。过去氢气的主要制取方法是热化学处理，处理成本过高，无法实现产业化。近年来，利用光合菌、藻类和发酵细菌的生物制氢技术得到较快发展，提供了生物质制氢的新思路。生物柴油是利用可再生的动物油脂和植物油脂为原料与甲醇或乙醇等醇类物质进行酯交换反应制得。目前，生物柴油的生产方法主要有直接混合法、酯交换技术、超临界流体法、高温热裂解法和微乳液法。生物柴油具有极好

的发展前景，可以大大缓解石油的耗竭。

⑦秸秆建材及化工：

a. 秸秆建材技术。可以利用秸秆中的纤维素和木质素制作建筑板材，其核心技术在于秸秆热压成型技术。中国已经掌握了热压板材生产中的关键技术并大幅降低了制造成本，生产出的秸秆板材具有质轻、强度高、剖面密度均匀、保温性能好等特点，经特殊处理后还可阻燃、防火、防虫。秸秆板材的使用可以替代部分高资源浪费型的传统建材红砖，保护中国的土壤资源，具有较好的市场前景。

b. 秸秆的化工应用。秸秆类生物质经水解、萃取等工艺处理后，可得到各种基本有机化工原料和新型材料，如糠醛。稻壳类因为富含硅元素，可以用来生产白炭黑、碳化硅陶瓷和氮化硅陶瓷；秸秆、稻壳经碳化后生产钢铁冶金行业金属液面的新型保温材料，而棉秆皮、棉铃壳等含有木质素酚羟基，可以改性合成聚合阳离子交换树脂吸收重金属等。秸秆纤维素也是传统湿法造纸工艺的主要原料之一。

随着社会的发展，可再生能源的利用成为人们解决能源问题的主要途径之一。因此，生物质能的利用也受到广泛的重视，并在世界范围内被推广应用。而生物质产业可以利用可再生或循环的有机物质包括农作物、树木和其他植物及其残体、畜禽粪便、有机废弃物以及利用边际性土地和水面种植能源植物为原料，通过工业性加工转化进行生物质产品、生物燃料和生物能源生产，做到物尽其材、材尽其用，是缓解煤炭、石油、天然气日益枯竭造成的危机、保护环境和实现可持续发展的重要途径。

（2）秸秆生物炭资源利用技术　生物质炭是由植物生物质在完全或部分缺氧的情况下经热解炭化产生的一类高度芳香化难熔性固态物质。主要成分为纤维素、羰基、酸及酸的衍生物、呋喃、吡喃以及脱水糖、苯酚、烷属烃及烯属烃类的衍生物等成分复杂有机碳的混合物。从远古时代起，南美洲亚马逊河流域的土著居民就知道利用生物炭改善并保持土壤肥力。生物质炭在改善土壤性质、增加作物产量、提高土壤碳汇和控制农业温室气体排放方面扮演着重要角色。同时，因其富含碳素、孔隙结构发达、比表面积大和离子交换量高等独特的物理化学性质，生物炭在固定大气碳素、修复受污染土壤、固持营养元素及提高作物产量等方面的应用日益得到重视，被认为是一种新型的环境和农业功能材料。对农业种植秸秆来说，秸秆生物炭的回田可以起到固定碳素、改善土壤功能形态和肥力、控制重金属等污染物的效果。

（3）农膜的回收利用　农用塑料薄膜（简称农膜）已成为农业生产中的一种重生产资料，它的出现被称为农业技术史上的一次“白色革命”。它不仅有利于提高农作物产量，还能有效缩短农作物生长的时间，调整作物的生长季节，使作物能够在非传统的种植区域种植，同时也为农产品储藏提供了新的方法。从 20 世纪以来，农膜在不同领域都有着非常广泛的应用，一开始只是用在育苗的播种，到后来逐渐发展到各个领域，如蔬菜、水果、园艺及花卉种植等。

伴随着我国农膜需求和生产的逐渐增加，废旧农膜的数量也与日俱增，然而其回收率却很低。废旧农膜由于太薄，容易被风吹得四处飘荡，农民用手拾捡难度较大。大量废旧农膜被随意丢弃，严重影响农村环境卫生，造成资源浪费；此外，大量农膜被遗留在农田中难以自然降解，对土壤状况造成一定影响，从而阻碍农作物吸收水分和养分，不利于农作物的生长发育。统计表明，连续使用农膜 2 年以上的麦田，每公顷残留农膜碎片 103. 5kg，小麦减产约 9%；连续使用 5 年的小麦田，每公顷残留农膜碎片达 375kg，小麦减产 26%。废旧农膜对环境的污染与日俱增，在很大程度上阻碍了农业的可持续发展，因此，加强废旧农膜的回收利用，防治白色垃圾污染，是现阶段一项不容忽视的工作。

①废旧农膜回收处理方式：目前，农民大多采取以下几种方式处理废旧农膜，主要包括：重复利用，就地、集中掩埋，作为燃料使用和回收再生（表 10-1）。

a. 重复利用，即二次使用废旧农膜，质量相对较好的农膜可实现“一膜两用”或“一膜多用”，增加对农膜的使用次数，减少农膜的使用数量，从而减少农膜污染。

b. 就地掩埋或集中掩埋，是指将废旧的农膜收集到一起进行集中掩埋，这是目前普遍采用的一种处理方式。这种处理方式成本低，处理技术要求不高，无需进行过多处理，但是会带来严重的二次污染。

c. 作为燃料使用，是指将废旧农膜进行集中燃烧，农膜的热值非常高，可达到 43022~45345kJ/kg，热量回收潜力相当高。焚烧获得的能量可用来发电，可有效地减少污染，但是也存在一定的弊端，这种处理方式要考虑诸多环节，收集、储藏等费用较高。

d. 回收再生，是将回收的废旧农膜通过清洗、分类、再生造粒等工序再生产成各种塑料制品或者农膜，其投资的成本以及所需要的技术成本较低。

表 10-1　几种废旧农膜回收处理方式比较

回收处理方式	优点	缺点
重复利用	使用方式简单、操作性强	对农膜质量、技术水平要求较高
就地、集中掩埋	成本低、处理技术要求不高	严重的“二次污染”
作为燃料	能源价值升值、产生能量	处理过程复杂，收集、储藏费用高
回收再生	投入技术成本较低	集中回收过程复杂、运输物流不便捷

现阶段，站在节能环保高效的角度来看，我国主要采用回收再生的回收处理方式，这种方式能够有效提高资源的利用率，减少环境污染。

②废旧农膜能源化回收技术：废旧农膜能源化的回收技术主要是把废旧农膜通过高温催化裂解，以获得低相对分子质量的聚合单体、柴油、汽油和燃料气、

石蜡等。该法不仅可以处理广泛收集的废旧农膜，同时还可以获得一定数量的新能源。废旧农膜油化技术是近年来发展起来的，目前已有多处在试生产。中国石油化工集团公司组织开发的废旧塑料回收再生利用技术已通过鉴定，这项技术，可把废旧地膜、棚膜回收后再生为油品、石蜡、建筑材料等，既解决了环保问题，又提高了可再生资源的利用率和经济效益，为治理废旧农膜对环境造成的白色污染开辟了一条经济有效的途径。采用把废弃农膜经催化裂解制成燃料的技术设备在连续生产的情况下，日处理废弃农膜能力强，出油率可达 40%~80%，汽柴油转化率高，符合车用燃油的标准和环境排放标准。

另外一种废旧农膜能源化的回收技术是利用其燃烧产生的热能。这方面技术研究主要集中在废旧农膜早期处理设备、后期焚烧设备和热能转化利用设备等方面。焚烧方法省去了废旧农膜前期分离等繁杂工作，但设备投资大、成本高、易造成大气污染，因此，目前该方法还仅限于发达富裕的国家和我国局部地区。

③废旧农膜的资源化回收技术：废旧农膜资源化是指将废旧的农膜转化为其他的资源使用。在我国，废旧农膜回收最主要的方式是再生造粒。再生造粒是指将废旧的农膜加热，然后进行塑化、切粒再加以使用。基本原理就是将废旧的农膜放置在熔融装置当中，装置温度非常高，使农膜融化，再进行挤压、切粒得到“二次母粒”，这种经过高温加工得到的颗粒农膜，并没有改变化学性质，只是改变了外观形状。获得的二次母粒仍然拥有之前的性质，加上先前所具备的技术，在塑料生产中仍可广泛应用。再生造粒是我国使用最方便和最经济的回收技术，也是目前最适合我国国情的农膜回收技术。我国是人口大国，塑料制品应用广泛，每年生产的塑料不计其数，产生的废弃物对资源环境的污染较严重，利用这种技术，可以缓解污染、改善环境，还可以调节市场上塑料产品的供需矛盾。近年来，湿法造粒工艺和干法造粒工艺是最为普遍的废旧农膜再生造粒技术，其中湿法造粒工艺具体流程见图 10-6，目前我国较为普遍的工艺方法就是湿法造粒工艺，这种方法的优点就是获得的颗粒纯度较高，能够制造出品质较高的材料。但是这种方式也存在着严重的缺陷——多次清洗和多次破碎会带来高额的运行成本。

图 10-6　湿法造粒工艺流程图

干法造粒工艺多了“分离”这一环节，减少了“清洗”和“脱水”这两步，具体操作流程见图 10-7，分离的主要目的是清除废旧农膜中残留的大部分泥沙，这种方式的操作流程相对于湿法造粒工艺较为简单，运行成本相对较低，但是也存在弊端，不能彻底除去农膜中存在的大量水分，不能较好地除去杂质，再生的颗粒中大量的杂质难以根除，影响纯度。这种工艺的优点是整个工艺流程中不产生废水，不会对环境造成二次污染。

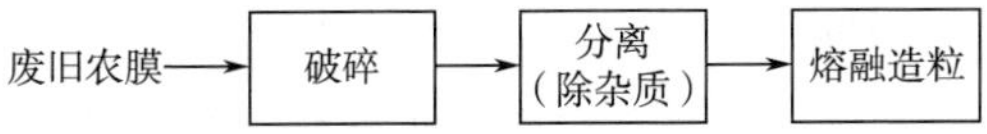

图 10-7　干法造粒工艺流程图

农业废弃物资源化利用（微课）

四、 农业面源污染防治对策建议

1. 以法律法规治污

以法律法规治污一是加强农村环境保护立法。相对于城市而言，农村环保工作起步较晚，基础比较薄弱，尚未建立起适应农村环保实际需要的法律法规，长远来看，应制定一部专门的农村环境保护法或农村面源污染防治法，以稳定的法律形态固定农村环境保护的相关制度，保护农村环境。以即时实效出发，还应先制定一部“农村环境保护行动计划”，有针对性地对当前我国农村环境的突出问题提供切实可行的法律制度，改善我国农村环境现状，为农业经济与农村社会的可持续发展提供保障。同时对已存在的环境保护法律增加或修订农村环保条款并制定可操作的实施细则。

二是设立农村环境保护的专门工作机构，加强农村环境监管。建立农村环境保护的专门工作机构和地方相关机构，同时，明确农村面源污染控制和各项防治任务的责任主体，以镇或县为单位，将农村面源污染的控制纳入政府考核的范畴，并引入第三方监测机制，构建科学合理的监测体系和考核体系，确保数据的准确性，并推行化肥农药等农用化学品专营制度，严格控制农用化学品的投入总量。建立针对种植、养殖、水产、农村生活垃圾和生活污水以及农村工业企业污染控制的多行政部门协同联动的专项检查制度，及时发现和控制污染的发生。

三是完善农村环境影响评价制度。完善农村环境影响评价制度，提高环境影响评价制度在农村的执行率，将法律制度转化为实际的实施效果。强化对农业政策的战略环评，对集约化乃至中小规模的畜禽养殖企业的建设项目环评和规模化农业生产的规划环评和建设项目环评，从布局、选址上和农业生产技术上避免农村面源污染的产生，促进农业面源污染控制、净化处理的配套技术和设施落实到位，并注重种植业与养殖业的有效结合。要强化转移到农村的工业企业的环评，防止污染向农村转移。

2. 以技术治污

以技术治污一是以控源为主，制定和执行限定性农业生产技术标准。针对种植业，控源是面源污染防治的主要措施，要根据各地种植作物品种及自然、经济和社会条件，制定适用于本地区的作物种植氮磷投入阈值，控制化肥投入总量。要从水源保护区农田的轮作类型、耕作方式、施肥方式、施肥时期、采用技术、肥料品种、肥料用量等农业生产技术措施、畜禽场种养结合，畜禽粪便储放设施等方面制定出具体可行的技术规范。鼓励农民利用冬闲等时间种植豆科绿肥，从而大幅降低氮肥的投入。

二是总结、筛选成本低、效果好、可持续的农村面源污染控制技术和生产模式。“水体污染控制与治理科技重大专项”“国家科技支撑计划”“环保公益性行业科研专项”等重大研究课题产生了一系列农村面源污染控制技术成果，要对这些成果进行总结、筛选，形成适合于不同农村社会经济条件的农村面源污染控制技术体系，并应用这些技术开展以流域或区域为单元的农业面源污染防治的示范工程。

三是广泛开展技术培训和农村环境保护宣传。打破重科研、轻推广的格局，开展多层次、多目标人群的面源污染防治技术培训，提高广大农业生产者的环保意识，帮助其掌握农村面源污染的技术，促使其从看客到积极参与者的转变；积极发挥农民合作社等组织的作用，重建农业技术推广等农业技术服务机构，注重技术与管理人才的培养。立足于我国农村实际，制定可行有效的宣传教育制度和教育材料，利用农村本土资源，切实宣扬农村环境保护工作，提升农民对农村面源污染治理的参与意愿。

3. 以利益治污

以利益治污一是建立可行的农村环境污染防治生态补偿机制，鼓励清洁生产技术。在充分调研国外农业生态补偿机制的基础上，探索建立适合国情的农村环境污染防治生态补偿机制。通过优惠的税费政策，鼓励有机肥的生产与施用，让秸秆还田和种植绿肥等传统的土壤培肥措施回归农业生产，加强生物农药的研发和推广，减轻农作物对化学农药的依赖，建立适合我国现阶段农业生产特点的清洁种植生产技术。

二是激励农业新型经营主体采取环境友好型生产方式。山水林田湖是一生命共同体的理念对面源污染防治具有重要的指导意义，随着我国家庭农场、专业合作社和农业生产企业等新型经营体的不断增多和农业生产的适度规模经营不断普及，具备条件以山水林田湖生命共同体的理念对区域的农业生产系统进行改造，形成控源、减排、净化、利用的面源污染控制空间与技术体系。新型经营体更容易接受农村环保的理念，要激励、扶持他们投资发展有机农业等环境友好型农业生产，建立循环农业示范区和示范基地，以大面积的有机循环农业生产基地为抓手，从源头上控制面源污染的产生，并从高附加值的有机产品中得到回报，同时可为农村劳动力提供就业机会，吸引农村打工青年回归农业生产。

三是培育市场主体，发展壮大农村面源污染治理产业。以市场化、专业化、产业化为导向，坚持资源化利用优先，创新农村环境治理机制体制，营造有利的市场和政策环境，吸引社会资本投入农村面源污染治理，培育各种形式的农村面源污染治理市场主体，发展壮大农村面源污染治理产业。通过购买市场主体服务和严格的效果监督机制，使投资者有合理的回报，面源污染治理的效果达到预期的理想目标。

实验实训　农业面源污染调查

一、目的和要求

（1）通过实训了解人、畜、禽粪便污染，化学肥料、农药污染，垃圾污染，焚烧污染，植物污染的危害。

（2）通过该调查，分析农村环境污染状况及不同地区的污染程度对农业的影响。具体调查农村哪些污染物会造成环境的污染，以及污染的程度，找出整治方法，为合理的整治环境提供依据。

（3）通过本实训提出解决农村环境污染的措施。

二、实训原理

（1）人、畜、禽粪便污染　在一些村庄人、畜、禽粪便污染随处可见。

（2）化学肥料、农药污染　平均每亩地每年至少要使用150kg化肥；每年至少使用农药5次，包括给庄稼治虫、治病、除草，还不包括蔬菜方面。

（3）垃圾污染　垃圾无人管，其中包括废旧塑料、废旧电池和生活垃圾。

（4）焚烧污染　这里主要指每年夏秋两季焚烧秸秆（即焚烧麦秆和稻秆），每年持续时间分别约一个星期，规模之大，范围之广，搅得天昏地暗。

（5）植物污染　这里主要指河塘里的水生植物夏秋生长，入冬后腐烂，年复一年，引起河塘里的水发绿、发臭。

以上污染对农村及农业造成了严重的影响。

三、实训内容

（1）分组对以下污染进行调查

①人、畜、禽粪便污染。

②化学肥料、农药污染。

③垃圾污染。

④焚烧污染。

⑤植物污染。

（2）讨论。

四、调查方法

（1）采用随机法分别调查，并做好记录。

（2）在田间进行观察。

（3）进行整理，统计，备案。

（4）撰写报告。

五、调查问题

（1）本村有工业污染吗？主要有什么工业？

（2）畜禽养殖污染严重吗？

（3）有没有白色垃圾？严重吗？

（4）村里有没有化肥污染？
（5）村里的水源有没有发生水华现象？
（6）村里有没有垃圾回收装置？
（7）村里的垃圾主要放到什么地方？
（8）在大田作物上的化肥使用量为多少？
（9）农田的固体、液体、气体污染物有哪些？

六、 教学要求

分组进行调查，每人完成一份实验报告，明确下列问题。
（1）本村的主要污染源是什么？
（2）要整治本村环境最主要的是什么环节？
（3）整治农村环境应该从何做起？
（4）我们怎么处理现有的农村环境问题？

本章小结

本章主要介绍了农业面源污染及其防治措施；介绍了农业面源污染的定义；介绍了我国农业面源污染的现状以及目前所面临的主要问题；介绍了我国农业面源污染的主要来源，并介绍了农业温室气体的减排措施和农业水污染的防治措施；着重介绍了农业固体废弃物的资源化利用技术；针对农业面源污染问题给出政策建议。

复习思考题

1. 明确农业面源污染的定义及其特点。
2. 简述我国农业面源污染现状。
3. 我国农业面源污染来源主要有哪些？
4. 农业水污染主要来自哪些方面？该如何防治？
5. 农业固体废弃物主要类型。
6. 简述畜禽养殖废弃物的资源化利用技术。

资料收集

以家乡所在地为主，调查农环村境的面源污染主要有哪些？做成 PPT 在班级中交流。

查阅文献

利用课外时间阅读《没有我们的世界》《水污染控制技术》《环境微生物》等书籍，也可以通过上网浏览与本章内容相关的文献。

习作卡片

调查当地环境物的污染状况，根据所学课程提出适合当地的污染修复技术，做成卡片，与同学们分组讨论其可行性并试着提出相应的具体方案。

课外阅读

6 年攻关　昆明滇池流域农业面源污染难题得以破解

经过 6 年的科研攻关，昆明滇池流域农业面源污染难题得以破解。

2012 年，国家水体污染控制与治理科技重大专项“滇池流域农田面源污染综合控制与水源涵养林保护关键技术及工程示范”课题获得立项。作为国家重大水项目研究，由云南大学、云南环境科学研究院、云南省农业科学院、云南农业大学、中国科学院大学等 6 家单位、160 多名科技人员共同参与的“滇池流域农田面源污染综合控制与水源涵养林保护关键技术及工程示范”的成功实施，为昆明市农业转型发展及宏观决策提供了技术支撑，更为我国高原湖泊在快速城镇化下的农村面源污染治理提供了科学借鉴。

“滇池地处长江流域，其水环境的好坏对长江的水环境产生直接影响。”长期研究滇池水环境问题的云南大学特聘教授、云南省高原山地生态与环境修复重点实验室主任段昌群博士说，经过多年持续不断的环境治理与生态建设，目前滇池湖泊向富营养化快速发展的势头基本被扭转。但是，“滇池达到水质好转的状态是十分脆弱的”。

“滇池作为我国高原湖泊富营养化污染的代表，其农村面源污染一直是困扰和影响水环境质量改善的重要控制因素。研究数据显示，农业农村面源污染占滇池入湖泊污染总负荷 30%~35%。”段昌群说。

作为“滇池流域农田面源污染综合控制与水源涵养林保护关键技术及工程示范”项目的组长，段昌群和他的科研团队经过两年的调研论证，决定在昆明市晋宁区上蒜镇上蒜村开展这一科学研究。

上蒜村位于滇池上游，种植蔬菜、花卉上万亩。在这里实施“集水控蚀、节水减肥、蓄废削污，实现大面积连片、多类型种植业镶嵌的农田面源污染控制”，对于滇池水环境的治理具有重要的意义。

下辖于上蒜村委会的安乐村，每年农田边的土渠沟都在雨季被冲垮，堵住道路；蔬菜、花卉泡在水里，滋生细菌，产量减少，大量废水流入滇池。“村干部带领村民，从白天到晚上熬夜疏通水渠，虽然辛苦，但没太大成效，解决不了问题。”安乐村村委会主任段桂仙说。

项目组进驻安乐村后，将大面积连片农田按自然径流分成不同的小汇水区，在小汇水区研发“减肥节水、化肥集水控蚀及蓄废削污”等面源污染削减和控制技术，建设生态渠、生态潭和集水窖，构建仿肾型收集处理系统等，避免暴雨径流冲刷农田土壤，收集自然降水并利用节水措施进行补灌，既减少了径流和污染物的输出，又缓解了农田生产中的阶段性干旱。

他们还调整农田种植布局。根据花卉、蔬菜品种对水、肥的需求差异，以及不同废弃物的产生量，研究人员将高耗水耗肥的花卉、蔬菜品种调整到台梯地区域，通过结合滴灌、水肥一体化、宽膜覆盖和秸秆分散收集处理等技术，减少了农田面源污染的产生与排放。

4 年来，项目组在滇池以南的上蒜镇、宝象河等地，建成万亩农田面源污染综合控制示范工程区和万亩面山水源涵养林保护示范工程区，完成农田减污种植技术推广示范面积 1.3 万亩，建设生态渠道 15580m，生态集水潭 77 个，集水窖 390 个，田间堆沤池 450 个。

一直协助研究组开展工作的上蒜镇农科站站长朱丽，因“万亩农田面源污染控制示范工程”的实施，改变了工作思路和方式，开始将工作重点放在“环保与农业生产相结合”上。

“过去我们对农户开展过不少培训，但实际上我们并不知道农民需要什么，培训的针对性不大。”朱丽说。

在项目组研发技术及其工程示范的引领和指导下，如今晋宁区的农民主动应用和推广田–沟–潭水肥循环利用、节肥滴灌、宽畦覆膜等技术。不少村庄生态环境得以改变，农户的素质得以提高。

“科技支撑能帮助农民提高环境意识，建立适合农村的生态环境保护管理体系。”段昌群说。他指出，以高原湖泊富营养化为代表的环境问题长期得不到解决，一个关键的污染源就是农业农村的污染。因此，解决生态与环境问题的关键在农村。“城市的发展，在根本上依托农村给予的资源和环境支持”。

如今，以此研究为基础形成的各类报告，已被云南省和昆明市政府及有关部门采用，为云南乃至我国其他类型湖泊的面源污染防控提供了科技示范和成功案例。

——《中国青年报·中青在线》　记者：张文凌

2018 年 7 月 25 日

第十一章

生态农业与生态农场

学习目标

了解农业的历史发展特点，理解现代农业的发展思潮和趋势；掌握生态农业的基本原理、典型模式和主要技术；深刻理解生态农业在乡村振兴中的作用及意义，牢固树立农业强国意识；了解生态农场建设标准，掌握生态农场规划一般程序，能够初步运用农业生态学原理进行生态农场规划设计。

第一节　农业生态转型

一、 农业的发展阶段

（一）原始农业

原始农业是农业发展史上的最早阶段，也可分为刀耕和助耕两个阶段。当人类能够大量使用铁制农具助耕的时候，原始农业也就过渡到了传统农业。

原始农业的动力是人力，所用的工具是木器或石器，使用简陋的农具和工具，采用轮垦种植或刀耕火种的耕作制度，广种薄收，靠长期休闲来恢复地力，而不是靠人工的栽培耕作技术来提高土壤肥力，这些是原始农业的基本特征。由于原始农业只从土地上获取物质和能量，而没有物质和能量的偿还，因此对自然界的破坏性很大，很多古代文明的发祥地沦为沙漠，也有的变为不毛之地，这与原始农业的掠夺性经营有关。

原始农业最大的成就是对野生植物和野生动物的驯化，现代人类种植的农作物如小麦、水稻、玉米等，饲养的家畜如猪、牛、羊、狗、鸡等，都是原始农业阶段驯化的产物。此外，在原始农业阶段还发明了灌溉，说明人类已有改进农作物生产条件的能力。原始农业起源于南纬 10°至北纬 40°，地理气候条件大致相似的几个地方。在原始农业发展的基础上，出现了古代的几个文明中心和文明古国。

（二）传统农业

随着铁器工具的大量使用，原始农业逐步发展形成了传统农业。传统农业较原始农业的进步之处，一是生产工具的进步，二是利用自然界的能力的进步。在生产工具方面，发明了铁制和木制的农具、利用风力的风车、利用水力的水磨等，并在冶铁技术和畜力使用的基础上，发明了耕犁。在利用自然界能力方面，改变了原始农业只靠休闲等方式自然恢复地力的状况，创造了利用人工施用有机肥来提高土壤肥力的技术；发明了用选择农作物和牲畜良种的方法，用来提高农作物产量、品质和改善牲畜的性状；创立了间作、套作等耕作技术，以增加农产品数量和供给的稳定性。尽管在生产工具和利用自然界能力方面，传统农业较原始农业有很大的进步，但生产劳动仍以手工劳动为主，生产方式仍以个体小规模为主，农业技术也都是一些直观经验的产物。

我国是东方传统农业的典型代表。公元前 700 年前后的春秋战国时期，我国已经普遍使用铁犁牛耕，并已把休闲耕作制改为连年耕作制，进而发展形成了作物轮作的无休闲耕作制。我国的犁形在汉代就已定型，是世界传统农业中最先进的；我国还创造了多种碎土和平整土地的农具，如耙、耱等；汉代发明的播种耧一直沿用至今。两千多年间，修建了许多大规模水利工程，发展了灌溉农业，并发明了圩田、砂田、梯田。

在农业起源最早的西亚和北非地区，由于气候干燥炎热，形成了先进的灌溉农业。

西方的传统农业通常是指欧洲中世纪的农业。在欧洲，典型的传统农业是休闲、轮作和兼有放牧地的二圃（也称二田）或三圃（也称三田）耕作制，是典型的种植业和畜牧业相结合的农业体系。欧洲的传统农业几乎都不进行田间管理，一般都采用撒播方式。地广人稀、耕作粗放是欧洲传统农业的显著特点。到 19 世纪产业革命以后，欧洲从改革二圃制和三圃制的耕作制度开始，逐渐废除了传统农业。

（三）现代农业

现代农业以机械化集约农业或石油农业为主要形式。

1. 机械化集约农业

在实行农业机械化的同时，人们还开始使用化学肥料和化学农药。在耕作技术上，改粗放为集约；在耕作制度上，开始了从轮作制向专业化自由种植的转变。这样，欧美各个发达国家，随着农业机械化的实现，农业技术也发生了重大变化。

2. 石油农业

第二次世界大战以后，西方国家依靠向农业投放大量石油资源换来的化学品和机械动力，维持着较高的生产效益，俗称“石油农业”。

“石油农业”对农业发展过分强调机械的物理、化学过程，一味向农业投入化学品和机械，以此换取更多的产出和利润，忽视了农业最根本的生物与环境相互作用的关系。掠夺式的经营，不合理的开发，使农业资源遭受严重破坏，如耕地锐减、土地退化，森林、草原和生物资源濒危；不合理的盲目投入，使物质、能量生产效率下降，不仅成本增高，还污染产品和环境。

3. 机械化集约农业基本特征

严格来说，机械化集约农业是现代社会发展的产物，也将随着时代的发展而发展。因此，对于其描述也各不相同，但通过对当代农业发达国家的农业实际情况进行总结，机械化集约农业具有以下基本特征。

(1) 操作机械化　传统农业中的大量手工劳动，在现代农业中已为机械所代替，从而显著地提高了劳动生产率。

(2) 技术科学化　农业技术已不再是传统农业的简单生产经验总结，而是先进的科学技术。在农作物品种改良方面，由于遗传学的发展和育种技术的进步，已培育出许多高产、优质、抗逆、适宜于机械化作业的新品种。在化学肥料方面，复合肥料、高效浓缩肥料、长效肥料及生物肥料已成为肥料发展的一种趋势；农药生产也向高效、低毒、广谱、低残留的方向发展；栽培技术正向集约化、模式化、定量化的方向发展；灌溉技术也正在向节水、高效的方向发展。高新技术在农业中的应用也日见广泛，用电子计算机来指导作物生产的决策和科学管理，用人造卫星进行病虫害、水灾、森林火灾的监测和农作物产量预报和资源勘测等。此外，生物固氮技术、遗传工程、微生物利用、作物系统工程等新的研究领域也都展示了广阔的应用前景。

(3) 生产高效化　衡量农业现代化水平的重要标志是农业劳动生产率和土地生产率。世界上农业劳动生产率较高的国家是澳大利亚，平均每个农业劳力可负担耕地 121.7hm^2，生产粮食 70000kg 以上；其次为加拿大，劳均耕地 111.5hm^2，生产粮食 120000kg 以上；再次为美国，劳均耕地 72.2hm^2，生产粮食 90000kg 以上。我国农业的劳动生产力较低，每个农业劳力负担耕地 0.2hm^2，生产粮食 878kg。由于农业劳动生产率的提高，使从事农业生产的人口和农业劳动力不断减少，农业人口和农业劳力所占的比例明显下降。

(4) 产销社会化　根据不同地区的自然条件和经济条件，把各种作物的种植相对地集中在一起，形成了专业化、商品化的生产基地，这使作物生产形成了一种社会化趋势，有利于提高生产力，例如美国北部的伊利诺伊州等五个州，主要种植玉米，成了举世闻名的玉米生产带。我国山东寿光市等地也发展成为了我国的主要蔬菜生产基地。

农业生产社会化的发展，使农业生产成为一个包括产、供、销紧密联系的经济实体。种子、农药、化肥、农机等生产资料都有专业公司经销，农产品的收购、储存、加工等也有专门机构负责。因此，这种条件下的社会分工，使有关各方都能实现规模经营，提高了生产效率。

（5）从业人员高素质化　随着现代农业的发展，农业生产的科学技术含量越来越高，对农业从业人员的素质要求也越来越高。这要求农业从业人员不仅要掌握现代栽培、饲养和管理技术，由于现代农业的生产规模大、农产品的商品率高，还要求农业从业人员掌握高效的企业化管理方法，不断提高经营水平。美国的农场主约有四分之一是大学毕业生，有的农场甚至是由大学教授兼营；西欧许多国家规定，年轻农民必须获得“绿色证书”才有资格从事农业，获得继承权和优惠贷款。我国目前正推行职业资格证书制度，不久的将来，取得初级职业资格证书的人员才具有“从业”资格，取得中级以上职业资格证书的人员才有“执业”（独立经营）资格。

4. 现代农业发展中存在的问题

由于现代农业的高度工业化，化肥、农药等大量物质的投入，对环境和资源造成了很大的压力，在现代农业发展过程中还有许多问题没有很好地解决，也直接和间接地在威胁着农业的持续发展和人类的生存。

（1）能源的过度消耗　现代农业过于依赖石油、化肥、农药等的投入，使食物生产过程变成了一个由石油等化学能换取食物能的过程，而石油、煤、天然气、磷、钾等资源都属于不可再生资源，大量的消耗势必会加速这些资源枯竭的进程。农业生产受到能源紧缺和能源价格上涨的干扰，影响到农业的长远发展，会成为制约农业长远发展的重要因素。

（2）水资源紧缺　长期的人类开发活动中，一些不合理的开发行为，引起生态系统的系统耦合在结构和功能关系上的错位和失调，导致结构的破碎和功能的板结，如人类过度开发占用水面和湿地，导致水面和湿地面积越来越小，随道路及建筑物的扩大，地表硬化覆盖面积越来越大，水文循环的紊乱，土壤调节水分能力削弱和部分生物群落的消失，使得自然系统服务功能减弱。破坏了水生态系统原有的格局，影响了水的连通程度和循环速度，破坏了原有的景观廊道，还改变了水生生物的生境，使生物和景观的多样性不断下降。

水资源贫乏是我国农业发展的另一主要制约因素，尤其是降水量南北分布严重不均和年际间变异过大，使约占粮食播种总面积55%的重要农业区，即淮河以北的三北地区（东北、华北、西北）水资源只占全国总量的14.4%，大面积发展灌溉农业，特别是使用地下水灌溉的地区，如华北，已形成1.5万~2万km^2的地下水位漏斗区，地下水位每年平均下降1.5m，导致灌溉成本不断上升；由于黄河上游及中游不断引黄灌溉，加上近几十年干旱频繁，黄河已连续十几次断流，1997年断流长达226d，创历史纪录。

（3）生产成本增加　持续的高投入使农业生产成本不断加大，一方面加剧资源的消耗，另一方面造成农民生产支出及政府财政补贴增加，在一定程度上影响了农民的生产积极性。由于农业自身的弱质性及风险性，其比较效益较其他行业低，在发达国家，政府要拿出相当的财政经费补贴农业，使农民利益得到保障。生产成本持续上升趋势必将增大政府补贴的强度与压力，而且随着化肥、农药、灌溉、机械等生产要素投入的大幅度增加，投入效益呈下降趋势。

（4）污染加剧　农业生产过程中大量使用矿物能源，导致污染加剧；化肥、农药、农机具的生产及使用过程中也产生出大量污染物，不同程度上造成了大气污染、水体污染和土壤污染，导致环境恶化。大量使用化肥、农药及机械化操作，还造成土壤板结，土壤养分平衡失调，微生物数量减少，土壤肥力下降。此外，大量使用化学农药导致有害生物产生抗药性，破坏天敌与害虫间的平衡关系，严重地妨碍农业的进一步发展。

化肥、农药、除草剂等对人畜都具有一定的毒害作用，如大量使用化学氮肥，造成食物中亚硝酸盐积累过高，而亚硝酸盐有强致癌作用。各种有机氯农药的毒性大，残留时间长，通过食物链的富集作用，最终影响农作物的品质，危害人体健康。据统计，全国有超过一亿亩的耕地遭受了不同程度的农药污染，并直接威胁到人体健康。2014年，全国农用塑料薄膜使用量已经超过258万t。废旧地膜的主要成分为聚氯乙烯或聚乙烯，在自然条件下很难降解，残存期长达200a以上，如不及时清理回收，土壤中的残膜量会逐年积累。由于地膜人工回收难度大、自然降解时间长，高达40%的残膜滞留于耕地中，影响作物正常的生长发育，导致作物减产，破坏土壤的通透度及整体性，对耕地形成持久性污染。

二、农业生态转型

（一）国外农业生态转型

国际社会探索农业可持续发展的历程可以追溯到工业化初期，但是自觉和系统探索农业的生态转型却集中在20世纪60年代以后。在寻求替代农业的过程中，开始是个别的实践探索，例如奥地利的“生物动力学农业”、日本的“自然农业”、欧洲的“生态农业”和北美的“有机农业”等。联合国粮食及农业组织1991年在荷兰召开了世界农业环境大会，会后发表了《关于可持续农业与农村发展的丹波兹宣言和行动纲领》。这成为世界各国农业有系统地转向可持续发展的契机和转折点。1992年欧盟开始实施“多动能农业”，为此修订了欧盟的“共同农业政策”。1992年日本开始推行“环境保全型农业”并且颁布了相应的《食物、农业、农村基本法》以及相应的农业法规和经济激励措施。1998年韩国开始实施农业转型，实施“环境友好型农业”，也制定了《关于促进环境友好型农业和渔业，并管理和扶持有机食品法案》相应的农业法规。美国在1999年开始推行基于资源与环境的“农业最佳管理措施”，各州颁布农业最佳实践指导，具体列举了有关措施与奖励政策。在国际农业可持续发展的推动下，拉丁美洲的自下而上的生态农业运动始于20世纪90年代，并且直接影响到国家有关的农业发展决策，例如巴西在生态农业运动推动下，2003年国会通过法律支持生态农业发展。国际有机农业运动和有机食品认证也在这个期间得到迅速发展。2014年以来，联合国粮食及农业组织十分重视生态农业，2014年召开了生态农业的国际研讨会，2015年召开了拉丁美洲、亚太地区和非洲的生态农业研讨会，2016年联合国粮食及农业组织在中国云南主持召开了国际生态农业研讨会。农业的生态转型已经成为一个浩浩荡荡的世界潮流。

有机食品的概念
（微课）

（二）中国农业生态转型

我国一批学者和有识之士受到世界生态环境意识觉醒的影响，也由于亲身看到中国农村生态环境恶化的倾向，在20世纪70年代末，提出了生态农业的概念，并且在20世纪80年代开始探索各地的生态农业实践。进入20世纪90年代，原中华人民共和国农业部在全国分两批开展了100个生态农业示范县建设。后来一段时间，农业生态环境有关工作转入了以单项为主的项目实施阶段，例如退耕还林、沼气工程、沃土工程、草畜平衡、测土配方施肥、绿色防控等。2012年党的十八大提出了生态文明建设。由于生活水平的提高和工业化过程累积的生态环境问题加剧，全国上下对农业的资源、环境、生态问题，以及农产品的品质问题越来越关注。改革开放初期，我国农业发展目标从单纯的“高产”，改为“高产、优质、高效”，2002年补充为“高产、优质、高效、生态、安全”。2015年起国家连续出台了一系列重大的政策措施，从发展目标、指导思想、发展方式、实施手段和管理制度等方面全面推进农业的生态转型。在国家的倡导下，各地生态农业实践如火如荼地开展起来，广大科技人员和农民研发了许多具有增产、增收、增效的生态农业模式，如粮菜（粮）高效立体种植模式、粮棉菜立体种植模式、粮油菜立体种植模式、稻田种养生态模式、种养加一体化复合生态系统模式等，成为农、林、牧、副、渔业多成分、多层次、多部门相结合的复合农业系统。目前，中国的农业生态正走上绿色、有机、高效的生态农业发展新阶段。

（三）相关概念

随着农业生态转型，国内国外有很多针对新型农业发展方式的术语，厘清这些术语与生态农业概念的关系，有利于更好地协调有关力量，促进农业的可持续发展。

（1）生态农业（Eco-agriculture）　1971年美国 *Acres* 杂志提出生态农业思想。

1981 年英国 M. K. Worthington 经多年实践后，对生态农业提出了新的认识，定义生态农业为："生态上能自我维持，低输入的，经济上有生命力的，目标在于不产生大的和长远的环境方面或伦理方面及审美方面不可接受的变化的小型农业。"为实现这一目标，实行养地与用地作物轮作，增施粪肥，采用生物防治；放牧地混种牧草，混合放牧，同时利用多种资源发展多种小型畜禽养殖；尽量利用各种再生资源和劳畜力；发展小型工业和手工业，自行加工农副产品；保护各种动物、植物资源等。西方的生态农业与中国的生态农业有所不同，西方的生态农业从一开始就强调低投入，这显然同其已有的物质投入水平过高有直接关系，而且西方生态农业从总体上仍未能摆脱"小农"及"自给自足"的羁绊，但更主要的还是西方生态农业的倡导者宁可牺牲农牧业的生产力，也要追求回归自然的思想在起作用，这与中国生态农业的倡导者从一开始就强调追求高的土地生产力和要大幅度提高投入的效率（有效利用率）是有明显区别的。

（2）自然农业　自然农业起源于日本，强调了要利用农业的自然力量，采用不翻耕、不用化肥、不用农药，拒绝工业品投入的农耕方式。自然农业与有机农业类似，可以说是属于生态农业的一个"特殊波段"。

（3）有机农业（Organic Agriculture）或生物农业（Bioagriculture）　有机农业是 20 世纪 20—40 年代开始在欧美发展起来的一种农业生产方式。国际有机农业运动联合会（IFOAM）对有机农业的定义充分概括了有机农业的内涵与指导思想，具体为：有机农业是一种能够保持土壤、生态系统和人类健康的生产体系，它遵从适应当地条件的生态过程、生物多样性和自然循环，而不依赖会带来不利影响的投入物质。有机农业结合传统农业、创新思维和科学技术，有利于保护我们共享的生存环境，促进自然界万物间的公平关系和良好的生命质量。IFOAM 强调和支持发展地方和地区水平的自我支持系统，强调要根据当地的社会经济、地理气候和文化背景具体实施。发展有机农业的主要目标包括保护水、土壤和生物多样性等自然资源；减少能量消耗，节约不可再生资源；生产足量的安全、优质、健康的产品；提高农民收入，实现社会公正；促进农村社会经济的可持续发展。

有机作物栽培遵循的基本原则是：①建立相对封闭的营养循环体系。有机农业禁止使用人工合成的化学肥料，尽量减少作物生产对外部物质的依赖，强调系统内部营养物质的循环和种植绿肥来培肥土壤。农业生产系统中的各种有机废弃物，如牲畜粪便、作物秸秆和残茬等，要求重新投入到生产系统中，把人、土地、动植物和农场联结为一个相互关联的整体。土壤为作物提供养分，各种废弃物携带的营养又必须重新归还土壤。通过营养物质的循环使用，可以大大减少外部物质的投入，建立一个健康、经济的体系。在需要从外部补充一些养分的情况下，也只能以有机肥或难溶的矿物性肥料，如磷矿粉、钾矿石、碳酸钙石粉等，方式投入，以免养分流失，造成水体富营养化。养分循环利用是有机农业理论的基础，有机农业的其他原则都是这一理论的延伸。②培育充满生命活力的土壤。保护土壤是有机农业的核心。有机农业的各种生产方法都立足于土壤健康和肥力的保持与提高。“健康的土壤→健康的植物→健康的动物→人类健康”，这一反应链的起始就是土壤。要培育充满生命活力的健康土壤就要求施用有机肥、种植绿肥为土壤生物提供养分。有机农业强调土壤的可扎根性、通透性和土壤的有机质含量及土壤生命活力，这是作物吸收所需养分、增强对病虫抗性的关键。③保护自然资源。常规农业中，农业的大幅度增产是通过大量增加农业生产资料（化肥、农药）的投入来实现的，而这些物质需要直接或间接消耗大量石化能源和矿物资源，也是水源污染、水体富营养化的重要因素。因此，有机农业的原则之一就是禁止使用人工合成的农用化学品，保护不可再生性自然资源，实现农业的可持续发展。④作物病虫害的生态防治和健康栽培。农业生产中的病虫害防治首先在于采用适当的农艺措施，建立合理的作物生长体系和平衡的生态环境，提高系统内自然生物防治能力，从而抑制害虫的爆发，而并非像现代农业那样力求彻底消灭害虫，即通过生态而非农药的方式来防治害虫的发生。健康栽培是有机作物抵抗病害的主要措施。通过抗性品种、培肥土壤、合理轮作、科学的肥水管理，使得作物生长健壮，有效地抵抗病原菌的侵染。⑤禁止使用基因工程品种及其产品。基因工程导致的生物基因变化不是自然发生的过程，故违背了有机农业与自然秩序相和谐的基本宗旨。而且，许多科学事实已证明基因工程品种对其他生物、对环境和对人身体健康造成的影响，另外，基因工程品种还存在着潜在的、不可预见的破坏自然生态平衡的影响，以及伦理道德危机、宗教信仰危机。因此，有机农业坚决反对应用基因工程品种及其产品。⑥生产高质量的产品。生产高质量的营养健康食品是有机农业的根本目的之一。有机农业生产中不使用化学合成的农药，避免产品中的农药残留污染。有机农业耕作中施肥水平较低，产品中硝酸盐含量也较低。有机农业的创始人之一 Rusch 医生，就是从天然食品有益健康的角度出发而提出发展有机农业的。

与常规农业相比，有机作物生产的技术难点在于遵循农业生态规律，建立生产系统的生态平衡关系，形成不同于常规生产的土壤培肥、病虫草害管理的观念与技术方法。有机农业的主要方法有：①轮作制。轮作中豆科作物、绿肥和覆盖作物占有重要位置。在玉米带实行的典型有机农业轮作是：三年轮作，一年玉米（或小麦），一年大豆、一年玉米、一年大豆，再回到三年轮作。②耕作方法，多用作免耕的凿形犁或用浅耕（6~10cm 深）的圆盘耙，一般不犁翻土层。③通过添加和分解有机物维持土壤肥力。使用的肥源包括生物固氮、秸秆、粪肥、磷矿石、海绿砂（一种钾肥）、海藻和次鱼。在没有磷矿石的一些地方也用酸化的磷肥。④控制病虫草害。主要采用非化学方法，通过轮作、荫蔽、排灌、尼龙覆盖、诱饵作物来控制虫害；通过轮作、翻耕、耙碎、放牧、作物竞争、间作、及时种植移栽、适当密植、甚至拔草来控制草害；采用微生物制剂、植物杀虫剂、油、肥皂、硅藻土和寄生蜂、捕食蜡、寄生蝇、瓢虫、粉蚧天敌、介壳虫天敌等生物方法控制害虫。

(4) 循环农业　循环农业是要扭转工业化农业的直线思维，改变大进大出状态，强调农业废弃物的资源化利用，其关键词就是再利用、再循环和减量化(Reuse，Recycle，Reduce)。这是生态农业模式在生态系统层面强调的重要内容。

(5) 低碳农业　低碳农业是针对工业化农业大量消耗化石能源、温室气体排放严重的弊病，提倡农业生产过程减少碳排放，增加碳存储。低碳农业采用的方法包括改变农业的能源结构，增加可再生能源的生产与利用，通过增加土壤有机质、增加多年生植被等方式增加生物的固碳和系统的碳库存。生态农业也关注农业的碳平衡，同时还关注农业的氮平衡、磷平衡、水平衡等，因此生态农业在方向与方法上与低碳农业相容。

(6) 气候智慧型农业　在全球变化加剧的条件下，提出农业既要被动适应气候的变化，也要主动减少对气候的不利影响。气候智慧型农业也针对工业化农业的标准化生产格局，希望通过能源结构变化、投入品组成调整、生物多样性利用等方法建立起一个更具弹性的农业生产体系。尽管在目标上更加突出了气候变化的适应性，但是气候智慧型农业使用的具体手段并没有脱离生态农业范畴。

第二节　生态农业

我国生态农业是应用生态学原理和系统科学方法，把现代科技成果与传统农业精华相结合而建立起来的具有生态合理性、功能良性循环的一种现代化农业体系。目前在我国广泛开展的农业生态工程建设就是实现生态农业的技术手段。

一、 生态农业起源与内涵

我国古代早期的人民就持有生态的思想，生态意识源远流长。这表现在《诗经》中“桑之未落，其叶沃若”的“农蚕并举”现象；《齐民要术》中贾思勰所倡导的人与自然和谐相处的农耕思想；明清时代，人们保护生态环境，加强农、林、牧、渔一体化管理的行为。随着时间的推移，传统生态农业已经逐步转化为现代生态农业。20 世纪 80 年代，国内著名生态学家马世骏首次从生态工程角度提出了“整体、协调、循环、再生”的建设原理。1982 年叶谦吉正式提出“生态农业”这一术语。

在 20 世纪 70 年代后期，以马世骏为代表的学者就指出，要以生态平衡、生态系统的概念与观点来指导农业的研究与实践。1982 年，叶谦吉在银川农业生态经济学术讨论会上发表《生态农业——我国农业的一次绿色革命》一文，正式提出了中国的“生态农业”这一术语。国内不同的学者专家对生态农业的定义各不相同，但内涵基本一致。1987 年，马世骏定义了生态农业，他认为生态农业遵循物质循环再生和整体资源协调共生原则，依托当地自然优势，对农、林、牧、渔产业比例进行合理分配，以期实现生态、社会、经济效益的最大化。李文华指出生态农业是在不破坏环境与经济融合发展的前提下，依据生态学、生态经济学等多种学科，沿用生物、可持续发展和经济学等原理，在总结和吸收农业机械化等先进生产方式的基础上，通过技术创新和集约化的技术手段对农业生产的模式进行优化，实现农业体系的因地制宜。骆世明指出生态农业是以农业生产可持续发展为目标，通过友好的生态研究方法，增强生态农业系统的服务手段。可以把生态农业定义为运用生态学原理和系统科学方法，把现代科学成果与传统农业技术精华相结合而建立起来的具有生态合理性、功能良性循环的一种农业体系。

二、 生态农业基本原理

人们经常提到，必须要运用生态学原理合理利用资源。生态农业建设依据的原理主要包括以下几个方面。

（一）整体效应原理

根据系统论观点，即整体功能大于个体功能之和的原理，对整个农业生态系统的结构进行优化设计，利用系统各组分之间的相互作用及反馈机制进行调控，从而提高整个农业生态系统的生产力及其稳定性。农业生态系统是由生物及环境组成的复杂网络系统，由许许多多不同层次的子系统构成，系统的层次间也存在密切联系，这种联系是通过物质循环、能量转换、价值转移和信息传递来实现的，合理的结构将能提高系统整体功能和效率。农业生态系统包括农、林、牧、副、渔等若干系统，种植业系统又包括作物布局、种植方式等。从具体条件出发，运用优化技术，合理安排结构，使总体功能得到最大发挥，系统生产力最大，是生态农业整体效应原理的具体体现。

生态系统结构表现在：①空间结构（如分层现象）。②时间结构（如季节变化）。③物种结构（如多样性变化）。整体效应原理的应用，主要包括利用时空结构的作物套种、间作，利用空间的有鱼塘的鲢鱼、草鱼、鲤鱼混养，以及进行合理的生态规划与设计等。

（二）生态位原理

各种生物种群在生态系统中都有理想的生态位，在自然生态系统中，随着生态演替的进行，其生物种群数目增多，生态位变得丰富并逐渐达到饱和，有利于系统的稳定。而在农业生态系统中，由于人为措施，生物种群单一，存在许多空白生态位，容易使杂草病虫及有害生物侵入占据，因此需要人为填补和调整。利用生态位原理，把适宜的、价值较高的物种引入农业生态系统，以填补空白生态位，如稻田养鱼，把鱼引进稻田，鱼占据空白生态位，鱼既除草又除螟虫，又可促进稻谷生产，还可以产出鱼等产品提高农田效益。生态位原理应用的另一方面是尽量在农业生态系统中使不同物种占据不同的生态位，防止生态位重叠造成的竞争互克，使各种生物相安而居，各占自己特有的生态位，如农田的多层次立体种植、种养结合、水体的立体养殖等，能充分提高生产效率。

（三）食物链原理

生态系统中不同生物之间通过取食关系而形成的链索式单向联系即为食物链。它包括捕食食物链、腐食食物链和寄生食物链三种类型。食物链与食物链相互连结成网状结构，成为食物网。在生态系统中，生物与生物之间通过营养关系而密切地联结成一个统一的整体，一旦某一个环节发生变化，就可能影响到整个生态系统的营养结构，如进行害虫防治时，农药在杀死害虫的同时，也将杀伤天敌，从而引起害虫的再次猖獗。因此，应从生态系统的水平来开展对某一生物的管理。

农业生态系统中，往往食物链短而简单，这不但不利于能量转化和物质的有效利用，而且降低了生态系统的稳定性。为此生态农业就是要根据食物链原理组建食物链，将各营养级上因食物选择所废弃的物质作为营养源，通过混合食物链的相应生物进一步转化利用，使生物能的有效利用率得到提高。

（四）物质循环与再生原理

任何一个生态系统都有适应能力与组织能力，可以自我维持和自我调节，而其机制是通过生态系统中物质循环利用和能量流动转化。自然生态系统通过对大气的生物固氮而产生氮素平衡机制，从土壤中吸收一定的养分维持生命，然后又通过根茎、落叶、残体腐解归还土壤。农业生态系统是开放系统，现代农业系统的开放度更大，要通过大量的系统外部投入，如化肥、农药等维持生产。生态农业体系讲究尽可能适量或较少的外部投入，通过立体种植及选择归还率较高的作物，以及合理轮作、增施有机肥等建立良性物质循环体系，尤其要注意物质再生利用，使养分尽可能在系统中反复循环利用，实现无废弃物生产，提高营养物质的转化及利用效率。系统内物质循环往复、充分利用，使系统内每一组分产生的“废物”成为下一组分的“原料”，无所谓“资源”与“废物”之分，构成了生态系统中营养物质的最佳循环。我国珠江三角洲地区的人工“基塘”（如桑基鱼塘）就是一种符合生态系统物质流动规律的传统农业生产方式。

（五）生物与环境相协调原理

生态系统是生物群落与其环境之间由于不断地进行物质循环和能量流动而形成的统一整体。在自然生态系统中，系统结构与功能相协调，系统内生物与环境相和谐，生物亚系统内各组分间的共生、竞争、捕食等关系相辅相成，使系统内有机体或子系统大大节约物质和能量，以减小风险，获得最大的整体功能效益。

生物与环境是生态环境的两类组分，也是农业生产的基本要素，只有在适宜的生态环境中生存，生物才可能最大限度地利用资源，获得最佳生产力及效益。生物在适应环境的同时，也作用于环境，对生态环境有一定的改造能力，从而使得环境与生物平衡发展。

此外，还有一些其他的原理或原则，如种群增长原理、限制因子定律、生物种群相生相克原则、最适功能原则、最小风险原则等，但高效和谐是整个应用生态学中的最基本原则。

三、 生态农业技术体系

（一）立体种植与立体养殖技术

立体种植与立体养殖技术是一种劳动密集型的技术，是浓缩我国传统农业精华的技术模式，早在公元前 1 世纪的《氾胜之书》中就记载当时利用间混套作获取高产，集约利用土地的例子；唐代就有水田养鱼、垦草种稻的记载。它与现代新技术、新材料的结合，使这一技术得到更充分的发挥。

这种立体种养技术通过协调作物与作物之间，作物与动物之间，以及生物与环境之间的复杂关系，充分利用互补机制并最大限度避免竞争，使各种作物、动物能适得其所，以提高资源利用效率及生产效率。这类模式在我国农区相当普遍，尤其是光、热、水资源条件较好、生产水平较高的地区更是类型多样，成为解决人多地少、增产增收的主要途径。

（二）有机物质循环利用技术

通过物质多层次、多途径循环利用，实现生产与生态的良性循环，提高资源的利用效率，这是生态农业中最具代表性的技术手段。其技术主要通过种植业、养殖业的动植物种群、食物链及生产加工链的组装优化加以实现。

生物物质的多层次利用技术可大幅度提高物质及能量的转化利用效率，如中国科学院在湖南进行的饲料喂鸡，鸡粪喂猪，猪粪制取沼气，沼渣种蘑菇、养鱼、养蚯蚓及作为肥料还田的综合多级利用试验，饲料经多级利用后能量利用率由一次利用的 64.7%增加到 90.5%，其中氮素利用率由 45%提高到 92.4%。归纳农业生态系统中物质多级利用技术主要方式如下。

1. 畜禽粪便综合利用

畜禽粪便综合利用技术已受到普遍重视，在美国、欧洲等许多国家和地区都利用干燥膨化鸡粪替代粗饲料及粗蛋白饲料，在我国一些地区也已采用。这是由于鸡的消化道短，饲料未被充分吸收利用就排出体外，鸡粪中有约 70%的营养成分未被消化吸收，经过适当处理后可作为猪、鱼等动物的优质饲料。畜禽粪便另一种利用途径是作为沼气原料，可以作为能源利用，而沼渣沼液不但可作为优质的有机肥料供作物利用，而且可作为食用菌培养料，猪、鱼饲料等。

2. 秸秆综合利用

农作物的秸秆产量是相当多的，能占到生物量的60%左右，我国每年产出的作物秸秆在5亿t以上，如何合理利用是相当关键的问题。目前的秸秆有相当一部分被烧掉了，不但污染大气，而且把其中所含的粗蛋白、纤维素及大量微量元素等浪费掉。因此，加强对秸秆的综合利用是生态农业一项重要的技术及任务。

秸秆利用途径目前除部分直接用做有机质补充农田外，还有一部分作为饲料供牛、羊等草食动物食用。秸秆还可通过氨化处理、微生物发酵及添加剂处理等，使营养价值和适口性大大提高，并可替代部分粮食。秸秆还可作为食用菌（蘑菇等）的培养料、沼气原料。

（三）生物综合防治技术

病、虫、草害是造成作物减产的重要原因，利用生物措施及生态技术有效控制病、虫、草危害的潜力很大。其优点在于无毒性残留，不污染环境，又可以保护生物多样性和生态系统自我调节机制。通常生物防治技术有以下几个方面。

1. 利用轮作、间混作等种植方式控制病、虫、草害

轮作是通过不同作物茬口特性的不同减轻土壤传播的病害、寄生性或伴生性虫害、草害等，其效果甚至是农药达不到的。间作及混作等是通过增加生物种群数目，控制病、虫、草害，如玉米与大豆间作造成的小环境，因透光通风好，可减轻大小叶斑病、黏虫、玉米螟的危害，又能减轻大豆蚜虫虫害现象的发生。

2. 通过收获和播种时间的调整可防止或减少病、虫、草害

各种病、虫、草都有其特定的生活周期，通过调整作物种植及收获时间，打乱害虫食性时间或错开季节，可有效地减少危害。此外，利用抗病虫品种也是一种经济有效的途径。

3. 利用动物、微生物治虫、除草

在生态系统中，一般害虫都有天敌，通过放养天敌（或食虫性动物）可有效控制病虫危害，如稻田养草食性鱼类治草、治虫，棉田放鸡食虫，利用七星瓢虫、食蚜虫等捕食蚜虫；真菌类的白僵菌防治蛴螬，细菌类的蛴螬乳剂防治天蛾、黏虫等。

4. 从生物有机体中提取的生物试剂替代农药防治病、虫、草害

利用自然界生物分泌物之间的相互作用，运用生物化学、生态学技术与方法开发新型农药将会成为未来发展的新趋势。

（四）再生能源开发技术

以开发利用生物能（薪炭林、沼气）、生态能（太阳能、风能、水能）等新能源，替代部分化工商品能源是生态农业的一项重要技术。

1. 沼气发酵技术

沼气发酵是通过微生物在厌氧条件下，把淀粉、蛋白质、脂肪、纤维等有机大分子降解为可溶性碳、氮小分子化合物，同时产出甲烷等可燃性气体的有机化学反应过程。从生态系统角度看，将秸秆、粪尿、有机废弃物等通过沼气发酵产生可利用能源，还解决了环境污染问题，同时强化了生态系统的自净能力，实现无污染生产。

2. 太阳能利用技术

太阳能是恒定的、可再生的、清洁的能源，是实现农业生产过程的基本能源。目前所采用的常规技术包括地膜覆盖、塑料大棚、太阳能温室、太阳灶等，它们都可有效地增强太阳光能的吸收利用，解决作物生长过程中的热量需求及生活用能。

3. 风能、地热能、电磁能利用技术

在一些海拔较高、风力强大的地区，利用风力发电、照明、取暖，有相当的利用潜力。一些地区利用地热能开展的蔬菜、瓜果、高价值植物栽培，效益也非常显著。

四、 生态农业的基本模式

生态农业实践中，人们认识到农业生产中生物与环境相互作用、生物与生物紧密关联、输入与输出相互影响，采取积极措施把原来分散操作的农业生态系统各组分重新组织成一个相互联系的整体，促进农业社会效益、经济效益和生态效益的协调发展。在生态农业实践中把这类农业的整体称为生态农业模式，基于生物组织层次的分类方法可将其分为：景观模式、循环模式、立体模式、食物链模式和品种搭配模式。

（一）景观模式

景观模式主要涉及一个区域或者一个流域范围土地的功能区划分，按照其布局主要考虑的因素，可分为如下几种模式：①生态安全模式，如为防治北方沙化或沿海台风侵袭的农田防护林带模式，防治水土流失的各种坡地模式。②资源安全模式，如西北考虑到水资源短缺的集水农业模式，为保护生物多样性的自然保护区串联设置模式，水源林的乔灌草结合模式等。③环境安全模式，如各种污染源阻断模式。④产业优化模式，如流域布局的“山顶戴帽、果树缠腰、平原高产、洼地鱼虾”模式。⑤环境美化模式等。

（二）循环模式

循环模式主要涉及农业生态系统水平的能量和物质流动方式，实现物质的循环利用。根据循环系统的范围，循环模式可分为：①农田循环模式，如秸秆还田模式。②农牧循环模式，如猪—沼—果模式。③农村循环模式，如生活废弃物循环模式。④城乡循环模式，如工业废弃物循环模式、城市垃圾循环模式。⑤全球循环模式，如碳汇林建造模式等。

（三）立体模式

立体模式主要涉及在一个生物群落中通过安置生态位互补的生物，提高辐射、养分、积温、水分等资源的利用率，形成有效抵御病、虫、草等生物逆境和水、旱、热等物理逆境的互利关系。立体模式可以根据开展生态农业建设的土地资源类型分为：①山地丘陵立体模式，如乔灌草结合的植被恢复模式、果草间作模式、橡胶和茶叶间作模式等。②农田平原立体模式，包括农田的轮间套作模式，如泡桐和小麦间作模式、玉米和大豆间作模式等。③水体立体模式，如上中下层水产品种的混养模式。④草原立体模式，如不同类型饲料植物的混种，以及不同食性家畜品种在草地混养或轮牧等。

（四）食物链模式

根据食物链的结构可分为：①食物链延伸模式，如利用秸秆和粪便生产食用菌、蚯蚓、蝇蛆、沼气等。②食物链阻断模式，如在污染出现时，为阻断污染物的食物链浓缩，需打断食物链联系，在农田生产中可采用种植花卉、用材林、草坪等非食物生产模式。

（五）品种搭配模式

品种搭配模式主要涉及适应当地自然生态条件和社会经济需求的动植物品种选择。除品质与产量要求外，选择的品种需要能够抵御当地主要生态逆境，选择搭配各类抗旱、抗寒、耐高温、抗浸、抗盐碱、抗酸、抗瘦瘠、抗病、抗虫、抗草品种。选择的品种也需要能够充分利用当地的生态资源，包括气候资源、养分资源、水分资源等。在高产优质的前提下，根据选择的品种主要可以分为抗逆性搭配模式、资源利用效率搭配模式等。

由于涉及不同的生物组织层次，生态农业模式基本类型之间可套叠形成复合模式，处于上一层次的模式可套叠处于下面各层次的一个或多个模式，如对一个小流域布局进行设计时，在景观上采用陡坡和山顶种植水保林，缓坡开垦梯田种植果树，在下游平原种植高产作物，这就是一个景观模式。如果在平原中利用玉米秸秆和农田生产的饲料喂牲畜，牲畜粪便进入沼气，沼液和沼渣回到果园和农田，就形成了生态系统水平的循环模式。如果水保林采用乔灌草结合模式，果园采用果-草结合模式，农田采用玉米间作大豆模式，这些就是群落水平的立体模式。在玉米田中，采用寄生蜂防治玉米螟，玉米秸秆喂牛，利用蚯蚓开展生物堆肥，就形成了几种食物链模式。如果玉米田形成一个不同株型和不同抗性品种的间种格局，在田间就形成了一个品种搭配模式。在生态农业的实践中尤其重视构建科学、合理、高效的生态农业模式，也是农业生态学一个重点研究内容。

五、 我国生态农业实践的典型模式

（一）“桑基鱼塘”模式

低洼地基塘农业生态工程也称为基塘系统，初见于珠江三角洲和太湖流域，由于当地地势低洼、常受水淹，农民把一些低洼地挖成鱼塘，挖出的泥土将周围的塘基抬高加宽，形成了一种特有的物质、能量转换系统。目前基塘系统广泛盛行于华南、华东、华中和其他水网地区，是一种典型的水陆结合的效益较高的农业生态工程。2017 年 11 月 23 日，“浙江湖州桑基鱼塘系统”通过联合国粮农组织专家评审，入选全球重要农业文化遗产保护名录。

基塘系统一般由基面陆地亚系统和鱼塘水体亚系统两个基本亚系统组成，有的还包括一个联系亚系统（图 11-1）。基面亚系统的主要组分是生产者，即绿色植物，根据基面所安排的生物种类不同，基塘系统又可以分为桑基鱼塘、蔗基鱼塘、果基鱼塘、花基鱼塘、粮基鱼塘、草基鱼塘、菜基鱼塘等类型。水体亚系统的组分既有生产者（浮游植物及其他水生植物）也有消费者（各种鱼类和其他水生动物等）。联系亚系统的组分多为一级消费者，如猪、蚕等。

桑基鱼塘是基塘系统中结构最复杂也是较典型的一种。它是由基面种桑、桑叶喂蚕、蚕沙（指死蚕、蚕粪、碎桑叶等）养鱼、鱼粪肥塘、塘泥上基为桑施肥等环节构成。在这个系统中，桑、蚕、鱼各组分得到协调发展，基塘、资源得到充分利用，使桑基鱼塘表现出很高的生产力。

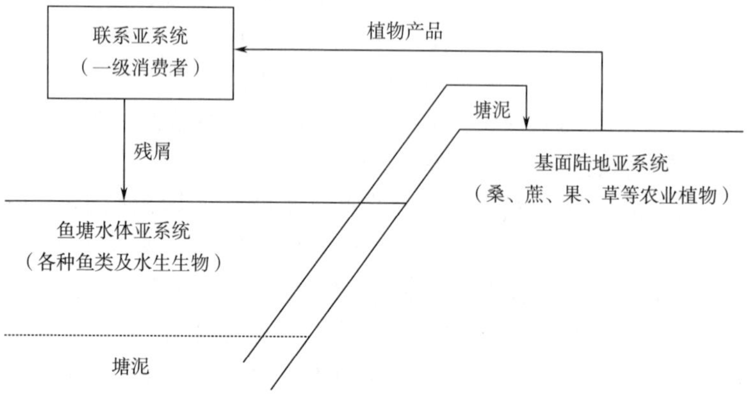

图 11-1 基塘系统的构成示意图
（资料来源：张季中，《农业生态与环境保护》，2007）

据研究，基塘系统的基面以平基为好，基宽6~10m为宜，过宽则挖取塘泥困难，过窄则实际种植面积太小；基面高度以高出鱼塘稳定水面1~1.5m为宜，过矮易使作物受渍，过高则作物吸水困难，易受旱；鱼塘以长方形东西向、长宽比6∶4较好，因东西向接受阳光较多，有利于浮游生物的繁殖，也有利于提高冬季水温；塘水深度以2.5~3m为宜，过浅则水量不足，过深则下层光线不足，溶解氧含量低，对鱼类生长不利；鱼塘面积以0.3~0.4hm^2较好，不宜超过0.7hm^2。鱼塘太小，养鱼不多，受基面作物遮阴比例大，而且受风面小，不利于水中氧的溶解；鱼塘过大，供应饵料和捕捞不方便，而且风浪大易冲崩塘基。至于基塘系统的基水面积比，需要考虑系统内的物质循环及其效益情况，其中桑基鱼塘以4.5∶5.5（基面略小）为宜。若水面过大、基面过小，虽然鱼的总产值较高，但桑叶总产量低，必须补充饵料投入，势必提高生产成本，同时还造成塘泥过剩；若基面过大、水面过小，则系统内塘泥不足，需补充施肥方能保证桑叶产量水平。

在鱼塘亚系统中，鱼类的结构直接关系到能否合理利用水体和提高鱼类产量。草食性鱼类直接摄食水体中的水草、蚕沙和基面田间除草的杂草，其粪便和剩下的蚕沙腐屑促进水体中浮游生物的繁殖。浮游植物如甲藻、硅藻、黄藻、绿藻、小球藻等进行光合作用能增加水体中的氧气，同时也是鲢鱼的好饲料；浮游动物如水蚤、轮虫等虽然消耗了水体中一定的氧气，但它们是鳙鱼的良好饲料。

鲢鱼、鳙鱼等滤食性鱼类通过滤食水体中的浮游生物，使水质变清，又有利于水体中其他鱼类的生长发育。各种鱼类的排泄物和食物残屑沉积于塘泥表层，促进微生物和水体中的原生动物的繁殖，又为杂食性鱼类如鲤鱼、鲫鱼等，提供了丰富的食物，同时也促进塘泥变肥。在组建基塘系统时，合理设计水体中多种鱼类的混养，可大大提高鱼塘水体的生产力和经济效益。据研究，珠江三角洲的基塘系统基水面积比例在4.5∶5.5的情况下，各种鱼类的混养较合理的比例应为鲩鱼26.7%、鲢鱼12.0%、鳙鱼17.9%、鲮鱼及其他43.4%。

基塘系统具有显著的生态效益，这表现在：①物质循环具有较强的封闭性，除产品输出外，其余部分营养物质基本都能返回系统参与再循环，很少丢失。②能量转化效率高，鱼塘水体中的浮游植物光合效率较高，且鱼类系冷血动物，呼吸消耗少，使系统能表现出很高的能量转化效率。③营养结构复杂，系统内多种生物彼此之间都可通过食物营养关系链接起来，使基塘资源得到了充分的利用。④改善环境条件，通过挖塘抬基，降低了基面的地下水位，为作物种植提供了良好的条件，使基塘环境相得益彰。

（二）四位一体的“庭院生态系统”模式

由于农家庭院具有便于管理和集约经营的特点，使庭院农业生态工程具有很强的实用性。据调查，我国农家庭院占土地面积为6%~10%，而这部分土地的产值是高产农田的5.92倍。据估算，我国大约有农户1.8亿户，庭院总占地面积

360 万 hm^2，相当于日本全国耕地面积的一半，充分发掘这部分面积的生产潜力具有很重要的实际意义。庭院的生产经营项目最多，生产集约化程度最高，土地利用率最高，资金周转和积累最快，对人的生活环境影响也最直接。此外，庭院又是整个农业生态系统的重要组成部分（图 11-2），在系统的物质、能量、资金、信息的流通转换中起着重要的作用。

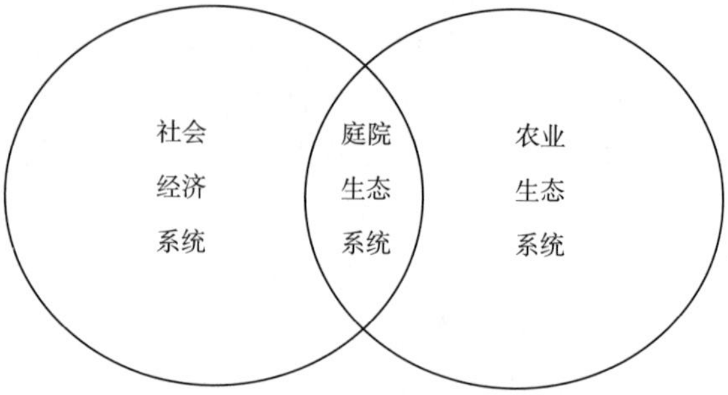

图 11-2　庭院生态系统属性示意图
（资料来源：张季中，《农业生态与环境保护》，2007）

庭院生态系统中生物种类较多，环境也发生了很大的变化（图 11-3），同时庭院又是物质、能量、资金、信息的重要聚散地，从而使庭院生态系统表现出便于调控、便于管理、效益较高等特点。

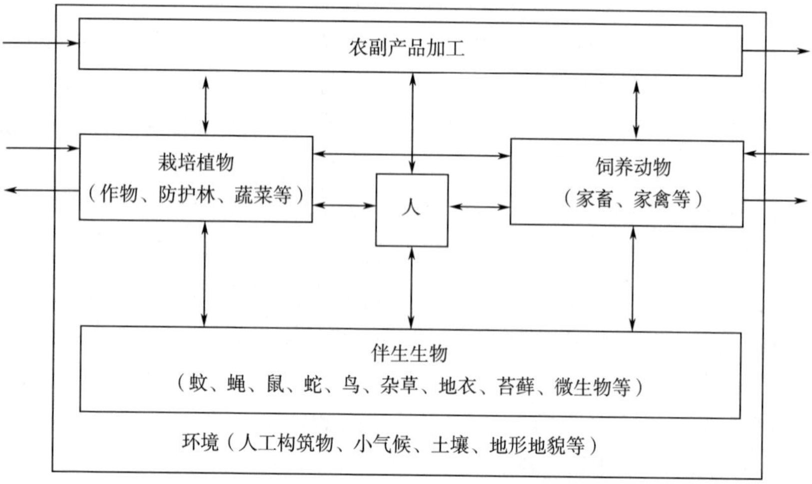

图 11-3　庭院生态系统结构示意图
（资料来源：张季中，《农业生态与环境保护》，2007）

目前，我国庭院农业生态工程建设已涌现许多典型，根据各地经验，进行庭院农业生态工程建设时，可以从以下三个方面考虑。

1. 高度集约化的庭院生产

无论是劳动集约型项目、资金集约型项目，还是技术集约型项目，采用庭院集约化生产都便于管理和实施，能更好地提升这些生产项目的效益。这也正是庭院经济效益远远高于普通农田的重要原因。

集约化的庭院生产，可以是高效益的种养殖业，也可以是农副产品的加工，还可以是其他行业的工副业或服务业，农户可根据其自然条件、社会经济条件和劳动者的文化技术素养，以及各自的信息来源和销售渠道，选择合适的生产经营项目。

2. 充分利用空间和资源的立体生产

庭院立体生产不仅包括对房前屋后的空坪隙地的充分利用和合理的间混套作，还包括空中养殖、屋顶农业、地下农业（如养殖土壤动物、地窖栽培等）、阳台农业、墙体利用等内容，使庭院的立体生产系统往往表现出更高的复杂性和更高的效益。

由于庭院的土地被房屋、畜舍等人工构筑物分割成零星的小块，造成光照、温度、水分、土壤肥力等生态环境的差异。因此，庭院立体生产应注意因地制宜，必须根据种植的作物和饲养的农业动物的特征特性来合理配置。在种植上，光照较强的环境中配置果树、蔬菜等阳性植物，光照较弱的环境下配置生姜、魔芋等阴性植物或耐荫的蔬菜、花卉、药用作物等，屋顶、阳台可种植蔬菜、盆栽花卉、盆栽果树等，沿院墙体可种植丝瓜、扁豆、葡萄等；在养殖上，为了充分利用空间，可改传统的平面单层养殖为多层立体养殖，混养、套养、兼养和高空养殖相结合，如房顶养鸽，地面养鸡、猪，地下养蝎子、蜗牛、土元等；庭院水体可养鱼、鸭或种莲藕等，应注意结合多层混养，提高水体利用率，池边种丝瓜、扁豆、葡萄等不仅可增加产品量，还有利于水体环境的改善。总之，在庭院总体利用上，应注意水、陆、空并举，立体开发，以提高庭院的整体效益。

3. 庭院废弃物的多级利用

庭院是各种农业废弃物的主要集散地，也是利用转化废弃物的重要场所，通过对废弃物的多层次多途径利用，不仅可提高物质、能量的转化效率，还对改善庭院生态环境具有很重要的实际意义。

在庭院废弃物的多级利用中，沼气的利用和各种腐生动物的养殖具有非常明显的效果。据中国农业科学院长沙农业现代化研究所研究，一个五口之家，每天需 $1.5m^3$ 的沼气，可建造一个 $6\sim8m^3$ 池容的沼气池，养 10~11 头猪，猪粪尿入沼气池可满足五口之家生活用沼气，还可用于加温育苗或其他用途，沼渣可用于养蚯蚓或栽培食用菌，沼水则是一种很好的速效肥料。

在庭院中将种植业、养殖业及沼气能源结合起来，获得较佳的生态效益及经济效益，是北方地区的庭院生态模式典型，有相当的普遍性。最基本的模式是“种菜—养猪—沼气池”，即利用猪粪便及其有机废弃物进行沼气发酵，沼气作为能源，沼液沼渣作为有机质供给蔬菜种植及农田施用。在这种模式基础上可以有许多改进，如蔬菜在塑料大棚或温室中种植，养猪也在大棚及温室内，并且增加养鸡，鸡粪喂猪等。这种庭院生态系统模式以农户为单位，以沼气为纽带，集种植、养殖、能源为一体，有很强的生命力，是一种良性循环的生产模式，也是一种农村能源开发的模式，实施比较简单易行，投资成本可高可低，规模可大可小，可视农户具体情况而定。在北方的一般模式是沼气池、厕所、猪舍和日光温室“四结合”，也称为“四位一体”。猪舍在沼气池上面，与温室间以墙间隔，猪舍内一角设厕所，形成以太阳能动力，以沼气为纽带，以日光温室立体种植、养殖为手段，通过种、养、能源的有机结合，形成生态良性循环。

而在南方则出现了以广西恭城瑶族自治县、江西赣州市和广东梅州市为代表的“猪—沼—果—渔”模式，取得了良好的经济、社会与环境效益。该模式是在“猪—沼—果”模式基础上发展衍生而来，该模式将部分沼液以及果园害虫用于养鱼，从而形成一个更加完整的生态体系。位于定南县龙塘镇朱坑生态养殖小区的杏林农庄为该模式的一个较典型的代表，其总面积为 33.33hm^2。农庄实行山顶“戴帽”（种植水土涵养林），山腰开梯田种脐橙，园间种植生草，山脚“穿靴”（保留防护植被带），山脚下建造养猪场和沼气池，下游建有多级养鱼池，形成“养猪—沼气—果树—养鱼”四位一体的小流域综合生态农业模式（图 11-4）。

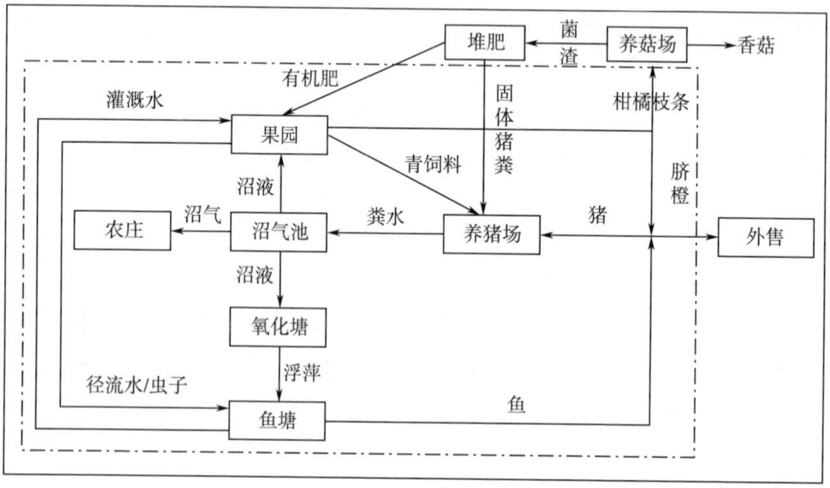

图 11-4 “猪—沼—果—渔”生态农业模式结构图

根据物质循环和能量高效流动原理，在养猪场配套建造沼气池，对猪粪实行固液分离处理，固体经发酵堆制后用作果园肥料，液体进入沼气池作为发酵原料。沼气用作燃料，沼液主要作为肥料用于果树并可用于果园的病虫害防治，部分沼液用于氧化塘培养浮萍，浮萍则作为鱼饲料用于养鱼，少量沼液可作为添加剂用于喂猪。果园合理保留野生植被以增加生物多样性，配合应用杀虫灯、捕食螨和黄板等生物和物理防治手段进行害虫防治，杀虫灯诱杀的害虫作为鱼饲料。“猪—沼—果—渔”生态农业模式能显著提高资源利用率和农业生态系统的综合效益，解决传统农业模式中存在的投入高但经济效益不高、生活能源燃料缺乏、农产品品质下降等问题，同时对当地农业面源污染控制与生态环境保护起到积极的作用。

（三）农田生态恢复与持续利用模式

生态种植模式指依据生态学和生态经济学原理，利用当地现有资源，综合运用现代农业科学技术，在保护和改善生态环境的前提下，进行高效的粮食、蔬菜等农产品的生产。在生态环境保护和资源高效利用的前提下，开发无公害农产品、绿色食品、有机食品和其他生态类食品成为今后种植业的一个发展重点。

1. “间套轮”种植模式

“间套轮”种植模式是指在耕作制度上采用间作套种和轮作倒茬的模式。利用生物共存、互惠原理发展有效的间作套种和轮作倒茬技术是进行生态种植的主要模式之一。间作指两种或两种以上生育季节相近的作物在同一块地上同时或同一季成行地间隔种植。套种是间前作物的生长后期，于其株行间播种或栽植后作物的种植方式，是选用两种生长季节不同的作物，可以充分利用前期和后期的光能和空间。合理安排间作套种可以提高产量，充分利用空间和地力，还可以调剂好用工、用水和用肥等矛盾，增强抗击自然灾害的能力。典型的间作套种种植模式有：北京市大兴县西瓜与花生、蔬菜间作套种的新型种植方式；河南省麦、烟、薯间作套种模式；山东省章丘市的马铃薯与粮、棉及蔬菜作物的间作套种；山东省农技推广总站推出的小麦、越冬菜、花生/棉花间作套种等。轮作倒茬是土地关于养用结合的重要措施，可以均衡利用土壤养分，改善土壤理化性状，调节土壤肥力，且可以防治病虫害，减轻杂草的危害，从而间接地减少肥料和农药等化学物质的投入，达到生态种植的目的。典型的轮作倒茬种植模式有：禾谷类作物和豆类作物轮换的禾豆轮作；大田作物和绿肥作物的轮作；水稻与棉花、甘薯、大豆、玉米等旱作轮换的水旱轮作；西北等旱区的休闲轮作。

2. 保护耕作模式

用秸秆残茬覆盖地表，通过减少耕作防止土壤结构破坏，并配合一定量的除草剂、高效低毒农药控制杂草和病虫害的一种耕作栽培技术。保护性耕作通过保持土壤结构、减少水分流失和提高土壤肥力达到增产目的，是一项把大田生产和生态环境保护相结合的技术，俗称“免耕法”或“免耕覆盖技术”。国内外大量实验证明，保护性耕作有根茬固土、秸秆覆盖和减少耕作等作用，可以有效地减少土壤水蚀，并能防止土壤风蚀，是进行生态种植的主要模式之一。配套技术：中国农业大学的“残茬覆盖减耕法”，陕西省农业科学院旱地农业研究所的“旱地小麦高留茬少耕全程覆盖技术”，山西省农业科学院的“旱地玉米免耕整秆半覆盖技术”，河北省农业科学院的“一年两熟地区少免耕栽培技术”，山东省淄博市农业机械研究所的“深松覆盖沟播技术”，重庆市开县农业生态环境保护站的“农作物秸秆返田返地覆盖栽培技术”，四川省苍溪县的“水旱免耕连作”，重庆市农业环境保护监测站的“稻田垄作免耕综合利用技术”等。

3. 旱作节水农业生产模式

旱作节水农业是指利用有限的降水资源，通过工程、生物、农艺、化学和管理技术的集成，把生产和生态环境保护相结合的农业生产技术。其主要特征是运用现代农业高新技术手段，提高自然降水利用率，消除或缓解水资源严重匮乏地区的生态环境压力、提高经济效益。配套技术：抗旱节水作物品种的引种和培育；关键期有限灌溉、抑制蒸腾、调节播栽期避旱、适度干旱处理后反冲机制的利用等农艺节水技术；微集水沟垄种植、保护性耕作、耕作保墒、薄膜和秸秆覆盖、经济林果集水种植等；抗旱剂、保水剂、抑制蒸发剂、作物生长调节剂的研制和应用；节水灌溉技术、集雨补灌技术、节水灌溉农机具的生产和利用等。

（四）设施生态农业及配套技术

设施生态农业及配套技术是在设施工程的基础上通过以有机肥料全部或部分替代化学肥料（无机营养液），以生物防治和物理防治措施为主要手段进行病虫害防治，以动植物的共生互补良性循环等技术构成的新型高效生态农业模式。其典型模式与技术如下。

1. 设施清洁栽培模式及配套技术

（1）主要内容

①设施生态型土壤栽培。通过采用有机肥料（固态肥、腐熟肥、沼液等）全部或部分替代化学肥料，同时采用膜下滴灌技术，使作物整个生长过程中化学肥料和水资源都能得到有效控制，实现土壤生态的可恢复性生产。

②有机生态型无土栽培。通过采用有机固态肥（有机营养液）全部或部分替代化学肥料，采用作物秸秆、玉米芯、花生壳、废菇渣以及炉渣、粗砂等作为无土栽培基质取代草炭、蛭石、珍珠岩和岩棉等，同时采用滴灌技术，实现农产品的无害化生产和资源的可持续利用。

③生态环保型设施的病虫害综合防治模式。通过以天敌昆虫为基础的生物防治手段以及一批新型低毒、无毒农药的开发应用，减少农药的残留；通过环境调节、防虫网、银灰膜避虫和黄板诱虫等离子体技术等物理手段的应用，减少农药用量，使蔬菜品种品质明显提高。

（2）技术组成

①设施生态型土壤栽培技术，主要包括有机肥料生产加工技术、设施环境下有机肥料施用技术、膜下滴灌技术、栽培管理技术等。

②有机生态型无土栽培技术，主要包括有机固态肥（有机营养液）的生产加

工技术、有机无土栽培基质的配制与消毒技术、滴灌技术、有机营养液的配制与综合控制技术、栽培管理技术等。

③以昆虫天敌为基础的生物防治技术。

④以物理防治为基础的生态防病、土壤及环境物理灭菌、叶面微生态调控防病等生态控病技术体系等。

2. 设施种养结合生态模式及配套技术

通过温室工程将蔬菜种植、畜禽（鱼）养殖有机地组合在一起而形成的质能互补、良性循环型生态系统。目前，这类温室已在中国辽宁、黑龙江、山东、河北和宁夏等省、市、自治区得到较大面积的推广。

（1）两种主要形式

①温室“畜—菜”共生互补生态农业模式，主要利用畜禽呼吸释放出的 CO_2，供给蔬菜作为气体肥料，畜禽粪便经过处理后作为蔬菜栽培的有机肥料来源，同时蔬菜在同化过程中产生的 O_2 等有益气体供给畜禽来改善养殖生态环境，实现共生互补。

②温室“鱼—菜”共生互补生态农业模式，利用鱼的营养水体作为蔬菜的部分肥源，同时利用蔬菜的根系净化功能为鱼池水体进行清洁净化。

（2）技术组成

①温室“畜—菜”共生互补生态农业模式主要包括：“畜—菜”共生温室的结构设计与配套技术，畜禽饲养管理技术，蔬菜栽培技术，“畜—菜”共生互补合理搭配的工程配套技术，温室内 NH_3、H_2S 等有害气体的调节控制技术。

②温室“鱼—菜”共生互补生态农业模式主要包括：“鱼—菜”共生温室的结构与配套技术、温室水产养殖管理技术、蔬菜栽培技术、“鱼—菜”共生互补合理搭配的工程配套技术、水体净化技术。

3. 设施立体生态栽培模式及配套技术

（1）三种主要形式

①温室“果—菜”立体生态栽培模式，利用温室果树的休眠期、未挂果期地面空间的空闲阶段，选择适宜的蔬菜品种进行间作套种。

②温室“菇—菜”立体生态培养模式，通过在温室过道、行间距空隙地带放置食用菌菌棒，进行“菇—菜”立体生态栽培，食用菌产生的 CO_2 可作为蔬菜的气体肥源，温室高温高湿环境又有利于食用菌生长。

③温室“菜—菜”立体生态栽培模式，利用藤式蔬菜与叶菜类蔬菜空间上的差异，进行立体栽培，夏天还可利用藤式蔬菜为喜阴蔬菜遮阳，互为利用。

（2）技术组成

①设施工程技术：包括温室的选型、结构设计、配套技术的应用、立体栽培设施的工程配套等。

②脱毒抗病设施栽培品种的选用。

③“果—菜”“菇—菜”“菜—菜”品种的选用与搭配。

④立体栽培设施的水肥管理技术。

⑤病虫害综防植保技术。

（五）观光生态农业模式及配套技术

观光生态农业模式是指以生态农业为基础，强化农业的观光、休闲、教育和自然等多功能特征，形成具有第三产业特征的一种农业生产经营形式，主要包括高科技生态农业园、精品型生态农业公园、生态观光村和生态农庄 4 种模式。

1. 高科技生态农业观光园

高科技生态农业观光园主要以设施农业（连栋温室）、组配车间、工厂化育苗、无土栽培、转基因品种繁育、航天育种、克隆动物育种等农业高新技术产业或技术示范为基础，并通过生态模式加以合理联结，再配以独具观光价值的珍稀农作物、养殖动物、花卉、果品以及农业科普教育（如农业专家系统、多媒体演示）和产品销售等多种形式，形成以高科技为主要特点的生态农业观光园。

技术组成：设施环境控制技术、保护地生产技术、营养液配制与施用技术、转基因技术、组培技术、克隆技术、信息技术、有机肥施用技术、保护地病虫害综合防治技术、节水技术等。

典型案例：锦绣大地农业观光园、北京中以示范农场、北京朝来农艺园和孙桥现代农业园区。

2. 精品型生态农业公园

通过生态关系将农业的不同产业、不同生产模式、不同生产品种或技术组合在一起，建立具有观光功能的精品型生态农业公园。一般包括粮食、蔬菜、花卉、水果、瓜类和特种经济动物养殖精品生产展示、传统与现代农业工具展示、利用植物塑造多种动物造型、利用草坪和鱼塘以及盆花塑造各种观赏图案与造型，形成综合观光生态农业园区。

技术组成：景观设计、园林设计、生态设计技术、园艺作物和农作物栽培技术、草坪建植与管理技术等。

典型案例：江苏农博园、江苏茶博园、苏州未来农林大世界。

3. 生态观光村

生态观光村专指已经产生明显社会影响的生态村，它不但具有一般生态村的特点和功能（如村庄经过统一规划建设、绿化美化环境卫生清洁管理，村民普遍采用沼气、太阳能或秸秆气化，农户庭院进行生态经济建设与开发，村外种养加生产按生态农业产业化进行经营管理等），而且由于具有广泛的社会影响，已经具有较高的参观访问价值和较为稳定的客流，可以作为观光产业进行统一经营管理。

技术组成：村镇规划技术、景观与园林规划设计技术、污水处理技术、沼气技术、环境卫生监控技术、绿化美化技术、垃圾处理技术、庭院生态经济技术等。

典型案例：北京市大兴区的留民营村、浙江省藤头村。

4. 生态农庄

一般由企业利用特有的自然和特色农业优势，经过科学规划和建设，形成具有生产、观光、休闲度假、娱乐乃至承办会议等综合功能的经营性生态农庄，这些农庄往往具备赏花、垂钓、采摘、餐饮、健身、宠物乐园等设施与活动。

技术组成：自然生态保护技术、自然景观保护与持续利用规划设计技术、农业景观设计技术、人工设施生态维护技术、生物防治技术、水土保持技术、生物篱笆建植技术等。

典型案例：安利隆生态农业旅游山庄、蟹岛度假村。

生态农业（微课）　生态农业案例——戴庄（微课）　生态农业案例——弘毅（微课）

第三节　生态农场

进入21世纪以来，农业企业、专业合作社、家庭农场等新型农业经营主体在全国各地因地制宜地开展了多姿多彩的生态农业实践，逐步形成了一批现代与传统相互结合，具备适度规模、自主品牌和信息平台优势，经济效益和生态效益相得益彰的生态农场。

一、生态农场认定与评价

生态农场是指符合生态学原理，遵循“整体、协调、循环、再生、多样”原则，整合优良传统和现代技术的可持续农业生产经营单元。

（一）生态农场基本要求

（1）农场应边界清晰，所有权、承包权和经营权明确，有合法的土地使用权和经营权，具备相应的证明文件。

（2）生态农场面积不小于$2hm^2$；农场土地集中连片。

（3）农场功能分区清晰，景观布局合理，在农场运营过程中积极采用物质循环利用、生物多样性利用、资源节约及废弃物与污染物处理等技术体系。

（二）农场环境

（1）农场应远离工矿区、垃圾场等污染源；地块周围离污染源距离2km以上；近5年内未发生过农场被污染事故或生态被破坏事件。

（2）农场耕地土壤中污染物含量应不高于GB 15618—2018的风险筛选值，农田灌溉水符合GB 5084—2005农田灌溉水质标准。

（3）农场内非生产的农田生态用地面积不小于农场总生产面积的5%。

（4）养殖区与人居敏感区保持有1km以上的安全距离或采取有效措施避免臭气污染。

（三）种植要求

（1）农场优先使用本农场和本地的土壤培肥和改良物质；氮肥用量少于当季作物高产推荐化肥用量的10%以上；氮肥用量（折合纯氮）有不少于25%的来自有机肥。

（2）采取合理措施培肥和改良土壤，土壤有机质含量不低于本农场前一年土壤有机质含量，而且应高于当地平均水平。

（3）不应使用城市污水、污泥及其制成的肥料，化学肥料使用符合HJ 555—2010《化肥使用环境安全技术导则》和NY/T 496—2010《肥料合理使用准则　通则》中的规定。

（4）采用绿色防控措施为主来解决农场的病虫草等有害生物问题；农场所采用综合防控病虫草害的措施，包括但不限于：选用抗性品种，培育壮苗，中耕除草，耕翻晒垡，清洁田园，轮作倒茬，间作套种，利用防虫网、灯光、色板、性引诱剂诱杀害虫，使用机械捕捉虫，机械除草，人工除草，种植驱赶植物、陷阱植物、植物篱与有花植物带，释放天敌，建立稻渔、稻鸭共生模式等。

（5）不得使用国家明令禁止的农药；化学农药使用量较当地平均水平减少至少25%。

（6）采用滴灌、喷灌、渗灌等合理灌溉措施，灌溉用水量不高于常规灌溉方式的推荐定额。

（7）农场废弃农膜、农药包装、肥料包装的回收率达到100%；农场内有机废弃物资源化利用率应达到85%以上；不得违反当地有关禁止焚烧秸秆和焚烧农膜的规定。

（8）采取必要措施防治水土流失、土地沙化、土壤酸化及耕地盐渍化。

（四）养殖要求

（1）圈养畜禽有相对自由的活动时段和活动空间；草地放牧型农场，充分考虑草地的生产能力、畜禽健康和环境影响，保证放牧的畜禽数量不超过当地推荐的平均载畜量。

（2）饲料原料符合 GB 13078—2017《饲料卫生标准》；不使用药物饲料添加剂；饲料添加剂应符合《饲料添加剂安全使用规范》的规定。

（3）除法定要求的疫苗接种和驱虫治疗外，以畜禽疾病治疗为目的的抗生素或化学合成兽药在养殖期不足 12 个月的畜禽中只可施用两个疗程，养殖期超过 12 个月的，每 12 个月最多可施用四个疗程。使用过这些兽药治疗过的动物要销售时，应达到所用药物规定的停药期 2 倍时间。

（4）养殖场污染物的排放符合 GB 18596—2001 的规定。畜禽粪便的综合利用率大于 90%。

（五）农产品的收获、储存、包装和运输

（1）根据产品的品质和安全要求进行产品收获、储存和运输管理，待认定生态农场的产品应与其他产品在标识与存储区域划分清晰。

（2）产品包装符合国家相关规定，积极使用生态、循环、可降解材料。

（六）产品要求

（1）具备相关检测证明，表明农场生产的产品质量符合国家食品安全标准。

（2）有产品跟踪管理档案，农场的产品信息可追溯到生产基地。

（七）管理体系要求

（1）农场实施主体明确，生产经营与市场接轨，有完善的质量管理制度并配备适当技术人员。

（2）农场具备内部质量监控管理能力。

（3）农场有健全的文档管理制度，对投入品、农事操作、产品和副产物去向有清晰记录，相关信息记录档案完备，票证齐全。

（八）生态农场认定及评价

根据上述各项规定，表 11-1 中列出了生态农场认定基本条件。

表 11-1　　生态农场认定基本条件

类别	序号	基本条件
通用要求	1	生态农场面积不小于 $2hm^2$
	2	农场距离污染源距离不小于 2km
	3	农场耕地土壤中污染物含量应不高于 GB 15618—2018 的风险筛选值
	4	有投入品购买、使用和生产管理操作的完整记录
	5	农产品质量达到国家食品卫生标准

续表

类别	序号	基本条件
种植要求	6	农场内非生产的农田生态用地面积占农场总生产面积的5%~15%
	7	氮肥用量较当季作物高产推荐化肥用量减少10%以上
	8	氮肥用量（折合纯氧）不少于25%来自有机肥
	9	土壤有机质含量不低于本农场前一年土壤有机质含量
	10	没有使用城市污水、污泥及其制成的肥料
	11	化学农药使用量较当地平均水平减少25%以上
	12	农田灌溉水应符合GB 5084—2021的要求
	13	灌溉用水量不高于常规灌溉方式的推荐定额
	14	废弃农膜回收率达90%以上；废弃农药包装、废弃肥料包装的回收率不高于100%
	15	有机废弃物资源化率应达90%以上
	16	没有违反焚烧秸秆、农膜的规定
养殖要求	17	养殖区与人居敏感区保持有1km以上的安全距离
	18	草地放牧型农场畜禽数量不超过当地推荐的平均载畜量
	19	畜禽养殖密度应满足附录的要求
	20	饲料原料应符合GB 13078—2017《饲料卫生标准》
	21	畜禽饲养中没有使用任何药物饲料添加剂
	22	饲料添加剂应符合《饲料添加剂安全使用规范》的规定
	23	以畜禽疾病治疗为目的的抗生素或化学合成兽药，在养殖期不足12个月的畜禽中只可施用两个疗程，养殖期超过12个月的，每12个月最多可施用四个疗程
	24	使用以上兽药治疗过的动物要销售时，应达到所用药物规定的停药期2倍时间
	25	养殖场污染物的排放符合GB 18596—2001的规定
	26	畜禽粪便的综合利用率大于90%
水产养殖要求	27	水产养殖的水域水质应符合GB 11607—1989的规定
	28	水产养殖不应使用未经处理的动物粪便
	29	不应使用抗生素、化学合成药物和激素对水生生物实行日常的疾病预防处理
	30	12个月内水生生物只可接受一个疗程常规渔药治疗
	31	非开放性养殖水域的排水符合SC/T 9101—2007或SC/T 9103—2007的规定
种养结合要求	32	畜禽养殖数量与种植土地面积配比应符合《畜禽粪污土地承载力测算技术指南》规定
	33	稻渔综合种养应符合SC/T 1135—2017~SC/T 1135.6—2020的规定
	34	种植和养殖要求应符合本表中所有基本要求

表 11-2 的生态农场评价指标体系是在达到表 11-1 基本标准的基础上，进一步根据所列各项指标进行评价，为生态农场的认定提供进一步的参考依据。农场生态农业建设评价的总分按照表 11-2 采用等权重的平均分值法计算。

表 11-2　　生态农场评价指标体系

过程	评价指标	指标解释	赋值依据	分值
环境	农场离周围污染源距离	农场地块离最近污染源的距离	2~10km	60~100
	土壤质量—重金属	土壤重金属质量指数*	0.7~1	100~60
	灌溉水质量	灌溉水质量指数*	0.5~1	100~60
	农场生态用地面积占比	农场生态用地面积占比	5%~15%	60~100
种植	土壤有机质含量	土壤有机质与前一年相比的增长率	0~0.5%	60~100
	氮肥用量降低比例	氮肥用量比当季作物推荐量降低的比例	10%~20%	60~100
	化肥氮替代比例	有机肥氮替代化肥氮的比例	25%~100%	60~100
	化学农药替代比例	化学农药替代量与当地平均化学农药用量的比例	25%~100%	60~100
	节水比例	用水量相对于推荐的非节水定额降低的比例	0~15%	60~100
	有机废弃物资源化率	农场有机废弃物资源化再利用率	85%~100%	60~100
养殖	放牧量	放牧密度比当地推荐密度降低的比例	10%~30%	60~100
	养殖区距离	养殖区与居住敏感区的距离	1~2km	60~100
	疫病防控	抗生素或化学合成的兽药治疗疗程	0~2 个疗程 （养殖期<12 个月） 0~2 个疗程 （养殖期>12 个月） 0~4 个疗程	100~60
	畜禽粪污的循环利用	有机废弃物综合利用的比例	90%~100%	60~100
水产养殖	水产养殖水质	水产养殖水体质量指数	0.5~1	60~100
	排放水体质量	排放水体质量指数（含海水和淡水养殖）	0.5~1	60~100
质量管理体系	追溯记录的完整性	产品追溯体系的建立	完整/较完整/不完整	100/80/60
	已经获得的产品认证类型	与生态农场相关的认证类型	有机产品、绿色食品/其他认证/没有认证	100/80/60

* 单项最高质量指数=污染物实测值/污染物标准值。

二、 生态农场类型

（一）按照产业结构分类

生态农场涉及的产业主要包括种植业、养殖业、服务业等，因此按照产业结构可将其划分为种植型生态农场、养殖型生态农场、种养结合型生态农场、种养加旅游综合型生态农场等。

（二）按照区位条件分类

按照农场所处的位置可将生态农场划分为都市型生态农场、近郊型生态农场、景区周边型生态农场、边远型生态农场等。都市型农场在城市内部，依托交通的便捷性发展生态农业示范、教育、观光等内容；近郊型生态农场在城市的郊区，环境较好，交通也比较便利；景区周边型生态农场主要依托当地的旅游资源提供观光休闲服务；边远型生态农场位置相对比较偏僻，不适合发展休闲旅游，主要从事生态农产品的生产加工。

（三）按照发展定位分类

根据生态农场的发展定位可以分为科技示范型、专业生产型、观光采摘型、自然教育型等。

三、 生态农场建设

（一）生态农场建设的基本原则

1. 整体性原则

生态农场是指那些采用了一系列生态友好型农业技术体系，并优化了生物与生物、生物与环境相互关系，使得农业生态系统的结构合理、功能高效，不但能获得可持续的高产量，而且达到资源匹配、环境友好、食品安全基本要求的农场。过量地依赖外界化学投入品的生产模式不但从资源的角度是不可持续的，而且从环境的角度来说过量化学物质的施用也是弊大于利。可持续的生产应该是从系统的整体的角度出发，尽可能减少系统的外部化学物质投入，改善土壤的养分资源状况，减少系统对外界的污染物输出。

2. 内部循环原则

生态农场应当最大程度地实现系统内部的物质“小循环”，或在系统的外部实现物质“大循环”。在农场的土壤培肥方面，应优先使用本农场和本地的土壤培肥和改良物质；包括但不限于作物秸秆、畜禽粪便、沼液、沼渣、菌渣，商品形式的有机肥、有机无机复合肥、生物肥等。

3. 利用和保护生物多样性原则

生物多样性是生态系统稳定、生态服务和可持续发展的基础，在人类影响的景观中，应当尽可能地保护和维持生物多样性，模拟自然生态系统中生物构成和生物间相互作用，通过发挥生物自身生态服务功能、维持复杂的生物群落结构及其相互作用来满足系统对养分、病虫害控制等需要，形成良好的内部调控和循环过程，保障系统各要素之间的平衡和系统的稳定性，从而实现农场可持续发展的目的。

4. 多功能的产业融合原则

生态农场建设不仅需要改善项目区的生态环境质量，降低对外界的环境污染，提高系统的可持续性和稳定性，推动可持续发展和粮食安全生产，还能够有效提高项目区景观美学功能，推动项目区的休闲观光旅游；同时项目区生态理念和技术的应用，也要能够推动项目区作为生态农场建设模板的作用，更好地发挥教育示范功能。

（二）生态农场选址

生态农场的主要功能是农业生产和观光旅游，因此生态农场的选址过程中要充分考虑当地的农业生产特点、地理环境、地质条件、地形状况、气候变化、水文状况、资源特点、交通条件、文化资源等条件，因地制宜进行开发和建设。

自然环境条件是生态农场选址必须要考虑的因素，可以从自然资源条件和生态环境两个方面考虑。自然资源主要包括气候、地形地貌、水土地资源等，不同自然资源条件决定了不同的农业地域类型，例如华北平原的旱作农业、南方的水稻种植业、珠三角的基塘农业等。此外这些资源条件的不同组合，还能在一定程度上决定生态农场的发展方向，例如在南方的丘陵山区，由于地形复杂、植被丰富，非常适合发展观光休闲类型的生态农场；在江浙沿海一带，湖泊众多，水网密集，可以发展以水为主题的生态旅游农场；在平原地区，由于交通便捷、地形平坦，既适合进行大规模生态种植，也适合建设农业科普教育基地和农业观光园。

生态环境条件一般从生物多样性、植被覆盖率、空气质量、土壤质量、水源质量等几个方面评判，评判的方法除了直接观察，更多的是通过取样送专业监测机构进行化学分析，确保能够在有机转换期后达到申请绿色农产品或有机农产品认证需要的条件。生态条件之所以如此重要，是因为在生态条件好的地区对农作物的病虫害控制要比一般地区简单，用有机肥取代化肥，用生态方法取代农药，农产品的品质因此而提高。同时，生态条件好、环境优美也是发展休闲观光的一个必要条件。

交通条件对生态农场的发展至关重要。无论是以生产为主的生态农场还是发展休闲观光的综合性农场，都需要有良好的交通条件。对以生产为主的农场来说，农产品销售可能是农场的核心业务。市场对鲜活农产品的运输时效要求很高，消费者都希望购买到最新鲜、最健康的农产品，特别是对于生产鲜花和蔬菜的生态农场，除了要利用冷链运输技术外，应该将农场选址于一个距离城市近、道路基础条件好、距离高速公路近的地方，以缩短运输时间。对于发展休闲观光的农场来说，交通条件就显得更为重要了。对于多数发展休闲观光的生态农场来说，其游客群体多来自城市，他们对休闲观光的需求很高，同时也希望目的地不要离城市太远。因此重点发展休闲观光的生态农场在选址时应该注意与目标市场的距离，营造便捷的交通条件。

（三）生态农场规划设计

1. 生态定位

生态农场要贯彻生态循环生产理念和生物多样性保护理念，致力于构建可持续的生态系统，提升以农作物品种为主的遗传多样性，以害虫天敌、传粉昆虫、乡土植物为主的物种多样性，以景观斑块类型和空间格局为主的生态系统和景观多样性，支持更丰富的害虫控制、自然授粉、文化美学等生态景观服务功能，构建结构复杂化、格局网络化、功能多样化的生态农业景观。

要突出生态景观建设，打造绿色开放农业空间。坚持山水林田湖生命共同体统一管护与整治的理念，避免土地过度开发和大规模的建筑物拆建，根据地形地貌、水文结构、乡土动植物等自然资源特征，开展农田和农业基础设施的生态景观化建设，提高工程技术的水土涵养、气候调节等生态景观服务功能，打造绿色、开阔、多样化、高自然价值的生态农业空间。

要挖掘农业生物多样性的生态效益与经济效益，实施生态景观化建设，提升以休闲文化为主的生态服务功能，建设多功能化的生态农业科普教育场所。在生物多样性保护提升的基础上，要注重提升农场的水土防治、水质净化、传花授粉、害虫控制、微气候调节、视觉欣赏、休闲旅游、教育示范等服务功能，为农场可持续生产和生态、经济和社会效益的综合提升奠定基础。

2. 规划方案

生态农场对生产环境有严格的要求，在进行生态农场的规划之前需要先了解规划地区及其周边的环境情况，分析当地农田和水体的污染情况及土壤肥力水平，并查询生态环境部门的相关数据，了解当地的空气质量情况。

要从农场的土地利用现状出发，根据土地自然特征、土地用途、土地利用方式、土地覆盖情况等对规划区的土地利用情况进行实地调查。从农场生产技术、农事管理过程、农田生态系统外界投入的依赖及系统污染物排出、农田生物多样性的利用与保护、水体循环现状及系统自身调节能力等方面展开调查，并结合对水体及土壤的取样分析等方面，分析诊断农场存在的重要生态环境问题，从而制定相应生态生产方式及农场景观生态提升措施，建设和打造符合实际需求和生态农场标准要求的现代化农场模式。

在明确规划原则、战略思路和目标以及具体发展定位等前提下，对农场开展有针对性的规划，提出相应的解决方案和长远发展规划。农场规划的基础内容可分为景观规划、技术规划和管理规划三部分，景观规划从生态角度对农场进行景观方面的整体设计，兼顾生态功能性与景观效果。技术规划主要为农场采取的生态循环技术及措施进行规划，包括作物品种、种植养殖方式、病虫草害控制、水肥管理、废弃物循环利用和产品加工运输等方面，严格按照生态农场标准进行生产加工。农场景观规划要与技术规划里外呼应、相互作用，同时景观规划为基础规划提供外部功能支撑。结合现代管理标准和农场的长远发展，为农场制定相应的质量管理体系，从而为生产和加工高质量的生态产品提供保障，这样既可以满足市场对于绿色安全、高品质产品的需求，也符合可持续发展的要求。

为满足生态农场长远建设与发展要求，建设初期应着重考虑生态农场的环境效益，切实从农场周边生境及生态系统建设等层面提高规划与设计标准，在此基础之上，应高效利用农场现有资源来设计和发展农场特色，从景观、品牌及人文等方面开拓创新，进一步提高农场社会效益。

3. 农场保障体系建设

农场保障体系建设应建立生态农场追溯体系，依托科研院校或专业机构，建立和优化农场质量追溯平台；应强化追溯管理，监管部门在网上查阅生产数据录入更新情况，并深入实地检查生产原始记录与平台录入的符合性，防止凭空捏造信息数据，欺骗管理者和消费者，同时在追溯系统软件中融入更多的互联网元素，让广大消费者通过互联网查阅数据；强化应急处置，完善农场产品质量安全突发事件应急预案和舆情分析报告制度，建立反应快速、上下联动、信息畅通、联防联控的应急处置网络。

人才是农业现代化建设和农业持续健康发展的基础和保障。生态农场要加强与科研人才的合作，加强对技术推广人才、管理人才、生产经营人才的引进和培训，加快培育本地农业人才队伍，不断壮大现代农业建设主力军。发挥现有专业人才优势，同时依托各涉农单位招聘计划，加快引进农业科技人才。充分利用农业培训平台，采用课堂培训、实地观摩、远程教学等多种培训方式，培训生态农业技术推广员等多种实用人才。

生态农业的根本动力在科技，科技支撑对生态农业发展至关重要。增强科技支撑需要从技术研发和技术推广着手。首先，构建生态农业技术研发体系，加强与农业科研机构合作，对主导产业进行关键技术攻关、新产品开发等研发活动。在生态农业大背景下，探索节水农艺措施、水肥一体化、生防物防技术、种养循环模式等技术的落地形式，依托农业科研单位和大专院校技术人才优势，解决生态农场发展建设过程中遇到的技术难题，提高农业科技成果转化率。

生态适应（微课）

实验实训　四位一体庭院生态模式设计

一、 实训目的

在庭院内将种植业、养殖业及沼气能源结合起来，获得较佳的生态效益和经济效益，是北方地区庭院生态模式的典型，有相当的普遍性。本实训的目的就是综合运用生态学原理和经济学原理，针对某一农户进行具体设计，以掌握典型农业生态工程的基本设计方法。

二、 方法步骤

四位一体的“庭院生态系统”工程的基本模式是“种菜—养猪—沼气池”，即利用猪粪便及其他有机废弃物进行沼气发酵，沼气作为能源，沼液沼渣作为有机肥料供给蔬菜种植及农田施肥。这种模式可根据当地的气温条件进行具体设计。在北方为了增加沼气的发酵效果，蔬菜可以用塑料大棚或温室种植，养猪也可以在大棚或温室内，并且可以增加养鸡，鸡粪喂猪等。在南方这种模式可以在露地进行；在北方则是沼气池、厕所、猪舍和日光温室“四结合”，即猪舍建在沼气池上，与温室田以墙相隔，猪舍内一角设计厕所，形成以太阳能为动力，以沼气为纽带，以日光温室为载体的立体种养模式，通过种、养、能源的有机结合，形成良性循环。

三、 实训内容

利用所掌握的知识理论，通过对生产中已实行的四位一体庭院生态模式的了解和调查，针对某一个农户进行具体设计，重点进行种植、养殖规模品种和沼气及沼渣产量测算，确定一个最佳模式。

四、 作业

对所设计的四位一体庭院生态模式，进行经济效益和生态效益分析，结合社会主义新农村建设阐述在农村推行这种模式的现实意义。

本章小结

本章简要介绍了农业的历史发展特点及现代农业的发展思潮和趋势；简单介绍了可持续发展的一般概念及农业可持续发展的重要意义；对生态农业的基本原理和主要技术进行了阐述；重点介绍了农业的可持续发展及其内容、持续农业技术体系；介绍了立体种植与养殖技术、生物综合防治技术、再生能源开发技术；分析了四位一体庭院生态模式。

复习思考题

1. 简述现代农业发展的几种思潮。
2. 简述农业发展的几个阶段及其特点和可持续发展的基本内涵及原则。
3. 简述生态农业的基本原理。
4. 分析生态农业典型模式的现实指导意义。
5. 农业可持续发展的支持体系有哪些？

6. 以科学发展观谈谈我国农业与农村可持续发展的重要意义。

资料收集

1. 调查家乡所在地的农业资源及其利用现状。
2. 调查家乡所在地的四位一体庭院生态模式。
3. 调查家乡所在地的农村环境现状。

查阅文献

[1] 骆世明．农业生态学［M］．北京：中国农业大学出版社，2001.
[2] 高志强．农业生态与环境保护［M］．北京：中国农业出版社，2001.
[3] 戈峰．现代生态学［M］．北京：科学出版社，2002.
[4] 孙儒泳，等．基础生态学［M］．北京：高等教育出版社，2002.
[5] 阎传海，张海荣．宏观生态学［M］．北京：科学出版社，2003.
[6] 陈阜．农业生态学［M］．北京：中国农业大学出版社，2002.

习作卡片

调查当地的四位一体庭院生态模式、农村环境现状，进行种植、养殖的品种规模和沼气及沼渣产量的测算；将对环境特征、典型污染源、环境质量现状等的调查做成卡片，随着学习与调查的深入，体会如何通过种、养、能源的有机结合，形成良性循环，保持良好的农业生态环境可持续发展。

课外阅读

生态农业，描绘乡村振兴新图景

田间路旁青翠欲滴，啾啾鸟鸣萦绕耳畔，草莓甜香充满大棚……人间最美四月天，记者在句容市蹲点调研，真切感受到了句容复制推广“戴庄经验”、大力发展生态农业、推动乡村振兴的一幅幅新美图景。

发“绿色财”，农民的“钱袋子”鼓得快

在天王镇戴庄村，记者一下车就闻到一股酸味。村干部笑道，“田里施的是醋糟加工的有机肥，运肥时掉了些在路口”。

18 年前，刚退休的农技专家赵亚夫来到戴庄村。他看到这里生态环境特别好，

决定做有机农业。最初种植大米，后来种果蔬、养畜禽，始终坚持“有机”二字。稻田里，收完稻子就种草，红花草、黑麦草，翻到地里便是肥。果林里，养鸡放羊，鸡吃虫、羊吃草，鸡羊粪便就是果树的有机肥。

戴庄的山、水、田、林、湖、草，得到了精心呵护。“戴庄稻田里有将近130种小动物呢。”78岁的赵亚夫为戴庄的生物多样性而欣喜。戴庄村被评为“全国文明村”“全国最美休闲乡村”，被环保部连续两次核定为“有机食品基地”。

经赵亚夫推动和农业主管部门的引导，“稻田综合种养”“稻肥轮作”“发酵床养殖”“林（果）–草–禽（畜）”等生态种养技术及立体套种模式在句容推广。目前，句容1000亩水稻绿色防控示范区，辐射带动5万亩，示范区化学农药用量下降20%；100亩茶叶绿色防控示范区，辐射带动5000亩，示范区化学农药用量下降30%。

生态农业，给农民带来了高收益。2003年戴庄村集体负债83万元、村民人均可支配收入2800元，如今村集体年收入200多万元、村里866户有400多辆私家车。天王镇唐陵村，村民靠苗木种植、交易，一改贫穷面貌，三口之家年收入最少二三十万元；后白镇西冯村，家家户户种草坪，大多是城里、村里各一套房。句容市统计局介绍，农民收入增幅已连续多年高于城镇居民。

好生态还火了“农业+旅游”。今年清明小长假，该市“网红”景点天王芝樱小镇、白兔伏热花海，旅游收入分别同比增长483%和720%。

党组织+合作社+农户，打造富民产业

赵亚夫认为：“‘戴庄经验’的内涵是绿色发展、共同富裕，核心措施是加强党的领导，办好合作社。”

2006年，戴庄成立了该市首家有机农业合作社。合作社为农户提供产前、产中、产后统一服务，并把加工销售环节的利润留给农民，用提留的公积金为村民办事，促进了村集体经济和农民收入“双增长”。起初100多农户入社，后来村里有地的812户农户，全部入社。戴庄村党委书记姚伟超介绍，他在合作社担任理事长，村干部、大学生村官在合作社兼职，合作社依托党组织，提高了组织协调能力。

2013年、2014年、2016年，句容市委、市政府先后4次发文，在全市推广“戴庄经验”，倡导“村两委”成员牵头领办农民专业合作社，要求农业主导村的村“两委”与村里核心合作社的理事会“交叉任职”，加强村社互融共建；加快合作社党组织建设，以党建促社建。

宝华镇仓头村是传统种植业村庄，过去各家独立耕种，农民收入微薄，且大片良田因缺乏劳动力而撂荒。向戴庄村学习成立强民稻米专业合作社后，仓头村开始规模化生产、产业化运作，先后添置大型拖拉机、插秧机、无人植保机等农业机械，建起烘干中心、机米加工线。“以‘党支部+合作社’破解农民组织化程度低、村集体经济薄弱等短板。”村党总支书记、强民稻米专业合作社理事长赵贤财说，“买农机、盖库房，先后投入800多万元，解决劳动力短缺问题，让我们能够发展高效农业。”

近年来，句容培育出“戴庄有机农业”“丁庄老方葡萄”“强民稻米”等15

个国家级示范合作社。与此同时，合作社也在联手，谋求更多的发展空间与市场话语权。茅山镇种植葡萄，由核心区丁庄村向周边辐射。2015 年，茅山镇丁庄万亩葡萄专业合作联社成立。5 个行政村的 7 家合作社、5 个家庭农场，一共 1927 户种植户抱成团。2 万亩葡萄，实现品种育苗、生产资料、技术指导、质量标准、品牌销售“五统一”，“丁庄葡萄”有了市场定价权。

由戴庄这块“试验田”起步，到全市出现 19 个农民专业合作社联社，句容形成葡萄、草莓、大米、茶叶、草坪、苗木等市场竞争力强、富民效果明显的农业产业。

三支生力军，推动生态农业持续前行

4 月 18 日，赵亚夫与日本农业专家田中一久，走进白兔镇 3 家合作社、家庭农场的草莓大棚，现场解决草莓种植技术问题。

在句容蹲点期间，记者多次遇到赵亚夫。“葡萄、草莓产业为什么能坚持发展 20 多年、30 多年，没有一阵风就过去?”他说，“因为科技支撑。”

老人带出一批践行“亚夫精神”的农业科技人员——他们被农民亲切地称为“亚夫二代”。赵亚夫等退休农技专家、在职农技专家、农民中的“土专家”，组成 30 多人的“亚夫团队工作室”。他们活跃在田间地头，推广生态农业新技术、农业经营新模式，建设农业乡土人才队伍，修复与建设农业生态系统。粮油、果品等 6 个产业，形成“1 个首席专家（团队）+1 个本地农技推广服务小组+若干个新型农业经营主体”的农技推广模式。

生态立业，强村富民，句容还有一支强军劲旅——基层党组织带头人。他们能力强、威信高，带出坚强有力的党组织，干出致富一方的优势产业。句容要求村“两委”成员要争做“亚夫式”干部，当好“领头雁”。

唐陵村党委书记刘树安，带领党员干部发展苗木产业，成立合作社，建设苗木交易市场。曾经的贫困村，通过连续 11 年的努力，实现村集体资产突破 1 亿元。

西冯村党总支书记李治顺，同样放弃自家经营良好的企业，带领村民发展草坪产业，全村 5000 多亩地全种草坪。去年西冯村草坪销售收入达 1.9 亿元，村民人均纯收入 39600 元。

科技支撑、“雁阵”引领，句容的 80 后、90 后职业农民增多。茅山镇东霞村 90 后丁方平前年回村，跟父母种葡萄，成为一个懂互联网的“葡二代”；西冯村陈文军原先在深圳开电子厂，2006 年回乡种草坪，后来当上经纪人，现在一年纯收入 100 多万元；华甸农产品专业合作社的蔬果生产基地里，江苏农林职业技术学院的 90 后毕业生逐渐挑起大梁。

农技专家、党组织带头人、青年职业农民，推动句容生态农业持续前行。

——《新华日报》
2019 年 6 月 10 日

附录　生态农场评价畜禽养殖密度

表 1　　生态农场评价牛、羊、乳牛和猪养殖密度表

牛、羊		乳牛			猪	
牛羊类型	养殖密度/(m^2/头)	乳牛体重/kg	饲喂区密度/(m^2/头)	活动区密度/(m^2/头)	猪体重/kg	养殖密度/(m^2/头)
犊牛	2	200	2	3	≥10	0. 15
成年牛	3	300	2. 75	3. 95	10<体重≤20	0. 2
成年母羊	1	400	3. 5	4. 9	20<体重≤30	0. 3
羔羊	0. 6	500	4. 25	5. 85	30<体重≤50	0. 4
种羊	1. 5	600	5	6. 8	50<体重≤85	0. 55
—	—	700	5. 75	7. 75	85<体重≤110	0. 65
—	—	800	6. 5	8. 7	>110	1

表 2　　生态农场评价家禽养殖密度

家禽种类	室内面积/(m^2/只)	室外活动面积/(m^2/只)
蛋鸡	6（鸡窝：7 只/窝或 120cm^2/只）	4
育肥的家禽 (固定禽舍)	10（活重≤21kg/m^2）	肉鸡和珍珠鸡：4 鸭：4. 5 火鸡：10 鹅：15
育肥的家禽（移动禽舍）	16（活重≤30kg/m^2）	2. 5

注：室外活动面积根据每年粪肥产出量以氮计≤170kg/hm^2。